Jetzt helfe ich mir selbst

AF895425

Motor
buch
Verlag

Umschlagentwurf und Buchgestaltung: Anita Ament.
Umschlagfotos: Binder, Archiv Axmann.

ISBN 3-613-01371-1

Auflage Nr. 1010911
Copyright © by Motorbuch Verlag, Postfach 103743, 7000 Stuttgart 10;
ein Unternehmen der Paul Pietsch-Verlage GmbH & Co.
Sämtliche Rechte der Verbreitung – in jeglicher Form und
Technik – sind vorbehalten.
Die in diesem Buch enthaltenen Ratschläge werden nach bestem Wissen
und Gewissen erteilt, jedoch unter Ausschluß jeglicher Haftung.
Dieser Band wird bei jeder Neuauflage auf den aktuellen Stand gebracht. Dennoch
können Änderungen durch Weiterentwicklung der beschriebenen Fahrzeuge nicht
enthalten sein.
Manuskriptbearbeitung: Redaktion Dipl.-Ing. Dieter Korp, Porschestraße 5, 7250 Leonberg 7.
Fotos: Axmann 174, Lautenschlager 8, Peugeot 1.
Zeichnungen: Archiv Verfasser 12, Axmann 17, Bosch 3, Continental 1, Daimler-Benz 1,
Haeberle 1, Lautenschlager 3, Opel 1, Peugeot 82, Pirelli 1, Sonnenschein 1.
Stromlaufpläne: Peugeot 7.
Bildgrafik: Peter Goth.

Druck: KN Digital Printforce GmbH, Schockenriedstr. 37, 70565 Stuttgart
Printed in Germany.

Dieter Korp
Gerhard Axmann

Peugeot 205

Benziner und Diesel

Motorbuch Verlag
Stuttgart

Inhaltsverzeichnis

Seite

Auftakt

Des Autofahrers größte Sorge sind die Fahrzeugkosten. Sie stellen besonders bei einer unverhofft hohen Werkstattrechnung manche Frage in den Raum: Waren wirklich alle aufgeführten Arbeiten notwendig? Hätte man nicht einige oder sogar alle Arbeiten selbst durchführen und so Geld sparen können? Wurde auch wirklich alles einwandfrei repariert? All diese Fragen haben sicher den praktischen Sinn vieler Autofahrer verstärkt, bestimmte Arbeiten am Auto selbst durchzuführen und so Geld sparen zu können.
Die Gründe, sich mit seinem fahrbaren Untersatz zu beschäftigen, sind jedoch nicht nur die ständig steigenden Kosten. Oft ist es auch die Freude und das Interesse an seinem Auto im Trend wachsender Freizeit.
Ob Frau oder Mann, jeder kann mehr als er glaubt. Dies gilt hier wie anderswo. Und auch an Ihrem Auto gibt es einfache Handgriffe, die nicht schwerer sind als andere Handgriffe im täglichen Leben. Hier sei nur das Auswechseln von Glühbirnen, die Kontrolle und das Nachfüllen von Öl oder Wasser oder das Prüfen des Reifendrucks genannt.
So können Sie eine komplette Inspektion in Eigenregie durchführen. Oder Sie erwerben sich das nötige Grundwissen, um bei der Auftragsvergabe in der Werkstatt sachkundig mitreden zu können, ganz zu schweigen vom Wissen und Können bei den schon erwähnten einfachen Kontrollen an der SB-Tankstelle, bei der man ja mehr oder weniger sich selbst überlassen ist. Je nach Interessenlage – dieses Buch gibt jedem Auskunft.

Im Inhaltsverzeichnis auf den vorhergehenden Seiten ist bereits eine kleine Auswahl der Stichworte herausgegriffen, die im einzelnen Kapitel zur Sprache kommen. Hinten auf der inneren Umschlagseite finden Sie den Wartungsplan. Regelmäßige Kontrollen müssen von allen durchgeführt werden. Wer sein Fahrzeug selbst wartet, muß auch die anderen Punkte im Auge haben.
Stichwortverzeichnis auf Seite 237.
Motorraum-Bildseiten ab Seite 8.
Ebenfalls der besseren Orientierung dient die Buchgestaltung auf den einzelnen Seiten. So erscheinen reine Arbeitsschritte Punkt für Punkt zweispaltig.

Viel Erfahrung und Vorarbeit waren notwendig, um dieses Handbuch für den Peugeot 205 zu erstellen. Vielen Dank deshalb an dieser Stelle den vielen hilfsbereiten Menschen in der Werkstatt, im Werk oder in anderen Firmen, die uns mit Rat und Tat unterstützt haben.

Die Verfasser

Sparwunder

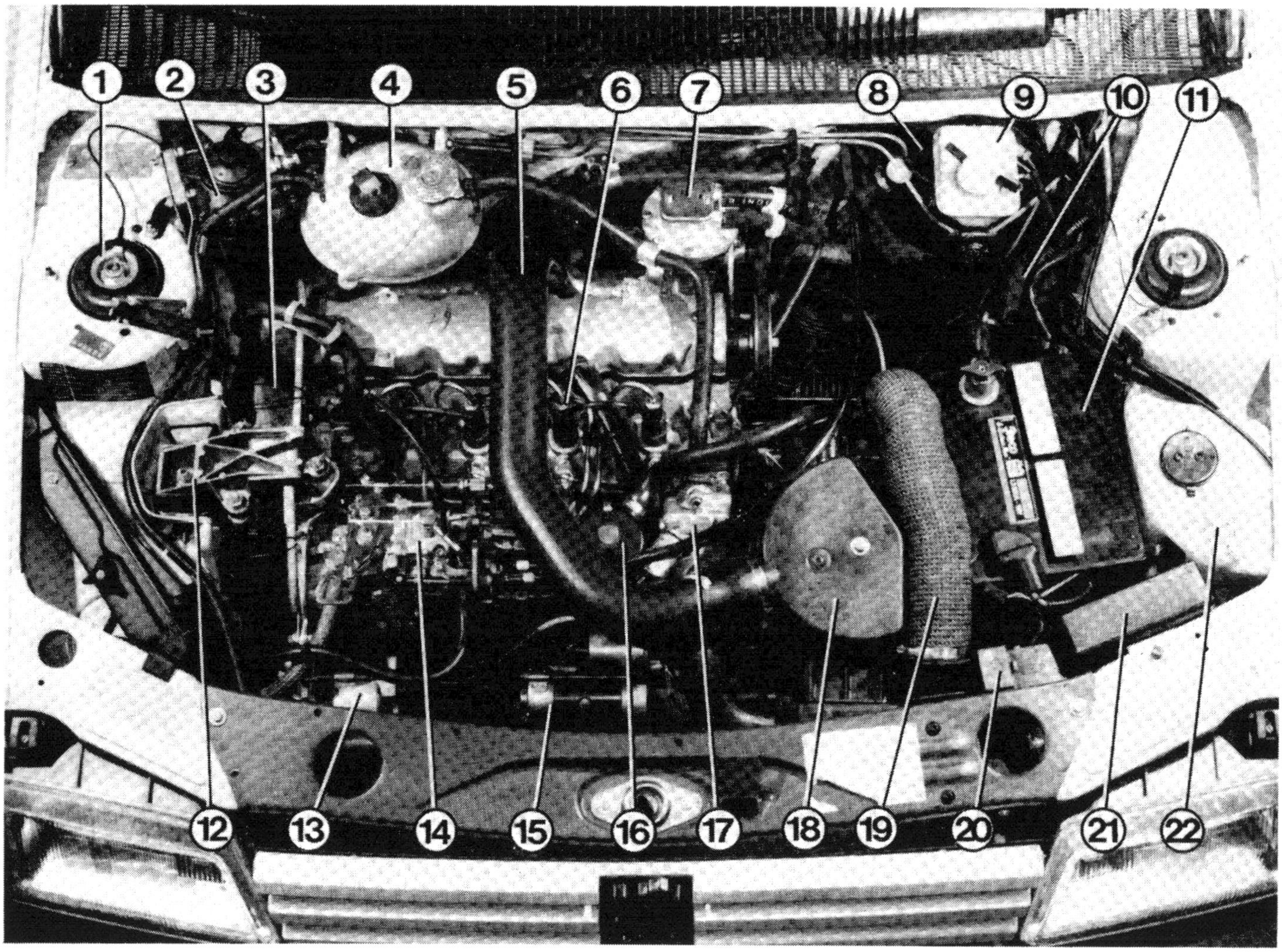

Ein Blick in den Motorraum des Peugeot 205 mit Dieselmotor XUD 7 (Motor XUD 9 ab 1990 mit Abgasrückführung, siehe zusätzlich Seite 66): 1 – Federbein rechts; 2 – Kraftstoffilter mit Vorwärmung und Handpumpe; 3 – Zahnriemenabdeckung; 4 – Kühlmittel-Ausgleichsbehälter; 5 – Luftschlauch zum Motor; 6 – Einspritzdüse; 7 – Unterdruckpumpe; 8 – Bremskraftverstärker; 9 – Bremsflüssigkeitsbehälter, 10 – Vorglührelais; 11 – Batterie; 12 – Motorträger; 13 – Lichtmaschine; 14 – Einspritzpumpe; 15 – Anlasser; 16 – Ölmeßstab und Öleinfüllöffnung; 17 – Kühlmittelanschlußstutzen; 18 – Luftfilter; 19 – Luftschlauch zum Luftfilter; 20 – Leitungsverteilung Dauerplus mit Schmelzsicherungen; 21 – Zusatzrelaiskasten; 22 – Waschwasserbehälter. Weitere Teile sind evtl. in den anderen Motorraumbildern auf diesen Seiten bezeichnet.

Flachmann

Motorraum eines Peugeot 205 mit flach liegendem Benzin-Motor mit Vergaser (XV-, XW- und XY-Motoren): 1 und 2 – Magnetventile und Steuergeräte von elektropneumatischer Schubanhebung und Frühverstellungs-Verzögerung (Seite 65); 3 – Benzinpumpe; 4 – Wasserpumpe; 5 – Unterdruckleitung für Schiebedachdichtung; 6 – Öleinfüllöffnung; 7 – Temperaturfühler; 8 – Thermostatgehäuse; 9 – Gaszug; 10 – Rückschlagventil für Bremskraftverstärker; 11 – Chokezug; 12 – Bremsflüssigkeitsbehälter; 13 – kompakte Zündanlage mit Zündspule, Zündschaltgerät und Verteiler; 14 – Federbein links; 15 – Kühlmittelschlauch; 16 – Lichtmaschine; 17 – Ölfilterpatrone, 18 – Öldruckschalter; 19 – Anlasser; 20 – Ölmeßstab; 21 – Leitungsverteilung Dauerplus mit Schmelzsicherungen; 22 – Batterie; 23 – Waschwasserbehälter.
Weitere Teile sind evtl. in den anderen Motorraumbildern auf diesen Seiten bezeichnet.

Vergaser-Hi-Tech

Motorraum eines Peugeot 205 Junior mit modernem TU-Benzinmotor und elektronisch geregeltem Vergaser: 1 – Motorträger; 2 – elektronisch geregelter Vergaser; 3 – Luftkanal; 4 – Luftfiltergehäuse; 5 – Bremsflüssigkeitsbehälter, 6 – abschraubbare Brücke über Kühler; 7 – Ölmeßstab; 8 – Lichtmaschine; 9 – Auspuffkrümmer mit Warmluftsammelblech; 10 – Öleinfüllöffnung; 11 – Zündspule; 12 – Klappengehäuse für Ansaugluftvorwärmung; 13 – Zusatzrelaiskasten; 14 – Waschwasserbehälter.
Weitere Teile sind evtl. in den anderen Motorraumbildern auf diesen Seiten bezeichnet.

Die »kleine« Einspritzung

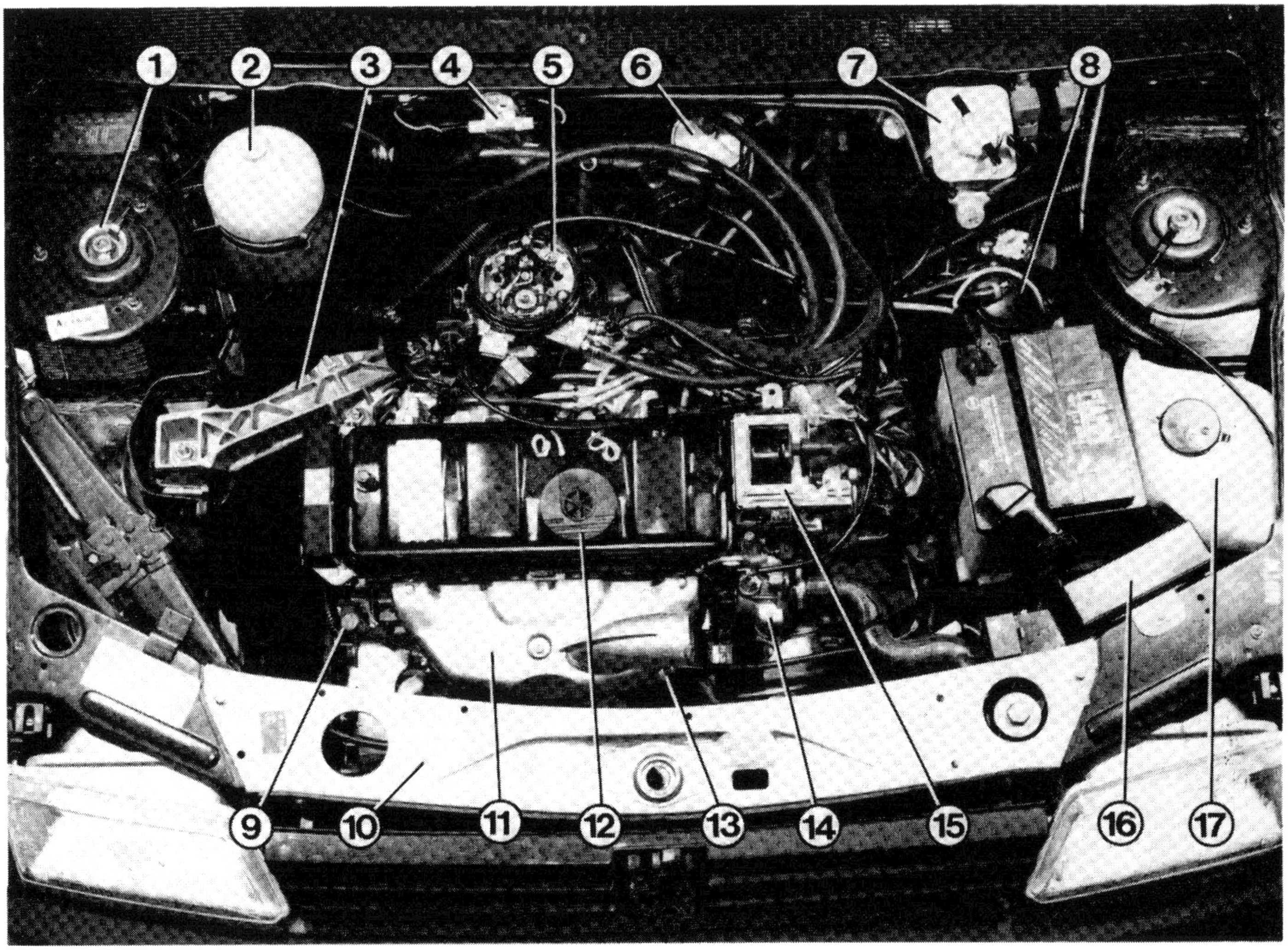

Motorraum eines Peugeot 205 mit modernem TU-Benzinmotor und Zentraleinspritzung (Mono-Jetronic): 1 – Federbein rechts; 2 – Ausgleichsbehälter des Kühlsystems mit Verschlußdeckel; 3 – Motorträger; 4 – Vorwiderstand der Einspritzanlage; 5 – Einspritzeinheit; 6 – Kraftstoffilter; 7 – Bremsflüssigkeitsbehälter; 8 – Aktivkohlebehälter für Kraftstoffverdunstungsanlage; 9 – Ölmeßstab; 10 – abschraubbare Brücke über Kühler; 11 – Auspuffkrümmer mit Warmluftsammelblech; 12 – Öleinfüllöffnung; 13 – Lambda-Sonde; 14 – Thermostatgehäuse; 15 – kompakte Zündanlage mit Zündspule, Zündschaltgerät und Verteiler; 16 – Zusatzrelaiskasten; 17 – Waschwasserbehälter.
Weitere Teile sind evtl. in den anderen Motorraumbildern auf diesen Seiten bezeichnet.

Stark und sauber

Hier ist der Motorraum eines Peugeot 205 GTI, CTI mit XU-Benzinmotor und L-Jetronic gezeigt: 1 – Federbein rechts; 2 – Kraftstoffilter; 3 – Ausgleichsbehälter des Kühlsystems mit Verschlußdeckel; 4 – Luftfilter; 5 – Ölmeßstab; 6 – Bremsflüssigkeitsbehälter; 7 – Zündspule; 8 – Batterie; 9 – Lichtmaschine; 10 – Verteilerrohr für Kraftstoff; 11 – Ansaugrohre; 12 – Öleinfüllöffnung; 13 – Drosselklappengehäuse; 14 – Luftmengenmesser; 15 – Ölbehälter für Servolenkung; 16 – Zusatzrelaiskasten; 17 – Waschwasserbehälter.
Weitere Teile sind evtl. in den anderen Motorraumbildern auf diesen Seiten bezeichnet.

Motoren- und Typentabelle

Die Tabelle gibt einen Überblick aller Peugeot-205-Typen und deren Motoren bis einschließlich Modelljahr 1990. Sie finden 17 Motorvarianten mit vielen Unterschieden in der Gemischaufbereitung und der Abgasreinigung. Kennzeichnen Sie Ihr Fahrzeug und beachten Sie die Unterschiede in allen Kapiteln.

Motor	Kenn-zeichen	Hub-raum	Bohrung Hub mm	Leistung kW/PS	Gemischaufbereitung Abgasverbesserung	Getriebe	Typenbezeichnung/Modelljahr 1984	1985	1986	1987	1988	1989	1990
XU D7 ε=23	161 A	1769	80x88	44/60	Diesel-Einspritzung von Bosch oder Roto	BE 1	GLD GRD	XLD GLD GRD	XLD GLD XRD GRD	XLD, GLD XRD, GRD SRD		XLD GLD XRD GRD	–
XUD 9Y ε=23,5	[1]	1905	83x88	47/64	Diesel-Einspritzung von Bosch oder Roto mit gesteuerter Abgasrückführung	BE 1	–						XLD XRD GRD
XV 8 ε=9,3	108 C	954	70x62	33/45 (ab 11/86 31/42)[9]	Vergaser EPK	BH 3	GL	XE	XE	XE	–	–	–
XW 7 ε=9,7	109 F 109 N	1124	72x69	37/50 (ab 1/86 36/49)[9]	Vergaser EPK		GL GR	XL GL	XL GL	XE XL GL	XE XL GL	–	–
TU 1C ε=9,4	H1A [2]			40/55	Vergaser EPK	MA	–	–	–	–	–	XE, XL, GL Junior	–
TU 1M ε=9,4	[3]			44/60	Zentraleinspritzung Mono-Jetronic, G-Kat		–	–	–	–	–	–	XE, XL, GL XR, GR, CJ Junior
XY 7 ε=9,2	150 D 150 G	1360	75x77	44/60	Vergaser EPK	BH 3	GR	XR GR	XR GR	XR GR	XR GR	XR GR, CJ	–
TU 3A ε=8,8				49/67	Vergaser EPK	MA	–	–	–	–	–	XR, GR CT	–
TU 3CP ε=8,8	KAY [4]			44/60	Elektronischer Vergaser, G-Kat		–	–	–	–	–	Junior CJ	–
XY 8 ε=9,2	150 H 150 B			59/80 (ab 1/86 58/79)[9]	Doppel-Vergaser EPK	BH 3	GT	GT	XT GT	XS GT CT	XS GT	XS GT	–
TU 3S ε=9,3	K2A [5]			62/84	Doppel-Vergaser EPK	MA	–	–	–	–	–	XS GT	–
TU 3M ε=8,8	[6]			55/75	Zentraleinspritzung Mono-Jetronic, G-KAT		–	–	–	–	–	XS GT	
XU 51C ε=9,8	B1E	1580	83x73	55/75	Vergaser, U-Kat Pulsair	Auto- matik	–	–	–	AUTOMATIK			–
XU 5J ε=9,8	180 Z B6B			76/104	Einspritzung L-Jetronic, Pulsair	BE 1	–	GTI	GTI	GTI CTI			–
XU 9J1 ε=8,4	DFZ	1905	83x88	75/102	Einspritzung L-Jetronic, G-Kat		–	–	–	GTI CTI	GTI	AUTOMATIK Rallye	
XU 9JA ε=10,2	D6B [7]			94/128	Einspritzung L-Jetronic		–	–	–	–	GTI	–	
XU 9JAZ ε=9,2	DKZ [8]			88/120	Einspritzung L-Motronic, G-Kat		–	–	–	–	–	GTI	

○ Ein Modelljahr beginnt ca. im September des Vorjahres ○ XY-, XV- und XW-Motoren sind flach liegend eingebaut ○ ε = Verdichtungsverhältnis
○ Pulsair ab 1984 bis 7/89 bei allen Motoren ab 1500 cm^3 ○ G-Kat = geregelter Katalsator ○ U-Kat = ungeregelter Katalysator
○ EPK = Elektropneumatischer Kit (teilweise ab ca. 1987) ○ CJ = Cabrio ○ BH = Getriebe und Motorölwanne eine Einheit
○ BE 1 und MA: Getriebe seitlich angeflanscht.

[1] Dieselmotor mit elektronisch gesteuerter Abgasrückführung zur Stickoxid- und Rußpartikelverringerung. Abgase entsprechen der sogenannten Anlage XXIII; sogar die strengen kalifornischen Grenzwerte sind unterschritten [2] Neue TU-Motorengeneration kurzzeitig mit Vergaser, löst den XW 7-Motor ab [3] Löst den TU 1C-Motor mit Vergaser ab [4] Ersetzt für kurze Zeit den XY 7-Motor [5] Ersetzt für kurze Zeit den XY 8-Motor [6] Löst den TU 3S-Motor mit Vergaser ab [7] Nur kurz im Programm [8] Löst den XU 9JA mit 128 PS ab [9] Leistungsmessung nach EG-Richtlinien

Fitnesstraining

Fit sein, fit bleiben – was dem Besitzer recht ist, gilt auch für den Wagen. Damit es so bleibt, hat Peugeot ein Fitnessprogramm zusammengestellt. Nicht für den Besitzer, sondern für den Wagen. Um Verwechslungen zu vermeiden, nennt man das ganze technisch nüchtern »Wartungsplan.«

Der Wartungsplan für den Selbsthelfer

Für die Wartung Ihres Peugeot 205, gleich welche Modellvariante und Ausstattung, liegt Ihrer Peugeot-Werkstatt ein Plan mit einer ganzen Reihe von Service-Punkten vor. Dieser Plan entspricht dem aktuellsten Stand, während die Punkte in den Wartungsunterlagen Ihres Fahrzeugs oft schon überholt sind. Der Wartungsplan hier im Buch wurde nach einem solchen Werkstattplan aufgebaut, doch ist die Reihenfolge der einzelnen Wartungspunkte speziell auf den Selbermacher abgestimmt, wobei zusätzliche, nach unseren Erfahrungen wichtige Punkte in den Plan eingefügt wurden.
Damit Sie während der Arbeit nicht ständig im Buch nach dem **Wartungsplan** blättern müssen, haben wir ihn **innen auf der hinteren Umschlagseite** untergebracht. Kommt Ihnen dieser Plan auf den ersten Blick lang und arbeitsintensiv vor? Lassen Sie sich nicht beeindrucken, denn wenn Sie Ihren Wagen erst ein- oder zweimal stur nach Liste gewartet haben, werden Sie feststellen, daß die meisten Punkte mit wenigen Handgriffen erledigt werden können. Kopieren Sie sich den Wartungsplan, damit Sie jeden Punkt gleich streichen können.
Ganz oben im Wartungsplan finden Sie einige Arbeiten unter der Überschrift **»Ständige Kontrollen«** aufgeführt. Diese Punkte unbedingt immer wieder durchführen. Dies muß eigentlich **jeder** bewerkstelligen können, der sich hinter ein Lenkrad setzt. In wenigen Minuten ist die Arbeit getan.

Wer soll was machen

Fast alle Wartungsarbeiten am Peugeot 205 können Sie selbst ausführen. Die »Selbsthelfer-Ampel« weist Ihnen dabei den richtigen Weg:
Grün: Freie Fahrt für den Selbsthelfer. Diese Arbeit können Sie mit den Kenntnissen aus diesem Buch fachgerecht durchführen und Geld sparen.
Gelb: Die Arbeit ist zwar nicht schwierig, doch es fehlen meist die richtigen Einrichtungen. In diesem Fall sind Sie an der Tankstelle am besten aufgehoben.
Rot: Halt, hier lassen Sie am besten die Werkstatt ran. Spezielle Werkzeuge oder Meßgeräte sind erforderlich. Der Aufwand der Eigenarbeit lohnt sich nicht, weil die Werkstatt wesentlich schneller arbeitet oder weitergehende Kenntnisse erforderlich sind.

Einschränkungen innerhalb der Garantiezeit

Solange Ihr Wagen jünger als ein Jahr ist oder wenn ein Austauschmotor eingebaut wurde, verlangt das Werk, daß die Wartungsarbeiten termingerecht in einer Peugeot-Werkstatt erledigt werden. Andernfalls können auch berechtigte Garantieansprüche abgelehnt werden

Wartungspakete

Verschiedene Werkstätten bieten eine Reihe von Einzelleistungs-Paketen an, die sich meist auf bestimmte Fahrzeugteile beschränken. Es gibt z. B. den Hohlraum-, den Unterbodenschutz-, Bremsen-, Auspuff-, Stoßdämpfer- und den TÜV-Service.
Bei solchen Wartungpaketen kommt der Preis der Ersatzteile grundsätzlich noch dazu. Lassen Sie sich nicht vom niedrigen Lockpreis blenden, sondern verlangen Sie einen Kostenvoranschlag.

Tatort

Wenn Autopflege Hobby bleiben soll, müssen die äußeren Voraussetzungen stimmen. Wenn Schrauben und Kleinteile in den Gully kullern oder vorbeifahrende Autos zur Bedrohung werden, macht's keinen Spaß.

Wagen immer abstützen!

Wagenheber sind – wie ihr Name schon sagt – nur dazu da, das Fahrzeug anzuheben. Das gilt für Scherenwagenheber, hydraulische Stempelwagenheber und Rangierwagenheber. Sie sind keine ausreichende Abstützung für Arbeiten an der Wagenunterseite. Lassen Sie es auch in der größten Eile nie an der sorgfältigen Abstützung des aufgebockten Fahrzeugs fehlen. Sonst kann die eigenhändige Reparatur das Leben kosten. Zum richtigen Abstützen gehört natürlich auch das Unterlegen der Räder mit Steinen oder Holzkeilen, damit der Wagen beim Anheben nicht wegrollen kann.

Womit abstützen?

Hohlblocksteine haben sich als preisgünstige Abstützmöglichkeit erwiesen. Sie dürfen allerdings nicht feucht oder rissig sein, sonst könnten sie unter Belastung in sich zusammenbrechen. Zwischen Stein und Karosserie muß ein Brett gelegt werden, damit sich die Last gleichmäßig über den ganzen Stein verteilen kann. Der Hohlblockstein selbst muß unbedingt mit den Öffnungen senkrecht auf ebenem und tragfähigem Grund (Beton oder Asphalt) stehen.
Unterstellböcke stellen eine ideale Ergänzung zum Rangierwagenheber dar. Bei allen anderen Hebern – aber auch bei seitlich angesetztem Rangierwagenheber – besteht allerdings die Gefahr, daß der auf der gegenüberliegenden Seite angesetzte Dreibeinbock umgekippt wird. Am günstigsten steht der Bock, wenn eines seiner Beine nach außen und zwei zur Wagenmitte hin zeigen. Beachten Sie beim Ansetzen des Unterstellbocks, daß das Blech nirgendwo eingedrückt werden kann. Günstig ist ein zusätzlich eingelegtes Kantholz.
Auffahrrampen sind die schnellste Aufbockmöglichkeit, da kein Wagenheber gebraucht wird. Auch steht der Wagen dann absolut sicher. Wichtig ist, daß die Rampen einerseits eine genügend hohe seitliche Absicherung und nach vorn einen Überfahrschutz haben, andererseits aber auch von einem Fahrzeug mit Frontspoiler befahren werden können.

Wagenheber

Wagenheber gibt es für jeden Geldbeutel und Einsatzzweck. Hier empfehlenswerte Typen:
Hydraulischer Stempelwagenheber: Er ist schon preiswert zu haben. Der entscheidende Vorteil ist, daß der Wagen sehr schnell angehoben wird. Vor dem Kauf sollten Sie allerdings die Hubhöhe kontrollieren. Bei einer zu kurzen Ausführung können die Räder nicht angehoben werden. Ein zu hoher Heber läßt sich erst gar nicht am Wagenboden ansetzen.
Rangierwagenheber: Es empfiehlt sich ein mittelgroßes Exemplar mit 50–60 cm Hubhöhe. Dieser noch einigermaßen leichte Heber läßt sich gelegentlich auch mal im Gepäckraum verstauen.

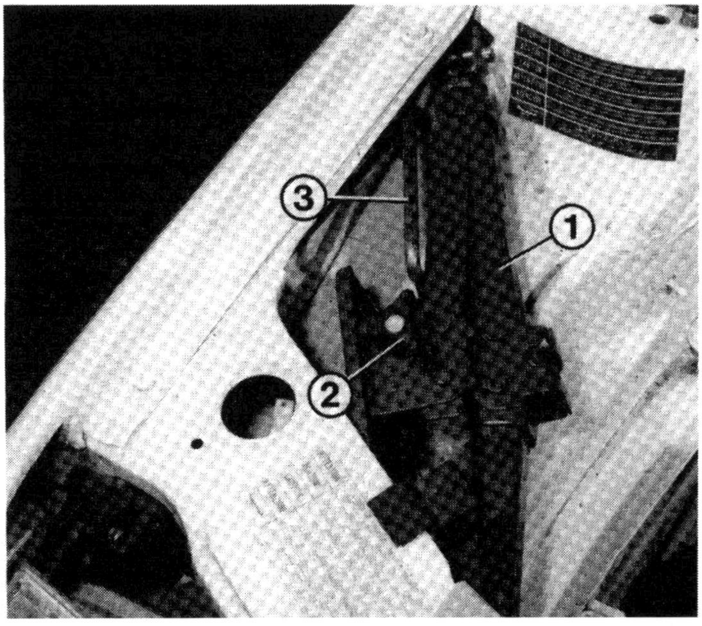

Der Bordwagenheber (1) im Peugeot 205 hinter dem linken Scheinwerfer. Zum Ausbau die Flügelschraube (2) lösen.
Zum Wiedereinbau die Kurbel (3) wie im Bild anlegen.
Der Bordwagenheber wird an die verstärkte Blechkante vorn und hinten am Schweller angesetzt.
Niemals das Abstützen vergessen, wenn unter dem Fahrzeug gearbeitet wird!

Ewing & Co.

Öl und Geld – das gilt nicht nur in Dallas. Wer als Autofahrer ein günstiges und doch gutes Öl im Supermarktregal findet, hat Geld gespart. Wer jedoch bei der Schmiererei Fehler macht, muß bald tief in den Geldbeutel greifen.

Was das Motoröl leistet

○ Wichtigste Aufgabe des Motoröls ist in erster Linie die Vermeidung der Reibung zwischen den Teilen des Ventiltriebs.
○ Ferner hilft das Öl, den winzigen Spalt zwischen Kolbenringen, Zylindern und Kolben abzudichten.
○ Auch bei der Kühlung des Motors hilt das Öl. Die an den Motorteilen aufgenommene Wärme gibt es über die Ölwanne an den Fahrtwind bzw. die Umgebungsluft ab.
○ Bei alledem darf das Motoröl auch bei hohen Temperaturen nicht verdampfen oder gar den Schmierfilm auf den gleitenden Teilen abreißen lassen.
○ Ruß und Schmutz muß das Öl binden und in der Schwebe halten, denn nur so bleibt der Motor innen sauber.
○ Zuletzt muß es noch die Eigenschaften besitzen, rückstandsarm zu verbrennen. Denn auch bei bester Abdichtung gelangen (was durchaus gewollt ist) geringe Ölmengen in den Brennraum.

Motorölstand prüfen

Ständige Kontrolle

Zum Ölpeilstab sollten Sie bei jedem zweiten Tanken greifen. In der Einfahrzeit oder bei einem älteren Motor mit erhöhtem Ölverbrauch erfolgt die Kontrolle sicherheitshalber schon bei jedem Volltanken. Wo der Ölmeßstab bei den verschiedenen Motoren sitzt, zeigen die Motorraum-Schaubilder.

● Wagen auf waagrechtem Untergrund abstellen.
● Nach dem Abstellen des vorher warmgefahrenen Motors mindestens fünf Minuten warten, damit alles Öl in die Ölwanne abtropfen kann. Besser ist die Kontrolle vor dem ersten Start bei noch kaltem Motor.
● Peilstab ziehen – Vorsicht bei heißem Motor, die benachbarten Kühlmittelschläuche sind sehr heiß –, mit sauberem, fusselfreien Lappen oder Papiertuch abwischen, bis zum Anschlag wieder hineinschieben, kurz warten und erneut herausziehen.
● An der Peilstabspitze können Sie nun den Ölstand ablesen.
● Reicht die Schmiermittelmenge nur noch bis zur unteren Markierung, muß Motoröl nachgefüllt werden.

Fingerzeig: Lassen Sie sich nicht verunsichern: Hochwertiges Motoröl wird schon nach kurzer Laufzeit dunkel. Das beweist nur, daß es richtig »arbeitet« und den anfallenden Schmutz in der Schwebe hält. Es ist jedoch kein Zeichen dafür, daß das Öl gewechselt werden müßte.

Öl nachfüllen

Die Ölmenge zwischen oberer und unterer Peilstabmarke beträgt **1 Liter**. Unter die untere Marke sollte der Ölstand nicht absinken. Fehlt Öl und wird der Peugeot 205 scharf gefahren, kann der Öldruck gefährlich abfallen, was die Öldruckkontrolle sofort anzeigt. Außerdem leuchtet die »Stop«-Leuchte im Kombi-Instrument auf.
Bei welchem Ölstand Sie nachfüllen sollten, hängt von Ihrer Fahrweise ab:
○ Bei gemäßigtem Fahrstil genügt Nachfüllen, wenn das Niveau an der unteren Peilstabmarke angelangt ist.
○ Bei starker Motorbelastung empfiehlt sich Auffüllen, wenn der Ölstand sich im unteren Viertel zwischen den beiden Peilstabmarken befindet. Die größere Ölmenge kann die Kühlungsaufgaben besser erfüllen.
○ In den Motor nicht über die obere Peilstabmarke hinaus Öl einfüllen. Dann gelangt zu viel Öl über die Kurbelgehäuse-Entlüftung in die Brennräume und wird dort verbrannt.

Fingerzeig: Preisgünstiges Öl werden Sie meistens im 3- oder 5-Liter-Kanister kaufen. Nehmen Sie sich für unterwegs eine wiederverschließbare 1-Liter-Ölkanne (z.B. von Castrol) im Gepäckraum mit. So haben Sie ständig eine preisgünstige Reserve. Außerdem können Sie den Rest einer angebrochenen 1-Liter-Dose von der Tankstelle einfüllen.

Darf man Öle mischen?

Die Motorölsorten aller Hersteller lassen sich ohne Gefahr mischen, auch Einbereichs- und Mehrbereichsöle. Diese Mischbarkeut ohne schädliche Folgen ist eine Grundforderung der internationalen Öl-Normen. Entscheidend ist lediglich, ob die Spezifikation ausreicht.

Fingerzeig: Wegen ihrer doch sehr unterschiedlichen Eigenschaften raten wir vom Mischen von Mineralöl mit synthetischem Öl ab, obwohl das theoretisch ohne nachteilige Folgen möglich sein muß.

Ölverbrauch

Ein Teil des Motoröls verbrennt bei seiner Schmiertätigkeit. Ölverbrauch ist also völlig natürlich. Gut eingefahrene Motoren kommen mit **0,5 Liter Öl auf 1000 km** und weniger aus. Als höchstzulässiger Wert sollte ein Verbrauch von **1–1,5 Liter je 1000 km** gelten. Verbrennt Ihr Motor so viel, ist es höchste Zeit, daß Sie sich um die Ursache kümmern.

Ölverbrauch messen

Wenn Sie den Ölverbrauch auf den Hundertstel-Liter genau messen wollen, muß der Wagen jeweils auf einer absolut waagrechten Stelle stehen und der Motor mindestens fünf Minuten stillstehen. Am einfachsten geht das vor dem ersten Start. Dann wird der Ölstand ganz genau angezeigt, und Sie müssen nicht einmal den Peilstab abwischen, da über Nacht alles Öl in die Ölwanne zurückgesickert ist.

Zu hoher Ölverbrauch

Wieviel Öl Ihr Peugeot 205 verbraucht, hängt von folgenden Umständen ab:

- Ölverlust wird häufig mit Ölverbrauch verwechselt. Bevor also der Ölverbrauch kritisiert wird, müssen Sie erst prüfen, ob der Motor nicht undicht ist (Ölspuren am Standplatz?).
- Wer Öl bis weit über die obere Peilstabmarke einfüllt, hat automatisch höheren Ölverbrauch, denn der übrige Schmierstoff wird zur Kurbelgehäuse-Entlüftung hinausgeblasen.
- Dünnflüssiges Öl verbrennt schneller als dickflüssiges. Wenn z.B. Einbereichsöl sehr heiß wird, fließt es »dünn wie Wasser«. Mehrbereichsöl bleibt dagegen dickflüssiger.
- Motoröl (vor allem Mehrbereichsöl), das zu lange im Motor bleibt, hat einen höheren Nachfüllbedarf.
- Scharfe Fahrweise treibt nicht nur den Kraftstoffkonsum in die Höhe. Nach unseren Erfahrungen hängt auch der Ölverbrauch davon ab, ob bevorzugt in den höchsten Drehzahlen gefahren wird.
- Einlaufvorgang noch nicht abgeschlossen (mindestens 5000 km).
- Defekt im Motor; z.B. Ventilschaftabdichtungen defekt, Spiel zwischen Ventilführung und Ventilschaft zu groß, Kolbenringe falsch eingebaut oder schadhaft, beschädigte Zylinderwand durch Kolbenfresser.

Ihr Motor verbraucht kein Öl?

Im winterlichen Kurzstreckenbetrieb kann es besonders bei Benzinmotoren vorkommen, daß der Ölstand steigt, statt, wie normal, leicht abzufallen. Sie haben dann nicht etwa eine Ölquelle entdeckt, sondern der Ölwanneninhalt wurde durch Kraftstoffkondensat verdünnt, das sich – bedingt durch die nun länger geschlossene Starterklappe (Vergasermotoren) bzw. Gemischanreicherung (Einspritzer) – an den Kolbenringen vorbeigemogelt hat. Sie riechen den Benzingehalt im Öl sogar am herausgezogenen Ölpeilstab.
Die Schmiereigenschaften des Öls sind dadurch beträchtlich herabgesetzt. Ein zusätzlicher Ölwechsel zwischen den Intervallen (oft schon nach 5000 km) ist da kein Luxus, denn er kann Ihnen schwere Motorschäden ersparen. Der Ölfilter braucht dabei natürlich nicht gewechselt zu werden.
Bei geringerer Ölverdünnung kann auch eine längere Fahrt Ölstand und Schmierfähigkeit des Öls wieder ins Lot bringen. Bei Öltemperaturen über 100°C verdunsten die Kondensatanteile nach etwa einer halben Stunde. Wichtig ist jetzt die sofortige Ölstandskontrolle! Durch die schnelle Verdunstung kann der Ölpegel erheblich absinken.

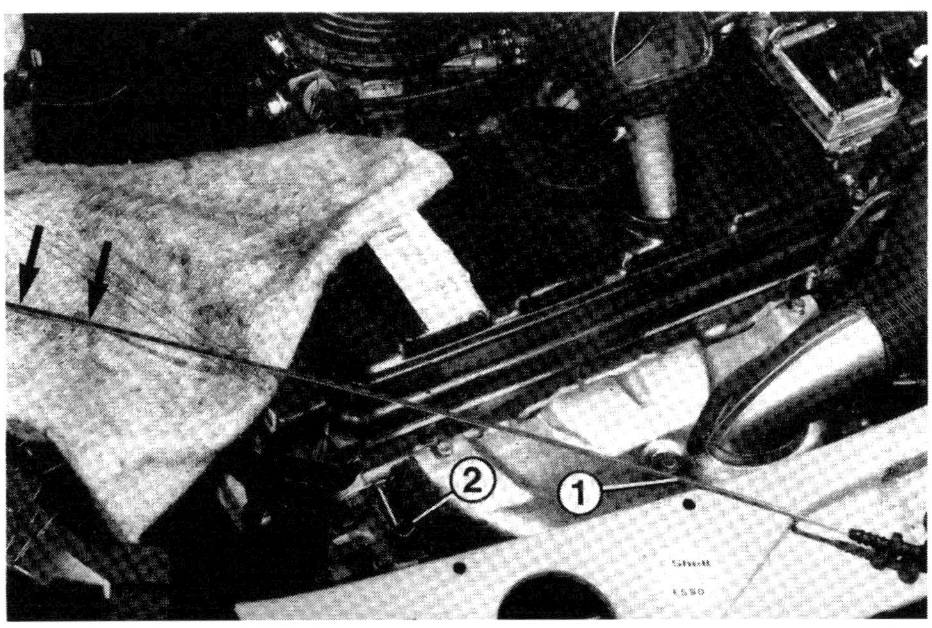

Spätestens bei jedem zweiten Tanken den Ölmeßstab (1) aus seinem Führungsrohr (2) ziehen und den Ölstand prüfen. Die Differenz zwischen den beiden Marken (Pfeile) beträgt ca. 1 Liter.

Die richtige Ölsorte

Für die Motoren des Peugeot 205 schreibt Peugeot ein Marken-HD-Öl vor, das nach dem System mit SF bezeichnet wird. Neben dieser Bezeichnung vom Amerikanischen Petroleum Institut gibt es noch weitere von der Vereinigung europäischer Autohersteller (CCMC), General Motors und dem US-Militär (MIL).

Die Ölspezifikation

Motoröl für den Peugeot 205 muß eine der folgenden Bezeichnungen tragen:
Benzinmotoren:
- API SF
- MIL-L-46 152 B
- CCMC-G2 (entspricht API SF) oder CCMC-G3/D1

Dieselmotor:
- API CD
- MIL-L-2104 C
- CCMC/PD1

Bei solcher Art gekennzeichnetem Öl können Sie unbesorgt zugreifen, auch wenn es wesentlich billiger ist als ein gleichartiges Markenöl. Auch Öl mit der Doppelbezeichnung API SF/CD ist auf jeden Fall verwendbar.

Zähflüssigkeit des Öls

Das Fließverhalten des Öls – also die Dick- bzw. Dünnflüssigkeit – bestimmt, ob
- der Anlasser den kalten Motor durchdrehen kann;
- alle Schmierstellen nach dem Kaltstart sofort versorgt werden;
- bei hohen Temperaturen und Drehzahlen der Schmierfilm nicht abreißt.

Die amerikanische **S**ociety of **A**utomotive **E**ngineers hat die Öle entsprechend ihrer Zähflüssigkeit in Klassen eingeteilt. Diese Klassen reichen vom dünnflüssigen **W**interöl SAE 5 W, 10 W, 15 W über die Zwischenstufen SAE 20 W/20 zu den dickflüssigen Sommerölen SAE 30, 40 und 50.

- Am billigsten ist **Einbereichsöl**, jedoch ist es von Peugeot nicht freigegeben. Für einwandfreie Motorschmierung muß es entsprechend der Jahreszeit dick- oder dünnflüssiger sein. Das bedeutet, daß im Herbst Winteröl und im Frühjahr Sommeröl in den Motor gefüllt werden muß.
- Aufwendiger in der Herstellung ist **Mehrbereichsöl.** Es besitzt Viskositätsindex-(VI-)Verbesserer – lange Molekülketten, die beim Erhitzen quellen und beim Abkühlen wieder schrumpfen. Das Öl kann sich damit den Temperaturen elastisch anpassen und mehrere Viskositätsklassen überspannen. Ein Öl SAE 15 W-50 entspricht bei einer Temperatur von –15°C der Zähflüssigkeitsklasse 15 W und bei 100°C der Klasse 50.

Für Ihren Peugeot-Motor sind folgende SAE-Klassen vorgeschrieben:
Benzinmotor: SAE 10 W-40.
Dieselmotoren ab 10/87: SAE 10 W-40.
Dieselmotoren bis 10/87: SAE 15 W-30 oder 15 W-40.
SAE 10 W-30 bei Dauertemperaturen unter –10°C.

Hochleistungsöle

Unter diesen Begriff haben wir Leichtlauf- oder Benzinsparöle (auf teilsynthetischer Basis) und auch vollsynthetische Öle zusammengefaßt, denn die Übergänge sind fließend. Sie sind durchweg teurer als herkömmliche Mehrbereichsöle. Da sie jedoch die Bildung von Ölschlamm besonders gut verhindern, werden diese Öle sehr empfohlen.

- Die im kaltem Zustand sehr dünnflüssigen **Leichtlauf-Schmierstoffe** verringern vor allem in der Warmlaufphase und im Kurzstreckenverkehr die innere Reibung im Motor, setzen ihm also weniger Widerstand entgegen. Man kann realistisch mit einer Verbrauchs-Einsparung von rund 3% rechnen.
- **Vollsynthetische Öle** zählen zu den teuersten überhaupt. Sie sind besonders alterungsbeständig und hoch belastbar.

Fingerzeig: Schlecht startende Dieselmotoren können durch Leichtlauföl wieder etwas aufgemuntert werden. Gerade bei klirrendem Frost dreht der Anlasser den Motor schneller durch, der Start gelingt in vorher aussichtslosen Fällen.

Zusätze zum Motoröl

Das Verwenden von Zusatzmitteln – gleich welcher Art – in Schmierölen kann im Garantie- bzw. Kulanzfall zu Auseinandersetzungen führen. Das ist die Meinung der meisten Ölexperten bei den Motorenherstellern zu Ölzusatzmitteln. Ob die Mehrkosten für Ölzusätze eine entsprechende Lebensverlängerung des Motors bewirken, hat ohnehin noch niemand eindeutig nachgewiesen.

Alles über den Ölwechsel

Wo Öl wechseln?

- In den Werkstätten kostet der Ölwechsel nach unseren Erfahrungen das meiste Geld, weil nur sehr teure Ölsorten vorrätig sind. Außerdem ist der Motor oft schon wieder kalt, bis das alte Öl abgelassen wird, so daß

Zum Nachfüllen von Motoröl am besten eine Ölkanne (1) verwenden. Wo sich die Öleinfüllöffnung (3) befindet, ist bei manchen Motoren gar nicht so einfach herauszufinden (siehe auch Motorraumbilder). Vor dem Einfüllen erst den Verschlußdeckel (2) der Kurbelgehäuse-Entlüftung mit den Schläuchen abnehmen.
Rechts: Nachfüllen bei den flach liegenden XV-, XW- und XY-Motoren.
Links: Nachfüllen beim XU-Einspritzmotor.

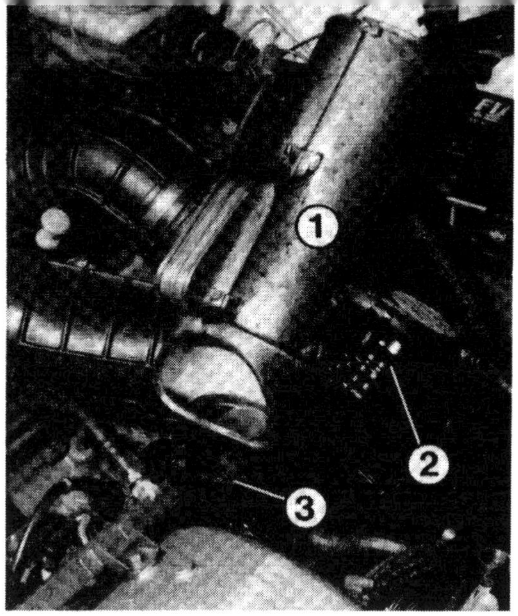

nicht aller Schmutz herausgeschwemmt wird. Manche Werkstätten berechnen die Arbeit für den Ölwechsel zusätzlich zum Ölpreis.
○ An Tankstellen kommt der Wagen dagegen meist sofort dran. Sie können auch ein billigeres Öl aus dem Tankstellenverkaufsprogramm auswählen, und im Ölpreis ist die Arbeit des Tankwarts inbegriffen.
○ Gegen den SB-Ölwechsel mit Absauggerät an der Tankstelle bestehen keine Bedenken, vorausgesetzt der Ölfilterwechsel wird nie vergessen.
○ Ölwechsel zu Hause lohnt sich, wenn Sie das Öl preisgünstig einkaufen (Zubehörhandel, Großmarkt, Warenhaus oder Mitnahme-Öl an der Tankstelle).

Wie oft Öl wechseln?

Die Werksvorschrift fordert für den Peugeot 205 einmal jährlich einen Ölwechsel. Oder alle 7500 km bei Dieselmotoren bis 5/88 und bei Benzinmotoren bis 1/85.
Bei später gebauten Fahrzeugen ist der Öl- und Filterwechsel alle 10000 km vorgeschrieben. Wenn die Jahresfahrleistung wesentlich über 15000 km liegt, dürfen bei Vielfahrern notfalls auch 12000 km zusammenkommen.
Läuft der Peugeot 205 ausschließlich im Kurzstreckenbetrieb, empfiehlt sich ein halbjährlicher Ölwechsel z. B. alle 5000–8000 km. Termin ist dann Frühjahr und Herbst, denn das winters verstärkt auftretende Kraftstoffkondensat sollte vor der warmen Jahreszeit mit dem Öl abgelassen werden.

Was wird gebraucht?

Folgende wichtige Ausrüstung benötigen Sie beim Ölwechsel:
○ Auffanggefäß für das Altöl. Ein alter Ölkanister mit herausgeschnittener Seitenwand oder eine ausgediente Spülschüssel leisten hier gute Dienste.
○ Eine Ölkanne vereinfacht das Einfüllen des frischen Motoröls.
○ Ein Altölkanister dient zum Wegschaffen des Altöls.
○ Motoröl darf natürlich nicht fehlen. Nach den Spezifikationen auf der gegenüberliegenden Seite kann es (meist im 5-Liter-Kanister) preisgünstig eingekauft werden.
○ Ein Ölfilter und einen Spannbandschlüssel zum Lösen des Ölfilters (beides gibt es am billigsten beim Autozubehörhandel oder im Supermarkt).
○ Dichtring für Ölablaßschraube (meist dem Ölfilter beigepackt).

Fingerzeig: Bei Benzinmotoren vor dem Einkauf des Ölfilters anhand der Tabelle auf Seite 13 klären, welcher Motortyp in Ihrem Fahrzeug eingebaut ist. Am besten Fahrzeugschein zum Einkauf mitnehmen. Beim Peugeot 205 Diesel ist die Sache einfacher – es gibt nur einen Filtertyp.

Wohin mit dem Altöl?

Das beim Ölwechsel anfallende Altöl muß ordnungsgemäß beseitigt werden. Wer es einfach im Erdreich versickern läßt, vergräbt oder in die Kanalisation schüttet, verunreinigt das Grundwasser, gefährdet die Trinkwasserversorgung und muß mit hohen Geldstrafen rechnen. Altöl kann man kostenlos dort abgeben, wo man Motoröl kauft (Kaufquittung aufheben) oder bei einer nahegelegenen Altölsammelstelle. Deren Adresse erfahren Sie von der Gemeindeverwaltung, der örtlichen Polizei oder einer Autoclub-Geschäftsstelle.

Fingerzeig: Das beim Ölwechsel anfallende Altöl wird von spezialisierten Firmen bei Tankstellen, Werkstätten usw. eingesammelt und der Wiederverarbeitung zugeführt. Voraussetzung für die Verarbeitung des Altöls ist, daß keine Fremdstoffe beigemischt sind, andernfalls ist das Altöl lediglich noch Abfall, dessen Beseitigung Geld kostet.

So wird der Ölfilter (1) mit dem Spannbandschlüssel (2) losgedreht. Hier gezeigt am Diesel-Motor. Über dem Ölfilter ist der Öldruckschalter erkennbar.

Motoröl und Ölfilter wechseln

Wartung Nr. 1

- Vor dem Beginn der Arbeit den Motor warmfahren (ca. 10 Minuten Fahrt).
- Öleinfülldeckel abnehmen (ab Seite 8).
- Ölablaßschraube unten in der Ölwanne etwas lösen.
- Kleine Wanne unterschieben und Schraube vollends herausdrehen. Vorsicht, das heiße Öl kommt schwungvoll herausgeflossen!
- Wenn das Öl ausgelaufen ist, Ablaßschraube zusammen mit einer neuen Dichtung in die Ölwanne hineinschrauben. Behutsam festdrehen (25 Nm).
- Nun den Ölfilter erneuern. Dazu einen Lappen um das Ölfilterunterteil legen, damit ausfließendes Öl aufgefangen wird. Ölfilter mit dem Spannbandschlüssel abschrauben und abnehmen.
- Alten Ölfilter über der Auffangwanne entleeren und wie ölgetränkte Lappen zum Sondermüll geben.
- Dichtring am neuen Ölfilter etwas mit Fett einreiben. Kein Öl nehmen, weil dieses bei der Dichtheitskontrolle am Schluß für austretendes Öl gehalten werden könnte.
- Filter von Hand festschrauben.
- Motoröl einfüllen. Anschließend Motor starten.
- Ölstand und Dichtheit an Ölablaßschraube und am Ölfilter kontrollieren. Evtl. Ölfilter etwas nachziehen (ca. um 90°).

Die Ölfüllmenge

Wieviel Öl nach dem Ablassen wieder in den Motor gefüllt werden muß, zeigt die Tabelle. Beim Benzinmotor erst klären, welcher Motortyp in Ihrem Fahrzeug eingebaut ist.

Motor	Hubraum cm^3	Leistung kW	Ölfüllmenge mit Ölfilterwechsel
XV 8 XW 7 4-Gang XU 5 XU 9	954 1124 1580 1905	31 oder 37 36 oder 37 55 oder 76 75, 88 oder 95	4,5 Liter
TU 1 TU 3	1124 1360	40 44 oder 55	3,2 Liter
XW 7 5-Gang XY 7 XY 8	1360 1360	44 58 oder 59	5,0 Liter
Diesel			
Differenz zwischen Ölpeilstabmarken			ca. 1 Liter

Ölstand im Schaltgetriebe

Wartung Nr. 9

Bei den Motoren XV 8, XW 7, XY 8 (siehe Tabelle Seite 13) ist diese Arbeit nicht erforderlich, weil ja Motor und Getriebe in einem Gehäuse untergebracht sind. Mit der Motorölstandskontrolle ist somit auch der Getriebeölstand kontrolliert.

Eine Ölstandskontrolle ist nur bei denjenigen Getrieben (Typ BE 1 oder MA) möglich, die einen Öleinfüll- bzw. Ölstandskontrollstopfen seitlich am Gehäuse aufweisen (siehe Abbildungen auf diesen Seiten). Zur Kontrolle

Die Abbildung zeigt das Schaltgetriebe MA (1) der TU-Motoren (siehe »Motoren- und Typentabelle«). Zum Ablassen des Getriebeöls die Ablaßschraube (2) herausdrehen. Zum Einfüllen den Einfüll- bzw. Kontrollstopfen (4) herausdrehen und bei waagrecht stehendem Fahrzeug das Getriebeöl bis an die Unterkante der Bohrung einfüllen.
Weiterhin ist bezeichnet: 3 – Kupplungszug.

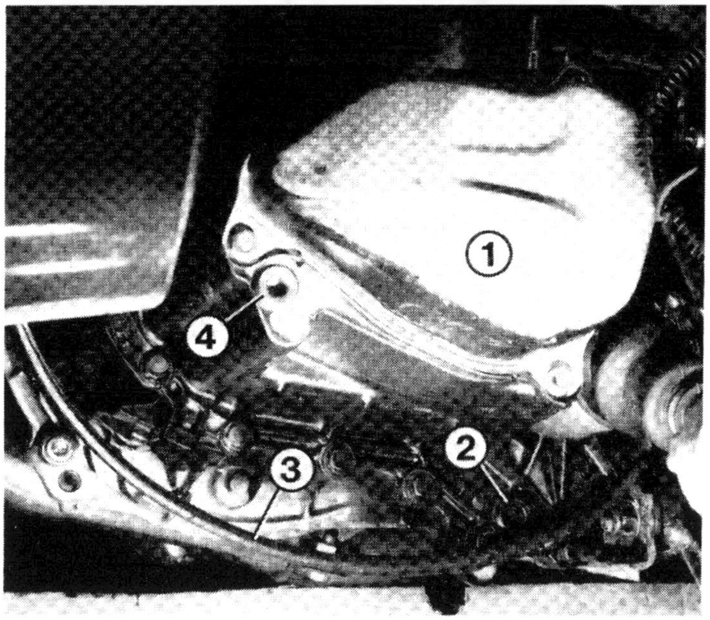

Stopfen herausdrehen. Der Ölstand muß bei waagrecht stehendem Fahrzeug bis an die Unterkante der Öffnung reichen.
Bei Getriebetypen, die den Kontrollstopfen nicht aufweisen, jedoch ständig Öl verlieren (z. B. an den Dichtungen der Antriebswellen), ist es erforderlich, den Getriebeölstand gelegentlich zu prüfen. Dazu das gesamte Getriebeöl ablassen (2 Ablaßschrauben) und auffangen. Anschließend **2 Liter Getriebeöl** wieder in die Einfüllöffnung füllen (Abbildungen auf diesen Seiten). Als Getriebeöl ist Hypoid-Getriebeöl **SAE 75-80 W** mit **API-Spezifikation GL 5** zu verwenden.
Ein regelmäßiger Getriebeölwechsel ist bei unserem Peugeot 205 ab Modelljahr 1988 mit Getriebe MA oder BE 1 nicht mehr vorgesehen.

Fingerzeig: Bei Fahrzeugen mit Getriebe BE 1 war vor Modelljahr 1988 als Getriebeöl normales Motorenöl SAE 10 W-40 eingefüllt und ein Austausch alle 40000 km durchzuführen. Nachträglich kann auch in dieses Getriebe das Getriebeöl SAE 75-80 W, API GL 5 gefüllt werden. Es braucht dann ebenfalls nicht mehr getauscht zu werden.

Schmierarbeiten

Wartung Nr. 2

Neben dem Motor gibt es noch eine ganze Reihe anderer Schmierstellen am Fahrzeug, die ständig gewartet werden wollen. Wer sich einmal im Jahr einige Minuten Zeit dafür nimmt, verhindert vorzeitigen Teileverschleiß. Es wird jedoch nicht nur Geld gespart, wenn z. B. die Schließzylinder länger halten, vielmehr wird auch gefährlichen Situationen vorgebeugt, die beispielsweise durch ein klemmendes Gasgestänge entstehen könnten.
○ **Gasgestänge und -wellen schmieren:** Drücken Sie – natürlich bei stehendem Motor – auf das Gaspedal bzw. lassen Sie dies einen Helfer tun. Beobachten Sie, was sich da so alles bewegt.
○ **Handbremsseilzüge:** Abdeckung hinter dem Handbremshebel ausbauen. Seilzüge etwas mit Mehrzweck-

Hier ist das Schaltgetriebe BE 1 (1) des Dieselmotors und der XU-Einspritzmotoren gezeigt. Zum Ablassen des Getriebeöls die Stopfen (2) und (3) herausdrehen. Zum Einfüllen über den Stopfen (2) das Fahrzeug vorn links etwas anheben.
Weiterhin ist bezeichnet: 4 – Kupplungsgehäuse zwischen Motor und Getriebe.

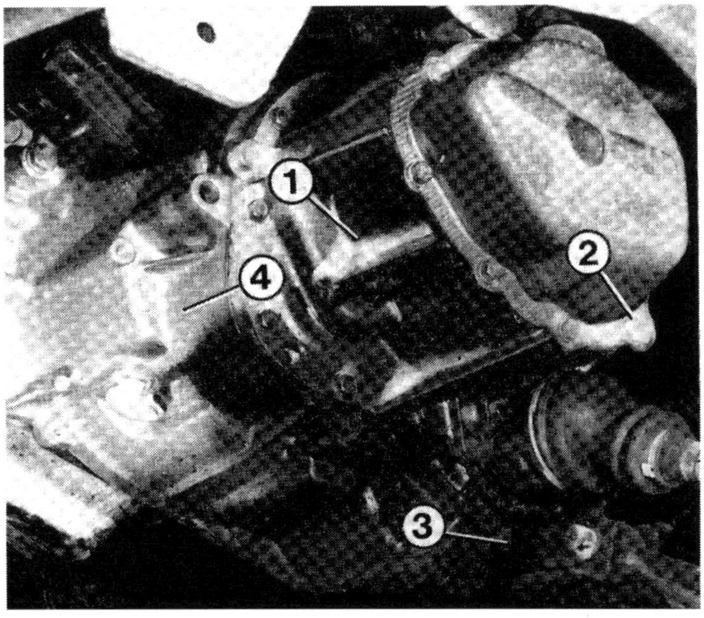

fett schmieren. Unter dem Wagen am linken und rechten Hinterrad die Seilzüge dort schmieren, wo sie aus den Seilzugumhüllungen kommen. Durch mehrfaches Betätigen des Handbremshebels das Fett in die Zughülle ziehen. Gummikappen wieder sorgfältig aufstecken.

○ **Motorhaube:** Die Scharniere, die Gelenke der Abstützung sowie die beweglichen bzw. aneinander reibenden Teile der Haubenentriegelung mit einigen Tropfen Öl schmieren.

○ **Heckklappe:** Verriegelung mit Öl oder Ölspray schmieren.

○ **Türen:** Scharniere und Türfeststeller mit Öl oder Ölspray schmieren.

○ **Schließzylinder:** Zur Schmierung Rostlöser-Isolierspray (z. B. »Caramba Super«) in den Schlüsselschlitz sprühen.

○ **Kupplungszug:** Luftfilter über dem Getriebe (z. B. beim Diesel) ausbauen. Freie Seilzugenden mit Mehrzweckfett schmieren. Durch mehrmaliges Pedaltreten in die Zughülle ziehen. Gummimanschetten wieder montieren.

○ **Ersatzradhalterung:** Den Riegel und den Gewindebolzen möglichst dick mit Mehrzweckfett einschmieren. Wird dies vergessen, läßt sich nach einigen Jahren das Reserverad evtl. sehr schwer losschrauben, was unterwegs bei einer Reifenpanne äußerst ärgerlich sein kann.

○ **Schiebedach:** Gleitschienen reinigen und wieder neu einfetten. Hierzu ist Silikonpaste ganz gut geeignet.

ATF-Stand im Automatikgetriebe

Wartung Nr. 10

Die Getriebeautomatik ist mit einer synthetischen Flüssigkeit namens **A**utomatic **T**ransmission **F**luid (= ATF) befüllt. Sie dient als Schmiermittel und zur Steuerung des hydraulischen Drucks im Getriebe. Damit sie den Anforderungen gerecht wird, muß die ATF die Bezeichnung **Dexron II** (mit einer nachfolgenden Kontrollzahl) tragen. Falsche Flüssigkeit kann einen Getriebetotalschaden verursachen!

● Die ATF soll zur Prüfung handwarm sein, das entspricht einer Fahrt von ca. 20 Kilometern. Die Flüssigkeitsmenge verändert sich temperaturabhängig. Im kalten Zustand wird zu wenig angezeigt und nach längerer Fahrt ein zu hoher Stand.

● Handbremse anziehen, Wählhebel in Stellung »P« legen, Motor im Leerlauf drehen lassen.

● ATF-Peilstab – in Fahrtrichtung hinter dem Motorhaubenschloß – herausziehen. Er darf nur mit einem völlig sauberen und fusselfreien Tuch abgewischt werden.

● Peilstab einschieben und nochmals herausziehen. Zwischen beiden Markierungen muß ATF sichtbar sein. Die Flüssigkeitsmenge zwischen oberer und unterer Marke beträgt ca. 0,2 Liter.

● ATF durch die Peilstab-Öffnung nachfüllen.

Fingerzeige: Früher war die ATF immer klar und hellrot eingefärbt. Heute kommt eine Flüssigkeit zum Einsatz, die sich im Betrieb ohne Qualitätseinbuße schwarzbraun verfärben kann.
Riecht die ATF am herausgezogenen Peilstab verbrannt, liegt ein Getriebeschaden vor.
Bei zu niedrigem Flüssigkeitsstand sollte nicht einfach ATF nachgefüllt werden, sondern das Getriebe auf Undichtigkeiten hin kontrolliert werden. Notwendige Abdichtarbeiten sollten Sie der Werkstatt überlassen.
Wurde versehentlich zu viel ATF nachgefüllt, muß diese unbedingt wieder abgelassen werden. Abgelassene ATF nicht wieder nachfüllen.

ATF wechseln

Wartung Nr. 34

Bei normalem Fahrbetrieb sieht der Wartungsplan den ATF-Wechsel alle 40000–45000 km vor. Dazu wird die alte ATF abgelassen, und gleichzeitig müssen Ölwanne und -sieb gereinigt werden – Arbeiten für die Peugeot-Werkstatt.

Ölstand der Servolenkung prüfen

Wartung Nr. 3

Der Stand der ATF Dexron II (wie im Automatikgetriebe, siehe oben) wird entweder am Verschlußdeckel mit Meßstab (Druckpumpe mit integriertem Behälter) oder am durchsichtigen, separat angeordneten Behälter (Fahrzeuge mit Klimaanlage) im Motorraum geprüft. Dabei ist zu beachten, daß die ATF ihr Volumen temperaturabhängig ändert. Deshalb die Kontrolle bei kalter ATF durchführen (morgens vor dem ersten Start).

● Der Motor darf nicht laufen.

● Lenkung in Geradeausstellung bringen.

● Verschlußdeckel mit Meßstab abschrauben, Meßstab mit sauberem Tuch abwischen. Deckel lose auf die Einfüllöffnung legen. Deckel wieder abnehmen und Pegel am Meßstab ablesen.

● Der ATF-Stand darf nicht unter die untere Markierung »MINI« abgesunken sein. Ggf. ATF nachfüllen.

● Beim durchsichtigen Behälter bis zur Markierung »FROID« nachfüllen.

● Zur Information: Bei warmer ATF kann ihr Niveau bis zur obersten Markierung reichen.

Die Ölablaßschraube (4) ist am tiefsten Punkt in die Ölwanne (3) eingeschraubt.
Die starken XU-Einspritzmotoren sind mit einem Ölkühler (1) vor dem Ölfilter (2) ausgestattet. Gekühlt wird das Motorenöl durch das um ca. 50° C kältere Motor-Kühlmittel. Am Ölkühler sind die Öldruckleitungen (5) und Kühlmittel-Schläuche angeschlossen (6).

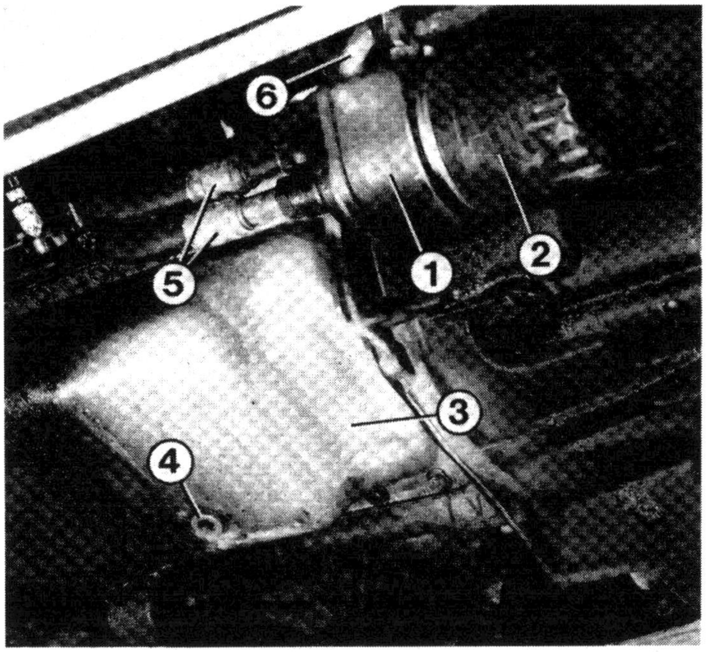

- Generell deutet Flüssigkeitsverlust auf eine Leckstelle im Hydrauliksystem. In diesem Fall nicht einfach ATF nachkippen, sondern erst die Leckstelle ermitteln!

Dichtheitsprüfungen

Wartung Nr. 23

Bei dieser Arbeit sollen Motor, Getriebe, Bremsleitungen, Leitungen von Servolenkung, Einspritz- und Kraftstoffleitungen, Stoßdämpfer, Federbeine usw. bewußt auf undichte Stellen abgesucht werden. Flüssigkeitsverluste deuten oft auf einen baldigen Ausfall des jeweiligen Aggregates hin. In den Kapiteln finden Sie weitere Hinweise. Grundsätzlich gilt: Immer wenn Sie Flecken und Tropfen auf dem Standplatz Ihres Peugeot 205 finden, müssen Sie den Ursachen nachgehen.

Volles Haus

Bei den Benziner-Motoren kann in Ihrem Peugeot 205 alles eingebaut sein, was in den letzten Jahren im Motorbau so üblich war. Klären Sie anhand der Motoren- und Typentabelle mit Ihrem Fahrzeugschein, welcher Motor eingebaut ist. Kennzeichnen Sie diesen am besten in der Tabelle auf Seite 13.

Motoren XV, XW und XY

Mit diesen Vergaser-Motoren wurde der Peugeot 205 im September 1983 vorgestellt. Ende 1989 läuft die XV-, XW-, XY-Motorenreihe aus. Sie wurden von den neuen TU-Motoren abgelöst.
Charakteristisch an den Motoren XV, XW und XY ist:

- Motor um 72° nach hinten geneigt eingebaut (praktisch liegend).
- Getriebe und Achsantrieb sind unterhalb des Motors angeordnet und werden mit Motoröl geschmiert (Getriebe und Motor in einem Ölraum).
- Am linken Kurbelwellenende sitzt die Kupplung.
- Stirnräder links am Motor verbinden Kurbelwelle und Getriebe.
- Obenliegende Nockenwelle, 5fach gelagert.
- Nockenwellenantrieb über Steuerkette, hydraulischer Kettenspanner.
- Ventile werden über Kipphebel betätigt.
- Zylinderkopf und Zylinderblock aus Leichtmetall.
- Zylinderblock mit eingesetzten Laufbuchsen aus Schleuderguß, die Laufbuchsen werden vom Kühlmittel umspült.
- Kolben aus Leichtmetall, Kolbenbolzen ins Pleuelauge eingepreßt.
- Zahnradölpumpe von Kurbelwelle über Zahnräder angetrieben.
- Gemischaufbereitung durch herkömmliche Vergaser (kein geregelter 3-Wege-Katalysator möglich).
- Transistorzündung.

Hier ist ein Vertreter der flach liegenden XV-, XW-, XY-Benzinmotoren mit Vergaser im Schnittbild gezeigt. In der Motorölwanne ist das Schaltgetriebe eingebaut.

XV-, XW-, XY-Benzinmotoren mit Vergaser im Schnittbild von der anderen Seite gesehen. Die Verbindung zwischen Kupplung und Getriebe stellt ein Zahnradsatz im Kupplungsgehäuse her.

Motoren TU

Die kleineren Benzin-Motoren bis 1,4 Liter Hubraum werden ab Mitte 1988 nach und nach durch diese neue TU-Motorengeneration abgelöst. Die Motoren eignen sich alle für den Einbau moderner Abgasreinigung. So ist z. B. der 44-kW-Motor mit einem elektronisch geregelten Vergaser, Lambda-Sonde und 3-Wege-Katalysator ausgestattet. Der 55-kW-Motor besitzt eine Zentraleinspritzung mit Lambda-Sonde und Katalysator. Weitere Merkmale gegenüber den XV, XW- und XY-Motoren sind:

- ○ Motor um 6° nach vorn geneigt eingebaut.
- ○ Schaltgetriebe vom Typ MA am Motor angeflanscht (nicht mehr im Triebwerksblock).
- ○ Obenliegende Nockenwelle über Zahnriemen angetrieben.
- ○ Zahnriemen durch exentrisch gelagerte Spannrolle gespannt.
- ○ Ventilbetätigung über Alu-Kipphebel mit stählernen Gleitflächen.
- ○ Kipphebel mit Ventilspiel-Einstellbolzen.
- ○ Ölumlauf durch Zahnradölpumpe mit Kettenantrieb.

Hier ist die im Fahrzeug schwer einsehbare Rückseite eines modernen TU-Benzinmotors mit Zentraleinspritzung gezeigt:
1 – Zündverteiler;
2 – Zündspule;
3 – Ansaugrohre mit Einspritzeinheit;
4 – Wasserpumpe;
5 – Anlasser;
6 – Anschluß der Tachowelle;
7 – Schalthebel;
8 – Differential;
9 – Schalthebel;
10 – Schaltgetriebe MA.

Motoren XU

Die hubraumgrößten Motoren im Peugeot 205 sind sogenannte XU-Motoren. Bis auf den XU-Motor im Automatik bis Mitte 1989 sind es alle Einspritzer. Die Motoren mit 1,6 Liter Hubraum sind mit einer Bosch L-Jetronic (mit oder ohne Katalysator) ausgestattet. Der 88-kW-Motor im 1.9 GTI wird von einer Bosch-Motronic mit Kraftstoff versorgt. Aus dieser Motorenreihe stammt auch der XUD für den Peugeot 205 Diesel. Besonderheiten im Vergleich mit den anderen Motoren sind:

- Motor um 30° nach hinten geneigt eingebaut.
- Schaltgetriebe vom Typ BE 1 am Motor angeflanscht.
- Am linken Kurbelwellenende sitzt die Kupplung.
- Zylinderkopf aus Leichtmetall.
- Zylinderblock aus Grauguß.
- Obenliegende Nockenwelle, 5fach gelagert.
- Nockenwelle über Zahnriemen angetrieben.
- Ventile über Tassenstößel betätigt.
- Zylinderblock mit eingesetzten Laufbuchsen, die Laufbuchsen werden vom Kühlmittel umspült.
- Kolben aus Leichtmetall, Kolbenbolzen ins Pleuelauge eingepreßt.
- Zahnriemen wird durch Verdrehen des Spannrollenhalters gespannt.
- Ölumlauf durch Zahnradölpumpe mit Kettenantrieb.

Die Einzelteile des Motors

Zylinderblock

Dieses schwerste und größte Einzelteil des Motors wird auch noch als Kurbelgehäuse oder Motorblock bezeichnet. Er ist aus einer Leichtmetallegierung gefertigt. Kühlmittelkanäle um die aufgereihten Zylinderlaufbuchsen sorgen dafür, daß die entstehende Verbrennungswärme schnell abgeführt wird. Unten am Zylinderblock befinden sich die Lagerstellen für die Kurbelwelle. Durch Abschrauben der Lagerdeckel kann die Kupplung ausgebaut werden.

Mit zunehmender Laufleistung des Motors läßt der Kompressionsdruck nach, und der Ölverbrauch steigt. Schuld daran sind die Zylinderbohrungen, welche durch das ständige Auf und Ab der Kolben verschleißen. Die Bohrungen werden größer und unrund. Kratzer und Rattermarken in den Laufflächen sind weitere Verschleißzeichen. Bei einer grundlegenden Motorüberholung werden die Zylinderlaufbuchsen ausgetauscht und anschließend neue Kolben und Kolbenringe eingebaut.

Schnitt durch den modernen TU-Benzinmotor. Die etwa senkrecht eingebauten Motoren haben die flach eingebaute XV-, XW-, XY-Benzinmotorengeneration zum Modelljahr 1990 abgelöst.

Das Schnittbild zeigt einen 1,6- bzw. 1,9-Liter-XU-Benzinmotor. Die XU-Benzinmotor mit L-Jetronic treiben die stärksten Typen des Peugeot 205 an. Der Motor dient als Basis für den XUD-Dieselmotor.

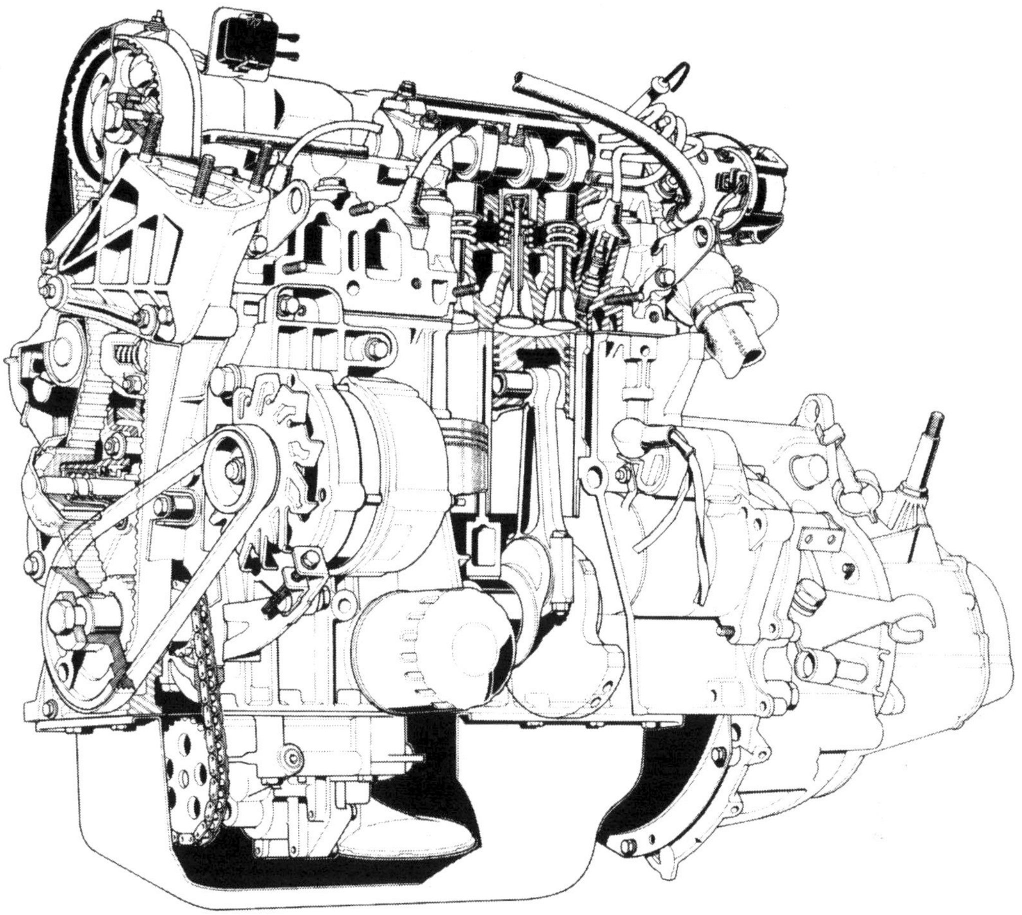

Die Kurbelwelle

Aufgabe der Kurbelwelle ist es, die geradlinige Bewegung der in den Zylindern hin- und herlaufenden Kolben in die gewünschte Drehbewegung umzusetzen. Die zu den Kolben führenden Stangen – die Pleuel – wirken deshalb, wie bei einer Andrehkurbel, versetzt zur Mittelachse auf die Kurbelwelle. Immer zwei der »Kurbeln« sind um 180° versetzt zueinander angeordnet, damit stets eine der vier Pleuelstangen die Kraft der Verbrennung oberhalb des Kolbens in günstiger Weise an die Kurbelwelle weiterleiten kann. Damit sich die Kurbelwelle unter den hohen Belastungen, die im Betrieb entstehen, nicht zu sehr durchbiegen kann, ist sie an fünf Stellen gelagert.

Die Pleuel

Die vier Pleuel aus Schmiedestahl sind mit auswechselbaren Lagerschalen auf den Kurbelwellenzapfen gelagert. In ihrem anderen Ende sind die Kolbenbolzen zur Befestigung der Kolben in das obere »Pleuelauge« eingepreßt. Damit sich die Pleuel und Kolben etwas gegeneinander bewegen können, ist der Kolbenbolzen »schwimmend« im Kolben gelagert.

Auf der Vorderseite des TU-Motors sind bezeichnet: 1 – Lambda-Sonde; 2 – vorderes Auspuffrohr; 3 – Motortypenschild.

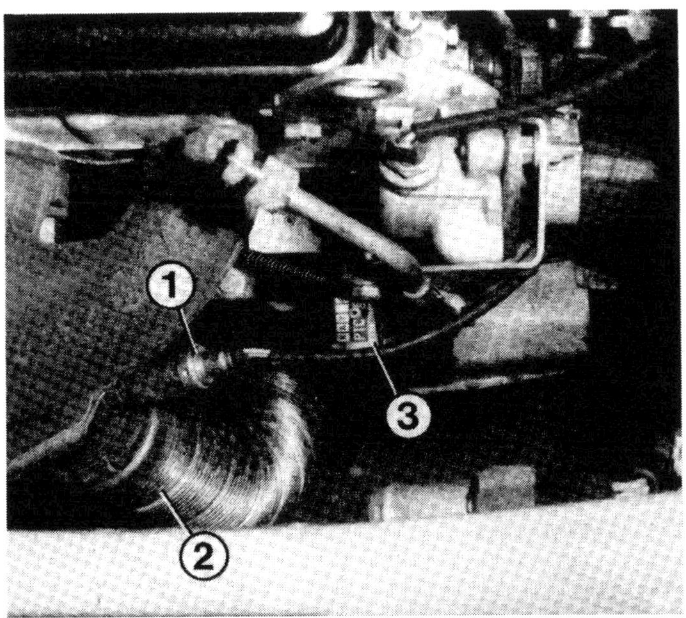

Am XV-, XW-, XY-Motor sind bezeichnet: 1 – OT-Geber; 2 – Ölmeßstab; 3 – Magnetschalter am Anlasser; Pfeil – Motortypenschild.

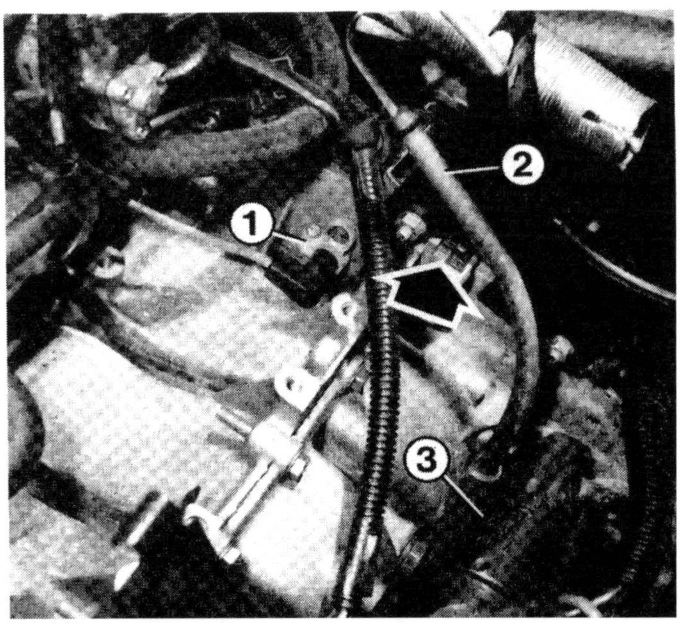

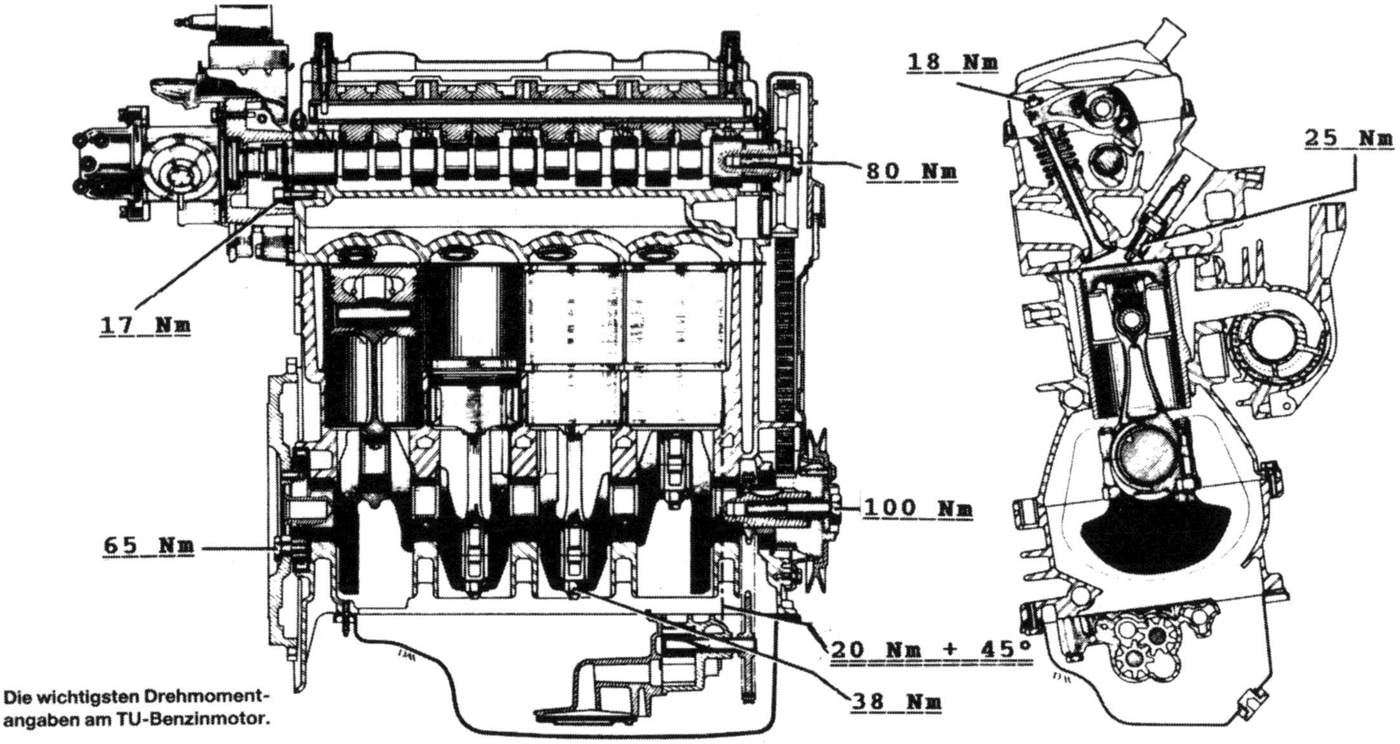

Die wichtigsten Drehmomentangaben am TU-Benzinmotor.

Kolben und Zylinder

Die Kolben gleiten in den Zylindern hin und her. Zur Kurbelwelle hin gedrückt werden sie vom gezündeten Kraftstoff/Luft-Gemisch, wieder hinausgeschoben von der Schwungkraft der sich drehenden Kurbelwelle samt dem mit ihr verbundenen Schwungrad.

Um den Spalt zwischen den Kolben und den sie umgebenden Zylindern abzudichten, sind im oberen Drittel der Kolben zwei Kolbenringe beweglich eingebettet. Sie drücken federnd gegen die Zylinderwand und verhindern so das Entweichen des Kompressions- und Verbrennungsdrucks in das Kurbelgehäuse. Ein dritter Kolbenring unterhalb der beiden anderen, der sogenannte Gleichfasen- oder Ölabstreifring, verhindert, daß Schmieröl aus dem Kurbelgehäuse in den Brennraum gelangen kann.

»Nasse« Laufbüchsen

So nennt man die einzeln in den Motorblock eingesetzten Zylinder, die an ihrer Außenfläche überall von Kühlwasser umspült werden. An beiden Enden sind die »nassen« Zylinder mit O-Ringen aus Gummi gegen Eindringen von Kühlwasser geschützt. Vorteil dieser Bauweise: Zylinderlaufbüchsen können einzeln ersetzt werden, und die Kühlung ist optimal.

Die Zylinderkopfdichtung

Die Dichtung zwischen dem Motorblock und dem Zylinderkopf hat einen schweren Stand, denn sie hat dafür zu sorgen, daß die Verbrennungsräume und die Kanäle für Kühlmittel und Öl voneinander getrennt bleiben. Dabei muß sie enormen Temperatur- und Druckschwankungen widerstehen.

TU-Motor: Zylinderblock und Kurbelgehäuse sind innen (1) und außen (2) verschraubt. Beide Teile sind gemeinsam auszutauschen.

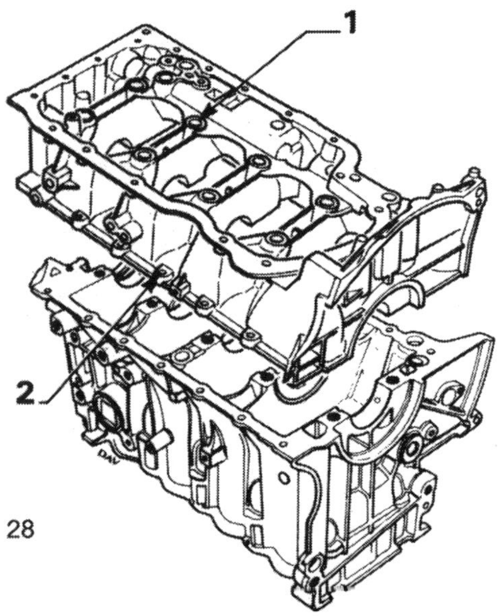

Die Laufbuchsen (4) sind mit Runddichtungen (5) abgedichtet. Laufbuchsen nur zum Austausch herausziehen bzw. verdrehen.

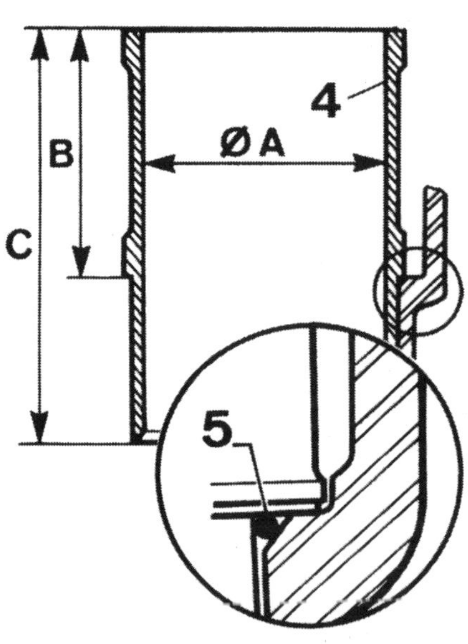

Die Zylinderblockhöhe (3) beträgt beim TU 1-Motor 187,48 mm; beim TU 3-Motor 206,98 mm.

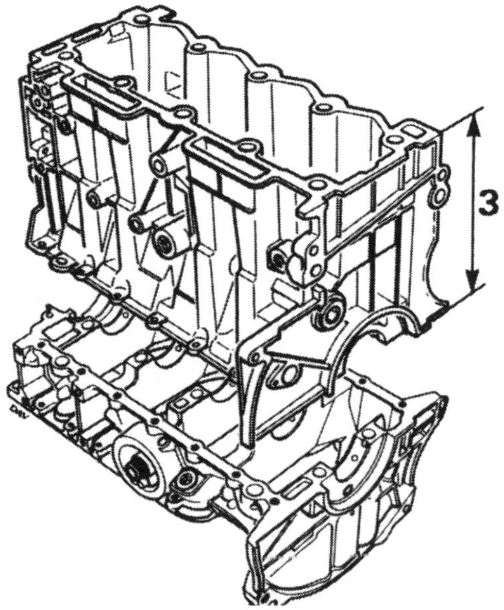

Am Zylinderkopf des TU-Motors sind bezeichnet:
1 – Ventilspiel-Einstellschraube;
2 – Kipphebel für Einlaßventil am 2. Zylinder;
3 – Nockenwelle;
4 – Kipphebel für Auslaßventil am 2. Zylinder;
5 – Lagerdeckel für Kipphebelwelle;
6 – Kipphebelwelle.

Störungsbeistand

Zylinderkopfdichtung

Ein Schaden an der Zylinderkopfdichtung tritt meist als Folge von Überhitzung auf.

Erkennungsmerkmal	Ursache/Besonderheiten
A Kühlflüssigkeitsstand nimmt laufend ab	Kühlmittel gelangt in sehr geringer Menge in die Brennräume. Diese Erscheinung kann sich ohne weitere Erkennungsmerkmale über längere Zeit hinziehen
B Beträchtlicher Kühlmittelverlust. Der Wagen zieht bei warmgefahrenem Motor einen weißen Abgasschleier hinter sich her	Kühlmittel dringt in erheblicher Menge in einen Verbrennungsraum, verdampft dort und entweicht als weiße Schwaden zum Auspuff hinaus
C Aus dem geöffneten Ausgleichsbehälter steigen Luftblasen auf oder beim Öffnen des Verschlußdeckels sprudelt eine größere Menge Kühlmittel heraus	Verbrennungsgase werden ins Kühlsystem gedrückt. Aus der Einfüllöffnung riecht es nach Abgasen
D In Regenbogenfarben schillernde oder schwarze Verfärbung an der Oberfläche des Kühlmittels	Öl aus dem Schmierkreislauf gelangt ins Kühlsystem
E Grau oder braun aussehende Emulsion am herausgezogenen Ölpeilstab oder Öl von Wasserbläschen durchsetzt	Kühlflüssigkeit ist in den Schmierkreislauf geraten. Achtung: Wasser im Motoröl kann einen Lagerschaden verursachen. Zylinderkopfdichtung sofort wechseln (lassen). Motor nicht mehr starten! Wagen zur Reparatur abschleppen

Der Zylinderkopf

Dieses Teil ist gewissermaßen der Deckel des Motors. Es ist aus einer Leichtmetall-Legierung gegossen. In verschiedenen Kanälen strömen das Motorkühlmittel, das Motoröl, das Kraftstoff/Luft-Gemisch sowie die

Am TU-Motor ist der Ventildeckel (1) mit 2 Schrauben auf dem Zylinderkopf (3) befestigt. Schrauben nur mäßig festdrehen, sonst wird die Profildichtung beschädigt und undicht. Weiterhin: 2 – Ölleitblech.

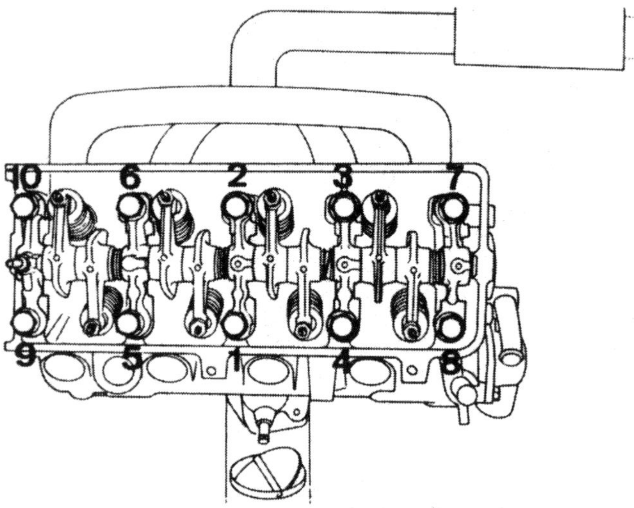

XV-, XW-, XY-Motoren: Anzugsfolge der Zylinderkopfschrauben. Erst mit 50 Nm, dann mit 75 Nm anziehen. Motor warmlaufen lassen. Nach 3 Stunden jede Schraube lösen und wieder mit 75 Nm anziehen.

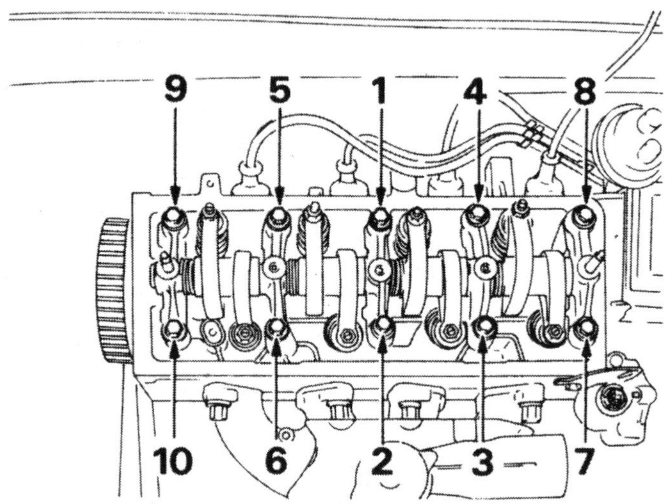

Anzugsfolge der Zylinderkopfschrauben beim TU-Benzinmotor. Die Vorgehensweise beim Anziehen ist auf Seite 35 beschrieben.

Auspuffgase. In Bohrungen stecken die Zündkerzen und die Ventilführungen. Oben im Zylinderkopf ist die Nockenwelle gelagert. Der Auspuffkrümmer und das Saugrohr sind außen am Zylinderkopf montiert.

Weil die Verbrennungsluft von der einen Motorseite in die Brennräume strömt und die Abgase den Motor auf der gegenüberliegenden Seite wieder verlassen, spricht man von einem »Querstromkopf«. Der Gasstrom wird am wenigsten umgelenkt. Dabei ist die Ventilanordnung und die Brennraumform so gewählt, daß zur Abgas- und Leistungsverbesserung turbulenzfördernde Quetschzonen entstehen.

Ein Leichtmetall-Zylinderkopf kann sich bei Kühlungsmangel sowie bei unsachgemäßer Behandlung (Montagereihenfolge der Zylinderkopfschrauben nicht eingehalten oder Ausbau des heißen Zylinderkopfes) leichter verziehen als ein Graugußkopf, doch dafür ist er leichter und kann aufgenommene Verbrennungswärme schneller an das Kühlmittel abgeben.

Die Ventilsitze aus Sintermetall sind ein ringförmiges Gegenstück zum Ventilteller. Sie helfen mit, den Brennraum bei geschlossenen Ventilen gut abzudichten, und sie verhindern, daß sich die Ventilteller in das weiche Leichtmetall eindrücken.

Eine Prüfung des Zylinderkopfes im eingebauten Zustand ist kaum möglich. Nur ein Riß, durch den Kühlmittel sickert, könnte auf einen Zylinderkopfschaden hinweisen. Für weitere Prüfungen muß man den Zylinderkopf ausbauen. Dies braucht in aller Regel nur dann gemacht zu werden, wenn Sie größere Schäden beheben wollen. Beispielsweise, wenn die Zylinderkopfdichtung durchgebrannt ist (Vorseite) oder wenn der Motor schlechte Kompressionswerte zeigt und die Ursache in Richtung Ventilsitze vermutet wird.

Einen stark überhitzten Zylinderkopf in der Werkstatt auf Verzug prüfen lassen. Suchen Sie den ausgebauten Zylinderkopf auch nach kleinen Rissen ab. Bisweilen findet man welche im Brennraum zwischen den Ventilen. Sind die Ventilsitze undicht, müssen die Ventile neu eingeschliffen werden. In besonders schweren Fällen müssen die Ventilsitzringe und die Ventile erneuert werden. Vielleicht ist auch der Austausch von einzelnen Ventilen nötig. Meist trifft dies auf die thermisch stärker beanspruchten Auslaßventile zu.

Die Steuerkette
nur XV-, XW- und XY-Motoren

Die Nockenwelle oben im Zylinderkopf wird von der Kurbelwelle über eine endlose Einfach-Steuerkette angetrieben. Das Kettenrad der Nockenwelle hat doppelt so viele Zähne wie das Kettenrad auf der Kurbelwelle. Dadurch dreht die Nockenwelle, entsprechend der Arbeitsweise von Viertaktmotoren, mit halber Kurbelwellen-

TU-Motor: Links – zum Ausbau aller Teile (2) der Zahnriemenabdeckung am TU-Motor 6 Schrauben (1) herausdrehen. Rechts: 3 – Nockenwellenriemenscheibe; 4 – Klemmschraube; 5 – Kurbelwellenriemenscheibe; 6 – Zahnriemen; 7 – Spannrolle. Zum richtigen Auflegen des Zahnriemens Kurbelwelle an Schwungrad und Nockenwellen-Riemenscheibe mit 6-mm- bzw. 10-mm-Bohrern blockieren.

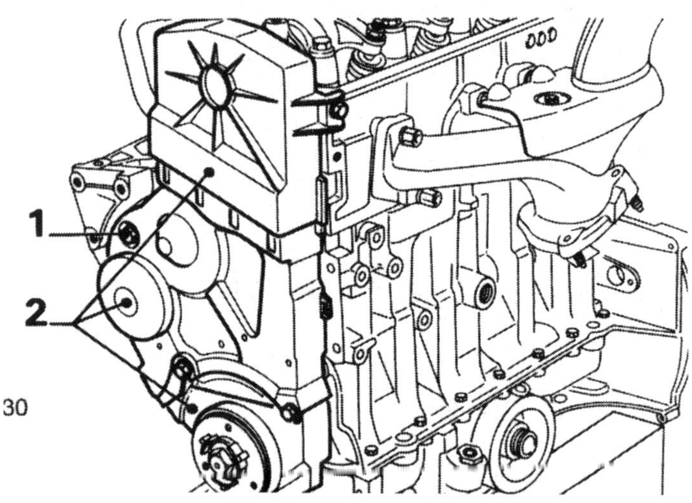

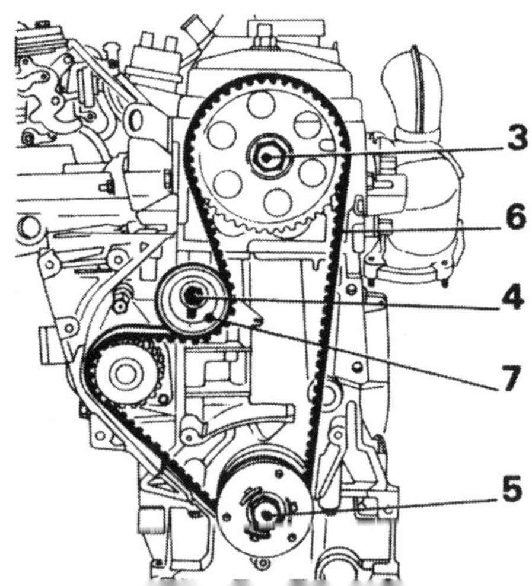

Einbauen der Steuerkette beim XV-, XW- oder XY-Motor: Weiß lackiertes Kettenglied zur Markierung (b) ausrichten; die Marke (a) zwischen die beiden weißen Kettenglieder. Mitnehmerkeil in Kurbelwelle waagrecht stellen – Nockenwellenkeil schräg nach unten ausrichten (gestrichelte Linien). So kann die Steuerkette samt Kettenrädern aufgesteckt werden.

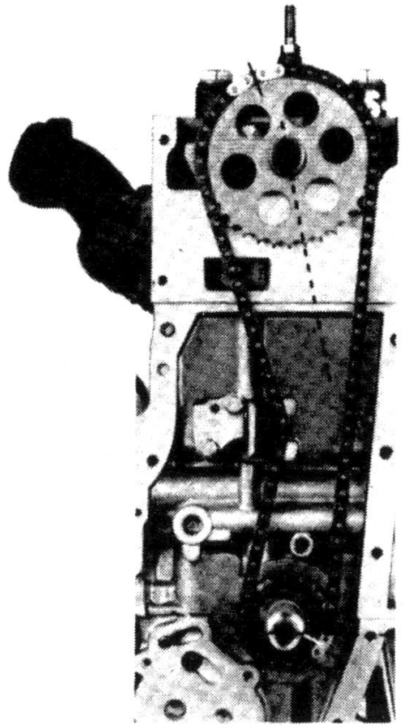

Drehzahl. Auf der Zugseite wird die wartungsfreie Steuerkette von Schienen geführt. Auf einer Seite drückt ein hydraulischer Kettenspanner gegen die Steuerkette.
Bei Laufgeräuschen der Steuerkette oder wenn die Zylinderkopfhaube ausgebaut ist, sollte der Verschleißzustand der Kette beurteilt werden.
Die Steuerkette wird bei Verschleiß immer länger. Diese Längung führt zu deutlichen Verschleißspuren an den Zähnen am Nockenwellen-Kettenrad. In extremen Fällen brechen die Zähne ab, und die Steuerkette springt über.
Wird ein Schaden rechtzeitig erkannt, genügt es, die Steuerkette und das Nockenwellen-Kettenrad zu ersetzen. Bei fortgeschrittenem Verschleiß zusätzlich alle Kettenräder, Schienen sowie Kettenspanner erneuern.

Der Zahnriemen
nur TU- und XU-Motoren

Angetrieben wird die Nockenwelle von der Kurbelwelle über einen Zahnriemen. Diesem gezähnten Gummiriemen mit Glasfasereinlage kommt eine hohe Bedeutung zu. Die Brennräume des Motors lassen es nämlich nicht zu, daß eines der Ventile geöffnet hat und somit in den Verbrennungsraum ragt, während sich der betreffende Kolben nach oben, seiner höchsten Stellung zu, bewegt. Dieser Fall kann eintreten, wenn der Zahnriemen reißt oder mehrere Zähne auf den Riemenscheiben überspringt. Dann schlägt das Ventil auf den Kolbenboden auf – Motorschaden.
Deshalb den Zahnriemen rechtzeitig prüfen und alle 80 000 km erneuern lassen.

Die Nockenwelle

Die gehärtete Nockenwelle ist oben im Zylinderkopf gelagert. Das untere Teil der Lagerstellen ist direkt in den Zylinderkopf eingearbeitet. Die obere Hälfte bilden die abschraubbaren Kipphebellagerböcke. Der Antrieb der Nockenwelle erfolgt über Einfach-Steuerkette oder Zahnriemen von der Kurbelwelle.
Die Nockenwelle übernimmt die Aufgabe, die Ventile in einer bestimmten Reihenfolge und für eine bestimmte Dauer zu öffnen. Die entsprechende Öffnungs- und Schließzeiten werden in Winkelgrad der Kurbelwelle angegeben. Vom linken Nockenwellenende aus erfolgt direkt der Antrieb des Zündverteilers. Eine Prüfung der Nockenwelle ist teilweise bei abgenommener Zylinderkopfhaube möglich. Achten Sie darauf, daß die Nockenbahnen keine starken Riefen oder ähnliche Beschädigungen aufweisen.

Neuen Motor einfahren

Die ersten 1500 km sollte ein neuer Motor schonend eingefahren werden. Zwar sind die Oberflächen an den Lagern, Nocken usw. so hochwertig, daß die nachträgliche Glättung kaum mehr möglich ist, doch die

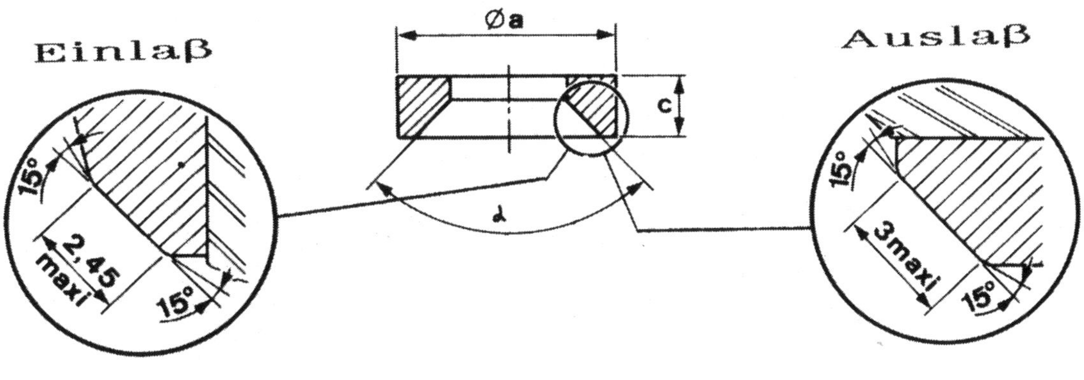

Schnitt durch die Ventilsitze von Ein- und Auslaßventil.

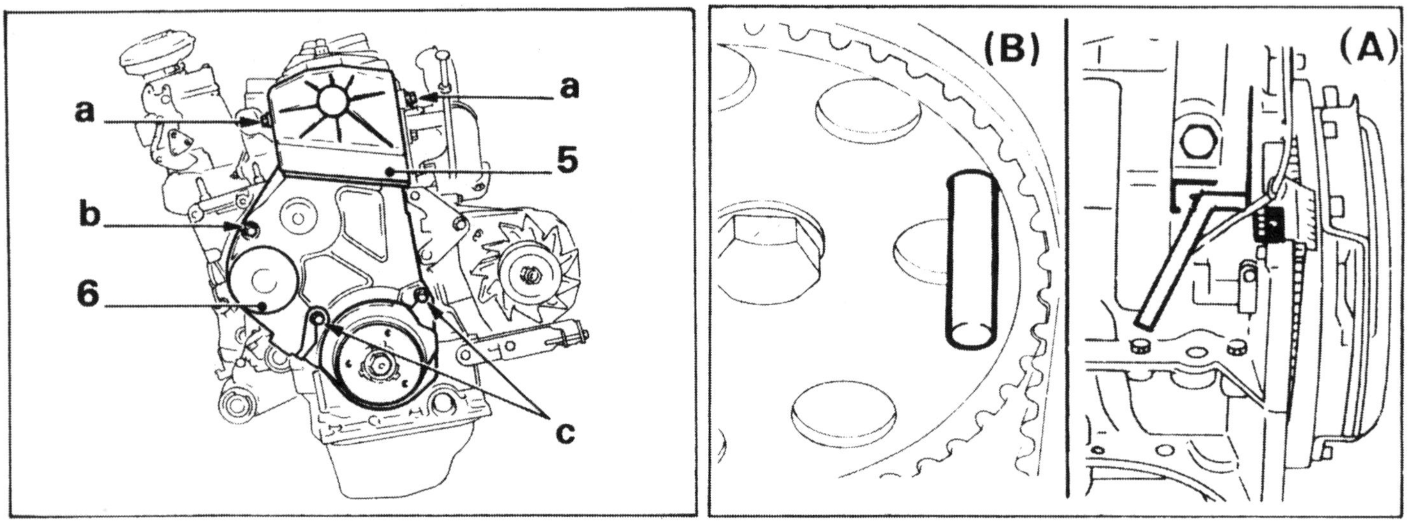

Arbeiten am TU-Motor: Links: Abdeckung (5) nach Abschrauben der Schrauben (a) ausbauen. Teil (6) nach Lösen der Schrauben (b, c) abnehmen. Rechts: Blockieren von Nockenwelle (B) und Kurbelwelle (A).

Oberflächen der Zylinderwände oder Kolben können noch eine Rauhigkeit aufweisen.
Zum Einfahren bewegt man den Peugeot am besten mit wechselnden Geschwindigkeiten und Drehzahlen. Die Höchstgeschwindigkeit eines jeden Ganges nur zu ⅔ ausfahren. Bei Fahrzeugen mit Automatik-Getriebe möglichst in Wählhebel-Stellung »D« fahren. Kein Übergas (Kickdown) geben.

Nenn- und Höchstdrehzahl

Unsere Motoren entfalten die höchste Leistung bei einer bestimmten Drehzahl: der Nenndrehzahl. Ein Hinausdrehen über diese Drehzahl bringt keine höhere Leistung mehr. Nur in den eher seltenen Fällen, wenn Sie volle Beschleunigung verlangen, kann zum besseren Anschließen der Motorkraft im nächsten Gang ein Ausdrehen über die Nenndrehzahl vorteilhaft sein. Wird dabei die Höchstdrehzahl erreicht, tritt die Drehzahlbegrenzung in Funktion und läßt die Motordrehzahl nicht weiter ansteigen.
Bei Motoren ohne Katalysator kann die Drehzahl durch Abschalten der Zündung begrenzt werden. Bei Fahrzeugen mit Katalysator wird immer die Kraftstoffzufuhr unterbrochen, damit sich während der Begrenzung kein Kraftstoff im Katalysator ansammelt und dort beim Wiedereinsetzen der Verbrennung Schäden verursacht.

Die Motor-Lebensdauer

Die Lebensdauer Ihres Motors können Sie durch Ihre Fahr- und Pflegegewohnheiten entscheidend mitbestimmen. So wirkt sich das Hochdrehen des noch kalten Motors nicht eben lebensverlängernd aus. Selbst wenn die Kühlmittelanzeige schon anspricht, ist das noch kein Zeichen dafür, daß jetzt voll aufs Gaspedal getreten werden kann. Erst nach etwa 8 bis 10 Minuten Fahrt ist das Motoröl warm und dünnflüssig genug, einen sicheren Schmierfilm aufzubauen und so zu starken Verschleiß zu verhindern.
Nach wochenlangem Kurzstreckenverkehr ist es ebenfalls nicht ratsam, gleich voll aufs Gaspedal zu treten. Bei den langen Leerlaufminuten in der Stadt bilden sich in den Brennräumen und an den Ventilen Ablagerungen, die bei voller Betriebstemperatur und zügiger (jedoch nicht scharfer) Fahrt langsam abgebrannt werden sollen.
Nicht zuletzt wirkt sich die Pflege des Motors auf seine Lebensdauer aus. Ausgelassene Öl- bzw. Filterwechsel erhöhen den Verschleiß und verkürzen das Motorleben. Berücksichtigt man all diese Sachverhalte, wird klar,

Kompressionstest mit dem Druckprüfer (1) bei warmem Motor, durchgetretenem Gaspedal und vier ausgeschraubten Zündkerzen (2) durchführen. Außerdem wichtig – Zündung lahmlegen (Seite 182) und bei Fahrzeugen mit elektrischer Kraftstoffpumpe das Pumpenrelais abziehen, damit kein Kraftstoff gefördert wird.
Die Druckwerte sollten nicht unter ca. 8 bar liegen, die Differenz zwischen den Zylindern nicht größer als ca. 2 bar sein. Andernfalls müssen Motor (Kolben und Zylinderlaufbüchsen) und die Ventilsitze im Zylinderkopf überholt bzw. erneuert werden.

TU-Motoren: Hier wird das Ventilspiel am Auslaßventil des 2. Zylinders geprüft. Zum Einstellen die Kontermutter (3) lösen und die Einstellschrauben mit einem Schraubendreher verdrehen. Dabei gleichzeitig mit der Fühlerlehre (1) das Ventilspiel prüfen. Alle Auslaßventile sind beim Auspuffkrümmer (2) angeordnet.

daß eine pauschale Angabe über die Lebensdauer kaum möglich ist. Erwarten darf man wohl eine Lebensdauer von mindestens 110000 km.

Lagerschäden

Klopfgeräusche aus dem Motorraum, die mit wärmer werdendem Öl lauter werden, sind Anzeichen für einen Lagerschaden.

Ursachen

- ○ Mangelnde Schmierung durch zu niedrigen Ölstand.
- ○ Wasser im Motoröl als Folge einer defekten Zylinderkopfdichtung.
- ○ Zu hohe Drehzahlen bei kaltem Motor und daher zähflüssigem Öl.
- ○ Abgerissener Schmierfilm bei hohen Öltemperaturen durch falsche Ölviskosität.

Maßnahmen bei einem Lagerschaden

Um es vorweg zu nehmen – fast immer sind die Gleitlager der Pleuel defekt. Ganz selten liegt der Schaden an den Hauptlagern der Kurbelwelle. Normalerweise bedeutet ein Lagerschaden eine umfangreiche Motorreparatur. Wenn Sie ein defektes Pleuellager aber bereits im Frühstadium erkennen, kann der Austausch der Lagerschalen genügen. Deshalb:

- ○ Bei harten Klopfgeräuschen aus dem Motorraum den Motor sofort abstellen. Oft leuchtet zusätzlich die Ölkontrollampe auf.
- ○ Motor nicht mehr starten, um weitere Schäden zu vermeiden. Wagen jetzt in die Werkstatt schleppen lassen.
- ○ Ist der Motor noch jünger als 50000 km, kann sich eine Teilreparatur lohnen.
- ○ Sind nur einzelne Lagerschalen beschädigt, die Zapfen der Kurbelwelle aber noch glatt, reicht Austauschen der Lagerschalen.
- ○ Eventuell muß anhaftendes Lagermaterial vom Kurbelwellenzapfen entfernt werden.
- ○ In jedem Fall die Pleuelbohrung am defekten Lager vermessen lassen. Meist muß die Pleuelbohrung nachgebohrt werden – ein Fall für den Motorinstandsetzer.

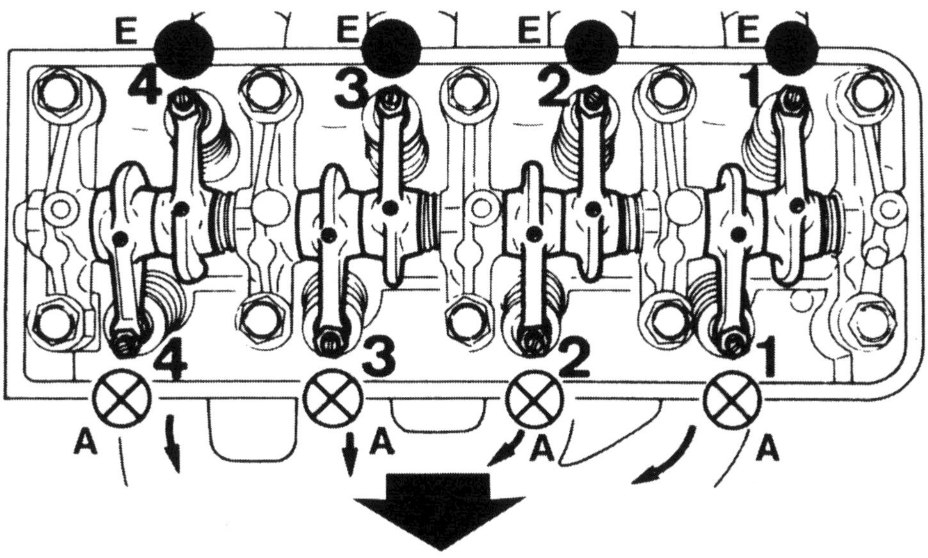

Anordnung der Ventile am TU-Motor in Fahrtrichtung (Pfeil). Die Einlaßventile (E) und die Auslaßventile (A) sind bezeichnet. Der 1. Zylinder sitzt in Fahrtrichtung ganz links beim Schwungrad.

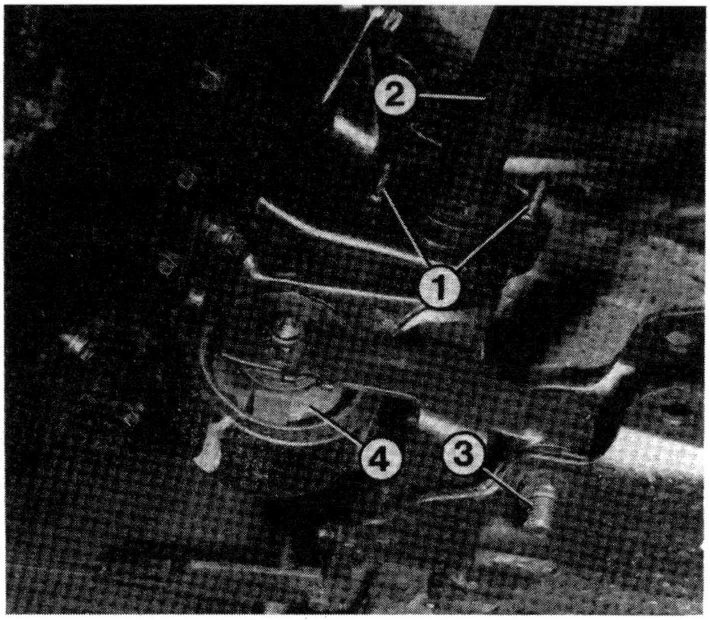

Hier ist die Motor-Drehmomentabstützung hinten unten am Motor gezeigt. Es bedeuten:
1 – Spannschrauben am Zwischenlager der Antriebswelle. Werden die Schrauben eine halbe Umdrehung verdreht, löst ihr Exenter;
2 – rechte Antriebswelle;
3 – Schraube zum Fahrzeugboden;
4 – Gummielement.

TU-Motor aus- und einbauen

Allgemeine Hinweise zu dieser umfangreichen Arbeit finden Sie noch im Kapitel »Der Dieselmotor«.

- Batterie ausbauen.
- Radkappen abnehmen und Antriebswellenmuttern in der Radmitte lösen.
- Fahrzeug vorn aufbocken und sichern.
- Kühlmittel ablassen, dazu Ablaßschraube am Kühler und vorn am Motorblock auf der Kupplungsseite herausdrehen.
- Öl aus dem Getriebe und Differential ablassen.
- Soll der Motor später teilweise zerlegt werden, auch das Motoröl ablassen.
- Kühlergrill ausbauen.
- Brücke über Kühler abschrauben. Haubenzug aushängen.
- Kühler ausbauen.
- Motorhaubenstütze unten lösen. Haube mit Gepäckgummi nach hinten zum Antennenfuß hin spannen, bis sie senkrecht steht.
- Hinten unten am Motor-Drehmomentstütze und das Zwischenlager der rechten Antriebswelle teilweise ausbauen. Halter zwischen Gummielement und Fahrzeugboden ausbauen. Schrauben am Zwischenlager lösen und um eine halbe Umdrehung drehen, damit die Exzenter entspannt sind.
- An beiden Vorderradaufhängungen die Traggelenke lösen. Schutzbleche abnehmen. Traggelenke am besten mit Lappen schützen.
- Beide Antriebswellen ausbauen.
- Auspuffanlage am Auspuffkrümmer und an der Abstützung am Achsantrieb abschrauben.
- Tachowelle und Schaltgestänge lösen.
- Kraftstoffleitungen, Kupplungszug, Gaszug, Starterzug, Heizwasserschläuche, Massekabel am Getriebe, Wasserschlauch an der Wasserpumpe und alle elektrischen Verbindungen lösen.
- Flaschenzug beidseitig am Motor einhängen und spannen.
- Linkes Motorlager ausbauen.
- Motor etwas ablassen.
- Batteriekonsole ausbauen.
- Schraube am oberen rechten Motorlager abschrauben.
- Motor mit Getriebe nach oben aus dem Motorraum herausheben.
- Beim Einbau in umgekehrter Richtung selbstsichernde Muttern und Schrauben erneuern.
- Dichtringe der Antriebswellen im Differential erneuern. Antriebswellen nur mit eingesteckter Schutzmanschette in die Dichtringe einfahren.
- Antriebseinheit in den Motorraum heben.
- Rechten Motorhalter mit 50 Nm anziehen.
- Batteriekonsole einbauen. Gummilager links einbauen, mittlere Schraube 40 Nm.
- Kupplungsseil montieren und 140 mm Pedalweg einstellen.
- Traggelenke mit Schutzblechen montieren (Mutter 45 Nm).
- Halter der Motor-Drehmomentstütze und das Zwischenlager der rechten Antriebswelle einbauen.
- Auspuffanlage mit 3 Schrauben und Dichtung am Krümmer montieren. Dann Halterung zum Differential anschrauben.
- Kraftstoffleitungen, Wasserpumpenschlauch, Heizungswasserschläuche an der Stirnwand montieren.
- Tachowelle einsetzen und Stift eindrücken.
- Elektrische Leitungen, Gas- und Starterzug anschließen.
- Kühler etc. einbauen.
- Fahrzeug abbocken.
- Antriebswellenmuttern mit 265 Nm, Radschrauben mit 90 Nm festdrehen.
- Getriebe, Motor und Kühlsystem füllen.

Nach Ausbau der Batterie ist das linke Motorlager zugänglich. Die Batteriekonsole ist zum Motor- oder Getriebeausbau zu demontieren.

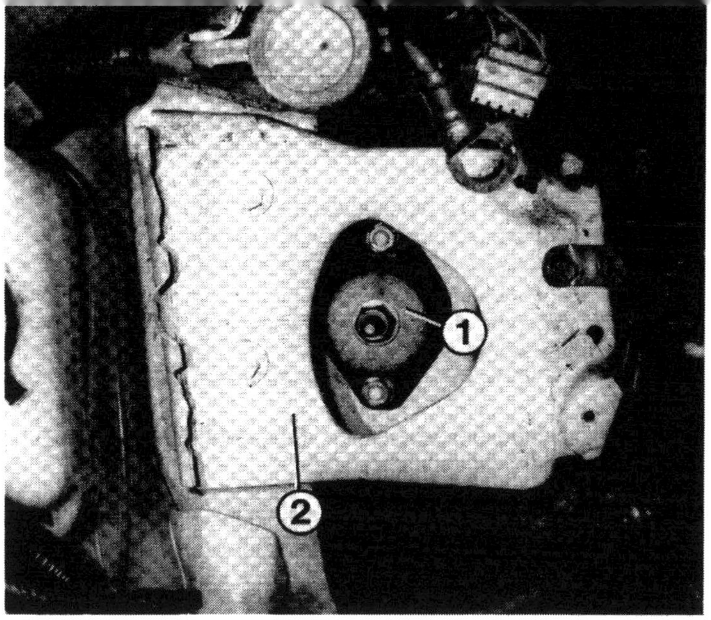

Zylinderkopf aus- und einbauen

- Kühlmittel ablassen. Dazu Ablaßschrauben am Kühler und vorn am Motorblock auf der Kupplungsseite herausdrehen.
- Batteriekabel abklemmen.
- Motorschwungscheibe in Einstellage mit Stift ∅ 6 mm blockieren.
- Gaszug, Starterzug, Kraftstoffleitung, Schläuche zum Zylinderkopf, oder Ölmeßstabstütze, Auspuff und den Luftfilter ausbauen.
- Diverse Leitungen lösen.
- Obere Zahnriemenabdeckung (2 Schrauben), dann das größere untere Teil (3 Schrauben) ausbauen.
- Zahnriemenspannrolle losschrauben und zurücksetzen.
- Entspannten Zahnriemen abnehmen.
- Ventildeckel mit Ölleitblech ausbauen.
- 10 Zylinderkopfschrauben in umgekehrter Anzugsfolge lösen, also mit Schraube Nr. 10 beginnend (Motor muß kalt sein).
- Kipphebel abnehmen.
- Zylinderkopf abnehmen. Ggf. Dichtflächen reinigen. Dabei keinesfalls die Zylinderlaufbüchsen verdrehen, sonst werden die unteren Gummidichtringe evtl. undicht (erneuern).
- Bei Überhitzungsschaden Ebenheit prüfen lassen (max. 0,05 mm Unebenheit).
- Vor dem Einbau auf das Vorhandensein der Zentrierhülsen achten.
- Neue Zylinderkopfdichtung trocken auflegen. Schrift nach oben.
- Zylinderkopf einbauen, dabei die Nockenwelle mit einem 10-mm-Stift blockieren.
- Kipphebel einbauen.
- Zylinderkopfschrauben am Gewinde und die Schraubenköpfe einölen und einsetzen.
- Zylinderkopfschrauben nach Schema nacheinander mit 20 Nm anziehen.
- Zylinderkopfschrauben nach Schema um weitere 240° Drehwinkel anziehen. Dazu auf Bierdeckel 240° einzeichnen und am Werkzeug mit Klebeband befestigen. Bezugspunkt aussuchen.
- Zahnriemen auflegen. Zugseite zwischen Nokkenwellenrad und Kurbelwelle möglichst stramm. Blockierstifte an Nockenwelle und Schwungrad abziehen.
- Ventilspiel einstellen: Einlaß 0,2 mm; Auslaß 0,4 mm.
- Weiterer Einbau in umgekehrter Ausbaufolge.
- Kühlsystem füllen.
- Zündzeitpunkt und Leerlauf prüfen.

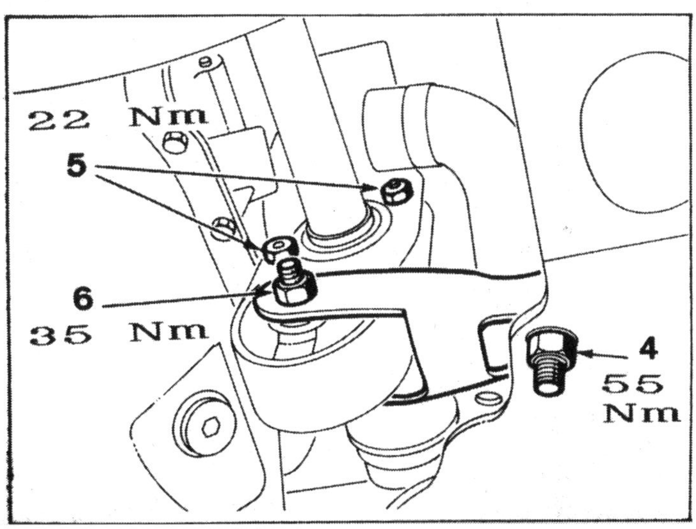

Drehmomente an der Motor-Drehmomentstütze hinten unten am Motor:
4 – Schraube zum Fahrzeugboden;
5 – Muttern am Zwischenlager;
6 – Schraube durch Gummielement.

TU-Motor

Zahnriemen aus- und einbauen

Beim TU-Motor wird die Nockenwelle vom Zahnriemen angetrieben. Für den Zahnriemen ist werksseitig kein regelmäßiger Austausch vorgesehen (im Gegensatz zu den XU-Motoren, siehe Seite 50). Wenn der Zahnriemen fettig oder ölig ist, muß er ersetzt werden. Dazu werden Kurbelwelle und Nockenwelle in Einstellage fixiert.

- Batteriekabel abklemmen.
- Rechtes Vorderrad ausbauen, dazu Fahrzeug aufbocken und sichern.
- Seitlichen Spritzschutz zum Motorraum abschrauben.
- Lichtmaschinen-Antriebsriemen entspannen und abnehmen. Kurbelwellenriemenscheibe (3 Schrauben) ausbauen.
- Obere Zahnriemenabdeckung (2 Schrauben), dann das größere untere Teil (3 Schrauben) ausbauen.
- Motorschwungscheibe in Einstellage mit 6-mm-Stift blockieren.
- Nockenwelle mit 10-mm-Stift in Einstellage blokkieren.
- Spannrolle lösen. Zahnriemen abnehmen bzw. erneuern. Riemen nicht knicken.
- Zum Einbau neuen Zahnriemen am Kurbelwellenrad, Nockenwellenrad, Wasserpumpenrad und an Spannrolle auflegen. Zugseite zwischen Nockenwellenrad und Kurbelwelle möglichst stramm auflegen.
- Vierkantwerkzeug in Öffnung der Spannrolle einsetzen und Riemen etwas spannen. Spannrolle anziehen.
- Blockierstifte abziehen. Kurbelwelle zwei Umdrehungen drehen. Blockierstift in Schwungscheibe einsetzen.
- Spannrolle lösen.
- Gegen Zugseite des Riemens drücken. Die Nokkenwelle muß sich jetzt sofort mitdrehen (Test: 10-mm-Stift läßt sich nicht einstecken).
- Spannrolle anziehen. Blockierstift der Kurbelwelle abziehen. Kurbelwelle zwei Umdrehungen drehen.
- Motorschwungscheibe in Einstellage mit 6-mm-Stift blockieren.
- Spannrolle schrittweise lösen, sie schwenkt dabei in Spannrichtung. Schraube bei richtiger Riemenspannung mit 20 Nm festdrehen. Hinweis: Der Zahnriemen läßt sich jetzt an seiner langen Seite mit den Fingern um ca. 45–90° schwenken.
- Blockierstift der Kurbelwelle abziehen.
- Sämtliche Teile montieren.

Montagehinweise XV-, XW- und XY-Motoren

○ **Motor aus- und einbauen:** Der Motor wird mit einem Flaschenzug nach unten ausgebaut. Sind die Verbindungen zum Motor gelöst, verschiebt man den Motor nach links und rechts, um die Antriebswellen auszufahren. So braucht an der Vorderachse keine weitere Arbeit durchgeführt zu werden.

○ **Zylinderkopf aus- und einbauen:** Sind alle Verbindungen zum Zylinderkopf sowie die Motorlager teilweise gelöst, kann man den Motor fast bis in die Senkrechte schwenken. Hierzu gibt es eine Vorrichtung mit Gewindestange. Man schafft das Aufrichten auch ohne Vorrichtung. Nockenwellenzahnrad und Steuerkette können mit einem Aufnahmewerkzeug sicher gehalten werden, um ein Überspringen der Steuerkette am Kurbelwellenkettenrad zu verhindern. Springt die Kette unten um, muß das Steuerkettengehäuse ausgebaut werden. Zur Aufnahme des Werkzeuges besitzt das Steuerkettengehäuse in Fluchtrichtung der Nockenwelle eine mit einer Platte verschlossene Öffnung.

○ **Steuerzeiten einstellen:** Dazu besitzen die Kettenräder Markierungen und an der Steuerkette sind Glieder weiß lackiert. Ein weißes Kettenglied wird zur Kerbe im Kurbelwellenrad ausgerichtet. Die beiden nebeneinander liegenden weißen Glieder werden mittig zur Kerbe am Nockenwellenrad ausgerichtet. Anschließend werden beide Kettenräder mit Steuerkette auf Kurbel- und Nockenwelle gesteckt.

Für den Motorausbau und manche andere Arbeiten ist der Spritzschutz (4) zwischen Radlauf und Motorraum auszubauen. Weiterhin: 1 – Unterseite des linken Motorlagers.
Bei den flach liegenden XV-, XW-, XY-Benzinmotoren verbindet ein Kupplungsgehäuse (3) Motor mit Getriebe. Es ist mit 14 Schrauben (2) am Motor befestigt, und muß z. B. zum Erneuern der Kupplung ausgebaut werden.

Sparbüchse

Rund die Hälfte aller verkauften Peugeot 205 sind mit einem Dieselmotor ausgestattet. Das folgende Kapitel erklärt alle Besonderheiten dieses sehr gut gelungenen Motors, der seinen Besitzer beim Tanken und beim Tritt auf das Gaspedal immer wieder erfreut.

Die Motor-Technik

Wie Sie in der Tabelle auf Seite 13 erkennen, gehört unser Dieselmotor zur Gruppe der XU-Motoren. Er ist somit mit dem Einspritzmotor im Peugeot 205 GTI verwandt.
Der Motorblock ist aus Grauguß in Dünngußtechnik gefertigt. Dies ermöglicht unter Beibehaltung hoher Festigkeit das niedrige Motorgewicht von ca. 120 kg. In den Motorblock sind Zylinderlaufbüchsen eingesetzt, die im Reparaturfall ersetzt werden können. Jedoch ist die Werkstoffzusammensetzung von Zylinderlaufbüchsen einerseits und von den Kolben (Kolbenringen) andererseits so ausgewählt, daß sich eine hohe Verschleißfestigkeit ergibt.
In den Aluminium-Zylinderkopf sind die Wirbelkammern (System Ricardo Comet V) eingeschraubt. Sie sind im Zusammenwirken mit dem Doppelovalboden in den verstärkten Leichtmetallkolben für den guten Verbrennungsablauf verantwortlich.
Die obenliegende Nockenwelle sowie die Einspritzpumpe werden von der Kurbelwelle aus über einen Zahnriemen angetrieben. Die Ventile werden über Tassenstößel direkt von den Nocken der Nockenwelle betätigt. Links am Motor treibt ein kleiner Keilriemen die Unterdruckpumpe für den Bremskraftverstärker an.
Die aus Kugelgraphit (Grauguß) gegossene Kurbelwelle dreht in fünf breiten Lagern. Die Pleuel sind aus geschmiedetem Stahl hergestellt.
Die Motorschmierung erfolgt durch eine Sichelölpumpe unten in der Ölwanne. Die Pumpe wird von der Kurbelwelle aus über eine Kette angetrieben. Zwei Kontrolleuchten im Armaturenbrett informieren den Fahrer bei kritischem Öldruck und bei Ölmangel.

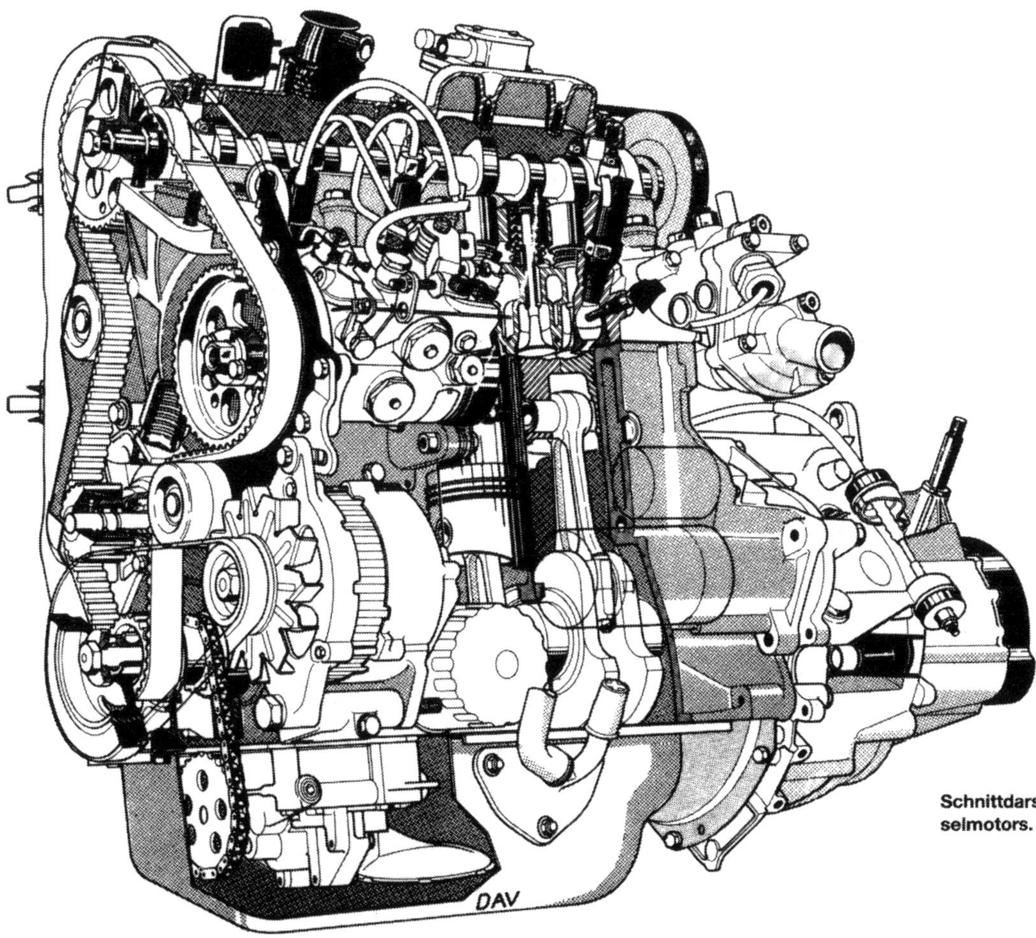

Schnittdarstellung des Dieselmotors.

Die Diesel-Einspritzanlage stammt entweder von »Bosch« oder von »Roto Diesel«. Sie besteht im wesentlichen aus der Verteiler-Einspritzpumpe und den Einspritzdüsen.
Das Kühlsystem beim Dieselmotor besteht unter anderem aus einem Kupferkühler und einem Ausgleichsbehälter. Vor dem Kühler sind zwei Elektrolüfter angeordnet, die abhängig vom jeweiligen Temperaturfühler zusammen in zwei Stufen drehen können.
Eine Schnellstart-Vorglühanlage läßt den Peugeot 205 Diesel auch bei tiefsten Temperaturen schnell starten.

Das Diesel-Prinzip

Wie beim Benzinmotor gleiten die Kolben im Diesel in den Zylindern auf und ab. Doch bei ihrem Weg nach unten – beim Ansaugtakt – saugen sie beim Dieselmotor nur reine Luft an. Bei der Aufwärtsbewegung des betreffenden Kolbens – bedingt durch die Drehung der Kurbelwelle – wird die angesaugte Luft komprimiert. Auch das wäre an sich nichts Besonderes, würde die Luft nicht in weit höherem Maße zusammengedrückt, als es beim Benzinmotor der Fall ist. Auf $\frac{1}{23}$ des Volumens wird z. B. beim Diesel-Peugeot die angesaugte Luft komprimiert. Durch diese enorme Verdichtung wird die Luft natürlich sehr heiß; Sie merken das beispielsweise an der Fahrradpumpe, wenn Sie einen Reifen aufpumpen.
In die glühend heiße Luft wird nun erst der Dieselkraftstoff eingespritzt, und die Kraftstofftröpfchen entzünden sich dadurch von selbst; daher auch die Bezeichnung »Selbstzünder« für den Dieselmotor. Er braucht also keine Zündkerze zum Entflammen des Kraftstoff/Luft-Gemisches. Den Zeitpunkt, wann in den Brennräumen des Motors gezündet wird, bestimmt bei unserem Dieselmotor die Einspritzpumpe, die zur rechten Zeit die richtige Menge Dieselkraftstoff in die heiße Luft sprüht.
Wie beim Benzinmotor treibt der Druck der Verbrennung den Kolben nun wieder nach unten, er leistet bei dieser Bewegung Arbeit. Die Kurbelwelle dreht sich weiter, und der Kolben strebt wieder nach oben, wobei die Abgase aus dem Zylinder gedrückt werden. Kolben und Zylinder sind nun wieder bereit zum Ansaug- und zum Arbeitstakt.

Der geteilte Arbeitsraum

Da beim Dieselmotor die Kraftstofftröpfchen, die in den Brennraum eingespritzt werden, im Gegensatz zum Benzinmotor schlagartig verbrennen, käme es zu einem außerordentlich harten Laufgeräusch, und auch die Motorlager würden sehr stark belastet werden.
Die angestrebte »weiche« Verbrennung wird im Pkw-Dieselmotor mit sogenannten geteilten Arbeitsräumen erreicht. Dabei wird die Verbrennung in einer separaten »Kammer« im Zylinderkopf eingeleitet. Der entstehende Verbrennungsdruck wird durch den Schußkanal (siehe Zeichnung) etwas verlangsamt auf den Kolben geleitet. Durch diese Verzögerung entsteht dann der beschriebene, weichere und etwas ruhigere Motorlauf.

Die Wirbelkammer

Unter den gegebenen Möglichkeiten, einen geteilten Arbeitsraum in Ihrem Dieselmotor zu schaffen, haben die Peugeot-Konstrukteure das »Wirbelkammerverfahren« ausgewählt. Die Zeichnung zeigt den Schnitt durch die Wirbelkammer.
Die im Zylinderkopf sitzende Wirbelkammer ist durch eine verhältnismäßig weite Öffnung – den erwähnten Schußkanal – mit dem Brennraum verbunden. Strebt der Kolben beim Verdichtungshub aufwärts, wird die im Zylinder befindliche Luft in die Wirbelkammer gedrückt, wo, bedingt durch die Ausformung der Kammer, ein Luftwirbel entsteht. Der nun durch eine Düse eingespritzte Kraftstoff wird auf diese Weise eng mit der Luft vermischt, verdampft und verbrannt.

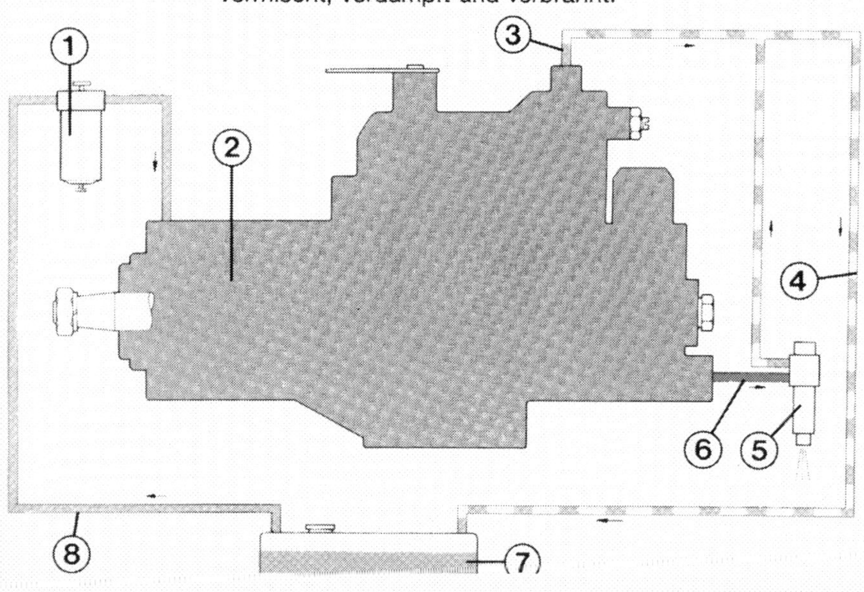

Der Kraftstofffluß in der Diesel-Einspritzanlage ist hier schematisch dargestellt: Vom Tank (7) gelangt Kraftstoff durch die Zuleitung (8) in den Kraftstoffilter (1). Der gereinigte Dieselkraftstoff wird nun in die Einspritzpumpe (2) gesaugt. Was zuviel herbeigepumpt wurde, läuft durch eine dünne Rücklaufbohrung (3) in die Rücklaufleitung (4) zurück. Über die Einspritzleitung (6) gelangt unter hohem Druck gesetzter Kraftstoff in die Einspritzdüse (5). Eine kleine Kraftstoffmenge, die sich an der Düsennadel vorbeimogelt und so nicht eingespritzt wird, läuft ebenfalls über die Rücklaufleitung wieder in den Tank.

In der linken Zeichnung sehen Sie einen Teilschnitt durch den Motor, auf dem Sie genau erkennen, wo die Wirbelkammer im Zylinderkopf eingesetzt ist. Rechts ist der Bereich um die Wirbelkammer herausgegriffen und vergrößert abgebildet. Die roten Pfeile symbolisieren die heiße Luft, die der Kolben beim Verdichtungshub in die Wirbelkammer drückt. Der eingespritzte Kraftstoff (rosa) wird durch die schnelle Bewegung der heißen Luft verwirbelt und kann sich entzünden. Es bedeuten:
1 – Einspritzdüse;
2 – Glühkerze;
3 – Wirbelkammer;
4 – Schußkanal;
5 – Kolben.

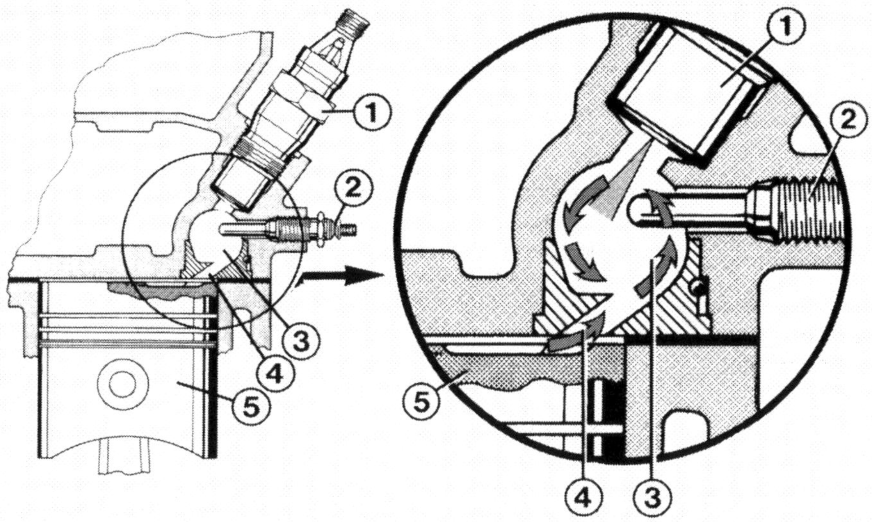

Wir sehen also, daß die Verbrennung zum größten Teil in der Wirbelkammer abläuft und sich erst dann in den Brennraum fortpflanzt. Die Kammer erhitzt sich dabei stark und ist im Betrieb rotglühend. Dieser Effekt ist aber durchaus erwünscht, denn so verdampfen die auftretenden Kraftstoffteilchen am besten.

Die Kraftstoffzufuhr

Den Verlauf der Kraftstoffleitungen zeigt schematisch unsere Zeichnung. Vom Tank aus verläuft die Saugleitung entlang des Wagenbodens zum Kraftstoffilter rechts im Motorraum. Der dort durchfließende Dieselkraftstoff wird vom Filter gereinigt und anschließend von der Einspritzpumpe angesaugt. Die Einspritzpumpe fördert mehr Kraftstoff, als dann hinterher zu den Einspritzdüsen gedrückt wird. In der Rücklaufleitung gelangt wieder in den Tank zurück, was übrig ist.
Mit einem Überdruck von 115 bis 130 bar pumpt die Verteilerpumpe das Dieselöl in stabilen Einspritzleitungen zu den vier Einspritzdüsen. Auch die Düsen spritzen nicht den gesamten angelieferten Kraftstoff ab. Die Rücklaufstutzen der vier Düsen sind durch Schläuche verbunden. Von der in Fahrtrichtung linken Einspritzdüse gelangt dann, was übrig bleibt, durch die Rücklaufleitung zum Tank zurück.

Kraftstoffanlage entlüften?

Seit alters her ist der leergefahrene Tank der Schrecken der Diesel-Fahrer. Grund: Haben sich die Saugleitungen der Einspritzanlage entleert, fällt es der Pumpe schwer, wieder Kraftstoff nach vorn zu transportieren. Wie das Kraftstoffsystem nach leergefahrenem Tank entlüftet wird, zeigen die Abbildungen auf der folgenden Seite.

Es gibt zwei Ausführungen der Kurbelgehäuse-Entlüftung. Erkennbar an der Zylinderkopfhaube (1) und an den Schläuchen zum Luftfilter (2). An der älteren, linken Anlage erfolgt der Rücklauf direkt in die Ölwanne (3). Bei Undichtigheit an der Ölwanne Flanschverbindung mit dauerelastischem Dichtungsmittel montieren. Bei der neueren, rechten Anlage erfolgt der Ölrücklauf über den Zylinderblock.

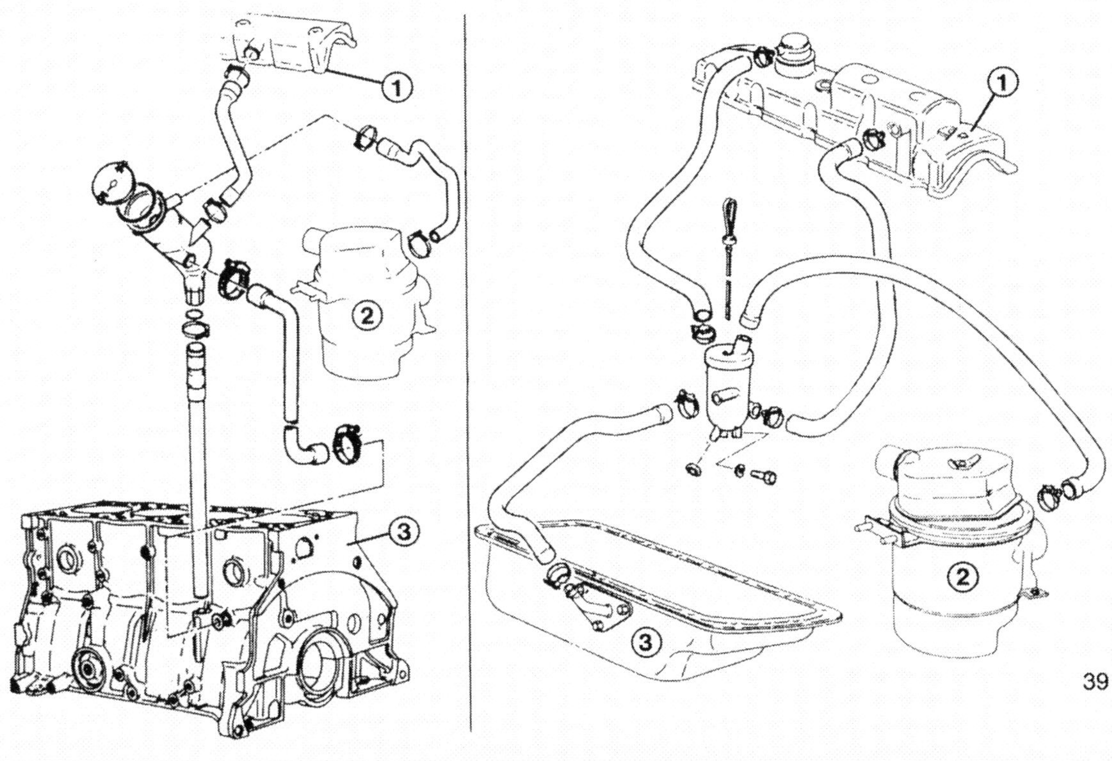

Funktion der Einspritzpumpe

Die Flügelzellenpumpe

Die erste Station in der Verteiler-Einspritzpumpe stellt die Flügelzellen-Kraftstoffpumpe dar (siehe Abbildung). Sie saugt Kraftstoff aus der vom Filter kommenden Leitung an. Das Pumpenrad, in das bewegliche Gleitsteine eingesetzt sind, sitzt in einer runden Bohrung im Pumpengehäuse. In dieser Bohrung steht das Rad leicht aus der Mitte versetzt. Die Gleitsteine liegen jedoch immer an der Wandung dieser Bohrung an, denn das Pumpenrad dreht sich bei laufendem Motor, und so werden sie von der Fliehkraft nach außen gedrückt. Sie dichten also mit der Bohrungswand ab. Bei der Drehung des Pumpenrads bildet sich immer ein Volumen zwischen den Gleitsteinen, das sich dann zur Druckseite der Pumpe, also zum Ausgang hin, verkleinert. Die im Volumen befindliche Flüssigkeit wird somit zwangsläufig hinausgedrückt.

Verteilerkolben und Hubscheibe

Der Kraftstoff wird also unter Druck in das Gehäuse der eigentlichen Einspritzpumpe befördert. Dort sitzt – im Prinzip auf der gleichen Welle wie die Flügelzellenpumpe – der Verteilerkolben, nach dem die Einspritzpumpe ihren Namen erhielt. Er ist das Kernstück der Anlage und ähnelt in seiner Funktionsweise dem Zündverteiler des Benzinmotors.

Das Geheimnis des Verteilerkolbens liegt darin, daß er von einer Vielzahl von Bohrungen und Aussparungen durchzogen ist. So kann er seinen beiden Funktionen gerecht werden – dem Füllen und den Abspritzen. Das geht folgendermaßen: Während des Füllens steht der Steuerschlitz des Kolbens der Zuflußbohrung (Füllbohrung) gegenüber. Der Kraftstoff, von der Flügelpumpe unter Druck gesetzt, fließt in den Freiraum im Kolben und vor dem Kolben ein. Der Verteilerkolben dreht sich (über den Zahnriemen von der Kurbelwelle angetrieben) weiter. Die Füllbohrung ist wieder verschlossen. So viel zum Füllen.

Nun kommen zwei weitere Bauteile ins Spiel. Der Verteilerkolben ist mit einer Scheibe verbunden, auf dem vier Höcker sitzen. Das ist die Hubscheibe. Diese Scheibe läuft gegen ein festes Gegenlager, das zur Verminderung der Reibung vier Rollen in gleichem Abstand wie die Höcker auf der Hubscheibe trägt. Das ist der Rollenring.

Nun zurück zum Abspritzen. Wie schon gesagt, läuft die Hubscheibe auf dem Rollenring. Haben nun die Höcker die Rollen erreicht, so wird die Hubscheibe samt Verteilerkolben nach vorn gedrückt. Das geschieht just zu dem Zeitpunkt, an dem sich eine weitere Bohrung im Kolben mit dem Auslaßkanal zu einer Einspritzdüse deckt. Der Kraftstoff kann also in Richtung desjenigen Zylinders ausfließen, der gerade mit dem Zünden dran ist. Durch die Vorwärtsbewegung des Verteilerkolbens wird gleichzeitig das Volumen vor dem Kolben verkleinert. Der ohnehin schon unter Druck stehende Kraftstoff wird also zusätzlich noch einmal mit Druck beaufschlagt und zu der Einspritzdüse gepreßt.

Kurbelwelle und Einspritzpumpe drehen sich weiter. Der Verteilerkolben rutscht wieder zurück. Aus der Füllbohrung fließt Kraftstoff nach. Der Verteilerkolben dreht sich zum Auslaßkanal für den nächsten Zylinder. Die Höcker auf der Hubscheibe laufen wieder gegen die Rollen des Rollenrings. Der Verteilerkolben wird nach vorn gedrückt und das Dieselöl unter Druck eingespritzt.

Der Absteller

Kurz bevor der Dieselkraftstoff an die Füllbohrung für den Verteilerkolben gelangt, passiert er ein elektrisches Magnetventil – den Absteller. Dieser erhält beim Drehen des »Zünd«-Schlüssels auf die erste Stellung Strom und gibt dann den Weg für den Kraftstoff frei. Beim Abstellen des Motors wird vom Glüh-Anlaßschalter die Spannungsversorgung unterbrochen. Der Absteller verschließt dann den Füllkanal, und der Motor stirbt ab.

Kraftstoffilter entwässern: Entlüftungsschraube (1), dann Ablaßschraube (2) öffnen. Kraftstoffanlage entlüften: Entlüftungsschraube (1) öffnen, mit Handpumpe (3) pumpen.

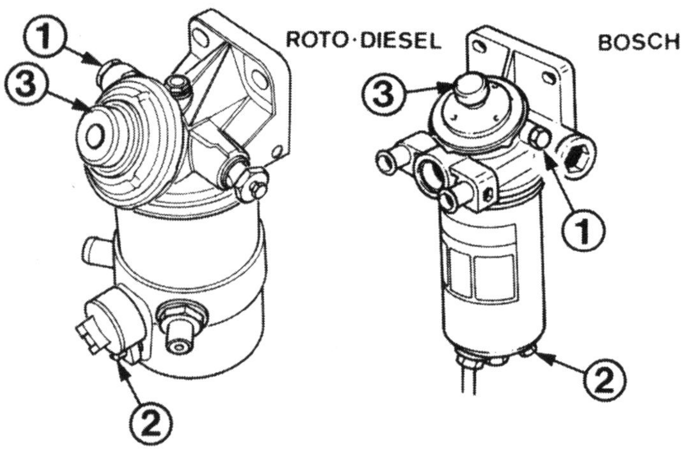

1 – Bosch-Filter; 2 – Entlüftungsschraube; 3 – Pumpe; 4, 6 – Kühlmittelschläuche; 5, 7 – Kraftstoffleitung vom Tank/zur Einspritzpumpe.

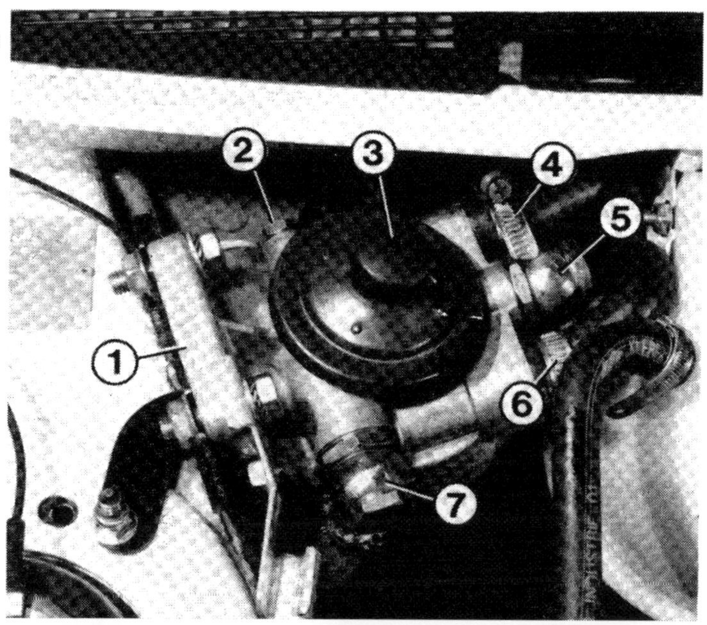

Die Einspritzpumpe im Schnitt:
1 – Antriebswelle;
2 – Kraftstoffzulauf;
3 – Überdruckventil der Kraftstoffpumpe;
4 – »Gashebel«;
5 – Fliehkraftregler;
6 – Kraftstoffrücklaufbohrung;
7 – Absteller;
8 – Kraftstoffleitung zu den Einspritzdüsen;
9 – Verteilerkolben;
10 – Hubscheibe;
11 – Spritzversteller (hier aus Gründen der Darstellung um 90° gedreht);
12 – Rollenring;
13 – Flügelzellen-Kraftstoffpumpe (ebenfalls um 90° gedreht).

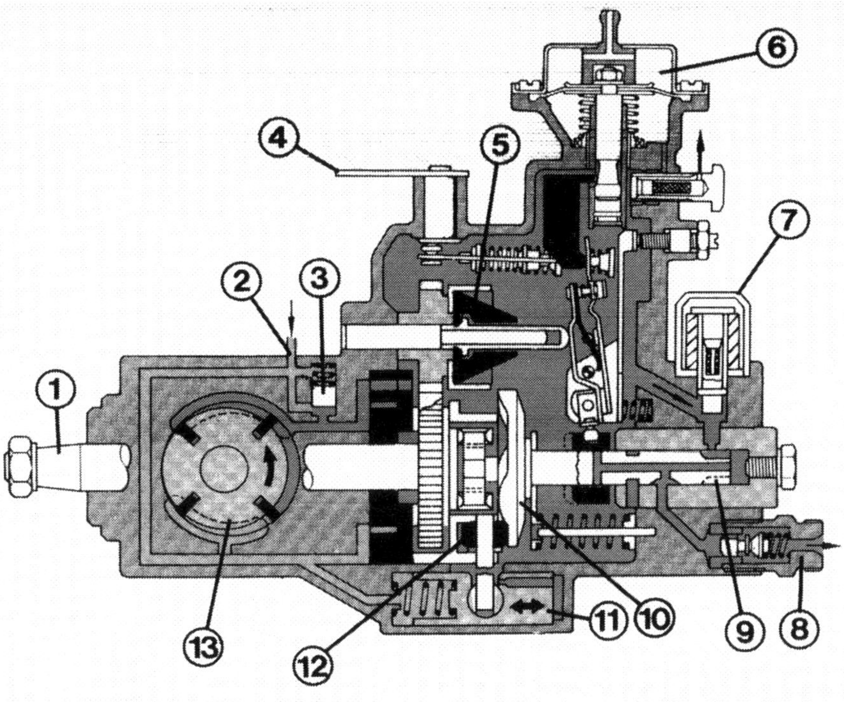

Der Fliehkraftregler

Um die verschiedenen Betriebszustände des Motors zu erfassen und so die Möglichkeit zu schaffen, jeweils die richtige Einspritzmenge bereitzustellen, ist in der Einspritzpumpe ein Fliehkraftregler eingebaut. Seine Gewichte werden je nach Motordrehzahl mehr oder weniger nach außen gedrückt. Die Gewichte drücken über einen Hebelmechanismus auf einen Regelschieber, der durch Öffnen einer Bohrung im Verteilerkolben überschüssigen Kraftstoff abfließen läßt. Wird die Drehzahl des Motors im Verhältnis zur Gaspedalstellung zu hoch, so öffnet der Regler die Bohrung, und die Drehzahl fällt wieder ab.
Zum Start ist die Abregelbohrung ganz geschlossen. Der Motor bekommt die volle Kraftstoffmenge; aber nur so lange, bis die Leerlaufdrehzahl erreicht ist. Dann wird wieder abgeregelt.
Das gleiche geschieht bei Leerlauf und Teillast. Der Fliehkraftregler vergleicht über eine sinnreiche Mechanik Gaspedalstellung und Motordrehzahl. Ist die vom Gaspedal befohlene Drehzahl erreicht, wird abgeregelt. Die Höchstdrehzahl des Motors wird ebenfalls vom Fliehkraftregler begrenzt.

Der Spritzversteller

Mit zunehmender Motordrehzahl muß der Kraftstoff früher eingespritzt werden, damit die Zündung trotzdem rechtzeitig erfolgen kann. Diese Frühverstellung übernimmt der Spritzversteller. Er ist ebenfalls in der Einspritzpumpe eingebaut.
Steigt die Drehzahl des Motors, so dreht auch die Flügelzellenpumpe in der Einspritzpumpe schneller. Der Druck des Kraftstoffes steigt deshalb an. Diese Tatsache macht man sich beim Spritzversteller zunutze. Der Kraftstoffdruck wirkt auf einen Kolben und bewegt diesen gegen die Kraft einer Feder. Der Rollenring ist starr mit diesem Kolben verbunden, die Zeichnung oben zeigt das. Bei steigendem Druck des Kraftstoffes – also bei höherer Drehzahl – verschiebt der Kolben den Rollenring ein Stück um seine Achse. Die Höcker der Hubscheibe laufen deshalb früher auf die Rollen auf; es wird also früher eingespritzt. Bei sinkender Drehzahl geht der Kolben und mit ihm der Rollenring wieder zurück.

Die Leerlaufanhebung

Diese automatische Einrichtung besteht aus einem Thermoelement im Kühlmittelkreislauf und einem daran befestigten Seilzug zur Einspritzpumpe. Damit wird auf die Hebel an der Einspritzpumpe folgendermaßen eingewirkt: Bei kaltem Motor zieht der Zug so am Hebel, daß sich eine um 150–200/min erhöhte Leerlaufdrehzahl ergibt. Damit ist gewährleistet, daß der Motor nach dem Kaltstart durchläuft.
Ist bei warmen Motor die Leerlaufdrehzahl zu hoch, kontrollieren Sie, ob am Seilzugende Spiel vorhanden ist. Wenn nicht, den Schraubnippel am Zug lösen und etwas zurückschieben.

Die Einspritzdüse im Schnitt: Es bedeuten: 1 – Stutzen für Kraftstoff-Rücklaufschlauch; 2 – Einstellscheibe; 3 – Düsenfeder; 4 – Düsenkörper; 5 – Düsennadel. Die rot unterlegten Flächen zeigen den Weg des unter Druck stehenden Kraftstoffes in der Einspritzdüse.

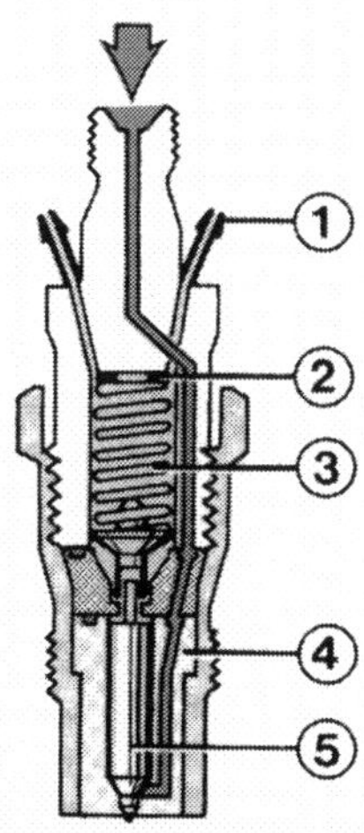

Überwurfmutter (1) einer Einspritzdüse (2) lösen: a – zur Kontrolle, ob Diesel kommt; b – zum Suchen einer defekten Einspritzdüse.

Die XU-, XUD- und TU-Motoren können mit einem Werkzeug (2) in Einstellage blockiert werden. 1 – Schwungscheibe mit Anlasserzahnkranz; Pfeil – Dichtheit prüfen.

Die Einspritzdüsen

Mit den Einspritzdüsen sind wir an der letzten Station der Diesel-Einspritzanlage angelangt. Ihre Aufgabe ist es, den Kraftstoff unter hohem Druck in die Wirbelkammer einzuspritzen. Erst wenn der Kraftstoffdruck über 115–130 bar ansteigt, hebt sich die Düsennadel von ihrem Sitz ab, und der Kraftstoff kann in die Wirbelkammer gesprüht werden. Andererseits verhindert die hohe Federkraft, daß der Verbrennungsdruck in das Kraftstoffsystem zurückschlägt. Die Kühlung und Schmierung der Düsennadel besorgt der Kraftstoff. Da nie der gesamte herbeigepumpte Kraftstoff eingespritzt werden kann, fließt er über eine Rücklaufleitung in den Tank zurück. Die Soll-Zeit zwischen den Einspritzbeginn und der Zündung beträgt ganze 0,002 Sekunden. Hier gibt schon die geringste Unkorrektheit Anlaß zu Ärger. Eine etwa hängenbleibende Düsennadel ergibt unregelmäßige und übermäßige Versorgung mit Kraftstoff, schlechte Vermischung mit Luft, unkontrollierte Zündung (beim Benzin-Motor würde man von Klopfen sprechen). Daraus entstehen harter Motorlauf, lagerschaden-ähnliche Geräusche und das Nageln.

Das Nageln

Das dieseltypische harte Verbrennungsgeräusch wurde unserem Diesel-Peugeot schon weitgehend abgewöhnt. Lediglich während der Kaltlaufphase nagelt der Peugeot noch fröhlich vor sich hin. Bei betriebswarmen Motor unterscheidet sich das Laufgeräusch jedoch nicht mehr wesentlich vom Benzinmotor.

Um so ärgerlicher ist es deshalb, wenn er auch bei warmer Maschine weiternagelt. Grundsätzlich liegt die Ursache für das Nageln in einer Verzögerung der Zündung, nämlich in zu großem Zeitintervall zwischen Einspritzbeginn und Selbstentzündung des Gemisches. Dazu kann es kommen

- bei verstelltem Einspritzbeginn;
- wenn eine Düsennadel klemmt;
- bei zündträgem Kraftstoff, z. B. Sommer-Dieselkraftstoff, der bei Tieftemperaturen gefahren wird und dabei zum Paraffinieren neigt (Ausscheiden von Paraffin);
- bei zu hoher Belastung und niedriger Drehzahl;
- bei zu geringem Kompressionsdruck.

Unter Umständen kann es aber auch schon nützlich sein, den Motor einer regelrechten Innenreinigung zu unterziehen, indem man dem Kraftstoff eine Portion »Autol Desolite« oder ein anderes dafür bestimmtes Zusatzmittel beigibt. Oft hilft auch schon eine flotte Autobahnfahrt.

Einspritzdüsen defekt?

Besonders wenn der Motor im Leerlauf sehr unrund läuft und dabei unregelmäßig weißen, blauen oder schwarzen Auspuffrauch ausstößt, kann dies an tropfenden oder klemmenden Einspritzdüsen liegen. Zum Auffinden der defekten Einspritzdüse den Motor im Leerlauf drehen lassen und nacheinander die Überwurfmuttern der Einspritzleitungen oben an den Einspritzdüsen lösen, bis dort Kraftstoff austritt. Ändert sich an einer Düse trotz gelöster Leitung der Motorlauf nicht, ist die Einspritzdüse schadhaft. Einspritzdüsen machen durch folgende Effekte auf sich aufmerksam:

- ständig defekte Glühkerzen
- starker schwarzer Auspuffrauch
- hoher Verbrauch
- Motorüberhitzung
- starkes Klopfen
- deutlicher Leistungsabfall

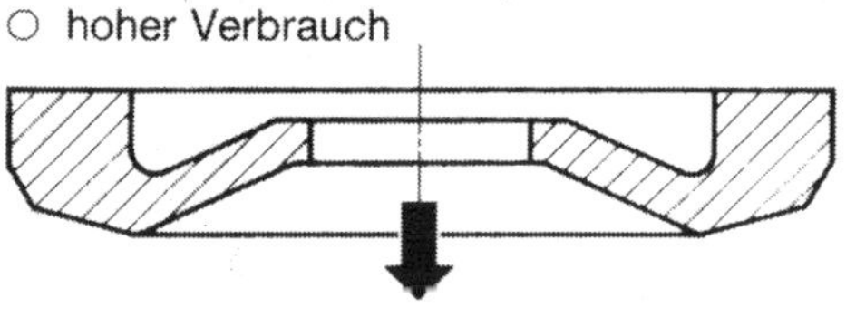

Die Wärmeschutzdichtung unter den Einspritzdüsen generell bei jedem Ausbau erneuern! Einbaulage: Der Pfeil zeigt zum Zylinderkopf.

Zerlegung der Einspritzdüse: Das Oberteil (8; SW 22) wird vom Unterteil (1; SW 27) abgeschraubt. Die folgenden Teile kommen Ihnen dann entgegen: 2 – Düsenkörper; 3 – Düsennadel; 4 – Düsenhaltereinsatz; 5 – Druckbolzen; 6 – Düsenfeder; 7 – Einstellscheibe.

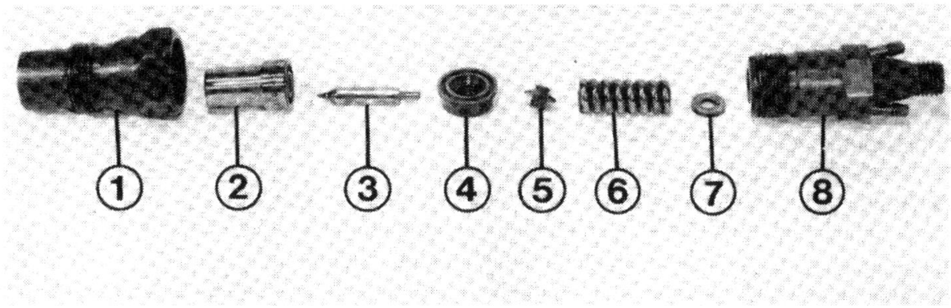

Einspritzdüsen ausbauen

- Pro Einspritzdüse eine neue Dichtung kaufen.
- Einspritzleitungen komplett abbauen.
- Rücklaufleitungen abziehen, Einspritzdüsen mit Steckschlüssel SW 27 ausbauen.
- Dichtungen (sitzen noch im Düsenloch) mit Drahthäkchen herausfischen.
- Zum Einbau neue (!) Dichtungen einlegen (siehe Zeichnung).
- Düse mit 90 Nm festziehen, Einspritzleitungen mit 25 Nm anschrauben.

Einspritzdüsen zerlegen

Nur in Sonderfällen (Verunreinigungen) lohnt sich das Zerlegen der Einspritzdüsen nach dem Foto. In der Regel ist es jedoch eher sinnvoll, die Düsen komplett auszutauschen; eine exakte Prüfung der Düse kann in Eigenregie ohnehin nicht durchgeführt werden.
Wichtiger Punkt beim Zerlegen: Düse nicht offen liegen lassen, sondern sofort wieder einbauen und Motor einige Zeit laufenlassen. Die Teile der Düse rosten sonst fest. Anzugsmoment Düsen-Ober-/Unterteil: 70 Nm. In der Peugeot-Werkstatt oder beim Bosch-Dienst wird der Einspritzdruck der Einspritzdüsen überprüft und ggf. durch Einlegen eines anderen Einstellplättchens eingestellt. Bei Bosch-Düsen beträgt der Einspritzdruck 130 ± 5 bar und bei Roto-Düsen 115 ± 5 bar. Um einen möglichst gleichmäßigen Motorlauf zu erzielen, ist es auch wichtig, das alle vier Düsen mit gleichem Druck einspritzen.

Absteller defekt?

Der Absteller verriegelt zum Ausschalten des Motors die Kraftstoffzufuhr zu den Einspritzdüsen. Ist er defekt oder stromlos, geht nichts mehr.

- Der Absteller gerät in Verdacht, wenn der Motor trotz intakter Glühanlage und hinreichend vollem Tank beim Starten keinerlei Zündung bringt.
- Als erstes kontrollieren, ob das Kabel zum Absteller intakt ist.
- Während ein Helfer am Zündschlüssel dreht, hören Sie am Absteller, ob er beim Einschalten der »Zündung« vernehmlich »Klick« sagt. Tut er das nicht, ist die Stromversorgung oder der Absteller selbst defekt.
- Stromzufuhr prüfen: »Zündung« einschalten und Prüflampe an den Kontakt des Abstellers halten. Leuchtet sie, muß der Absteller kaputt sein, leuchtet sie nicht, ist das Kabel vom Zündschloß her defekt. Eine Sicherung ist nicht im Spiel.

Hier ist der Stopfen (2) am 4. Zylinder herausgedreht. Mit einem dünnen Stab (1) wird die OT-Stellung des Kolbens geprüft.

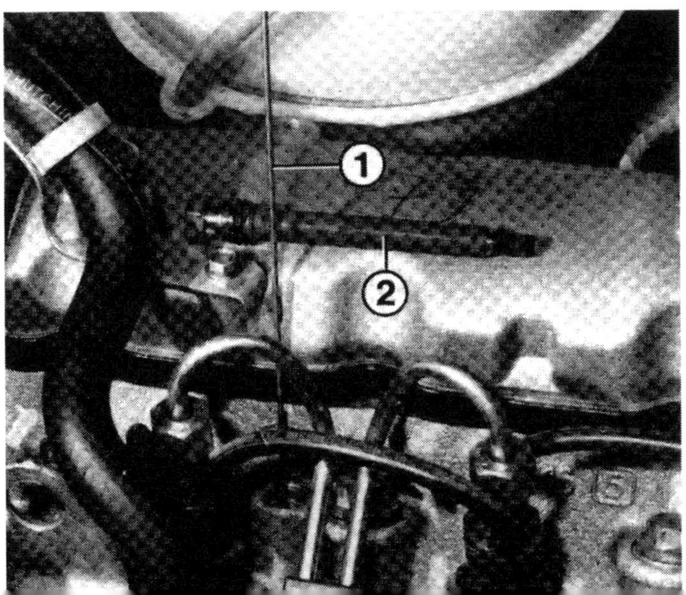

1 – Einspritzpumpe; 2 – Leerlaufanschlag; 3 – Seilzug für Leerlaufanhebung; 4 – Absteller, 5 – Gaszug; Pfeil – Schmierstelle.

Fahren mit defektem Absteller

Ist der Absteller defekt oder dessen Stromversorgung, so weiterfahren:

- Kabel vom Absteller abnehmen.
- Absteller aus der Einspritzpumpe herausschrauben.
- Ventilkolben aus dem Absteller herausnehmen.
- Absteller wieder einschrauben (40 Nm).
- Der Motor wird nun wie üblich gestartet, muß aber von Hand abgestellt werden.
- Dazu Abstellhebel an der Einspritzpumpe betätigen. Unschöner ist das Abwürgen des Motors bei eingelegtem Gang.

Leerlauf prüfen

Wartung Nr. 27

Mit den herkömmlichen Heimwerker-Drehzahlmessern ist beim Dieselmotor nicht viel auszurichten, da er keine – für diese Geräte wichtige – Zündspulenimpulse liefern kann. Zur genauen Kontrolle der Leerlaufdrehzahl muß also ein Spezialgerät benutzt werden.
Der Selbsthelfer kann jedoch die Drehzahl nach Gefühl etwas variieren, wenn der Motor bei der bestehenden Leerlaufdrehzahl besonders lästige Dröhn- oder Schüttelfrequenzen produziert. Das geht dann so:

- Kontermutter an der Einstellschraube (siehe Bild) lockern und Drehzahl an der Schraube einstellen.
- Herausdrehen ergibt niedrigen, Hineindrehen höheren Leerlauf.
- Sollwert: 800–850/min.
- Kontermutter festziehen.
- Keinesfalls an der Einstellschraube für Höchstdrehzahl (siehe auch Bild) drehen!

Der Kraftstoffilter beim Dieselmotor

Die Verteiler-Einspritzpumpe des Dieselmotors ist sehr empfindlich gegen Kraftstoffverunreinigungen (sie setzen die dünne Bohrung in der Hohlschraube am Anschluß der Rücklaufleitung zu, und die Pumpe läuft dann heiß), besonders aber gegen Wasser. In den Kraftstoff gelangt das Wasser hauptsächlich durch Kondensierung im Fahrzeugtank oder im Erdtank unter der Zapfsäule. Flüssige und feste Fremdstoffe müssen also herausgefiltert werden, bevor der Kraftstoff die Einspritzpumpe erreicht. Das geschieht im Kraftstoffilter. Am Filterelement werden Schmutzkörnchen abgeschieden, damit sie nicht in die Pumpe gelangen können. Im Freiraum darunter kann sich Wasser – das ja schwerer ist als Kraftstoff – absetzen.
Mit einer weiteren Besonderheit kann der Filter an Ihrem Diesel-Peugeot ausgestattet sein: Ein von Kühlmittel durchströmtes Gehäuseteil um den Filter verhindert, daß bei sehr tiefen Temperaturen der Filter während der Fahrt durch stockenden Dieselkraftstoff verstopft.

Kraftstoffilter entwässern

Wartung Nr. 12

Bei jeder Wartung und sofort beim Aufleuchten der Warnleuchte (nur Roto) im Armaturenbrett muß der Kraftstoffilter entwässert werden (siehe Abbildung Seite 40):

- Auffangbehälter unter den Filter halten:
- Entlüftungsschraube (1) oben am Filter öffnen.
- Ablaßschraube (2) unten öffnen.
- Etwa 100 cm^3 Kraftstoff auslaufen lassen.
- Schrauben wieder festdrehen.

Kraftstoffilter erneuern

Wartung Nr. 30

- Kraftstoffilter auseinanderbauen.
- Filtereinsatz herausnehmen. Filter zum Sondermüll geben.
- Neuen Filtereinsatz einbauen.
- Beim Bosch-Filter die Entlüftungsschraube oben öffnen und die Handpumpe so lange betätigen, bis Kraftstoff austritt. Schraube schließen.
- Handpumpe betätigen, bis Widerstand spürbar.

1, 2 – Ring und Scheibe unter der Einspritzdüse (teilweise statt Dichtung Seite 42 unten eingebaut); 3 – Einspritzdüse; 4 – Glühkerzen an Zylinder 1 und 2; 5 – Wassergehäuse mit Temperaturfühlern; 6 – Thermostatgehäuse; 7 – Zylinderkopfhaube; 8 – Keilriemenscheibe.

1 – Leerlaufanschlag; 2 – Seilzug für Leerlaufanhebung; 3 – Absteller, 4 – Gaszug; Pfeil – Schmierstelle; 5 – Kraftstoffzulauf; 6 – Handabsteller; 7 – Rücklauf von Einspritzdüsen.

1 – Temperaturschalter (STOP-Lampe); 2 – Temperaturfühler (Anzeige); 3 – Kühlmittelschlauch; 4 – Thermostatgehäuse (Pfeile – Befestigungsschrauben); 5 – Thermoelement für Leerlaufanhebung; 6 – Entlüftungsschraube.

Der Dieselkraftstoff

Für den Diesel-Peugeot soll Dieselkraftstoff nach DIN 51601 mit einer CZ von mindestens 45 verwendet werden. Was ist nun unter CZ zu verstehen? CZ steht für »Cetan-Zahl« und ist das Maß für die Zündwilligkeit des Kraftstoffes. Diese Verhältniszahl wird folgendermaßen ermittelt: Dem sehr zündwilligen Kraftstoff Cetan wurde die Zahl 100 zugeordnet, einem überaus zündträgen Vergleichskraftstoff (Methylnaphtalin) die Ziffer 0. Die Cetanzahl gibt nun an, wieviel Volumenprozent Cetan sich in einem Gemisch mit dem Vergleichskraftstoff befinden müssen, das die gleiche Zündwilligkeit besitzt wie der zu messende Kraftstoff – in unserem Fall der Dieselkraftstoff.Ob die gleiche Zündwilligkeit vorliegt, wird in einem genormten Prüfdieselmotor ausprobiert.

Dieselkraftstoff im Winter

Im Gegensatz zu seinen Benziner-Brüdern braucht der Diesel-Peugeot winters einen anderen Kraftstoff. Grund dafür ist die wesentlich verschlechterte Fließfähigkeit des reinen Dieselöls unterhalb des Gefrierpunkts. Bei diesen Temperaturen scheidet der Kraftstoff Paraffinkristalle aus, die zur Eindickung (Versulzen) führen. Der Kraftstoffilter wird zugesetzt – der Motor bleibt stehen. Ist erst einmal alles verstopft, steht Ihnen eine Menge Ärger bevor, denn zur Rückbildung der Paraffinkristalle muß der Wagen in eine mollig beheizte Werkstatt oder Garage geschleppt werden. Gut durchgewärmt wird der Dieselkraftstoff wieder fließfähig. Tip für Eilige: in der Trockenbox einer Autolackiererei geht der Auftauvorgang wesentlich schneller.
Um solchen Pannen vorzubeugen, führen die Tankstellen eine »Winterware«, die wesentlich kältefester ist. Die Frostfestigkeit der in der Bundesrepublik angebotenen Winterdiesel-Kraftstoffe beträgt meist –22°C. Nicht in allen Ländern wird winters automatisch frostsicherer Kraftstoff verkauft. Wo das nicht der Fall ist (z. B. Italien), sagen Ihnen die Geschäftsstellen der Automobilclubs. Nachfragen ist empfehlenswert!

Mittel gegen »Versulzen«

○ Beste und unproblematischste Möglichkeit ist die Zugabe eines Dieselkraftstoff-Zusatzmittels aus dem Zubehörhandel. Allerdings ist hier Vorsicht am Platze, denn nicht jedes Mittel erhält die Viskosität. Lesen Sie also genau die Verpackungsaufschrift!
○ Zweite Möglichkeit ist Beimengen von Normalbenzin (keinesfalls Super, denn es verschlechtert die Zündwilligkeit). Soll Sommerkraftstoff von 0° bis –15°C und Winterkraftstoff von –15° bis –25°C einsatzfähig bleiben, so empfiehlt sich ein Zusatz von höchstens **30% Normalbenzin.** Bezogen auf den randvollen 50-Liter-Tank unseres Peugeot wären das also maximal 15 Liter Benzin. Erreicht die Temperatur nicht die genannten Minus-Werte, gießen Sie natürlich entsprechend weniger zu. Mit diesem Gemisch läuft der Motor natürlich sehr unwirtschaftlich. Außerdem bekommt er einen ungewohnt harten Motorlauf. Entsprechend hoch ist auch der Verschleiß beim Betrieb mit diesem Kraftstoff-Gemisch. Tanken Sie deshalb, sobald es die Temperaturen erlauben, wieder Dieselkraftstoff dazu.

Die Vorglühanlage

Durch den Kompressionsdruck in den Zylindern des Dieselmotors erwärmt sich die angesaugte Luft so stark, daß sich der eingespritzte Kraftstoff an ihr entzünden kann. Bei kaltem Motor klappt das jedoch nicht immer wunschgemäß. Deshalb bringen die Glühkerzen der Vorglühanlage zusätzliche Wärme für den perfekten Motorstart.

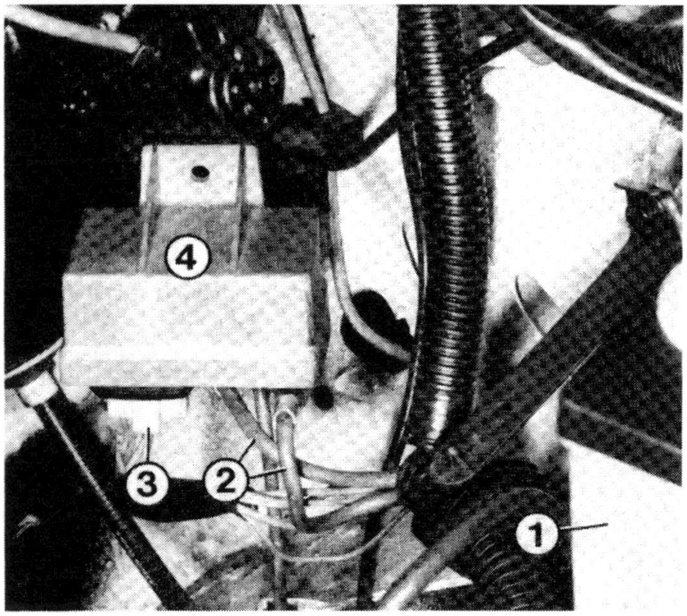

1 – Batterie; 2 – dicke Leitungen von Batterie bzw. zu den Glühkerzen; 3 – Mehrfachstecker; 4 – Vorglührelais.

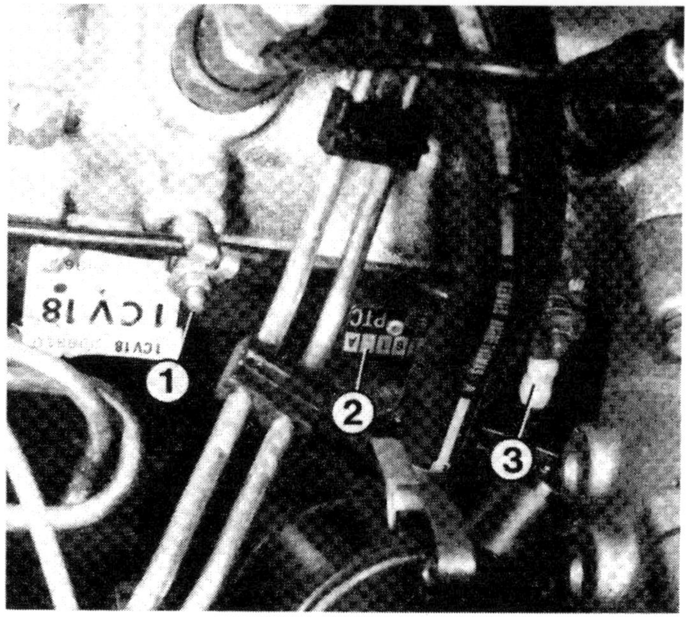

1 – Glühkerze am 2. Zylinder; 2 – Motortypenschild; 3 – Glühkerze am 1. Zylinder mit Stromzuführung vom Vorglührelais.

Mit dem Drehen des Zündschlüssels in die erste »Zünd«-schloßraste lösen Sie den Glühvorgang aus. Dem Vorglührelais hinten links im Motorraum geben Sie damit den Befehl »Motor vorglühen«. Wie lange vorgeglüht werden muß, bestimmt das Relais – das mit einer elektronischen Zeitschaltung kombiniert ist – jedoch selbst. Die Temperaturinformation erhält das Relais von einem Temperaturgeber im Relais. Bei eiskaltem Motor läßt das Relais 25–30 Sekunden lang Strom zu den Glühkerzen fließen. Bei lauwarmem Motor ist die Vorglühzeit entsprechend kürzer, oder es wird aufs Vorglühen verzichtet. Ist die Vorglühzeit zu Ende, verlöscht die Vorglüh-Kontrolleuchte am Armaturenbrett. Im Anschluß setzt das sogenannte Nachglühen ein, d.h. es wird 6–7 Sekunden weitergeglüht, obwohl die Leuchte nicht mehr brennt. Auch wenn der Zündschlüssel in Anlaß-Stellung weitergedreht wird, erhalten die Glühkerzen noch Strom – und zwar so lange, wie der Anlasser betätigt wird. Erst wenn der Anlasser durch Loslassen des Zündschlüssels abgeschaltet wurde, ist der Glühvorgang unterbrochen – egal, ob die Nachglühzeit schon um ist oder nicht. Damit das Relais weiß, wann nach dem Ausschalten des Anlassers der Nachglühvorgang zu beenden ist, wurde es durch ein Kabel mit der dünnen Leitung am Magnetschalter des Anlassers gekoppelt, die während des Anlassens unter Strom steht.

Die Glühkerzen

Innerhalb des Glührohrs, das in die Wirbelkammer ragt, befindet sich eingebettet in Isolierpulver die Glühwendel der Kerze. Sie muß beim Vorglühen das Glührohr auf eine Temperatur von 800° bis 1000°C erhitzen. Nach dem Start muß die Kerze Betriebstemperaturen von 600–900°C aushalten können.

Glühkerzenschäden

Bei den genannten Beanspruchungen ist es nicht verwunderlich, daß die Glühkerzen auch ausfallen können. Sie sollen zwar 15000 sichere Motorstarts gewährleisten, doch oft stirbt die Kerze schon früher. Bisweilen

Defekte Glühkerze suchen: Verbindungskabel (3) zwischen Glühkerzen abschrauben. Prüflampe (2) an Pluspol (1) anklemmen. Mit Prüfspitze Glühkerzenanschlüsse nacheinander berühren – bleibt die Lampe dunkel, ist die Glühkerze durchgebrannt.

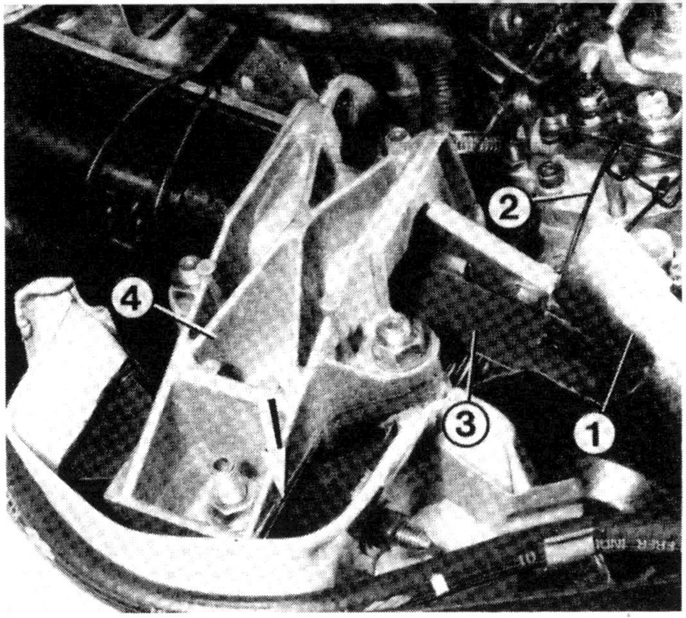

1 – Abdeckung; 2 – Klammer; 3 – Zahnriemen (gibt bei Daumendruck etwas nach bzw. läßt sich zwischen den Fingern um 45° bis max. 90° schränken); 4 – Motorträger; Pfeil – Zwischenblech.

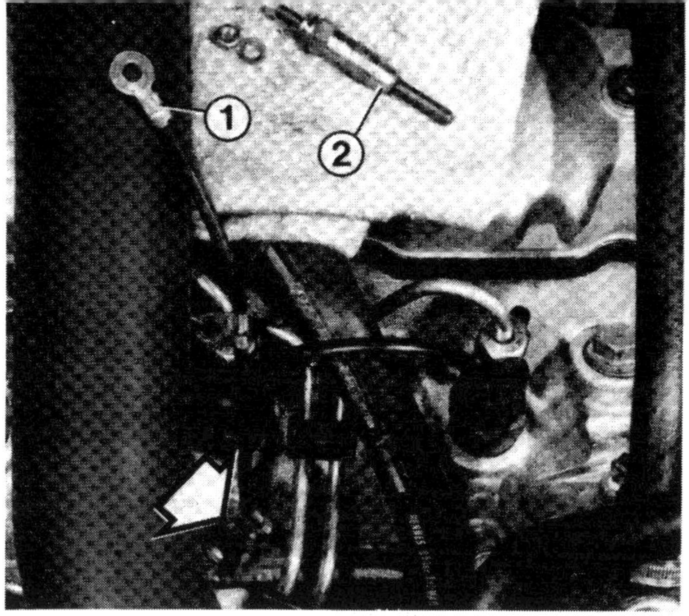

Zum Ausbau einer Glühkerze (2) das Anschlußkabel (1) abschrauben. Pfeil – Bohrung für Glühkerze am 2. Zylinder.

kommt es auch vor, daß die Spitzen der Glühkerzen im Motor regelrecht verbrennen. Solche verbrannten Glühkerzen (die Glühstifte sehen dann wie »angefressen« aus) sind meistens die Folge von Störungen an den Einspritzdüsen. In diesem Fall müssen die Düsen unbedingt auf einwandfreie Funktion überprüft und gegebenenfalls ausgewechselt werden. Doch auch ein verstellter Förderbeginn der Einspritzpumpe kann der Glühkerzen-Lebensdauer abträglich sein.

Glühkerzen ausbauen

● Stromzuleitung an den Glühkerzen abschrauben.
● Glühkerzen mit Gabel- oder flachem Ringschlüssel SW 12 herausschrauben. Hinter der Einspritzpumpe geht es dabei sehr eng zu.
● Glühkerzen beim Einbau mit 22 Nm festziehen.

Die richtigen Glühkerzen

Im Peugeot 205 kommen ausschließlich Schnellstart-Glühkerzen zum Einsatz. Die richtige Bezeichnung lautet z.B. Bosch Bestell-Nr. 0250201005.

Fehlersuche an der Vorglühanlage

Glühkerzen prüfen

Ist eine der Glühkerzen defekt, so merken Sie das hauptsächlich bei kaltem Motor. Während der Kraftstoff in den übrigen Zylindern sofort zündet, setzt der Zylinder mit der defekten Glühkerze erst wesentlich später ein. Der Motor läuft also anfangs nicht auf allen »Töpfen« und stößt blau/schwarze Wolken aus. So wird eine defekte Glühkerze ermittelt:

● Anschlußkabel an allen Glühkerzen abschrauben.
● Anschlußkabel einer Prüflampe am Pluspol der Batterie anklemmen.
● Mit der Prüflampenspitze der Reihe nach alle Anschlußgewinde der Glühkerzen berühren. Dort, wo die Lampe nicht aufleuchtet, sitzt die defekte Kerze.

Stromzufuhr prüfen

Ob die Glühkerzen überhaupt mit Strom versorgt werden, prüfen Sie wie folgt:

● Prüflampe anschließen zwischen Masse und dem Anschluß des Stromzuleitungskabels an der in Fahrtrichtung linken Glühkerze.
● Von Helfer Zündung einschalten lassen.
● Leuchtet die Prüflampe nicht, ist das Vorglüh-Relais (bisweilen innen mit Streifensicherung), das Zündschloß oder ein Zuleitungskabel defekt.
● Nun kurz den Anlasser betätigen. Während der Anlasser läuft, muß die Prüflampe weiterbrennen, sonst ist möglicherweise auch die Zuleitung zur Relais-Klemme 50 unterbrochen.
● Werden die genannten Funktionen nicht erfüllt, ist das Vorglüh-Relais defekt. Oder eine der Zuleitungen ist unterbrochen.

Fingerzeige: Hat man zum Aufsuchen einer durchgebrannten Glühkerze keine Prüflampe zu Hand, kann man die defekte Glühkerze auch durch Funkenprobe ermitteln. Zuleitungskabel an den Glühkerzen abschrauben und mit einem Hilfskabel, welches mit Plus verbunden ist (z.B. am Batteriepol), nacheinander die Gewinde der Glühkerzen abtasten. Wo es nicht funkt, ist die Glühkerze durchgebrannt.
Ist das Vorglüh-Relais unterwegs ausgefallen, können Sie die Leitung an den Glühkerzen mit einem Hilfskabel für etwa 10–20 Sekunden mit dem Pluspol der Batterie verbinden.
Leuchtet die Kontrollampe nicht auf, obwohl der Motor gut anspringt, kann die Lampe defekt sein.

Arbeiten am Dieselmotor

Drehmomente

Bauteile	Nm
Mutter an der rechten oberen Motorhalterung	45
Gummilager an Motorträger	28
2 Muttern am linken Gummilager	18
Obere Mutter am linken Gummilager	35
Schraube durch rundes Gummilager	35
Halterung rundes Gummilager an Karosserie	55
Rechter Antriebswellen-Lagerträger, 4 Schrauben	25
2 Muttern an Wellenlager	18
Lagerdeckel der Nockenwelle	15
Schrauben an den Enden der Nockenwelle	35
Zahnriemenrad an Einspritzpumpe	50
Spannrolle des Zahnriemens	20
Schrauben der Motorschwungscheibe an Kurbelwelle	50
Zahnriemenrad an Kurbelwelle	40+60°
Wasserpumpe	10
Ölpumpe	15
Ölrücklauf an Ölwanne	5
Einspritzdüsen	90

Motor aus- und einbauen

Vorbereitungen

Der Motor wird mit Getriebe nach unten ausgebaut. Wichtigstes Werkzeug dabei ist entweder ein sicher in der Garagendecke verankerter Flaschenzug, in dessen Haken eine stabile Quertraverse gehängt wird, die wiederum mit ihren Enden über kräftige Ketten in den Aufhängeösen am Motor eingehängt wird, oder ein Rangierwagenheber, mit dem der Motor samt Getriebe unter dem Wagen hervorbalanciert werden kann. Der Wagenheber muß dann jedoch zusätzlich mit einer Quertraverse, die mit entsprechenden stabilen und wackelsicher angepaßten Unterlagen bestückt sein sollte, versehen werden.
Da im Peugeot 205 zahlreiche elektrische Anschlüsse und Unterdruckleitungen eingebaut sind, sollten Sie alle Anschlüsse und Leitungen kennzeichnen, daß sie beim Einbau wieder an die richtige Stelle zu sitzen kommen.

Ausbau

- Motorhaube senkrecht stellen. Dazu Abstützung beim Federbein losschrauben und Haube mit Gepäckgummi zum Antennenfuß ziehen.
- Kühlmittel ablassen, Batterie, Batteriekonsole, Luftfilter, Kühlergrill und Kühler ausbauen.
- Abdeckung am rechten Längsträger ausbauen.
- Motoröl und Getriebeöl (2 Schrauben) ablassen.
- Auspuff lösen.
- Schaltgestänge beim Getriebe lösen.
- Fahrzeug vorn so aufbocken und sichern, daß beide Vorderräder aufgefedert nach unten hängen.
- Beidseitig die Achsschenkel unten lösen. Dazu Klemmschraube am unteren Traggelenk ausbauen.
- Lenkung nach links einschlagen und linkes Vorderrad nach außen drücken. Dabei linke Antriebswelle aus dem Getriebe ziehen. **Achtung!** bis Fahrgestellnummer 5931313 kann das Zahnrad im Getriebe, in welchem die linke Welle steckt, ins Gehäuse hinunterfallen. Deshalb geeigneten Bolzen statt der Welle ins Zahnrad stecken.
- Nach rechts einschlagen und rechte Antriebswelle auf die gleiche Weise ausbauen.

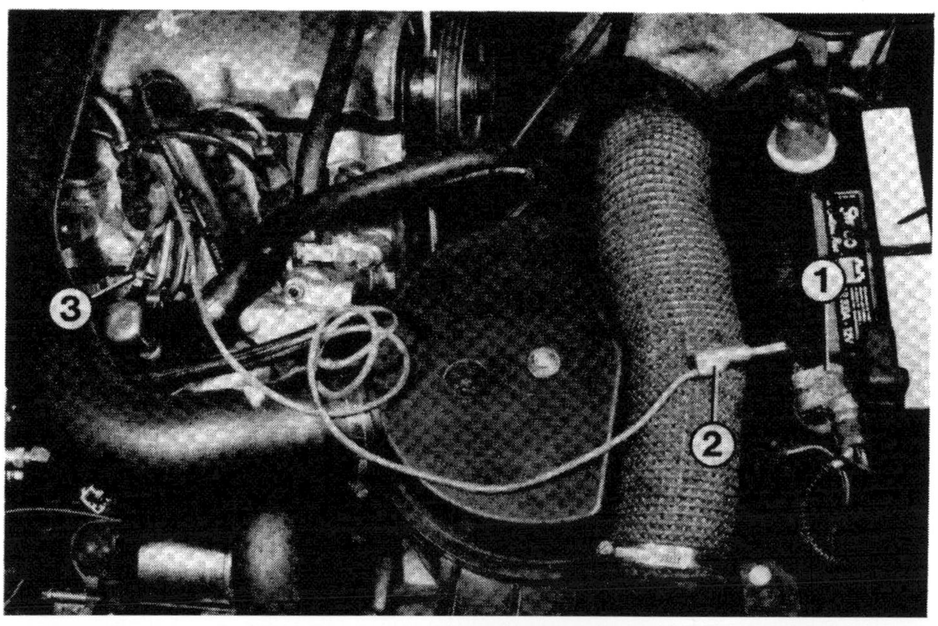

Notbehelf für unterwegs bei defektem Vorglührelais: Das Anschlußkabel (3) zwischen den Glühkerzen mit einem Hilfskabel (2) für ca. 10–20 Sekunden direkt mit dem Pluspol (1) der Batterie verbinden.

Hier ist der Zylinderkopf mit ausgebauter Nockenwelle gezeigt. Es bedeuten:
1 – Zylinderkopf;
2 – Nockenwellen-Lagerdeckel;
3 – Nockenwelle;
4 – Tassenstößel;
5 – Einstellscheiben (innerhalb der Tassenstößel eingelegt).

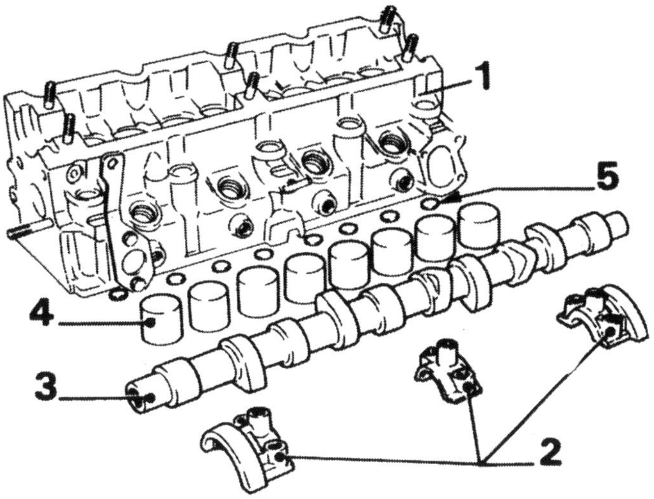

- Unter dem Zwischenlager der rechten Antriebswelle die Motoraufhängung zur Karosserie und den Lagerträger abschrauben.
- Im Motorraum alle Strom- und Schlauchanschlüsse lösen.
- Kupplungszug, Tachowelle und Gaszug lösen.
- Kraftstoffleitungen an der Einspritzpumpe lösen.
- Kühlmittel-Ausgleichsbehälter losschrauben.
- Motor links und rechts aufhängen und leicht anheben.
- Motorhalterungen ausbauen.
- Motor mit Getriebe nach unten ablassen.

Einbau

- **Grundsätzlich** erneuern: Selbstsichernde Schrauben und Muttern, Clips und Sicherungsscheiben.
- Die Dichtringe an beiden Antriebswellen (Reparatursatz) erneuern. Raum zwischen den Dichtlippen mit Mehrzweckfett auffüllen. Speziellen Montagedorn verwenden.
- Motor mit Getriebe von unten in Motorraum einfahren und anheben.
- Motorlagerungen einbauen. Am Motorlager unter der Batterie die Spezialscheibe beilegen, weil sich sonst beim Anziehen der Mutter das Gummilager verdreht.
- Rechte Antriebswelle montieren. Dabei den Kunststoffschutz am Getriebe einsetzen. Zwischenlagerträger über Welle schieben, Räder nach links einschlagen und linke Welle am Getriebe einsetzen.
- Traggelenke links und rechts (Räder nach links) am jeweiligen Achsschenkel montieren. Bei Fahrzeugen ohne Spritzschutzblech hinter der Bremsscheibe keinesfalls die Schutzbleche über den Traggelenken vergessen!
- Schraube der Klemmverbindung im Achsschenkel mit 45 Nm festschrauben. Neue selbstsichernde Mutter verwenden.
- Auspuffrohr anschrauben. Dazu die Schrauben und die kugelförmige Anlagefläche mit Kupferfett schmieren. Bei Fahrzeugen mit Federn an der Schraubverbindung die Federn nur bis ca. 20–23 mm zusammenziehen.
- Der weitere Einbau erfolgt sinngemäß umgekehrt der Ausbaufolge.
- Kupplungspedalweg auf 140 mm einstellen. Dabei ist am Pedal kein Leerweg vorhanden.
- Motoröl, Getriebeöl und Kühlmittel einfüllen.

Zahnriemenzustand prüfen

Wartung Nr. 8

- Zahnriemenabdeckung abnehmen.
- Der Riemen darf nicht verölt oder rissig sein.
- Die Flanken der Verzahnung müssen intakt sein und dürfen keine Abnutzungserscheinungen zeigen.
- Damit Sie den Riemen auf seiner gesamten Länge begutachten können, den Motor durchdrehen.
- Einen schadhaften Zahnriemen unbedingt ersetzen!

Eigenarbeiten am Zahnriemen

Die Steuerung von Nockenwelle und Einspritzpumpe wird beim Dieselmotor sehr präzise eingestellt. Jede Veränderung durch Spannen oder Auswechseln des Zahnriemens zieht deshalb aufwendige Einstellarbeiten nach sich. So beschränken sich die mit einfachen Mitteln durchführbaren Wartungsarbeiten auf die Zustandprüfung und die Kontrolle der Riemenspannung. Wird der Zahnriemen nachgespannt, muß der Förderbeginn der Einspritzpumpe kontrolliert bzw. eingestellt werden. Wird er komplett abgenommen (etwa zum Auswechseln oder zur Zylinderkopfdemontage), kommt noch die Neueinstellung der Steuerzeiten an der Nockenwelle hinzu. Beide Arbeiten erfordern erhebliche Sachkenntnis und vor allem Spezialwerkzeuge. Die zum Justieren des Förderbeginns nötige Meßuhr mit Spezialadapter können Sie nicht kaufen. Hier sind Sie auf die Hilfe einer Peugeot- oder Bosch-Werkstatt angewiesen. Unser Vorschlag für ganz Unerschrockene: Einbau des Zahnriemens und Einstellen der Steuerzeiten selbst durchführen. Wagen dann in die Werkstatt schleppen (vorher absprechen) und dort den Förderbeginn justieren lassen.

Fingerzeig: In der Peugeot-Werkstatt oder z.B. bei einem Bosch-Dienst wird der Förderbeginn bei laufendem Motor eingestellt bzw. überprüft. Entsprechende Anschlüsse sind am Diagnosestecker vorgesehen. Diese Methode ist besonders genau, schnell durchzuführen und dadurch auch preiswert.

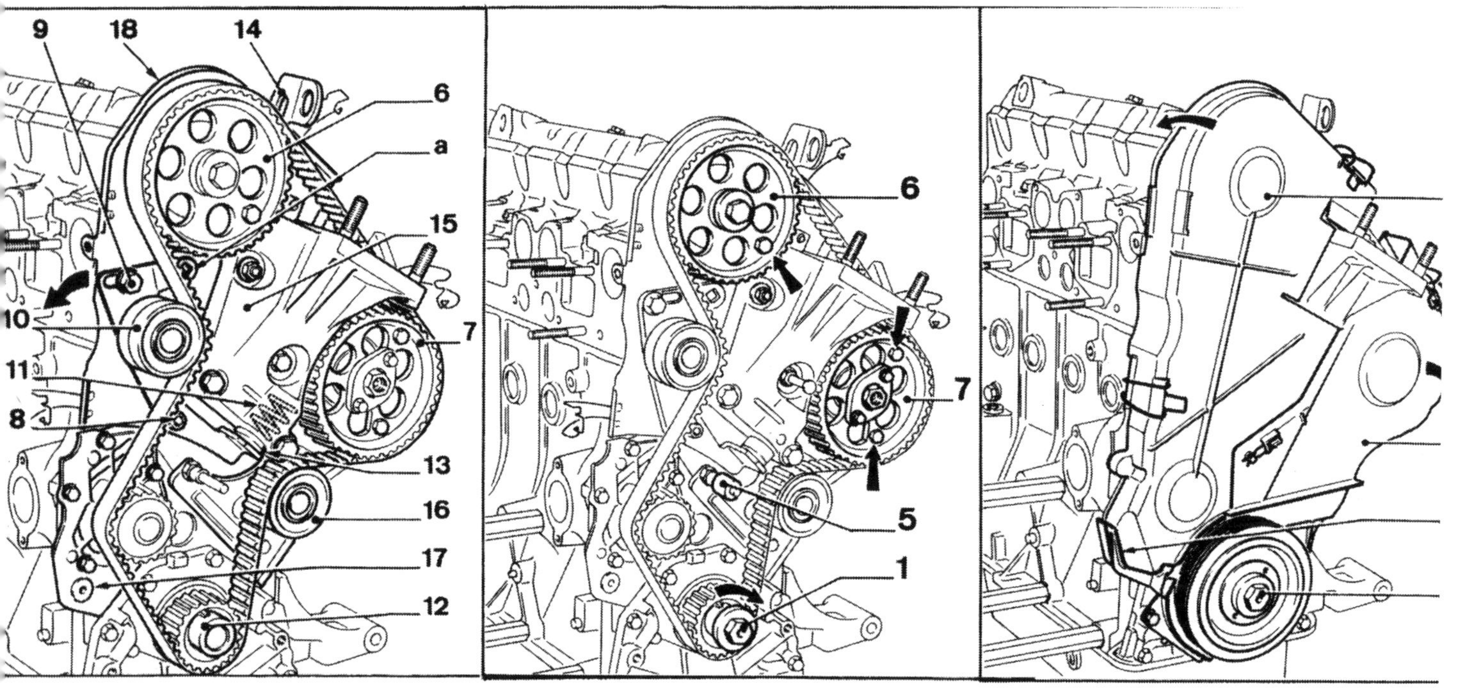

Links: 6 – Nockenwelle; 7 – Einspritzpumpe; 8, 9 – Schrauben für Spannrollenträger (10); a – Vierkant für Hebel; 11 – Feder; 12 – Kurbelwelle; 13 – Stößel; 14 – Öse; 15 – Träger; 16 – Führungsrolle; 17 – Wasserpumpe; 18 – Blechteil. Mitte: 1 – Schraube mit Scheibe zum Weiterdrehen; 5 – Gummi; 6, 7 – Riemenscheiben in Einstellage mit Schrauben (Pfeile) blockiert. Rechts: Zahnriemenabdeckung in der Folge (2), (3) und (4) ausbauen. Zuerst Schraube (1) lösen und Riemenscheibe abnehmen.

XU-, XUD-Motoren Zahnriemen erneuern

Wartung Nr. 36

Bei allen XU-Motoren (alle Diesel und entsprechende Einspritzmotoren, siehe »Motoren- und Typentabelle«) ist für den Zahnriemen werksseitig ein regelmäßiger Austausch alle 80 000 km vorgesehen. Wenn der Zahnriemen fettig oder ölig ist, muß er früher ersetzt werden. Dazu werden Kurbelwelle und Nockenwelle in Einstellage fixiert.

- Batteriekabel abklemmen.
- Beim Diesel Kühlmittel ablassen. Kraftstoffilter, Ausgleichsbehälter und Metallrohr mit dem beiden Schläuchen vom Längsträger ausbauen.
- Rechtes Vorderrad ausbauen, dazu Fahrzeug aufbocken und sichern.
- Seitlichen Spritzschutz zum Motorraum abschrauben.
- Lichtmaschinen-Antriebsriemen entspannen und abnehmen.
- Motorschwungscheibe in Einstellage mit Blockierlehre ∅ 7,5 mm blockieren.
- Kurbelwellenriemenscheibe ausbauen, dazu Schraube in der Mitte lösen.
- 3 Teile der Zahnriemenabdeckung ausbauen.
- Schraube mit Kurbelwellenriemenscheibe wieder in die Kurbelwelle eindrehen.
- Motor an Kurbelwelle (!) drehen, bis in das Nokkenwellenrad in Einstellage die Schraube M 8x40 von Hand eingedreht werden kann. Beim Diesel zusätzlich das Einspritzpumpenrad mit 2 Schrauben M 8x35 in Einstellage fixieren.
- Mutter am Spannrollenträger lösen. In Spannrollenträger Vierkantwerkzeug (3/8″) einsetzen, Träger zurückhebeln und so die Spannrolle entlasten. Schraube wieder anziehen.
- Zahnriemen abnehmen.
- Zum Einbau des Zahnriemens müssen der Motor und alle Zahnriemenräder in ihrer Einbaulage fixiert sein.
- Zahnriemen wie folgt auflegen, dabei gut spannen: Kurbelwelle, Führungsrolle (Diesel), Einspritzpumpe (Diesel), Nockenwelle, Spannrolle und Wasserpumpe.
- Mutter am Spannrollenträger lösen. In Spannrollenträger Vierkantwerkzeug einsetzen, Träger vorhebeln, damit die Spannrolle gegen den Riemen drückt. Schraube wieder anziehen.
- Fixierschrauben an den Zahnriemenrädern und Motorblockierlehre entfernen.
- Motor an der Kurbelwelle 2 Umdrehungen weiterdrehen.
- Danach Blockierlehre und Schrauben wieder einsetzen. Läßt sich eines der Blockierwerkzeuge nicht einsetzen, das Auflegen des Zahnriemens wiederholen.
- Sämtliche Blockierlehren entfernen.
- Zahnriemenabdeckung einbauen.
- Kurbelwellenriemenscheibe einbauen. Schraubengewinde reinigen und mit Schraubensicherungsmittel versehen. Schraube mit 40 Nm anziehen, dann Schraube um weitere 60° weiterdrehen (um eine Schraubenkopfkante).
- Beim Diesel Förderbeginn einstellen lassen.
- Beim Benziner Zündzeitpunkt und Leerlauf prüfen.

Die Zylinderkopfschrauben müssen in der angegebenen Reihefolge festgeschraubt werden. Abhängig von der Schraubenform ist der Anziehvorgang unterschiedlich (siehe Text unten).

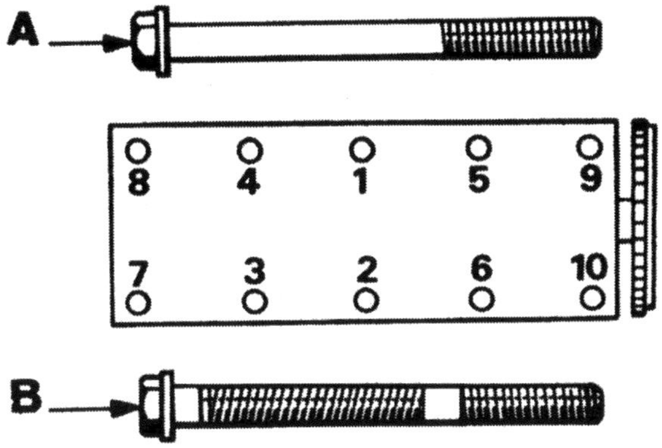

Zylinderkopf ausbauen

- Zahnriemen vom Nockenwellenzahnrad abnehmen (siehe Zahnriemen ausbauen).
- Motorhalterung rechts wieder montieren.
- Luftfilter, Zylinderkopfhaube und Einspritzleitungen ausbauen.
- Alle Kraftstoff- und Kühlmittelleitungen sowie die elektrischen Anschlüsse zum Zylinderkopf lösen.
- Zug der Leerlaufanhebung an der Einspritzpumpe lösen.
- Linke Aufhängeöse des Motors ausbauen.
- Auspuffrohr abschrauben.
- Zahnrad der Nockenwelle ausbauen.
- Verbindungsschrauben vom Spannrollenhalter und der Motorhalterung zum Zylinderkopf herausdrehen.
- Alle 10 Zylinderkopfschrauben in umgekehrter Anzugsfolge lösen und mit Unterlegscheiben abnehmen.
- Zylinderkopf lösen und zur Seite hin abnehmen. Dabei das Nockenwellenende aus Bohrung herausführen. Dichtfläche des Zylinderkopfes nicht an scharfen Ecken zerkratzen.

Zylinderkopf einbauen

- Dicht- und Anlageflächen reinigen. Sie dürfen keine Risse oder tiefe Kratzer aufweisen.
- Richtige Zylinderkopfdichtung bestimmen: Dazu den maximalen Kolbenüberstand aus dem Zylinderblock mit einer Meßuhr ermitteln. Ist das Maß unter 0,77 mm muß die Dichtung 1,661 mm (2 Kerben) dick sein – sonst 1,73 mm (3 Kerben).
- Gewinde im Zylinderblock mit Gewindebohrer reinigen und ausblasen.
- Gewinde der Zylinderkopfschrauben sauberbürsten. Schrauben mit neuen gewölbten Scheiben (Wölbung nach oben) versehen.
- Schraubengewinde und Anlagefläche unter den Schraubenköpfen mit wenigen Tropfen Öl schmieren.
- Motor so drehen, daß alle Kolben auf halber Höhe stehen und so im weiteren Arbeitsablauf nicht an die Ventile anstoßen.
- Zylinderkopf auflegen.
- Form der Zylinderkopfschrauben beachten. Schrauben in Anzugsfolge (Abbildung oben) mit 30 Nm festdrehen.
- Schrauben Form A: Schrauben in Anzugsfolge mit 30 Nm, dann mit 60 Nm nachziehen. Dann jede Schraube um 90° lösen und wieder mit 60 Nm anziehen. Schrauben nach Warmlaufen nachziehen.
- Schrauben Form B: In Anzugsfolge mit 70 Nm nachziehen und anschließend jede Schraube um 120° Drehwinkel weiter festdrehen. Später ist kein Nachziehen mehr erforderlich.
- Ventilspiel prüfen. Dazu Nockenwelle in Prüfstellung drehen. Wenn erforderlich, Nockenwelle ausbauen und Ventilspiel durch Einbau entsprechender Einstellscheiben an den Tassenstößeln berichtigen (siehe »Ventilspiel einstellen«).
- Weiterer Einbau in umgekehrter Ausbaufolge. Auf richtigen Einbau des Zahnriemens achten. Förderbeginn der Einspritzpumpe prüfen lassen.
- Bei Zylinderkopfschrauben Form A den Motor 10 Minuten bei ca. 3000/min warmlaufen lassen. Anschließend den Motor 3 Stunden bei offener Motorhaube abkühlen lassen. Dabei Druck aus dem Kühlsystem durch vorsichtiges Öffnen des Verschlußdeckels am Ausgleichsbehälter abbauen. Jede Zylinderkopfschraube in Anzugsfolge um 90° lösen und gleich wieder mit 70 Nm festschrauben.
- Sind alle Schrauben auf diese Weise nachgezogen, den Vorgang nochmals an allen Schrauben wiederholen.

Ventilspiel prüfen

Diese Arbeit ist laut Peugeot nur bei der Motorüberholung erforderlich. Wir empfehlen jedoch, das Ventilspiel alle ca. 50000 km zu kontrollieren (einfach durchzuführen) und z.B. beim Erneuern des Zahnriemens alle 70000 km ggf. auch einzustellen, denn bei zu engem Ventilspiel ist der Motor gefährdet. Das richtige Ventilspiel beträgt bei kaltem Motor:

Einlaßventil	**0,15 mm (neu)**	**0,08–0,23 mm (möglicher Bereich)**
Auslaßventil	**0,30 mm (neu)**	**0,22–0,38 mm (möglicher Bereich)**

Meist wird das Ventilspiel mit zunehmender Laufleistung des Motors immer enger. Läßt sich an einem Einlaßventil die Fühlerlehre mit 0,1 mm oder gar 0,05 mm nicht mehr zwischen Nockenspitze und Tassenstößel einschieben, muß das Ventilspiel eingestellt werden. Beim Auslaßventil sollten mindestens 0,2 mm Spiel vorhanden sein.

1 – Nockenwellen-Lagerdeckel;
2 – Nockenwelle;
3 – Zylinderkopfhaube.
Mit der Fühlerlehre (4) zwischen Nockenwelle und Tassenstößel (5) das Ventilspiel prüfen.

Das Einstellen des Ventilspiels durch Austausch der Einstellplättchen in den Tassenstößeln ist sehr aufwendig, so müssen z. B. der Zahnriemen und die Nockenwelle ausgebaut werden. Anschließend muß der Förderbeginn der Einspritzpumpe in der Werkstatt geprüft werden.
Zum Prüfen des Ventilspiels muß sich der Motor in zwei bestimmten Stellungen befinden. Zum Aufsuchen beobachtet man die Nockenspitzen der Nockenwelle und stellt Zylinder 4 bzw. 1 auf »Überschneidung«. Dies bedeutet, daß die Nockenspitzen gerade auf die Tassenstößel drücken und sich dabei ein Tassenstößel nach unten und der andere nach oben bewegt.

Überschneidung	an Zylinder 4	an Zylinder 1
Prüfen	Zylinder 1: Einlaßventil Auslaßventil Zylinder 2: Einlaßventil Zylinder 3: Auslaßventil	Zylinder 4: Einlaßventil Auslaßventil Zylinder 3: Einlaßventil Zylinder 2: Auslaßventil

- Der Motor muß kalt sein.
- Ventildeckel ausbauen.
- Motor in entsprechende Stellungen bringen und Ventilspiel mit Fühlerlehre prüfen und notieren.
- Ggf. Zahnriemen von Nockenwellenzahnrad abnehmen, siehe »Zahnriemen ausbauen«.
- Nockenwellenzahnrad von Nockenwelle abschrauben und Nockenwelle ausbauen. Dabei die Schrauben an den Lagerdeckeln in mehreren Stufen gleichmäßig lösen.
- Einstellplättchen am entsprechenden Tassenstößel abnehmen, dazu Tassenstößel z. B. mit Ventilsauger ausbauen. Tassenstößel und Einstellplättchen sorgfältig kennzeichnen, damit nichts verwechselt wird.
- Dicke des Plättchens mit einem Mikrometer messen. Die Plättchen gibt es in 16 verschiedenen Dicken mit einer Abstufung von 0,075 mm. Bei zu engem Ventilspiel entsprechend dünnere Plättchen von der Peugeot-Werkstatt einbauen.
- Vor dem Einbau der Nockenwelle den Motor in Einbaulage bringen, dazu Dorn in die Bohrung beim Anlasser einstecken (siehe »Zahnriemen einbauen«).
- Nockenwellenlager einölen.
- Nockenwelle so gedreht einsetzen, daß später bei montiertem Nockenwellenzahnrad die Feststellschraube zwischen Nockenwellenzahnrad und Zylinderkopf eingedreht weden kann (siehe »Zahnriemen einbauen«). Dadurch ist sichergestellt, daß die Ventile nicht auf den Kolben aufsitzen.
- Nockenwellen-Lagerdeckel schrittweise mit 18 Nm festschrauben.
- Nach eingebautem Zahnriemen Ventilspiel nochmals kontrollieren.
- Weiterer Einbau in umgekehrter Ausbaufolge.

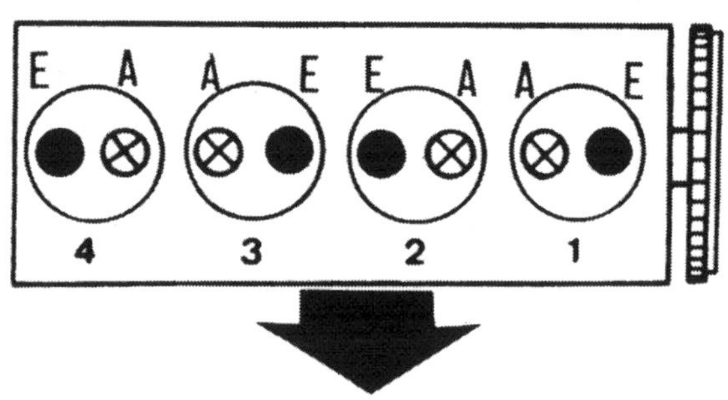

Die Lage der Einlaß- (E) und Auslaßventile (A) ist hier in der Zeichnung dargestellt, ebenso die Zählweise der Zylinder (1–4). Der Pfeil markiert die Fahrtrichtung.

Diesel-Einspritzung

Die Störung	– ihre Ursache	– ihre Abhilfe
A Motor springt schlecht oder überhaupt nicht an	1 Tank leer	Auftanken
	2 Nicht lange genug vorgeglüht	Vorglühen, bis Kontrollampe verlöscht
	3 Vorglühanlage defekt	Defekt beheben
	4 Elektromagnetischer Absteller lose, defekt oder erhält keine Spannung	Absteller prüfen
	5 Luft im Kraftstoffsystem	Entlüften
	6 Kraftstoffversorgung defekt. Prüfung: Einspritzleitungen an den Düsen lösen und sehen, ob Kraftstoff austritt	Prüfen, ob Kraftstoffleitungen geknickt, verstopft oder undicht, Filter verstopft, Tankentlüftung verschlossen. Winters: Kraftstoff paraffinisiert
	7 Einspritzleitungen nach Montage in verkehrter Reihenfolge angeschraubt	Überprüfen
	8 Förderbeginn der Einspritzpumpe verstellt	Einstellen lassen
	9 Eine oder mehrere Einspritzdüsen defekt, verschmutzt oder Einspritzdruck falsch	Prüfen und reparieren lassen bzw. auswechseln
	10 Einspritzpumpe defekt	Austauschpumpe einbauen lassen
	11 Ventilspiel des Motors verstellt	Einstellen
	12 Kompressionsdruck des Motors zu niedrig	Messen lassen
B Motor hat schlechten oder unregelmäßigen Leerlauf	1 Leerlaufdrehzahl nicht richtig eingestellt	Einstellen (lassen)
	2 Gaszug falsch eingestellt oder schwergängig	Richtig einstellen bzw. gängig machen
	3 Kraftstoffschlauch zwischen Filter und Pumpe lose	Anschlüsse festziehen
	4 Hintere Befestigung der Einspritzpumpe lose oder gerissen	Befestigen oder ersetzen
	5 Siehe A 6, 7, 9, 11 und 12	
	6 Motoraufhängung lose oder verschlissen	Festziehen oder ersetzen
C Starker schwarzer, weißer oder blauer Auspuffrauch	1 Motor nicht betriebswarm	Bei warmen Motor nochmals prüfen
	2 Viel Gas bei niedriger Drehzahl	Einzelne Gänge beim Fahren etwas höher ausdrehen
	3 Luftfilter verschmutzt	Reinigen bzw. auswechseln
	4 Kraftstoffilter verschmutzt	Auswechseln
	5 Höchstdrehzahl verstellt	Einstellen lassen
	6 Einspritzdüsen tropfen	Prüfen lassen bzw. auswechseln
	7 Düsennadel hängt oder ist abgebrochen	Prüfen lassen bzw. Düse auswechseln
	8 Zu geringer Einspritzdruck	Düsen prüfen lassen
	9 Siehe A 9, 11 und 12	
D Schlechte Leistung, zu geringe Höchstleistung	1 Gaspedalweg zu kurz	Gaszug einstellen. Evtl. zusätzlich eingelegte Bodenmatten zu hoch
	2 Gaszug nicht richtig eingestellt	Einstellen
	3 Reglerhebel an der Einspritzpumpe lose	Befestigen
	4 Höchstdrehzahl wird nicht erreicht	Höchstdrehzahl einstellen lassen
	5 Einspritzleitungen an den Anschlüssen verengt	Leitungen abschrauben und kontrollieren, ob die Austrittslöcher ca. 2 mm ∅ haben
	6 Dichtungen unter den Einspritzdüsen undicht bzw. defekt	Dichtungen kontrollieren
	7 Einspritzdruck der Düsen falsch	Einstellen lassen
	8 Siehe A 6, 7, 9, 11 und 12	
	9 Siehe C 3, 4, 6 und 7	
E Kraftstoffverbrauch zu hoch	1 Räder nicht freigängig	Bremsen fest
	2 Einlaufvorgang noch nicht abgeschlossen	Nach 5000 km erneut messen
	3 Kraftstoffanlage undicht	Alle Schläuche, Leitungen, Filter und Einspritzpumpe auf Dichtheit prüfen
	4 Rücklaufleitung verstopft	Durchblasen mit Druckluft
	5 Leerlaufdrehzahl zu hoch	Einstellen (lassen)
	6 Höchstdrehzahl zu hoch	Einstellen lassen
	7 Siehe A 10–12 und C 4, 6–8	

Nichts wie raus

Unangenehmes muß schnell verschwinden. Doch auf saubere Weise. Und ohne allzuviel Aufhebens zu verursachen. Das ist die Aufgabe der Auspuffanlage. Sie leitet die Abgase nach hinten, reinigt sie bei manchen Benzinern mit dem Katalysator und dämpft das Verbrennungsgeräusch.

Die Teile der Auspuffanlage

Die Auspuffanlagen der verschiedenen Motoren sind im vorderen Bereich je nach Motor unterschiedlich. Bei den TU- und XU-Benzinmotoren ist der Auspuffkrümmer in Fahrtrichtung vorn am Motor angeschraubt. Das vordere Auspuffrohr führt die Abgase unter dem Motor nach hinten. Zwischen Auspuffkrümmer und Auspuffrohr ist eine Dichtung eingebaut. Bei den anderen Benzinmotoren und beim Diesel ist der Auspuffkrümmer in Fahrtrichtung hinten am Motor angeschraubt. Beim Diesel besitzt der Krümmer eine zweite Öffnung, an die ein kugelförmiger Vorschalldämpfer angeflanscht ist. Dem vorderen Teil folgt ein langes Rohrstück, teilweise mit Katalysator oder Vorschalldämpfer. Der Schalldämpfer unter dem Gepäckraumboden und das Endrohr bilden den Abschluß. Die Verbindung zwischen den Einzelteilen erfolgt mit verschiedenen Klemmschellen. Manche Schraubverbindungen sind mit Federn ausgeführt, damit die Auspuffanlage insgesamt elastisch ist. Die Befestigung am Fahrzeugboden erfolgt mit Gummischlaufen. Verschiedene Wärmeschutzbleche schirmen den Fahrzeugboden ab.

Die Auspuff-Lebensdauer

Die Auspuffkorrosion nimmt mit sinkender Abgastemperatur zu. Langstreckenbetrieb mit voll durchgewärmtem Motor und heißen Abgasen setzt der Auspuffanlage kaum zu. Anders dagegen andauernde Stadtfahrten mit meist unterkühltem Triebwerk. Das bewirkt, daß in den Schalldämpfern Kondenswasser auftritt. Es vermischt sich mit Verbrennungsrückständen zu aggressiven Säuren und läßt das Auspuffblech von innen nach außen durchrosten.

Unabhängig von der Fahrweise fördern Spritz- und Salzwasser den Rostfraß von außen. Steinschlag oder Aufsetzen auf hartem Untergrund wirkt ebenso lebensverkürzend wie Schwingungen durch defekte oder fehlende Aufhängungsgummis bzw. eine schadhafte Motoraufhängung.

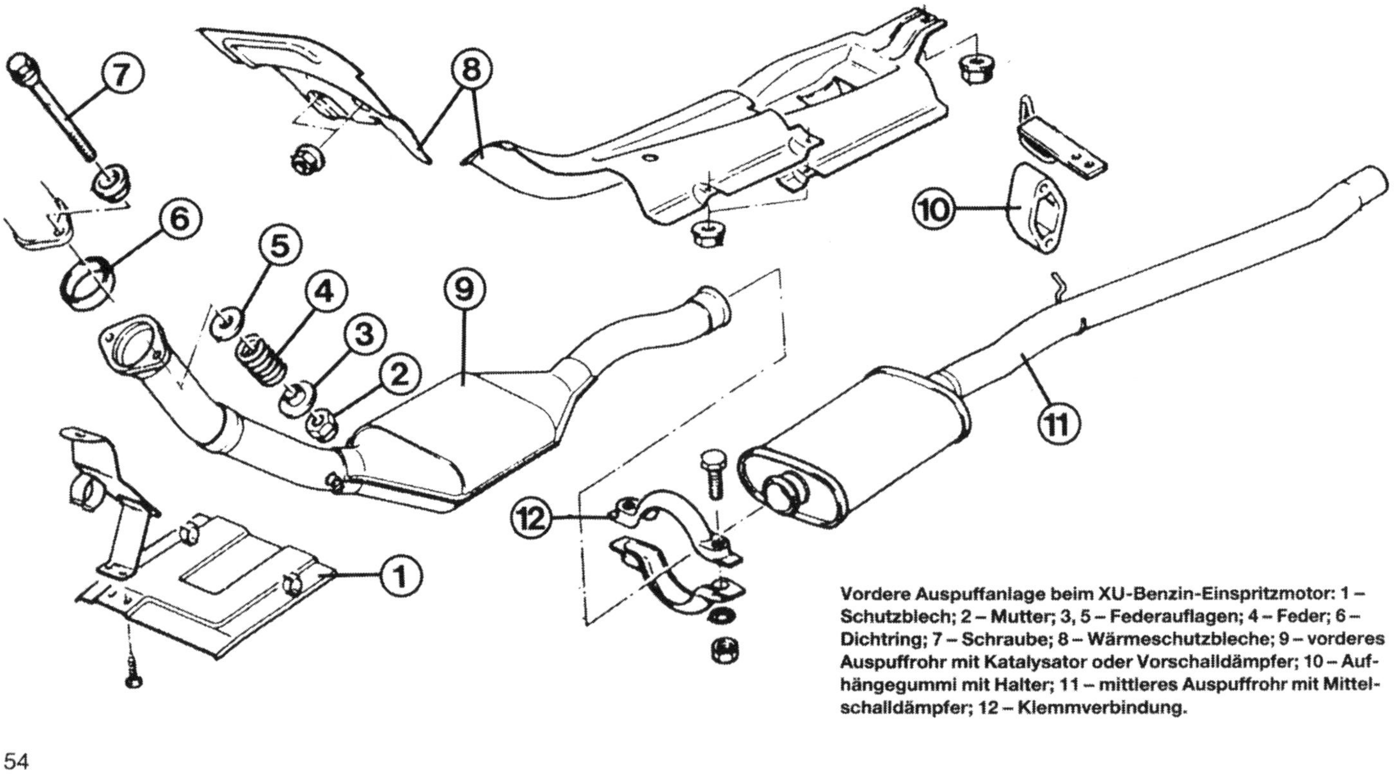

Vordere Auspuffanlage beim XU-Benzin-Einspritzmotor: 1 – Schutzblech; 2 – Mutter; 3, 5 – Federauflagen; 4 – Feder; 6 – Dichtring; 7 – Schraube; 8 – Wärmeschutzbleche; 9 – vorderes Auspuffrohr mit Katalysator oder Vorschalldämpfer; 10 – Aufhängegummi mit Halter; 11 – mittleres Auspuffrohr mit Mittelschalldämpfer; 12 – Klemmverbindung.

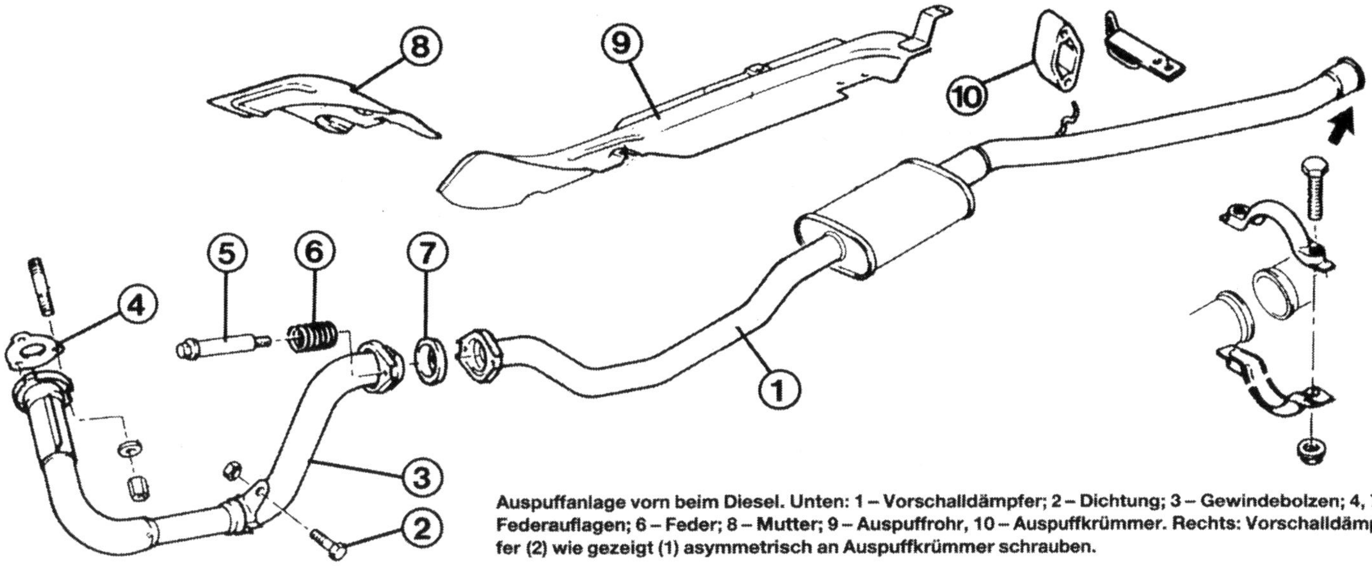

Auspuffanlage vorn beim Diesel. Unten: 1 – Vorschalldämpfer; 2 – Dichtung; 3 – Gewindebolzen; 4, 7 – Federauflagen; 6 – Feder; 8 – Mutter; 9 – Auspuffrohr, 10 – Auspuffkrümmer. Rechts: Vorschalldämpfer (2) wie gezeigt (1) asymmetrisch an Auspuffkrümmer schrauben.

Aufhängung und Zustand der Auspuffanlage kontrollieren

Die Auspuffanlage ist starr mit dem Auspuffkrümmer verbunden. Am Fahrzeugboden hängt sie frei schwingend in Gummischlaufen.

- Haltegummis auf Brüchigkeit, Einrisse oder sonstige Schäden überprüfen, ggf. ersetzen.
- Verschraubungen am Auspuffkrümmer auf festen Sitz kontrollieren, aber nicht mit Gewalt anknallen.
- Mit einem Lappen in der Hand bei laufendem Motor das Auspuffendrohr zuhalten. Der Motor muß nach kurzer Zeit stehenbleiben.
- Hören Sie zischende Geräusche und läuft der Motor ungestört weiter, ist die Anlage an der Geräuschstelle undicht.
- Ein dumpferer Auspuffton als gewöhnlich und Knallen im Schiebebetrieb weist auf einen durchgerosteten Auspuff hin.
- An den Nahtstellen sind die Schalldämpfer zuerst rostgefährdet. Sollen sie noch einige Zeit halten, muß dieser Bereich auch einer sanften Klopfprobe mit dem Schraubendreher standhalten.

Auspuffanlage erneuern

Reparaturen an einer durchgerosteten Auspuffanlage halten leider nur kurze Zeit. Auf rostgeschwächtem Blech kann nicht mehr geschweißt werden. Auspuffkitt und Bandagen sind zwar recht dauerhaft, aber das Blech bricht bald neben der Reparaturstelle aus. Somit eignet sich diese Methode nur für einen Behelf unterwegs. Ganz selten sind alle Schalldämpfer gleichzeitig austauschreif. Etwas besser sind Besitzer von Katalysator-Fahrzeugen dran, denn zumindest der Kat hat ein langlebiges Gehäuse aus rostfreiem Stahl.

Werkstätten wechseln am liebsten die Auspuffanlage gleich komplett aus. Das empfehlen wir nicht so unbesehen, denn alle Teile der Auspuffanlage sind einzeln erhältlich. Die Demontage eines einzelnen Rohrstücks oder Schalldämpfers kann daher ohne allzu großen Aufwand erfolgen. Also erst prüfen, dann wechseln:

- Klopfen Sie den bzw. die noch intakten Schalldämpfer mit einem Hammer rundum gründlich ab, auch an den Stirnseiten. Dabei nicht zu zaghaft hämmern.
- Klingt es bei jedem Schlag hell, ist das Blech noch gesund.
- Wird das Klopfgeräusch an manchen Stellen dumpfer, ist die Außenhaut bereits geschwächt und wird bald durchbrechen; besonders wenn die streusalzhaltige kalte Jahreszeit herrscht.
- Beim Einbau grundsätzlich Dichtung(en) und selbstsichernde Muttern durch neue ersetzen.

Vordere Auspuffanlage beim TU-Benzinmotor: 1 – mittleres Auspuffrohr mit Schalldämpfer; 2 – Seitenbefestigung; 3 – Auspuffrohr unter Motor; 4 – Flanschverbindung mit Dichtung; 5 – Gewindebolzen; 6 – Feder; 7 – Dichtring; 8, 9 – Wärmeschutzbleche; 10 – Aufhängegummi mit Halter.

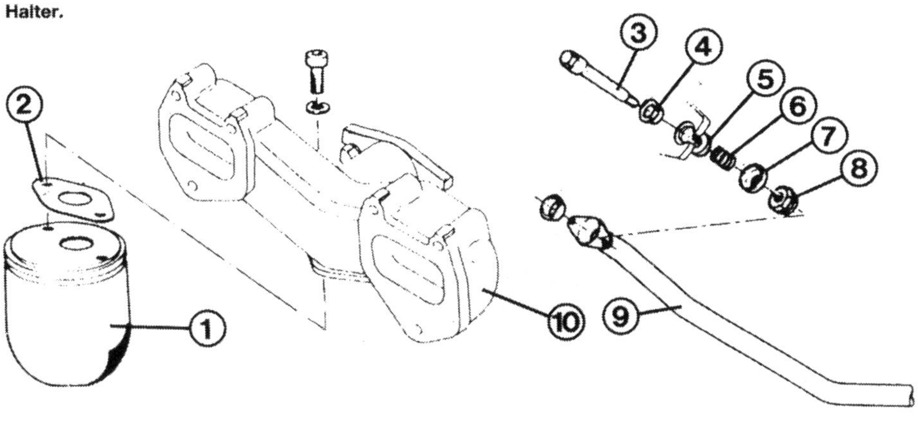

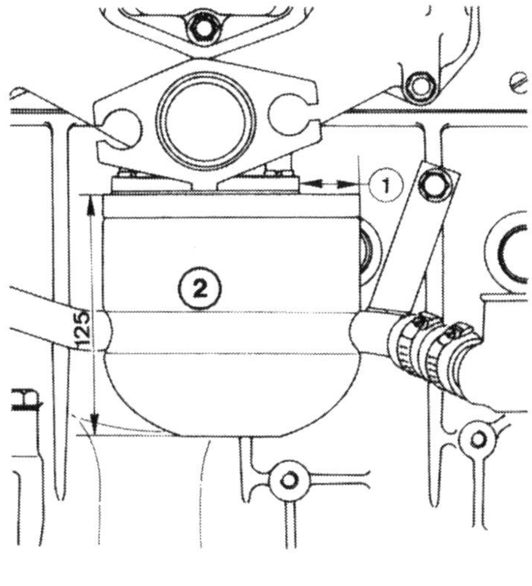

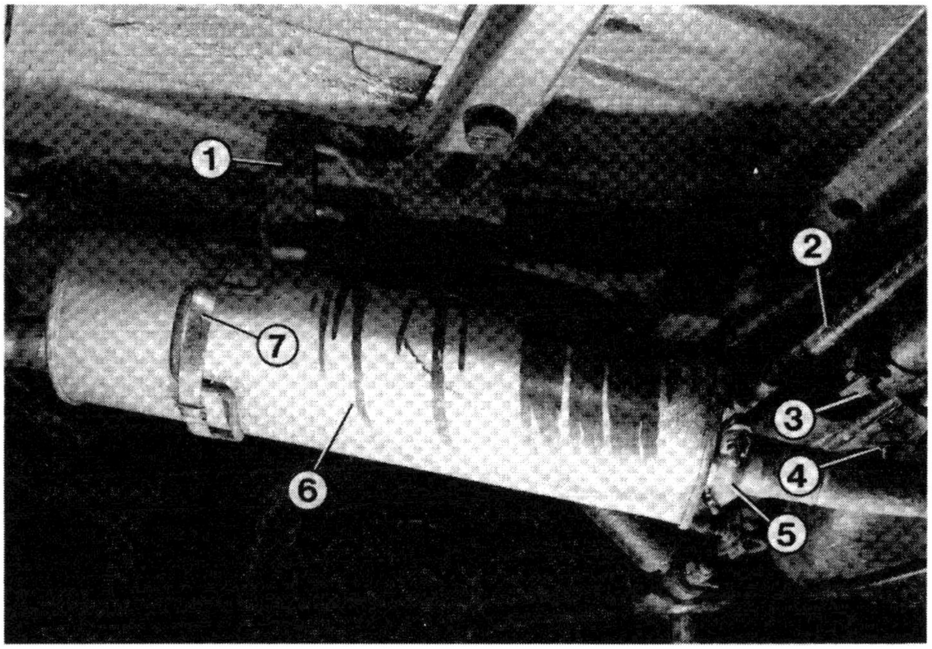

Auspuffanlage unter dem Fahrzeugheck:
1 – Aufhängegummi mit Halter;
2 – Drehstab;
3 – Halter;
4 – Tankbefestigung;
5 – Klemmverbindung;
6 – hinterer Schalldämpfer;
7 – Spannband.

Tips zum Erneuern der Auspuffanlage

○ Damit sich die Verschraubungen bei der nächsten Auspuffmontage leichter lösen lassen, sollten Sie die Gewinde mit Kupferfett bzw. -paste bestreichen. Auch die Klemmverbindungen lassen sich leichter vom Rohr trennen, wenn sie an der Innenseite mit Kupferfett behandelt wurden.

○ Die mit harten Druckfedern unterlegten Schraubverbindungen nicht zu fest anziehen. Die einzelnen Federwindungen dürfen nicht zusammengepreßt werden.

○ Grundsätzlich neue Befestigungsteile verwenden.

○ Verschraubungen an Verbindungsflanschen gleichmäßig anziehen, sonst liegen die Dichtungen nicht ringsum an.

○ Immer neue Dichtungen verwenden. Vor dem Einbau die Anlageflächen der Dichtungen mit Schmirgelpapier reinigen.

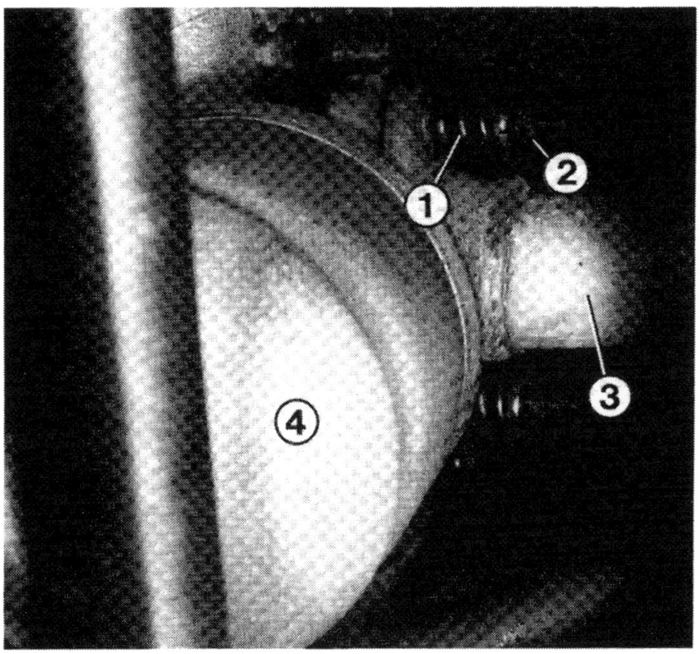

Vorderes Auspuffrohr (3) beim Diesel sowie der Vorschalldämpfer (4) direkt am Auspuffkrümmer. Die Muttern (2) nicht zu weit festdrehen. Die Windungen der Federn dürfen sich nicht berühren.

1, 2 – Klemmverbindung oder Schelle;
3, 5 – Aufhängegummis mit Haltern;
4 – Endschalldämpfer.

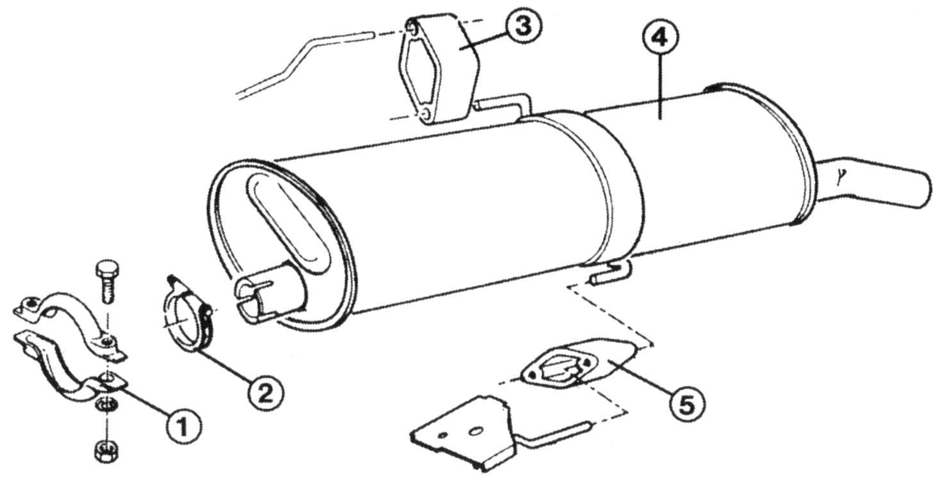

Vorderes Auspuffrohr (1) der XV-, XW- und XY-Motoren:
2 – Flanschdichtung;
3 – Zwischenstück;
4 – Dichtring;
5 – Flansch.

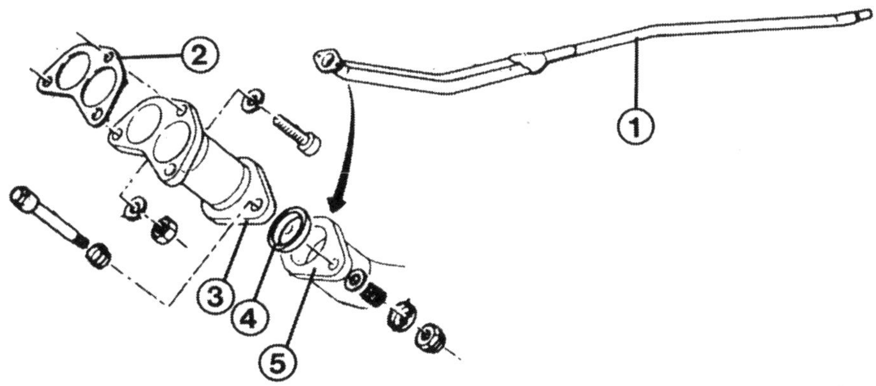

○ Wenn sich eine Schraube nicht lösen läßt, keinesfalls bei weiteren Versuchen den Schrauben-Sechskant runddrehen. Besser ist es bisweilen, durch Überdrehen der Schraube (sie reißt dann ab) die Verschraubung zu lösen. Oder Schraube/Mutter mit dem Winkelschleifer durchtrennen.
○ Auspuffanlage vor dem Festschrauben ausrichten. Eine verspannt eingebaute Auspuffanlage kann lästige Brummgeräusche verursachen. Deshalb den Auspuff lose in die Halteschlaufen hängen und ausrichten. Wichtig: Alle Teile der Auspuffanlage müssen ausreichend Abstand zur Karosserie haben.
○ Alle Verschraubungen der Auspuffanlage – vorn beginnend – anziehen.

Fingerzeig: Bei Fahrzeugen mit geregeltem Kat beachten: Ist die Auspuffanlage vor der Lambda-Sonde undicht, gelangt ein Mehr an Sauerstoff in das Auspuffinnere. Die Lambda-Sonde ermittelt den erhöhten Sauerstoffanteil im Abgas, das eingespritzte Gemisch wird angefettet – der Kraftstoffverbrauch steigt.

Saubermann

Die Rufe nach Verringerung der Luftverschmutzung sind seit den verstärkt auftretenden Waldschäden immer lauter geworden. Gleichzeitig begann die Suche nach den Verursachern. Der »Saure Regen« gilt neben anderen Faktoren als Hauptgrund für die Waldschäden. Er besteht hauptsächlich aus 30% Stickoxid (NO_x) und 60% Schwefeldioxid (SO_2). Hier ist das Auto allerdings nur mit rund 16% an der NO_x- und nur mit 3% an der SO_2-Entstehung beteiligt. Weitere Belastungen ergeben sich durch Kohlenmonoxid (CO), unverbrannte Kohlenwasserstoffe (HC) und Blei.
Seit Ende 1988 sind Peugeot-205-Modelle in allen Leistungsbereichen mit geregeltem 3-Wege-Katalysator erhältlich. Ermöglicht wurde dies hauptsächlich mit Einführung der neuen TU-Motorengeneration, welche mit einem elektronisch geregelten Vergaser oder mit einer Zentraleinspritzung ausgestattet ist. Der XU-Motor im Peugeot 205 GTI wird mit einer Motronic-Einspritzanlage »gesäubert«. Durch den 3-Wege-Katalysator ergibt sich eine Reduzierung der Schadstoffe Kohlenmonoxid, Kohlenwasserstoffe und Stickoxid um 90%. Die Bleibelastung entfällt außerdem, da mit Katalysator nur noch bleifreies Benzin getankt werden darf. Eine eingebaute Kraftstoffverdunstungsanlage verhindert zusätzlich das Freiwerden von Benzindämpfen (Kohlenwasserstoffe) aus dem Tank und ggf. aus der Schwimmerkammer des Vergasers.

Das Luft/Kraftstoff-Verhältnis

Kraftstoff und Luft verbrennen im Motor nur in einem bestimmten Massenverhältnis vollständig. Bei unvollständiger Verbrennung entstehen Schadstoffe. Um 1 kg Benzin vollständig verbrennen zu können, sind 14,6 kg Luft erforderlich. Dies entspricht 1 Liter Benzin zu ca. 10000 Liter Luft.
Entspricht die vom Motor angesaugte Luft genau diesem theoretisch notwendigen Wert (sogenanntes stöchiometrisches Verhältnis), wird dies von den Abgastechnikern als Luftzahl $\lambda = 1$ (Lambda = griechischer Buchstabe) definiert.
Benzinmotoren haben ihr höchstes Drehmoment bei 5–15% Luftmangel ($\lambda = 0{,}85–0{,}95$), also etwas fettem Gemisch. Der geringste Benzinverbrauch ergibt sich bei rund 10% Luftüberschuß ($\lambda = 1{,}1$). Der Katalysator wiederum reinigt das Abgas am besten, wenn das Kraftstoff/Luft-Verhältnis möglichst eng um $\lambda = 1$ pendelt. Hieraus ergeben sich verschiedene Zielkonflikte. So müssen beim Kat-Motor konstruktive Maßnahmen Drehmomentreduzierung und höheren Kraftstoff-Verbrauch ausgleichen. Eine Lambda-Reglung (Seite 95 und 102) muß Vergaser oder Einspritzung so beeinflussen, daß $\lambda = 1$ möglichst genau erreicht wird.

Schadstoffe

Bei optimaler Verbrennung (λ = möglichst genau 1) verlassen den Motor hauptsächlich das ungiftige Kohlendioxid (CO_2 ca. 18%), Wasserdampf (H_2O ca. 9%) und Stickstoff (N_2 ca. 71 %, aus der zugeführten Verbrennungsluft). Rund 1% im Abgas sind Schadstoffe, wie Kohlenmonoxid (CO ca. 0,85%), unverbrannte Kohlenwasserstoffe (HC ca. 0,05%) und Oxidationsprodukte des Stickstoffs (NO_x ca. 0,08%). Obwohl diese Zahlen klein sind, bedeutet dies doch, daß beim Verbrennen von 1 Liter Benzin entsprechend 10000 Liter Abgas und somit z.B. rund 8 Liter Stickoxide (No_x) anfallen.

Kohlenmonoxid

Kohlenmonoxid ist wohl der bekannteste Schadstoff, denn der CO-Gehalt im Abgas wird beim TÜV und der ASU gemessen. Das farblose und geruchlose Gas entsteht bei Luftmangel ($\lambda < 1$), wenn bei unvollständiger Verbrennung der Kohlenstoff aus dem Benzin nicht ganz zu Kohlendioxid (CO_2) oxidiert wird.
Eingeatmetes Kohlenmonoxid besetzt im Blut sehr schnell die Plätze, welche eigentlich zum Sauerstofftransport gebraucht werden. Es führt so zur Vergiftung des Körpers durch Sauerstoffmangel. In der Luft verbindet sich Kohlenmonoxid relativ schnell mit Sauerstoff zum ungiftigen Kohlendioxid.

Fingerzeig: Weltweit sorgen immer mehr Feuerstellen dafür, daß zunehmend Kohlendioxid freigesetzt wird. Der eher abnehmende Baum- und Pflanzenbestand schafft es nicht mehr, alles Kohlendioxid in Sauerstoff umzuwandeln. Der Rest verteilt sich in der Atmosphäre. Er verstärkt dort zusammen mit anderen Stoffen eine für reflektierendes Sonnenlicht undurchlässige Schicht. Fachleute erkennen eine Klimaveränderung (Treibhaus-Effekt).

Kohlenwasserstoffe (HC)

Wie beim Kohlenmonoxid verursacht Luftmangel ($\lambda < 1$) durch unvollständige Verbrennung das Entstehen von unverbrannten Kohlenwasserstoffen. Außerdem ist die Brennraumform und der Zündzeitpunkt von großem

Der Dreiwege-Katalysator kann nur bei einem sehr genau geregeltem Kraftstoff/Luft-Verhältnis um $\lambda = 1$ die Schadstoffe gut umwandeln. Außerhalb des Umsetzungsbereiches werden die Schadstoffe kaum abgebaut. Ist das Gemisch zu fett ($\lambda < 1$), werden HC und CO nur noch teilweise umgesetzt. Bei zu magerem Gemisch ($\lambda > 1$) fällt die NO_x-Reduktionsrate steil ab, bei allerdings sehr geringen CO- und HC-Emissionen.

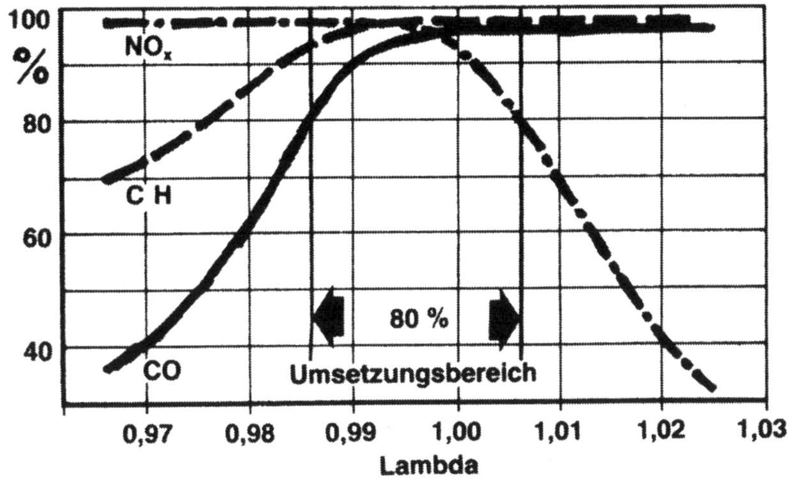

Einfluß: Wenn an den kalten Zylinderwänden sowie in den Quetschzonen im Brennraum die Verbrennung erlischt, steigt der HC-Anteil. Gleiches gilt mit zunehmender Frühzündung.
Im Abgas finden sich ganz verschiedene Kohlenwasserstoffe mit den unterschiedlichsten Eigenschaften. Die Stoffe reichen vom harmlosen Methan, über schleimhautreizende Stoffe (z. B. Formaldehyd) bis hin zu krebserzeugenden HC-Verbindungen (z. B. Benzpyren).

Fingerzeig: Fluor-Chlor-Kohlenwasserstoffe (FCKW) sind hauptsächlich dafür verantwortlich, daß die dünne Ozonschicht in der Atmosphäre immer größere Löcher bekommt. Dadurch gelangt verstärkt schädliche UV-Strahlung zur Erdoberfläche.
FCKW wird teilweise noch als Treibmittel für Spraydosen verwendet. Kaufen Sie keine solchen Spraydosen, denn es gibt die meisten Mittel auch in Pumpflaschen. Oder achten Sie darauf, daß ein umweltfreundliches Treibmittel verwendet ist (blauer Umweltengel).

Stickoxide (NO_x)

Stickoxide entstehen bei hohem Luftgehalt ($\lambda > 1$) und damit hohen Brennraumtemperaturen. Dabei wird ein Teil des Stickstoffs (N_2) aus der Verbrennungsluft zu Stickoxid oxidiert. Hier ergibt sich für den Motorenbauer ein Problem: Wird das Kraftstoff/Luft-Verhältnis auf Luftüberschuß ($\lambda > 1$) ausgelegt, um die CO- und HC-Emission zu verhindern, steigt der NO_x-Anteil auf seinen Maximalwert. Die Brennraumtemperatur und damit der NO_x-Anteil steigen außerdem bei höherer Motorverdichtung (für besseren Wirkungsgrad und weniger Verbrauch) und mit zunehmender Frühzündung (besseres Drehmoment).
Stickoxid (NO) ist ein farbloses Gas und ein schweres Blutgift, das schnell zu zentralen Lähmungserscheinungen führt. Stickoxid (NO) oxidiert an der Luft zu NO_2. Dieses rotbraune Gas riecht stechend scharf und verätzt das Lungengewebe bei Einatmung. Stickoxide verbinden sich bei Sonnenlicht mit ungesättigten Kohlenwasserstoffen und bilden den Smog (schwer auflösende Abgasnebelwolken).

In Abhängigkeit vom Kraftstoff/Luft-Verhältnis verändert sich der Anteil der verschiedenen Schadstoffe im Abgas. Betreibt man einen Motor im Magerbereich, nehmen zwar die Schadstoffe CO und HC sowie der Verbrauch (A) ab, doch klettert die NO_x-Bildung auf den Höchstwert. Der Katalysator arbeitet bei stöchiometrischen Kraftstoff/Luft-Verhältnis mit der Luftzahl 14,6 (senkrechte Linie; entspricht $\lambda = 1$).

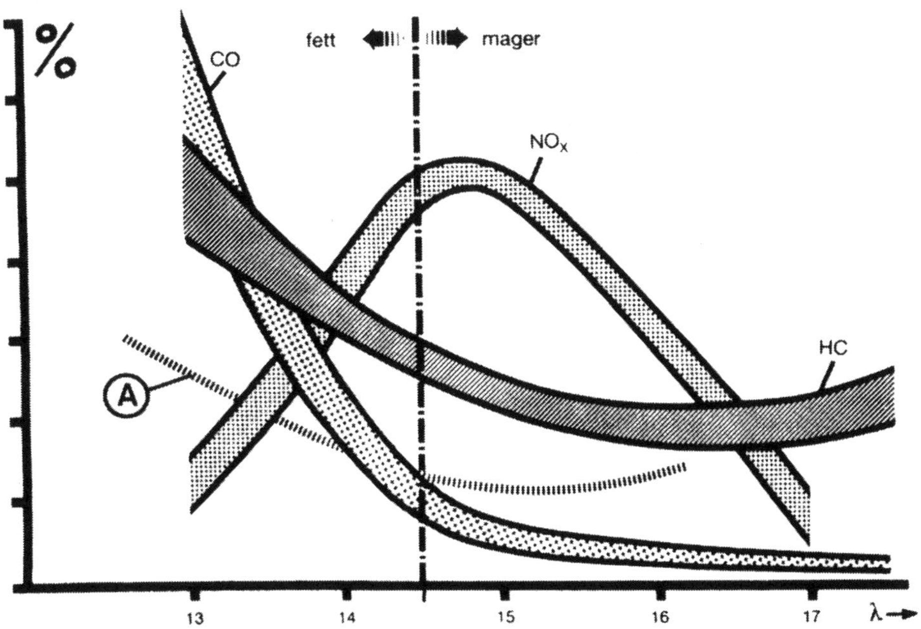

Blei

Bleiverbindungen sind dem herkömmlichen, bleihaltigen Kraftstoff als Antiklopfmittel zugesetzt. Rund 75% davon werden zum Auspuff hinausgeblasen und verursachen so eine beträchtlichen Teil der Bleibelastung, obwohl der Bleigehalt seit 1976 auf 0,15 g/Liter begrenzt ist.
Bleiverbindungen behindern die Sauerstoffaufnahme der Zellen und wirken hauptsächlich für Blut, Knochenmark und Nervensystem als starkes Zellgift.

Lambda-Sonde

Die Lambda-Sonde (auch Sauerstoffsonde bzw. O_2-Sonde genannt) ist vor dem Katalysator in das vordere Auspuffrohr eingeschraubt. Die Sondenkeramik ist außen dem Abgas ausgesetzt und steht innen mit der Außenluft in Verbindung. Durch den unterschiedlichen Sauerstoffgehalt in Abgas und Außenluft erzeugt die Sonde eine Spannung, die bei einem bestimmten Restsauerstoffgehalt im Abgas einen Spannungssprung macht. Dieser Spannungssprung findet genau beim stöchiometrischen Kraftstoff/Luft-Verhältnis ($\lambda = 1$) statt. Bei Sauerstoffmangel ($\lambda < 1$), also fettem Gemisch, beträgt die Spannung 800–1000 mV. Bei magerem Gemisch ($\lambda > 1$) werden um 100 mV erreicht.
Die Lambda-Sondensignale werden in die Steuergeräte der Gemischaufbereitung eingegeben, und die dort eingebaute Lambda-Regelung versucht, das Kraftstoff/Luft-Verhältnis möglichst eng an $\lambda = 1$ zu halten.
Die Lambda-Sonde reagiert auf Sauerstoffschwankungen in Abhängigkeit ihrer Betriebstemperatur unterschiedlich schnell. Bei 300°C ist es um 1 Sekunde, bei 600°C sind es unter 50 ms. Durch eine eingebaute Heizung wird schneller die günstige Betriebstemperatur von ca. 600°C erreicht. Außerdem kann die Lambda-Sonde weiter vom Motor entfernt eingebaut werden, so daß selbst bei Dauervollast keine Schäden durch Überhitzung entstehen.

Lambda-Sonde prüfen

- Motor warmfahren.
- Steckverbindung zur Lambda-Sonde freilegen (Abbildung Seite 61 bzw. 63).
- Koaxialstecker der abgeschirmten Leitung mit dem Lambda-Sondensignal ausstecken. Spannungsmeßgerät zwischen der Leitung von der Sonde und Masse anschließen.
- Motor mit ca. 1500/min laufen lassen.
- An den anderen Stecker (Leitung zum Steuergerät) Masse anschließen. Dadurch bekommt das Steuergerät mageres Gemisch simuliert ($\lambda > 1$) und fettet als Reaktion darauf das Gemisch an ($\lambda < 1$).
- Jetzt muß die gemessene Spannung größer als 450 mV sein. Andernfalls Lambda-Sonde erneuern.
- Wenn vorhanden (zweite Leitung), die Sondenbeheizung prüfen. Dazu die 2polige Steckverbindung auftrennen.
- Bei eingeschalteter Zündung muß Batteriespannung anliegen. Wenn nicht, Leitungen prüfen.
- Anschließend den Strom messen. Der Strom durch das Heizelement muß 0,5–1,3 A betragen, sonst Sonde erneuern.

Der Katalysator

»Katalysator« nennt man einen Stoff, der eine chemische Reaktion einleitet oder beschleunigt. Dabei bleibt der Katalysator chemisch unverändert. Beim Auto verstehen wir unter dem Katalysator ein mit den Edelmetallen Platin und Rhodium beschichtetes Keramik-Bauteil mit seiner Umhüllung, das wie ein Auspufftopf aussieht. Das auf Drahtgeflecht gelagerte Keramik-Bauteil ist von mehreren tausend parallelen Kanälen durchzogen. Auf die Wandungen der Kanäle ist eine Zwischenschicht zur Oberflächenvergrößerung (sogenanntes wash-coat) aufgetragen. Dadurch wird die Fläche, auf der die Reaktionen stattfinden, etwa so groß wie ein Fußballfeld.

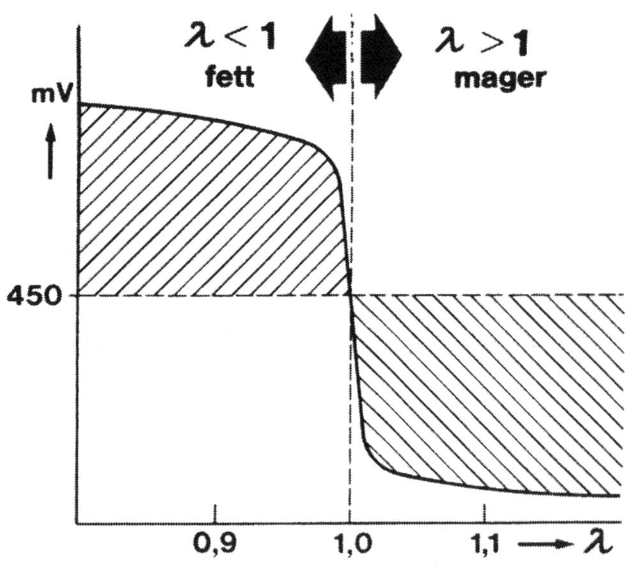

Hier ist der Spannungssprung gezeigt, den die Lambda-Sonde genau im stöchiometrischen Kraftstoff/Luft-Verhältnis bei $\lambda = 1$ erzeugt. Dieser Spannungssprung beeinflußt die Lambda-Regelung (Seite 86, 109). Ist das Gemisch im Augenblick beispielsweise zu fett (Sauerstoffmangel), meldet die Lambda-Sonde dies dem Steuergerät der Gemischaufbereitung, und es wird sofort weniger Kraftstoff zugemessen.

Schnitt durch die Lambda-Sonde:
1 – Gehäuse;
2 – keramisches Stützrohr;
3 – Anschlüsse;
4 – Schutzrohr mit Schlitzen;
5 – aktive Sondenkeramik (im Abgasstrom);
6 – Kontaktteil;
7 – Schutzdüse (mit Außenluft in Verbindung);
8 – Heizelement;
9 – Klemmkontakt zum Heizelement.

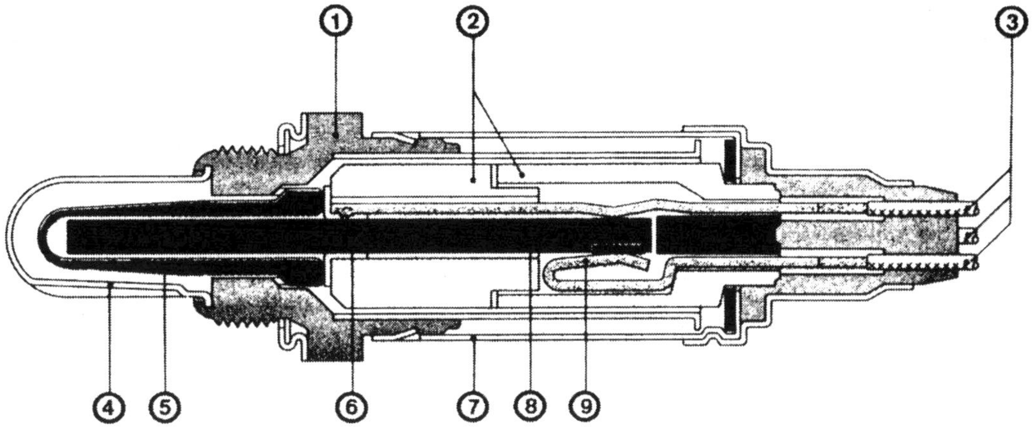

Die katalytisch wirkenden Substanzen sind Platin (5 Teile) und Rhodium (1 Teil). Von diesen Edelmetallen enthält der Katalysator 2–3 Gramm. Wobei das Platin die Oxidation und das Rhodium die Stickoxidreduzierung unterstützt.
Mit dem Dreiwege-Katalysator rückt man den drei Schadstoffen Kohlenmonoxid, Kohlenwasserstoffe und Stickoxide zu Leibe. Es werden Kohlenmonoxid und Kohlenwasserstoffe durch Oxidation mit Sauerstoff zu ungefährlichem Kohlendioxid (CO_2) und Wasserdampf umgewandelt. Zum Abbau der Stickoxide wird ein Mittel gebraucht, welches den Sauerstoff entzieht. Wie aus der Reaktionsgleichung (folgende Seite) zu sehen ist, kann der Schadstoff Kohlenmonoxid dieses Mittel sein. Dabei entsteht Stickstoff (N_2) und wieder CO_2.
Der Katalysator arbeitet nur in einem schmalen Bereich bei stöchiometrischem Kraftstoff/Luft-Verhältnis ($\lambda = 1$) mit hohem Wirkungsgrad. Die größte Schwierigkeit bei der Katalysatortechnik ist es, dieses Verhältnis ($\lambda = 1$) in jedem Betriebszustand des Motors durch die Lambda-Regelung einzuhalten. Schon eine Abweichung von 1 % beeinflußt den Wirkungsgrad des Katalysators erheblich.
Ehe der Katalysator arbeiten kann, muß er eine »Anspringtemperatur« von etwa 300° C haben. Die sind bereits nach 25–80 Sekunden erreicht; im Stadtverkehr können aber auch drei Minuten vergehen, ehe die notwendige Temperatur erreicht ist. Der Katalysator ist auch überhitzungsempfindlich. Steigen die Temperaturen im Katalysator über 900° C, setzt eine verstärkte Alterung ein, ab 1200° C wird seine Wirksamkeit auf Dauer zerstört.
Für den Katalysatorbetrieb ist unverbleiter Kraftstoff unbedingt erforderlich. Blei würde die große Oberfläche im Katalysator schnell verstopfen, und die Abgase könnten die katalytisch wirkenden Substanzen nicht mehr erreichen. Versuche haben gezeigt, daß bereits nach einer bleihaltigen Tankfüllung Kohlenmonoxid kaum noch abgebaut wird. Nach 2–3 Tankfüllungen werden auch die restlichen Schadstoffe nicht mehr abgebaut. Man sagt, der Katalysator ist »vergiftet.«

Fingerzeig: Die Edelmetalle im Katalysator können zurückgewonnen werden, sobald der Kat ausgedient hat. Die Deutsche Autokat Recycling (DAR) sammelt Alt-Kats bei Kfz-Werkstätten und anderen Firmen ein, um sie für andere Teile aufzuarbeiten, beispielsweise für Schmuck. Für Alt-Kats werden von manchen Werkstätten geringe Vergütungen bezahlt.

Hier wird die Lambda-Sonde eines TU-Motors überprüft:
Blaue Steckverbindung für das Sondensignal trennen. Die schwarze Steckverbindung dient zur Sondenheizung. Leitung (1) zum Steuergerät mit Masse verbinden, damit das Gemisch angefettet wird. Jetzt in der Steckverbindung (2) das Spannungssignal von der Lambda-Sonde prüfen – die Spannung muß größer 450 mV sein.

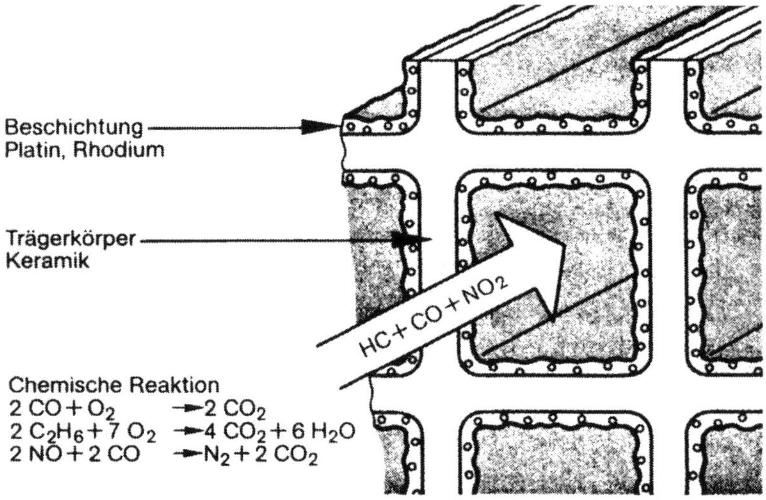

Hier wird die Wirkungsweise des Drei-wege-Katalysators gezeigt: Das Abgas mit seinen Schadstoffen (Pfeil) strömt durch die vielen Kanäle im Keramikteil und kommt dort mit den katalytisch wirksamen Edelmetallen Platin und Rhodium in Berührung. Die Reaktionsgleichung beschreibt, wie durch Oxidation CO und HC unschädlich gemacht werden. Das Stickoxid (NO) wird durch Abspalten von Sauerstoff (Reduktion) in harmlose Verbindungen umgewandelt.

Vorsichtsmaßnahmen bei Katalysator-Fahrzeugen

Besonders gefährlich ist unverbranntes Gemisch, das sich im heißen Katalysator entzündet und so die Temperaturen gefährlich ansteigen läßt. Außerdem kann sich Kraftstoff im Katalysator ansammeln und dort nach dem Motorstart den Keramikkörper durch explosionsartiges Verbrennen beschädigen. Beachten Sie folgende Punkte:

○ Bei leerer Batterie den Motor durch Starthilfe starten. Bei defektem Anlasser nur über kurze Strecken anrollen lassen, anschieben oder anschleppen. Schon nach wenigen Metern startet ein intakter Motor. Wenn nicht, die Ursache klären und nicht kilometerweit schleppen.
○ Lassen Zündaussetzer oder Fehlzündungen auf einen Defekt an der Zündanlage schließen, diese sofort überprüfen (lassen).
○ Bei einem Lagerschaden nicht mit einem totgestellten Zylinder fahren, was ohne Katalysator problemlos möglich ist. Außerdem:
○ Im Hochsommer nach wochenlanger Trockenheit beim Parken den Wagen nicht über trockenem Laub, Heu o.ä. abstellen. Unter besonders ungünstigen Umständen könnte es zu einer Entzündung kommen.
○ Beim Auftragen von Unterbodenschutz darf nichts davon an den Katalysator geraten.
○ Kontrollieren Sie gelegentlich bei aufgebocktem Fahrzeug, ob die Hitzeschutzbleche nicht beschädigt oder verlorengegangen sind.

Möglichkeiten zur Abgasverbesserung

Ansaugluft-Vorwärmung

Diese einfache Einrichtung begünstigt die Vergasung des Kraftstoffes und sorgt für eine vollständigere Verbrennung. Dadurch wird der Ausstoß an Kohlenwasserstoffen verringert.
Zur Dosierung von Warm- oder Kaltluft befindet sich im Ansaugtrakt vor dem Luftfilter eine Klappe, die den Weg entweder für erwärmte Luft vom Auspuffkrümmer oder für Kaltluft freigibt. Die Betätigung der Klappe erfolgt von Hand oder automatisch durch eine Unterdruckdose (siehe Zeichnung Seite 64).

Kurbelgehäuse-Entlüftung

Die Kurbelgehäuse-Entlüftung verhindert den Ausstoß der Gase aus dem Kurbelgehäuse (Gemisch von Öldämpfen, Verbrennungsgasen, unverbrannten Benzindämpfen, Wasserdampf usw.) sowie auch Überdruck im Kurbelgehäuse mit nachfolgenden Undichtheiten an den Lagern und Dichtungen. Die Kurbelgehäusegase werden dazu mit der Ansaugluft vermischt, im Motor verbrannt und anschließend durch den Auspuff ausgestoßen.
Es sind zwei Absaugkreise zu unterscheiden (siehe Zeichnung).
○ **Primärkreis** (gestrichelte Pfeile) zwischen Absauganschluß (1) und Saugrohr (4). Der Unterdruck ist bei geschlossener Drosselklappe vor der Drosselklappe (3) gering und nach der Drosselklappe im Saugrohr hoch. Die Gase aus dem Kurbelgehäuse strömen durch einen Metallfilter, der Öltropfen aufhält und gelangen dann

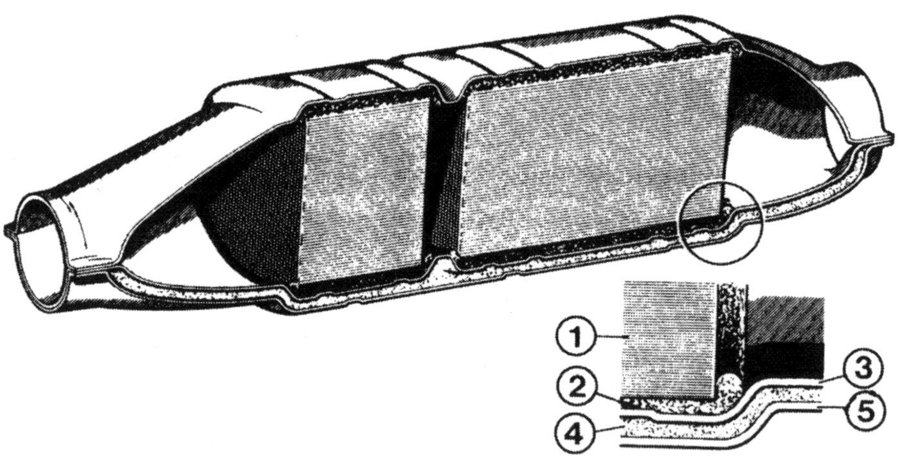

Schnitt durch den Katalysator. Der Ausschnitt rechts zeigt:
1 – Keramikkörper;
2 – Stahlwolle (aus Edelstahl) zur Vibrationsdämpfung;
3 – Katalysatorgehäuse aus Edelstahlblech;
4 – Hitzeisolierung;
5 – rostgeschütztes Außenblech.

Die Abbildungen zeigen die Lambda-Sonde beim XU-Einspritzmotor. Links:
1 – Katalysator;
2 – Lambda-Sonde;
3 – vorderes Auspuffrohr.
Rechts:
1 – schwarze Steckverbindung der Sondenheizung;
2 – blaue Steckverbindung von der Lambda-Sonde;
3 – Steckverbindung für Sondensignal.

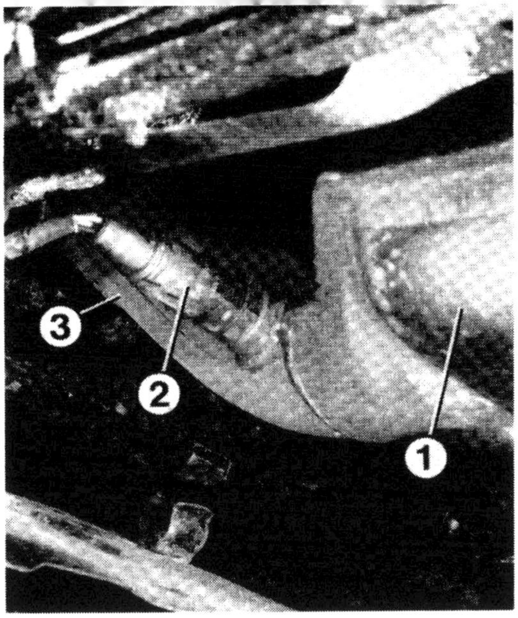

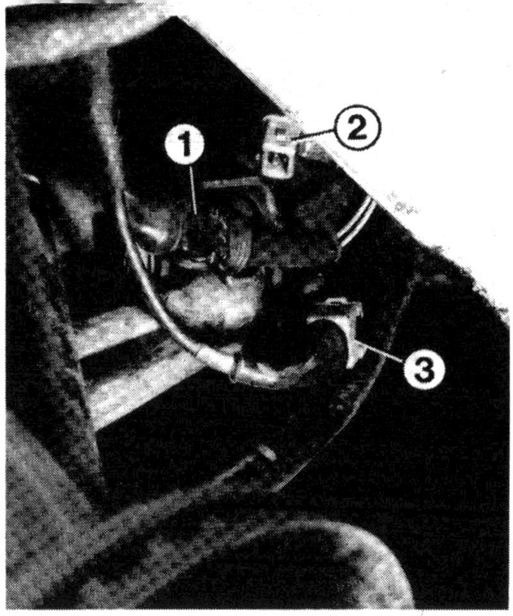

durch die Düse (5) ins Saugrohr (4). Mit zunehmender Differenz der Drücke beiderseits der Düse (5) steigt auch der Düsendurchsatz an, jedoch nur bis zu einem bestimmten Differenzdruck, ab dem der Düsendurchsatz dann konstant bleibt.
Die Düse (5) hat also die Aufgabe, den Durchsatz der Kurbelgehäusegase zu steuern, so daß die Leerlaufdrehzahl nicht gestört wird.
○ **Sekundärkreis** (kleine Pfeile) zwischen Absauganschluß (1) und Luftfilter (2). Der Unterdruck ist bei geöffneter Drosselklappe nach der Drosselklappe (3) gering und vor der Drosselklappe ausreichend, um die Kurbelgehäusegase durch den Absaugstutzen mit kalibrierter Öffnung (7) anzusaugen.
Dadurch wird die gewünschte Absaugwirkung erzielt und gleichzeitig der Druck im Kurbelgehäuse bei hohen Drehzahlen beschränkt.
Bei Zwischenstellungen der Drosselklappe sind Primärkreis und Sekundärkreis gleichzeitig in Betrieb.

Lufteinblasung in den Auspuffkrümmer (Pulsair)

Diese Einrichtung hat die Aufgabe, den Ausstoß von Kohlenmonoxid (CO) und unverbrannten Kohlenwasserstoffen (HC) durch den Auspuff zu verringern.
Diese Verringerung der CO- und HC-Emission wird durch Einblasen von Luft in die Auslaßkanäle erreicht. Dabei bewirkt die mit den Abgasen vermischte Frischluft eine Nachverbrennung und eine Nachoxidation des Kohlenmonoxids und der Kohlenwasserstoffe.

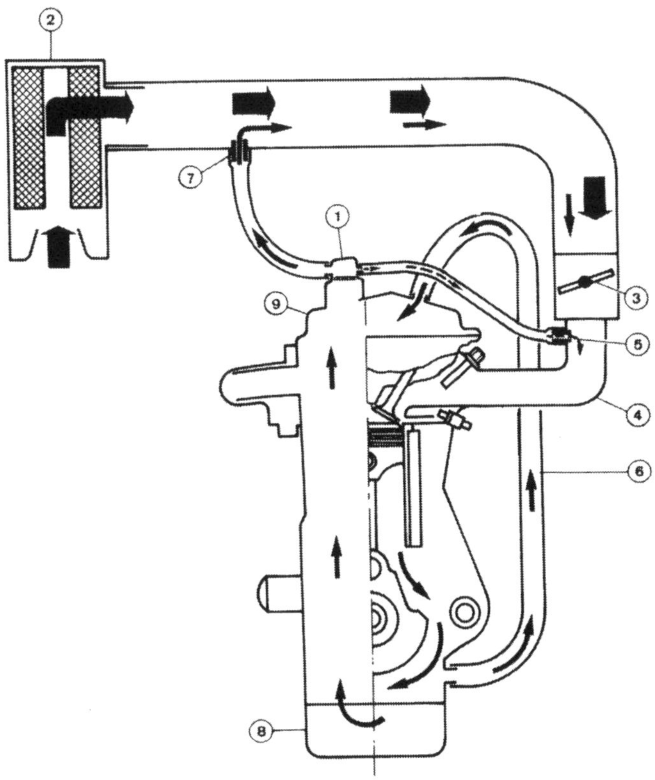

Funktionsschema der Kurbelgehäuse-Entlüftung:
1 – Absauganschluß;
2 – Luftfilter;
3 – Drosselklappe;
4 – Saugrohr;
5 – Düse;
6 – Schlauchleitung;
7 – Öffnung (kalibriert);
8 – Ölwanne;
9 – Zylinderkopfhaube.

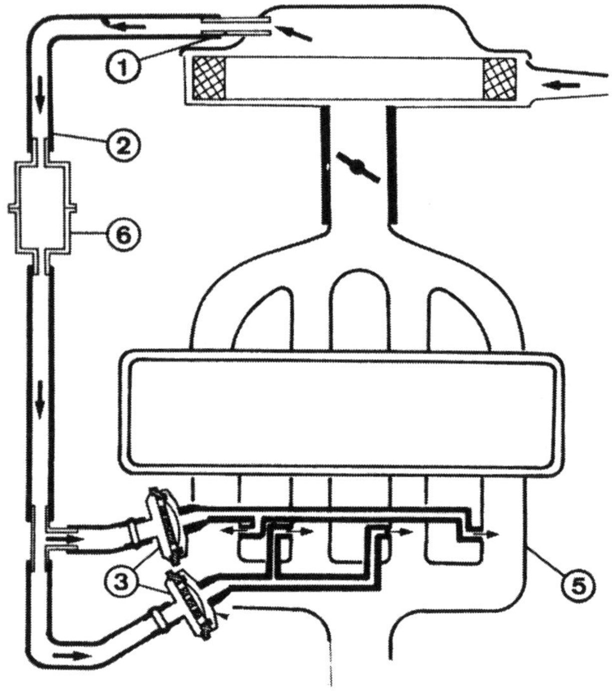

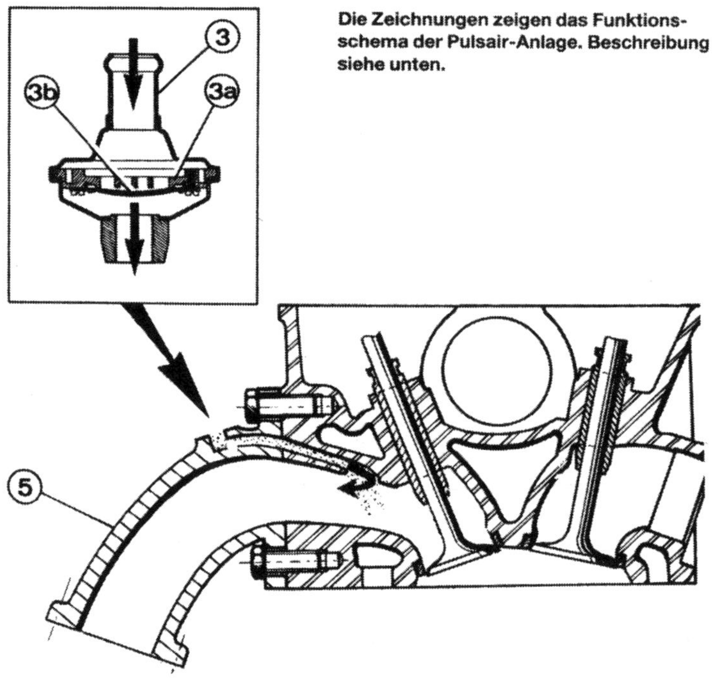

Die Zeichnungen zeigen das Funktionsschema der Pulsair-Anlage. Beschreibung siehe unten.

Das System umfaßt (siehe Zeichnung) einen besonderen Luftfilter mit einem zusätzlichen Stutzen (1) zur Frischluftversorgung der Pulsair-Anlage, einen Luftschlauch (2) zwischen Luftfilter und Pulsair-Anlage, Ventile (3), und zwar vier (ein Ventil pro Zylinder) oder zwei (ein Ventil für die Zylinder 1 und 4 sowie ein Ventil für die Zylinder 2 und 3) sowie Leitungen zwischen der Pulsair-Anlage und einem besonderen Auspuffkrümmer (5) mit Frischluft-Ansaugstutzen. Ein Ansaugdämpfer (6) dämpft die beim Betrieb der Pulsair-Anlage auftretenden Geräusche.

Die Pulsair-Sekundärlufteinblasung nützt den Unterdruck, der in bestimmten Phasen des Motor-Arbeitsspiels in den Auslaßkanälen des Zylinderkopfs herrscht. Sie wirkt als Rückschlagventil, das die Frischluft vom Luftfilter zum Zylinderkopf durchläßt, jedoch das Aufsteigen von Abgasen in den Luftfilter verhindert. Die verschiedenen an den Auslaßventilen herrschenden Drücke wirken auf die Federmetallstreifen (3b) der Pulsair-Ventile, die je nach Stellung die Frischluft in den Auspuffkrümmer (5) einlassen.

Bei geöffneten Auslaßventilen: Ausstoß der Abgase mit variabler Geschwindigkeit und variablem Druck, es erfolgt keine Frischlufteinblasung in den Auspuffkrümmer.

Bei geschlossenen Auslaßventilen: Der in den Auslaßkanälen herrschende Unterdruck bewirkt das Ansaugen von Frischluft; diese Frischluft ermöglicht bei Vermischung mit den Abgasen die gewünschte Nachverbrennung bzw. Nachoxidation.

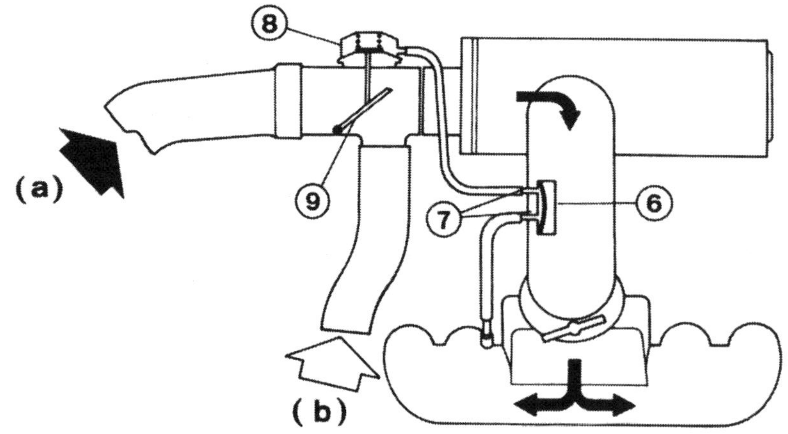

Wirkungsweise der automatisch mit Unterdruck betätigten Ansaugluft-Vorwärmung. Es bedeuten: a – Kaltluft; b – Warmluft.
In Abhängigkeit der Temperatur öffnet eine Bimetallfeder (6) die Verbindung zwischen den beiden Anschlüssen (7). Dadurch kann der Saugrohrunterdruck auf die Membran der Unterdruckdose (8) wirken und für die Betätigung der Klappe (9) sorgen, die den Kaltlufteinlaß oder den Warmlufteinlaß mehr oder weniger schließt.

Links: Funktionsschema der elektropneumatischen Frühverstellungs-Verzögerung. Rechts: Funktionsschema der elektropneumatischen Schubanhebung.

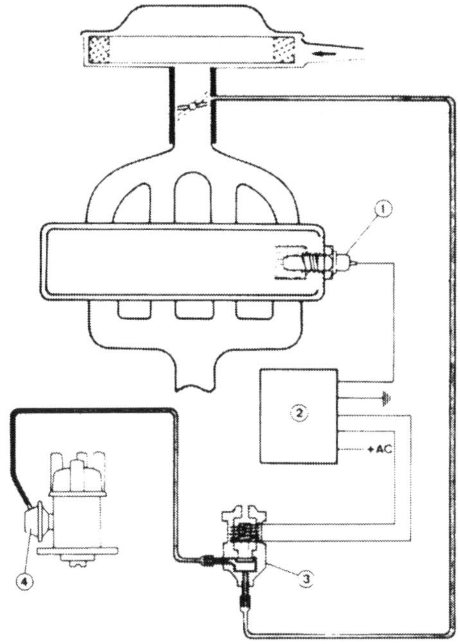

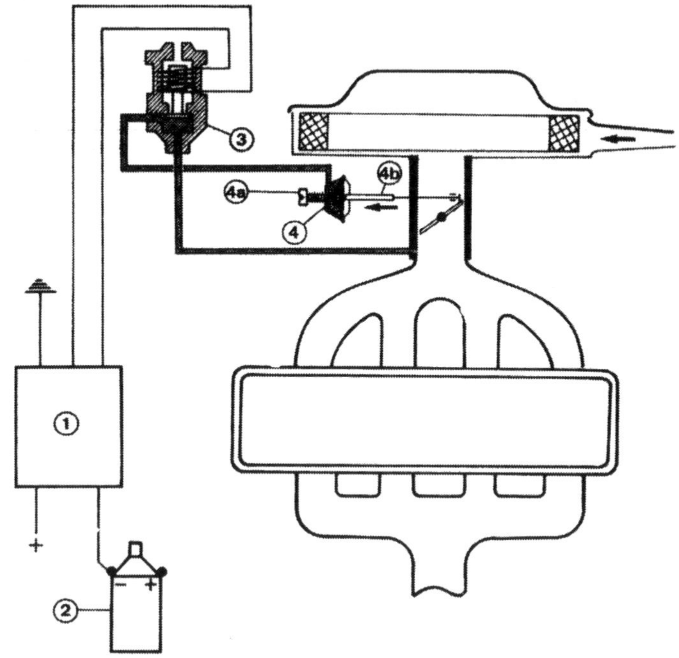

Elektropneumatische Frühverstellungs-Verzögerung

Dieses System wird bei Peugeot auch als elektropneumatischer Kit (kurz EPK) bezeichnet. Es verringert bei bestimmten Motortemperatur-Bedingungen die Zündungs-Frühverstellung; dadurch wird die Verbrennungsendtemperatur gesenkt und die Bildung von Stickoxiden (NO_x) verringert.
Die vom Temperaturfühler gemessene Motortemperatur wird dem elektronischen Steuergerät (2) gemeldet. Bei bestimmten Motor-Betriebstemperaturen sperrt das vom elektronischen Steuergerät (2) angesteuerte Magnetventil (3) die Unterdruckzufuhr zur Unterdruckdose des Zündverteilers (4). Die daraus resultierende Verringerung der Zündungs-Frühverstellung ermöglicht eine Senkung der Stickoxide (NO_x).

Elektropneumatische Schubanhebung

Im Schiebetrieb ist der Unterdruck im Saugrohr sehr hoch. Der an den Saugrohrwänden befindliche Kraftstoff wird vergast, was zu einer übermäßigen Gemischanreicherung führt. Eine besondere Einrichtung hält die Drosselklappe bei Verzögerungsvorgängen in einer Leerlaufanhebungsstellung und ermöglicht so die Verringerung des Ausstoßes von unverbrannten Kohlenwasserstoffen (HC).
Dieses System umfaßt folgende Bauteile (siehe Zeichnung):
Ein elektronisches Steuergerät (1); dieses steuert die Erregung des Magnetventils (3) in Abhängigkeit von der Motordrehzahl. Das Magnetventil, eine Beschleunigungsdose (4), die am Vergaser befestigt ist und unter Einwirkung des Saugrohrunterdrucks eine teilweise Drosselklappenöffnung bewirkt, und ein einstellbarer Anschlag (4a) an der Beschleunigungsdose ermöglichen die Einstellung der Leerlaufanhebung auf den gewünschten Wert.
Wenn der Motor in der Beschleunigungsphase eine bestimmte Drehzahl erreicht (z.B. 1800/min), tritt die Leerlaufanhebungs-Einrichtung in Aktion: Das Magnetventil wirkt auf die Beschleunigungsdose (4), und diese verstellt den Leerlaufanhebungsanschlag (4b) der Drosselklappe.
Wenn der Motor in der Verzögerungsphase (Schiebetrieb) die genannte Drehzahl erreicht, bewirkt das elektronische Steuergerät zunächst eine Verzögerung (z.B. 300 ms). Nach dieser Verzögerung wird die Leerlaufanhebung ausgeschaltet: Das Magnetventil (3) ist nicht mehr erregt, und der Anhebungsanschlag wird gelöst. Die Drosselklappe kehrt dann in die normale Leerlaufstellung zurück.

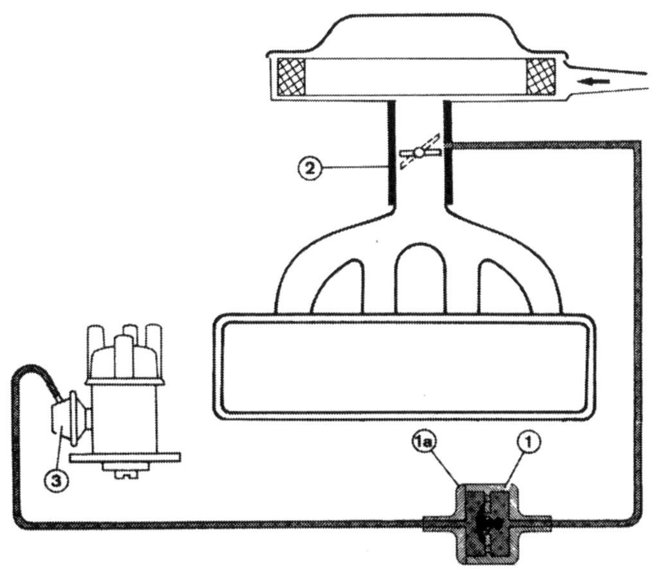

Funktion der pneumatischen Frühverstellungs-Verzögerung:
Die Verzögerung erfolgt durch das Ventil (1) in der Unterdruckleitung zwischen Drosselklappengehäuse (2) und Unterdruckdose (3). Das Ventil verzögert nur den Unterdruckanstieg in der Unterdruckdose. In die andere Richtung ist es frei durchgängig. Die Farkmarke am Ventil (1a, grün oder gelb) muß zur Zündverteilerseite.

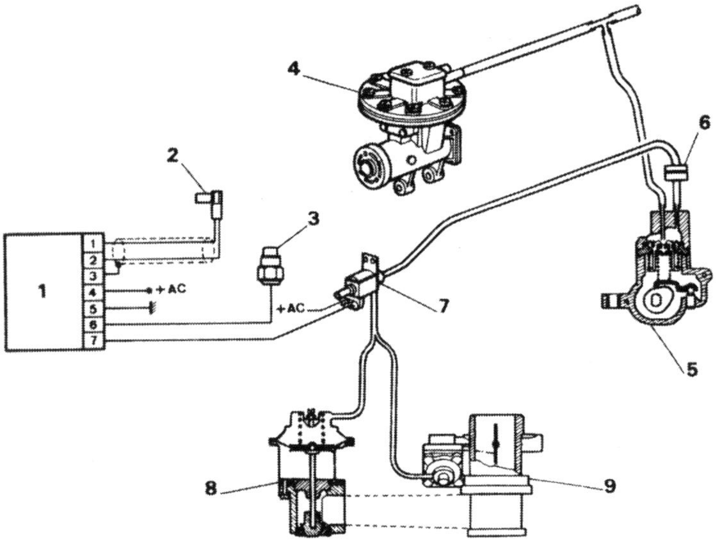

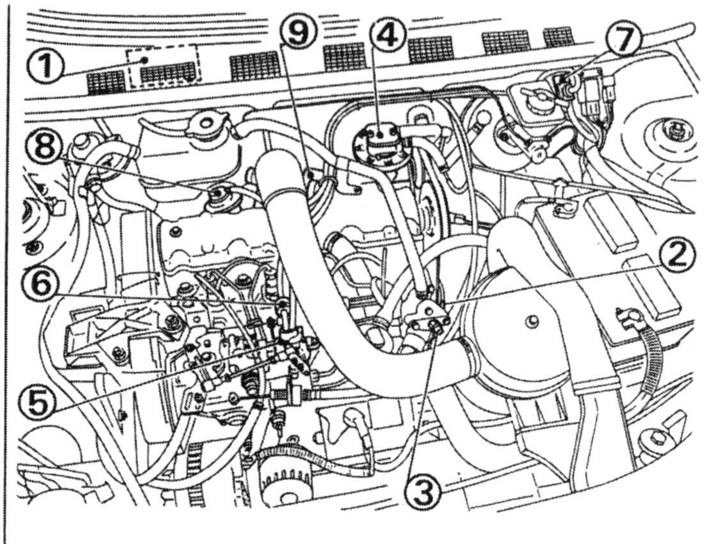

Funktion und Bauteile der Abgasrückführung beim Diesel (Beschreibung siehe unten).

Abgasrückführung beim Diesel

Seit Modelljahr 1990 sind alle Peugeot 205 Diesel mit einer Abgasrückführung zur Schadstoffverringerung ausgerüstet. Diese Einrichtung dient dazu, den Ausstoß von Stickoxiden (NO_x) durch Rückführung eines Teils der Abgase ins Saugrohr zu verringern. Die Abgasrückführung erfolgt nur zu bestimmten Zeitpunkten des Motorbetriebs (Drehzahl, Last). Den elektrischen Schaltplan finden Sie auf Seite 220.

○ Ein elektronisches Steuergerät (1) im Innenraum erhält Informationen über Motordrehzahl und Kühlflüsssigkeitstemperatur und steuert anhand dieser beiden Meßgrößen die Öffnung des Abgasrückführungs-Magnetventils.

○ Ein Drehzahlgeber (2) meldet die Motordrehzahl dem elektronischen Steuergerät, das die Abgasrückführung zwischen 1500 und 3100/min zuläßt.

○ Ein Temperaturschalter (3) ist in den Wasseraustrittskrümmer eingeschraubt und mit dem elektronischen Steuergerät verbunden, das die Abgasrückführung bei Temperaturen unter 48°C unterbindet.

○ Ein Unterdruckwandler (5), der an der Einspritzpumpe befestigt und mit dem Beschleunigungshebel gekoppelt ist, wandelt die durch die Hebelstellung gegebene Motorlast-Information in eine Unterdruck-Information um. Jeder Stellung des Beschleunigungshebels entspricht ein genauer Unterdruckwert. Am Austritt des Unterdruckwandlers ist ein Verzögerungsglied (6) eingesetzt.

○ Ein Abgasrückführungs-Magnetventil (7), das an der Stirnwand angebracht ist und vom elektronischen Steuergerät angesteuert wird, öffnet oder sperrt den Unterdruckdurchlaß zum Abgasrückführungsventil und zur Drosselklappe.

○ Ein Abgasrückführungsventil (8) am Auspuffkrümmer ermöglicht die Einleitung der Abgase ins Saugrohr. Entsprechend dem vom Unterdruckwandler bestimmten Unterdruckwert dosiert das Rückführungsventil die Menge der rückzuführenden Gase.

○ Eine Drosselklappeneinheit (9), die am Saugrohr angebracht und mit dem Abgasrückführungsventil verbunden ist, erfüllt folgende Aufgaben:

1. Regulierung der Ansaugluftmenge in Abhängigkeit von der rückgeführten Abgasmenge.
2. Abgasrückführung bei niedriger Motorlast, also wenn der Unterdruck im Saugrohr für das Ansaugen der Abgase nicht ausreichen würde.

Funktion

Sobald der Motor läuft, baut die Unterdruckpumpe (4) einen Unterdruck auf, der vom Unterdruckwandler (5) in Abhängigkeit von der Stellung des Beschleunigungshebels geregelt (siehe Wirkungsweise des Unterdruckwandlers) und zum Magnetventil (7) geleitet wird. Dieses vom elektronischen Steuergerät (1) gesteuerte Magnetventil (7) sperrt und öffnet den Unterdruckdurchlaß zum Abgasrückführungsventil (8) und zur Drosselklappe (9).

○ **Kalter Motor:** Bei Motortemperaturen unter 48°C (Meldung vom Temperaturschalter »3« wird das Magnetventil nicht vom Steuergerät angesteuert: es erfolgt keine Abgasrückführung.

○ **Betriebswarmer Motor:**

1. Motordrehzahl unter 1500/min oder über 3100/min. Das Steuergerät (1) erhält die Drehzahl-Information vom Drehzahlgeber (2), das Magnetventil (7) ist nicht geöffnet: es erfolgt keine Abgasrückführung.
2. Motordrehzahl zwischen 1500/min und 3100/min. Das Steuergerät (1) steuert das Magnetventil (7) an, dieses läßt den Unterdruck durch, der einerseits auf das Abgasrückführungsventil (8) und andererseits auf die Drosselklappe (9) wirkt. Entsprechend dem vom Unterdruckwandler (5) bestimmten Unterdruckwert läßt das Abgasrückführungsventil (8) eine mehr oder weniger große Abgasmenge zum Saugrohr, wobei die Ansaugluftmenge durch die Drosselklappe (9) geregelt wird.

Die Kraftstoff-Qualität

Die Klopffestigkeit eines Kraftstoffes – und damit seine Qualität – hängt zum einen von der Güte und der Verarbeitung des verwendeten Rohöls ab. Zum anderen wird die Klopffestigkeit durch sogenannte Klopfbremsen gesteigert, beim herkömmlichen bleihaltigen Benzin dient hierzu das hochgiftige Blei-Tetraäthyl.
Zur Kennzeichnung der Klopffestigkeit dient die Oktanzahl. Das ist eine Vergleichsgröße, die in einem speziellen Prüfmotor mit bestimmten Meßkraftstoffen ermittelt wird. Häufig genannt ist die »Research-Oktanzahl«, kurz ROZ. Seltener findet man dagegen die eigentlich aussagekräftigere »Motor-Oktanzahl« oder MOZ. Die hierzulande geforderten Mindes-Oktanwerte für Kraftstoff sind vom **D**eutschen **I**nstitut für **N**ormung in DIN-Normen festgehalten:

Verbleiter Kraftstoff (DIN 51600)		**Unverbleiter Kraftstoff (DIN 51607)**					
Super		**Normal**		**Super**		**Super Plus**	
ROZ 98	**MOZ** 88	**ROZ** 91	**MOZ** 82,5	**ROZ** 95	**MOZ** 85	**ROZ** 98	**MOZ** 88

An allen Markentankstellen finden Sie in der Bundesrepublik den Hinweis auf die erfüllte DIN-Norm.

Welches Benzin tanken?

Die wesentlichen Unterscheidungsmerkmale zwischen den verschiedenen Kraftstoffsorten ist die Klopffestigkeit (siehe Tabelle oben) und die Frage, ob der Kraftstoff verbleit oder unverbleit ist. Beachten Sie bei Ihrem Peugeot 205 folgendes (einzige Ausnahme: Motor XU 9J1 mit Verdichtung 8,4):

○ **Normalbenzin:** Verbleites (seit Anfang 1988 verboten) oder unverbleites Normalbenzin darf im Peugeot 205 nicht verwendet werden.

○ **Verbleites Superbenzin mit ROZ 98:** Alle Typen (außer GTI) müssen bis Fahrgestellnummer 5350001 mit diesem Kraftstoff betankt werden, weil bis dahin die Motoren keine gehärteten Ventilsitzringe haben. Beim GTI muß das 1988 verkaufte Modell mit 94 kW/128 PS mit verbleitem Super betrieben werden.

○ **Bleifreies Superbenzin (Eurosuper) mit ROZ 95:** Für alle Typen ab Fahrgestellnummer 5350001 (GTI ab Serienbeginn, Ausnahme die 94-kW/128-PS-Ausführung) ist dies der richtige Kraftstoff.

○ **Bleifreies »Super Plus« mit ROZ 98:** Dieser Kraftstoff eignet sich nur für den GTI mit 94 kW/128 PS. Für alle Typen, die mit verbleitem Superkraftstoff betrieben werden müssen, ist dieser Kraftstoff nicht möglich, da keine gehärteten Ventilsitzringe vorhanden sind.

Trotzdem unverbleit?

Wer eigentlich verbleites Super mit ROZ 98 tanken müßte, jedoch **auf eigene Verantwortung** aus Umwelt- und Kostengründen auf »Super Plus« oder »Eurosuper« umsteigen will, sollte folgendes beachten:

○ Bei Verwendung von bleifrei »Super Plus« jede 5. Tankfüllung wieder verbleites Super tanken. Das Ventilspiel alle 10000–20000 km prüfen.

○ Bei Verwendung von bleifrei Super (Eurosuper) mit ROZ 95 muß der Zündzeitpunkt um ca. 3–5° bei ca. 3000/min in Richtung »spät« verstellt werden, um Klingeln und Klopfen (nächster Abschnitt) zu verhindern. Weniger Leistung, höherer Verbrauch und höhere Motortemperaturen können die Folge sein. Jede 5. Tankfüllung wieder verbleites Super tanken. Das Ventilspiel alle 10000–20000 km prüfen.

Klingeln und Klopfen

Bei unzureichender Kraftstoffqualität (Benziner) kann sich Motorklingeln oder -klopfen bemerkbar machen. Normalerweise entflammt das Kraftstoff/Luft-Gemisch im Zylinder auf »Befehl« des Zündkerzenfunkens wellenförmig – wie wenn man einen Stein ins ruhige Wasser wirft: Die Wellen breiten sich kreisförmig aus. Durch die zunehmende Entzündung des Gemisches dehnen sich die Gase im Zylinder aus. Ist diese Ausdehnung zu stark, kann ein noch unverbrannter Gasrest an die Wand gedrückt werden. Diese Drucksteigerung bewirkt eine Wärmezunahme des Gasrestes, so daß er sich von selbst entzünden kann. Dabei knallt er der von der Zündkerze auf ihn zueilenden Flammenfront entgegen. Das gibt einen gewaltigen Druckanstieg im Zylinder. Der Kolben erhält einen Schlag auf den Boden und leitet ihn über sein Pleuel an die Lager der Kurbelwelle weiter. Tritt dieser Effekt bei hohen Motordrehzahlen auf, werden die harten Verbrennungsgeräusche von den Fahrgeräuschen übertönt. Das ist für den Motor ausgesprochen gefährlich. Dieses Hochdrehzahlklopfen bewirkt eine erhebliche Motorüberhitzung. Bis aber die Kühlmittelanzeige anspricht, ist es meist zu spät, und ein oder mehrere Kolbenböden sind bereits geschmolzen. Bekannter, weil besser zu hören, ist das Beschleunigungsklingeln. Es macht sich bemerkbar, wenn Sie mit nicht genügend klopffestem Kraftstoff aus niedrigen Drehzahlen heraus voll beschleunigen. Diese Klingelerscheinungen schaden dem Motor kaum.

Kraftstoffqualität im Ausland

Da sich die Kraftstoffqualitäten laufend ändern, sollten Sie vor einem Auslandsaufenthalt bei einer Autoclub-Geschäftsstelle die aktuellen Werte, den Preis für bleifreies Benzin und die Standorte der Bleifreizapfsäulen erfragen. Sind Oktanzahlprobleme zu erwarten, müssen Sie Ihre Fahrweise darauf einstellen. Fahren Sie zurückhaltend und beschleunigen Sie nur mäßig. Die Motordrehzahlen sollten zwischen 2000/min und 4000/min bleiben.

Der Kraftstoffverbrauch

Wie bei allen Fahrzeugen, so beeinflussen auch beim Peugeot 205 die Fahrweise und der technische Pflegezustand den Kraftstoffverbrauch beträchtlich.

Motordaten	DIN-Verbrauch in Liter Stadt	90 km/h	120 kmh	Praxis-Verbrauch in Liter
954 cm³ (31/33 kW)	6,8	5,1	7,3	7,0–9,0
1124 cm³ (36/37 kW)	5,8	4,3	5,8	
1124 cm³ (40 kW)	7,2	4,5	5,9	
1360 cm³ (44 kW)	7,4	4,8	6,5	
1360 cm³ (44 kW/Kat ab '89)	8,1	5,2	6,8	7,0–10
1360 cm³ (58/59 kW)	9,7	5,4	7,2	
1360 cm³ (55 kW)	8,4	5,2	7,1	
1580 cm³ (76 kW)	8,7	5,6	7,3	
1905 cm³ (75/94 kW)	9,7	5,9	7,7	7,0–12,8
1580 cm³ (55 kW Automatik)	8,5	5,5	7,7	8,0–10,5
Diesel	5,4	3,9	5,2	5,0–7,0

So fahren Sie sparsam

○ Wirklich günstig ist der Verbrauch bei niedriger Drehzahl und hoher Motorbelastung. Eine derartige Fahrweise war lange als »Motorquälerei« verpönt. Doch alle namhaften Automobilhersteller vertreten heutzutage die Ansicht, daß ihre Motoren selbst dann noch optimal geschmiert werden, wann unsinnigerweise aus Leerlaufdrehzahl im höchsten Gang herausbeschleunigt wird. Sie können sich also beruhigt folgende Fahrweise aneignen: Zügig beschleunigen, jedoch möglichst früh in den nächsthöheren Gang schalten.
Wenn die gewünschte Geschwindigkeit erreicht ist, wählen Sie den höchstmöglichen Gang und lassen den Wagen mit wenig Gas rollen. Hochdrehen soll der Motor eigentlich nur, wenn es die Verkehrssituation erfordert, also beim Überholen oder beim Einspuren in den fließenden Verkehr.

○ Die Peugeot-Motoren sind bei rund 1500/min hinreichend durchzugskräftig. Lassen Sie deshalb den Motor möglichst nur so weit drehen, daß Sie im nächsthöheren Gang aus ca. 1500/min weiterbeschleunigen können.

○ Bleifußfahren kostet unnötig Kraftstoff, denn die Vollanreicherung wirkt hierbei. Außerdem ist bei Motoren mit geregeltem Katalysator die Lambda-Regelung außer Betrieb. Selbst bei zügiger Autobahnfahrt braucht das Gaspedal nicht voll durchgetreten zu werden. Leichtes Anheben des Gasfußes bewirkt keine oder nur eine geringe Geschwindigkeitsverminderung, aber der Verbrauch sinkt um einiges. Probieren Sie selbst aus, ab welcher Gaspedalstellung das Tempo nachläßt. Auch an Steigungen ist nicht immer Vollgas nötig.

○ Warmlaufenlassen frißt den Kraftstoff ohne Nutzen. Der unbelastete Motor wird nur sehr langsam warm, das bedeutet zusätzlichen Verschleiß.

Abfallbeseitigung

Wer tiefer ins Do-it-yourself am Auto einsteigt, muß sich als umweltbewußter Mensch Gedanken zur Beseitigung von Sondermüll, wie Altöl, Bremsflüssigkeit oder Farbreste, machen. Umweltbelastende Stoffe dürfen nicht einfach in ein Loch im Garten oder in die Kanalisation geschüttet werden. Das Gesetz sieht hierfür saftige Strafen vor. Generell sollten Sie Flüssigkeiten unterschiedlicher Beschaffenheit in **getrennten, beschrifteten Behältern** bis zum Abgeben aufbewahren. Dies wären:

○ Altöl aus Motor und Getriebe
○ Behälter mit Ölresten, alte Öl- und Kraftstoffilter, ölhaltige Lappen
○ Bremsflüssigkeit
○ Kühlflüssigkeit mit Frostschutz
○ Verdünnung
○ Farbreste
○ Kraftstoff

Wo Sie den genannten Sondermüll in Kleinmengen abgeben können, klärt ein kurzer Anruf bei der **Stadt- oder Kreisverwaltung.** Altöl muß dort abgenommen werden, wo das Öl gekauft wurde (Beleg aufbewahren). Bei den übrigen Abfallstoffen hilft Ihnen evtl. auch Ihre Stammtankstelle oder die Werkstatt weiter.
Auch die Motorwäsche stellt eine Umweltbelastung dar. Der ölhaltige Schmutz aus dem Motorraum darf nur über einem Ölabscheider abgespritzt werden.

Wasserspiele

Auch wenn nicht jede Motorversion im Peugeot 205 als Heißsporn gelten kann, darf dennoch eine kleine Abkühlung nicht fehlen. Im Gegenteil: die Erfrischung ist lebensnotwendig für die Maschine.

So wird gekühlt

Durch den Motor wird ständig Kühlmittel gepumpt. Das veranlaßt die Wasserpumpe. Vom Keilriemen (XV-, XW- und XY-Motoren) bzw. vom Zahnriemen (XU- und TU-Motoren) angetrieben, beschleunigt sie den Wasserstrom durch ein kleines Schaufellrad an ihrer Rückseite.

Auf welchem Weg das Kühlmittel durch die zahlreichen Schläuche und Kanäle strömt, hängt von seiner momentanen Temperatur ab:

○ Bei noch nicht betriebswarmem Motor fließt das Kühlmittel im »kleinen Kreislauf«, der durch den Motor und durch den Wärmetauscher führt. Der Ansaugkrümmer ist bei den Vergasermotoren zusätzlich an den »kleinen« Kühlwasserkreislauf angeschlossen.

○ Über etwa 82°C öffnet der Thermostat den »großen Kühlwasserkreis«, der den Kühler mit einbezieht. Steigt die Wassertemperatur noch weiter, tritt der Kühlerventilator in Aktion und hilft beim Abkühlen.

Überdruck-Kühlsystem

Im Kühlsystem herrscht bei Betriebstemperatur ein Überdruck von 0,8 bis 1,2 bar (je nach Ausführung), was die Siedetemperatur des Kühlmittels deutlich über 100°C erhöht. So wird eine gewisse Reserve geschaffen. Der Motor kann also Betriebstemperaturen von über 100°C erreichen, ohne daß »Kochgefahr« im Kühlsystem besteht.

Zuständig für den richtigen Systemdruck ist der Verschlußdeckel des Ausgleichsbehälters, der ein Überdruckventil (0,8–1,2 bar) und ein Unterdruckventil (ca. 0,06 bar) enthält. Das Unterdruck-Ventil läßt Luft einströmen, wenn das Kühlmittel kälter wird und damit weniger Raum einnimmt (Kühlmittelschläuche ziehen sich nicht zusammen).

Kühlmittelstand prüfen

Ständige Kontrolle

Selbst wenn Sie einen Peugeot 205 mit Kühlmittelstandsanzeige besitzen, sollten Sie sich nicht ausschließlich auf die Leuchte verlassen, sondern hin und wieder den Flüssigkeitsstand im Ausgleichsbehälter im Motorraum prüfen:

● Nur bei stehendem Motor läßt sich der Kühlmittelstand exakt kontrollieren.

● Der Flüssigkeitsstand ist im durchscheinenden Ausgleichsbehälter auch bei geschlossenem Deckel leicht von außen zu sehen. Er muß bei kaltem Motor bis zur Marke »Minimum« am Behälter reichen.

● Bei warmem Motor ist der Pegel naturgemäß etwas höher. Er muß dann bis zur Marke »Maximum« am Behälter reichen.

Kühlmittel nachfüllen

Merklicher Kühlmittelverlust ist ein Zeichen für eine Störung oder einen Defekt. Die Kühlflüssigkeit wird nicht verbraucht und kann im geschlossenen System auch nicht verdampfen. Lediglich bei Überhitzung des Motors kann etwas Kühlmittel zum Verschlußdeckel herausdrücken.

● Wird der Verschlußdeckel des Ausgleichsbehälters bei heißem Motor geöffnet, besteht **Verbrühungsgefahr** – deshalb äußerste Vorsicht walten lassen:

● Bei bereits etwas abgekühltem Motor den Deckel mit Handschuh oder Lappen langsam zunächst eine Umdrehung öffnen. Den Überdruck aus dem Kühlsystem entweichen lassen. Erst dann den Deckel vollends abschrauben.

● Wird nur Wasser nachgefüllte, verdünnen Sie den Frostschutz allmählich, daher evtl. gleich etwas Frostschutz mit einfüllen.

● Nicht über die Marke »Maximum« nachfüllen; das Kühlmittel dehnt sich bei Erwärmung aus, und die Mehrmenge entweicht aus dem System.

● Kleinere Flüssigkeitsmengen können Sie sowohl bei warmem wie kaltem Motor in den Nachfüllbehälter eingießen.

● Bei erheblichem Wasserverlust und heißer Maschine kein kaltes Wasser in den Ausgleichsbehälter nachfüllen. Durch den »Kälteschock« kann sich der Zylinderkopf verziehen oder der Motorblock reißen. Abkühlung des Motors abwarten!

Frostschutzmittel

Im Kühlsystem sorgt nicht allein klares Wasser für die notwendige Abkühlung des Motors, sondern eine Mischung von Frost- und Korrosionsschutz sowie Wasser. Man spricht daher auch besser von Kühlflüssigkeit oder Kühlmittel. Das Mischungsverhältnis beträgt für europäische Verhältnisse 2:3, in nordischen Ländern 1:1. Als Frostschutz dient gewöhnlich Äthylenglykol – eine Flüssigkeit auf Alkoholbasis, die nicht verdampft oder verdunstet. Ebenso wichtig wie der Gefrierschutz ist auch der Korrosionsschutz. Er verhindert, daß sich im Kühlsystem Kesselstein, Rost und andere Korrosionsprodukte bilden. Das werksseitig eingefüllte Kühlmittel mit Korrosionsschutz soll deshalb alle 2 Jahre erneuert werden, weil Korrosionsschutzmittel mit der Zeit in ihrer Wirkung nachlassen.

Frostschutz prüfen

Wartung Nr. 22

Zum Nachprüfen der Kühlmittel-Frostfestigkeit brauchen Sie einen Hebe-Messer (z.B. Spindel-Aräometer). Damit wird das spezifische Gewicht der Flüssigkeit gemessen. Durch unterschiedliche Zugabe von Korrosionsschutzmitteln sind die spezifischen Gewichte der einzelnen Frostschutzprodukte nicht gleich, deshalb vom ermittelten Wert sicherheitshalber 3°C abziehen. Stellt sich heraus, daß die Konzentration des Gefrierschutzmittels nicht mehr ausreicht, etwa 2 Liter Kühlmittel ablassen und Gefrierschutz ergänzen.

- Etwas Kühlmittel aus dem Ausgleichsbehälter absaugen, der Schwimmkörper des Aräometers muß frei schwimmen können.
- An der Skala ablesen, wie weit der Gefrierschutz reicht. Ggf. Frostschutzmittel ergänzen oder den fälligen Austausch des Kühlmittels durchführen.

Kühlmittel austauschen

Wartung Nr. 38

Diese Arbeit ist alle 2 Jahre durchzuführen, weil sonst erhöhte Korrosionsgefahr im Kühlsystem besteht. Meist verstopfen dann die dünnen Leitungen im Kühler, und die Motortemperatur steigt schon bei leichter Belastung gefährlich hoch. Kühlmittel vor dem Einfüllen z.B. in einer Gießkanne vermischen. Evtl. verbleibt nach dem Ablassen ein Rest im Kühlsystem, so daß nicht die gesamte Menge nachgefüllt werden kann. Die verschiedenen Füllmengen betragen (in Liter):

Motortyp	Kühlsystem-Inhalt	Gefrierschutz bis –25°C Wasser/Frostschutz	Gefrierschutz bis –35°C Wasser/Frostschutz
XV, XW, XY, TU	ca, 6,0	4,0/2,0	3,0/3,0
XU	ca. 6,7	4,5/2,2	3,4/3,3
Diesel	ca. 8,2	5,5/2,7	4,1/4,1

Entleeren

- Verschlußdeckel am Ausgleichsbehälter bei abgekühltem Motor öffnen (Verbrühungsgefahr).
- Verschlußdeckel (mit Sechskant) oben am Kühler abschrauben (nur Vergasermotoren).
- Ablaßschraube unten am Kühler öffnen, bis Kühler leergelaufen ist.
- Motorblock leeren. Dazu Ablaßschraube im Zylinderblock herausdrehen (siehe Abbildung unten). Bei XU-Motoren befindet sich die Ablaßschraube über dem Zwischenlager der rechten Antriebswelle an einem Gehäuse.

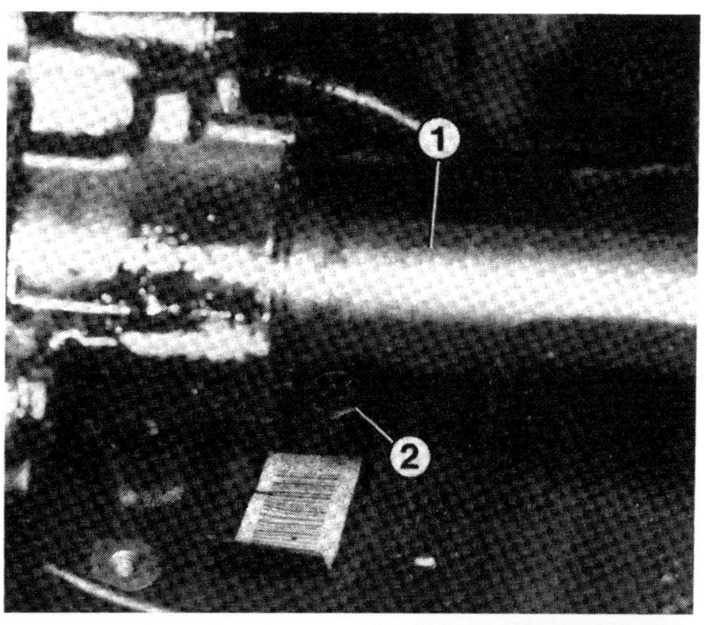

Beim Dieselmotor und XU-Einspritzmotor ist die Kühlmittel-Ablaßschraube (2) im Zylinderblock hinter Differential und rechter Antriebswelle zu finden.

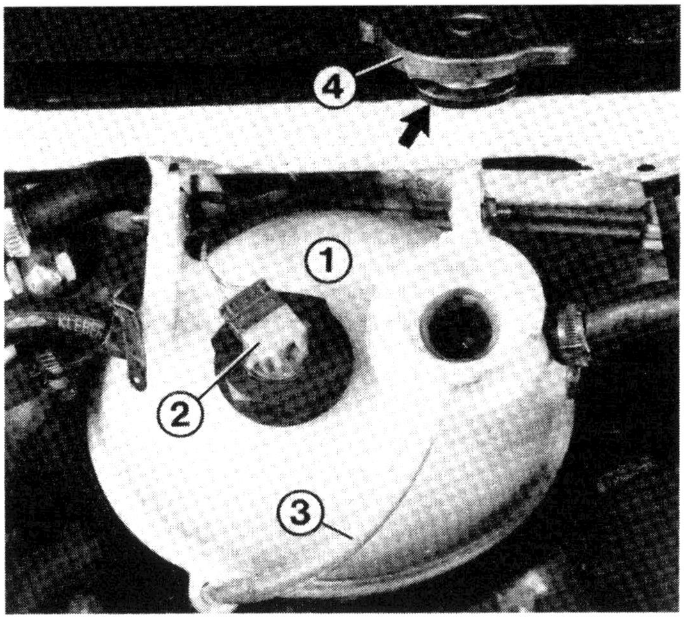

1 – Ausgleichsbehälter (Diesel); 2 – Niveaugeber; 3 – Überlauf; 4 – Verschlußdeckel, Pfeil – Dichtung.

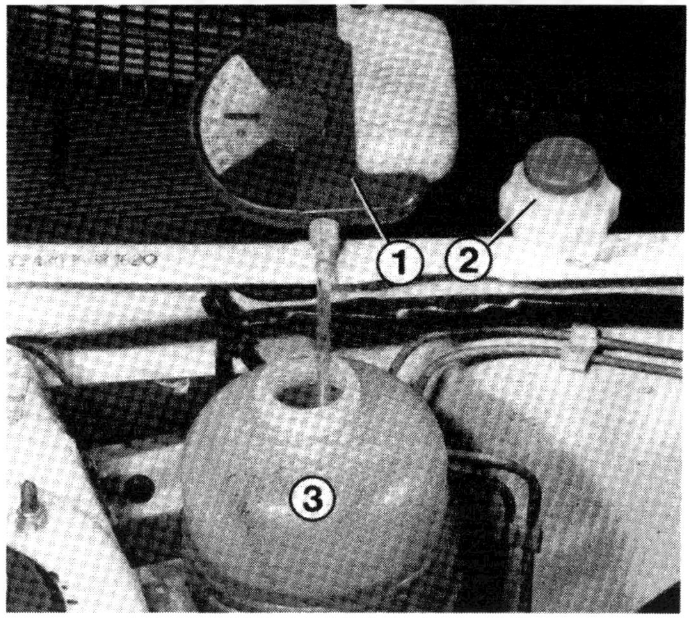

Gefrierschutz prüfen: Verschlußdeckel (2) am Ausgleichsbehälter (3) abnehmen. Mit Tester (1) Kühlmittel ansaugen.

Füllen

- Ausgleichsbehälter aushängen und möglichst hoch im Motorraum mit Draht aufhängen (bei Diesel und XU-Motoren kann der Behälter festgeschraubt bleiben).
- Entlüftungsschrauben vorn am Motor am Wasserstutzen und an der Schlauchleitung zur Heizung öffnen.
- Nur Vergasermotoren: Kühlmittel in Kühler füllen, bis an der tieferliegenden Entlüftungsschraube am Motor ein blasenfreier Strahl austritt. Entlüftungsschraube schließen. Kühler bis zum Rand des Einfüllstutzens füllen. Oberen Kühlerverschlußdeckel aufschrauben.
- Ausgleichsbehälter füllen.
- Entlüftungsschraube an der Schlauchleitung schließen, sobald dort ein blasenfreier Strahl austritt.
- Ausgleichsbehälter ggf. nachfüllen und entlüften.

Entlüften

- Motor starten. Keinesfalls mit offenem Deckel oder Entlüftungsschrauben!
- Motor mit ca. 1500/min (gelegentlich Gasstoß geben) drehen lassen, bis Elektrolüfter einschaltet.
- Nach Abschalten des Lüfters vorsichtig den Verschlußdeckel am Ausgleichsbehälter abnehmen.
- Vergasermotoren: Verschlußdeckel oben am Kühler vorsichtig leicht löffnen, bis Kühlmittel austritt – wieder schließen. In Ausgleichsbehälter ggf. nachfüllen und verschließen. Ausgleichsbehälter montieren.
- Nach dem Abkühlen am nächsten Tag nochmals Kühlmittel prüfen.

Fingerzeige: Zum Ergänzen kleiner Kühlmittelverluste und beim Erneuern des Kühlmittels normales Leitungswasser verwenden. Mit völlig kalkfreiem Wasser, Regenwasser, destilliertem oder entsalztem Wasser tun Sie dem Kühlsystem keinen Gefallen, weil diese Wasserarten korrosiver wirken.
Frostschutz ist giftig, es darf deshalb nicht einfach in die Kanalisation geschüttet werden. Stattdessen in ein gesondertes Gefäß füllen und zum Sondermüll geben (Annahmestelle bei der Gemeindeverwaltung erfragen).

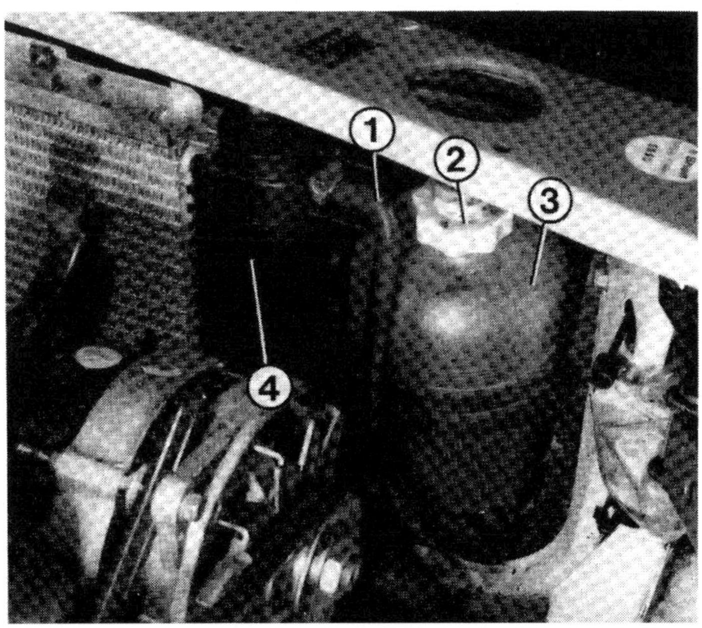

Teile des Kühlsystems bei den flach liegenden XV-, XW- und XY-Benzinmotoren:
1 – Fülleitung;
2 – Verschlußdeckel;
3 – Ausgleichsbehälter;
4 – Kühler.

Kühlsystem prüfen

Wartung Nr. 7

- Schläuche am Kühler und Motor dicht, auch die dünneren zur Heizanlage bzw. zum Ansaugrohr (Vergasermotoren)?
- Schläuche rissig? Durch Kneten feststellen, ob die Wasserschläuche hart und spröde sind – dann umgehend austauschen.
- Sitzen die Schlauchenden nicht zu knapp auf ihren Stutzen?
- Sind die Spannschrauben der Schlauchschellen festgezogen?
- Verrostete Schlauchschellen können unvermutet während der Fahrt und bei vollem Betriebsdruck nachgeben. Auswechseln!
- Die Werkstatt kontrolliert die Dichtheit der Kühlanlage mit einer speziellen Handluftpumpe mit Druckmesser. Dieses Gerät wird auf die Ausgleichsbehälteröffnung gesetzt und ein Druck von 1 bar aufgepumpt. Fällt der Skalenzeiger nicht, ist das Kühlsystem dicht.
- Verschlußdeckel am Ausgleichsbehälter abnehmen und Dichtungen kontrollieren. Spröde oder gerissene Dichtung ersetzen.
- Sind die Kühlwasserschläuche morgens vor dem ersten Start plattgedrückt, streikt sicher das Unterdruckventil im Verschlußdeckel.

Fingerzeig: Unterwegs kann man einen gerissenen Wasserschlauch selten ersetzen. Hier hilft das »Pannenband« von Weyer, Düsseldorf oder Holts »Hoseweld Bandage«. Beide kleben auf gesäuberten und trockenen Gummischläuchen recht gut. Bei einem großen Leck kann es vorteilhaft sein, den Verschlußdeckel des Ausgleichsbehälters eine Umdrehung zu öffnen, damit sich im Kühlsystem kein Druck aufbauen kann, dem die Bandage dann nicht mehr standhält. Jetzt nur noch sehr schonend bis zur Werkstatt weiterfahren. Temperaturwarnlampe und Kühlmittelstand im Auge behalten!

Der Kühler

Der Kühler besitzt sogenannte Wasserkästen aus Kunststoff. Diese sitzen rechts und links am Kühler. Von diesen Sammelkästen aus strömt das Kühlmittel durch die Leichtmetallröhren des Kühlers, die zur Vergrößerung ihrer Oberfläche (und damit der Kühlfläche) mit Kühlrippen versehen sind. Über die Kühlrippen kann das Kühlmittel Wärme an die Umgebung abgeben.

Bei Verdacht auf einen undichten Kühler sollten Sie in der Werkstatt eine Druckprüfung durchführen lassen. Bei einem offenkundigen Defekt können Sie den Kühler auch gleich selbst ausbauen und zur Reparatur bringen. Es gibt spezielle Kühlerwerkstätten (Branchentelefonbuch!), die solche Reparaturen durchführen.

Kühler ausbauen

- Kühlmittel ablassen und auffangen.
- Alle Kühlmittelschläuche am Kühler abbauen.
- Kabelstecker am Thermoschalter für Kühlerventil abziehen.
- Kühlergrill mit Peugeot-Emblem ausbauen.
- Blechbrücke über Kühler abbauen.
- Lüfter mit Befestigungsrahmen ausbauen.
- Kühlerbefestigung lösen.
- Kühler nach oben herausnehmen.

Kühler reinigen

Vor und nach dem Sommerhalbjahr sollten die Kühlerlamellen von den dort festgesetzten Insektenleichen gesäubert werden, sonst wird die Kühlwirkung verschlechtert.

- Kühlergrill ausbauen.
- Angetrocknete Insektenreste mit einem eiweißlösenden Mittel einsprühen, z. B. »Summer Screen« von Holts.
- Nach einer gewissen Einwirkzeit von der Kühlerrückseite her abspülen. Durch die Kühlerlamellen mit nicht zu starkem Strahl spritzen. Hartes Bürsten oder scharfes Werkzeug kann die Kühlerlamellen beschädigen.
- Den Wasserschlauch auch in die Öffnung um den Kühlerventilator halten.

Kühlmittelschlauch ausbauen

Besorgen Sie sich als Ersatz Originalschläuche in der richtigen Bogenform und grundsätzlich neue Schlauchschellen mit Spannschraube.

- Kühlmittel ablassen und auffangen.
- Schlauchschellen lösen, Schläuche abziehen.
- Festsitzende Schlauchenden mit einem Schraubendreher lockern, den man zwischen Schlauch und Stutzen schiebt und dann vorsichtig hebelt.
- Neue Schläuche weit genug auf die Stutzen schieben, damit sie nicht wieder abrutschen können.
- Schraubschellen nicht mit Gewalt anziehen, sonst wird das Gewinde überdreht.

Der Kühlsystem-Verschlußdeckel

Im Überdruck-Kreislauf spielt der Kühlsystem-Verschlußdeckel auf dem Ausgleichsbehälter eine wichtige Rolle:

○ Die Dichtfläche wird bei aufgeschraubtem Deckel fest auf den Rand der Ausgleichsöffnung gedrückt. Es kann kein Druck entweichen.

1 – Kühler (Diesel);
2 – Lüfterrahmen mit Lüftern;
3 – Befestigungsspangen.

Wenn bei Erwärmung der Druck im Kühlsystem den maximal zulässigen Systemdruck übersteigt, öffnet das Überdruckventil. Jetzt kann zum Druckausgleich etwas Wasserdampf entweichen.

○ Beim Abkühlen zieht sich die Kühlflüssigkeit wieder zusammen, und es entsteht ein Unterdruck in der Kühlanlage. Für diesen Unterdruckausgleich sitzt im Deckel ein zweites Ventil. Es öffnet schon bei einem geringen Unterdruck (ca. 0,6 bar), so daß Außenluft in den Ausgleichsbehälter strömen kann.

Überdruckventil prüfen

Wer sich die Mühe der Kontrolle nicht machen will, wechselt den relativ preisgünstigen Verschlußdeckel im Verdachtsfall einfach aus. Die Werkstatt prüft ihn mit einem Druckprüfgerät:

● Druck aufpumpen.

● Zwischen 0,8–1,2 bar muß das Ventil öffnen.

Unterdruckventil prüfen

Ob das Unterdruckventil richtig arbeitet, läßt sich nur behelfsmäßig feststellen.

● Bei abgenommenem Verschlußdeckel einen dikken Wasserschlauch fest zusammendrücken.

● Deckel aufsetzen und festdrehen.

● Schlauch loslassen.

● Rundet sich der zusammengepreßte Schlauch wieder, dürfte das Ventil intakt sein.

● Sind die Kühlwasserschläuche morgens vor dem ersten Start plattgedrückt, streikt sicher das Unterdruckventil.

Der Thermostat

Vereinfacht gesagt bestimmt der Thermostat darüber, ob das Kühlwasser im Kühler abgekühlt werden soll oder nicht. Er hat also das Sagen darüber, ob das Kühlwasser im »kleinen« oder im »großen Kühlwasserkreislauf« zirkulieren soll.

Natürlich steuert der Thermostat den Kühlwasserfluß in Abhängigkeit von der Kühlwassertemperatur. Das geschieht durch eine mit Spezialwachs gefüllte Büchse und den daran befestigten Ventilteller. Bei Erwärmung

Zum Kühlerausbau den Kühlergrill und die Blechbrücke (1) ausbauen. Weiterhin:
2 – Luftansaughutze;
3 – Lüfterrahmen.

Beim Peugeot 205 Diesel sind zwei Lüfter (2) vorn am Lüfterrahmen (1) befestigt.

des Kühlmittels verflüssigt sich das Wachs, es dehnt sich aus und öffnet zwangsläufig durch sein größeres Volumen den Ventilteller. Solange die Kühlwassertemperatur steigt, wird vom Thermostat der Kaltwasserzufluß aus dem Kühler zunehmend geöffnet. Fällt dagegen die Betriebstemperatur, drückt eine Feder am Thermostat den Ventilteller wieder in Richtung »Zu« und sperrt damit den Kaltwasserzufluß, bis wieder Betriebstemperatur herrscht.

Störungsbeistand

Thermostat

Erkennungsmerkmal	Ursache/Auswirkungen
A Betriebstemperatur wird später erreicht, Heizwirkung ungenügend	Thermostat-Ventilteller ist in »Offen«-Stellung blockiert (etwa durch Ablagerungen); der Zufluß zum Kühler ist ständig offen. Der Motor bleibt zu lange im Kaltlaufbetrieb. Es kommt jedoch kurzfristig zu keinen Schäden. Trotzdem Thermostat in Bälde auswechseln
B Kühlmittel-Warnlampe und STOP-Warnlampe leuchten auf	Thermostat-Ventilteller ist in »Geschlossen«-Stellung blockiert (etwa durch eine defekte oder undichte Thermostatbüchse). Auf keinen Fall weiterfahren, sonst entstehen schwere Hitzeschäden am Motor! Thermostat auswechseln

Fingerzeig: Wenn der Motor unterwegs wegen defektem Thermostat ins Kochen kommt, hilft nur noch Abschleppen oder der komplette Ausbau des Thermostats an Ort und Stelle. Sollten Sie sich für den Ausbau entscheiden, müssen Sie erst abwarten, bis die Kühlmitteltemperatur abgesunken ist. Besorgen Sie sich derweil Gefäße zum Auffangen des Kühlmittels.

Thermostat ausbauen

Einen klemmenden Thermostat unterwegs auszubauen ist nicht besonders schwierig. Er sitzt am Ende des dicken Wasserschlauches, der an die rechte Kühlerseite führt. Jedoch dauert es bei heißem Motor recht lange, ehe Sie mit der Arbeit beginnen können, ohne Gefahr zu laufen, daß Sie sich die Hände verbrühen. Beim Einbau eines neuen Thermostats soll auch der Dichtring am Thermostatgehäuse erneuert werden.

Wasserpumpe (1) beim TU-Motor: Beim Einbau (4 Schrauben) Dichtung (3) erneuern und auf Hülsen (2) achten. Flügelrad mit Dichtung (b) und Stutzen mit Dichtung (a) sind einzeln austauschbar.

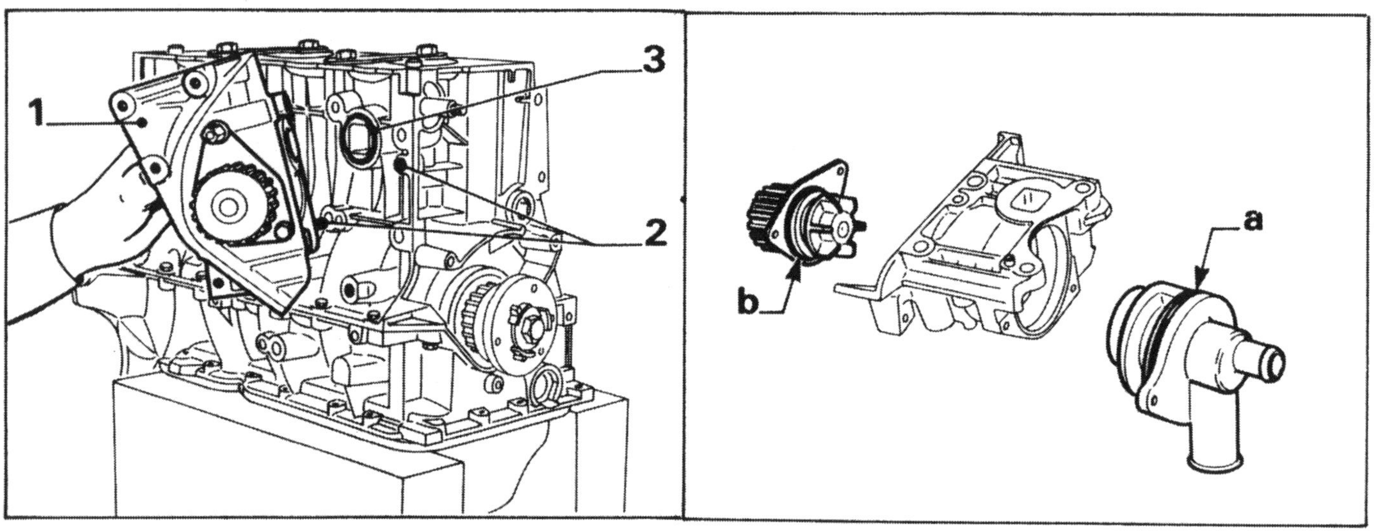

Teile des Kühlsystems beim TU-Motor:
1 – Thermostatgehäuse;
2 – Vorwiderstand für verschiedene Lüfterdrehzahlen;
3 – Kühler;
4 – CO-Entnahmerohr für Gemischeinstellung vor dem Katalysator.

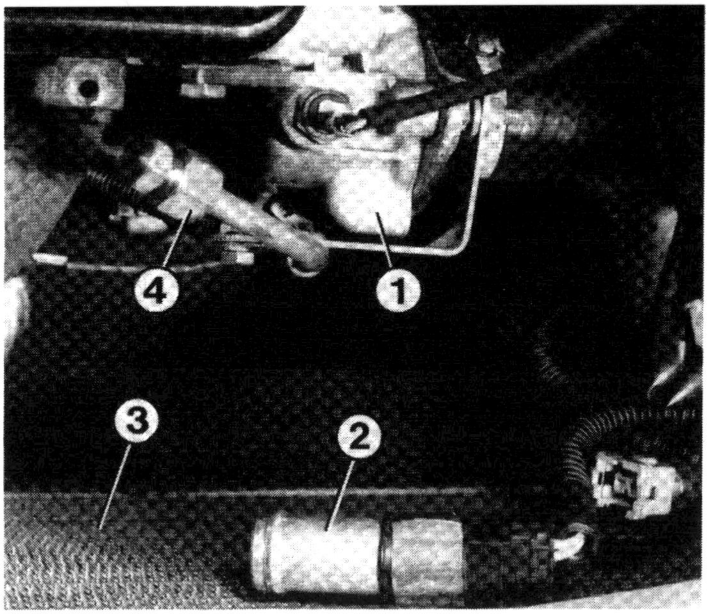

● Etwas Kühlflüssigkeit ablassen.
● Schrauben am Thermostatgehäuse herausdrehen.
● Thermostat abnehmen.
● **Thermostat prüfen:** Thermostat in kaltes Wasser legen (Stellung geschlossen). Wasser erhitzen. Bei ca. 80°C beginnt der Thermostat zu öffnen. Bei ca. 90°C hat er ganz geöffnet (Hub der Verschlußplatte ca. 7 mm).
● Beim Einbau Schrauben am Thermostatgehäuse mit 10 Nm anziehen.

Die Wasserpumpe

Die Kühlflüssigkeit wird von der Wasserpumpe beschleunigt, damit sie im Kühlsystem zirkulieren kann. Die Wasserpumpe ist auf Lebenszeit wartungsfrei. Wird sie undicht oder produziert sie mahlende Geräusche, muß sie ausgetauscht bzw. instand gesetzt werden. Sie wird je nach Motor unterschiedlich angetrieben:
○ Beim Diesel, den TU- und XU-Motoren sitzt die Pumpe versteckt in Fahrtrichtung unten rechts am Motor und wird vom Zahnriemen in Schwung versetzt.
○ Bei den flach im Motorraum liegenden XV-, XW- bzw. XY-Benzinmotoren ist die Wasserpumpe leichter zugänglich. Sie sitzt rechts oben am Motor und wird, zusammen mit der Lichtmaschine, durch einen Keilriemen angetrieben.

Wasserpumpe ausbauen

● **XV-, XW- bzw. XY-Benzinmotoren:** Zuerst Keilriemen entspannen und abnehmen.
● Kühlmittel teilweise ablassen und auffangen.
● Kühlmittelschläuche am Wasserpumpengehäuse abschrauben.
● Wasserpumpe abschrauben. Beim Einbau Schraubenlängen beachten. Schrauben M 8 mit ca. 25 Nm festdrehen.
● **Diesel-, TU- und XU-Motoren:** Hier ist der Ausbau der Wasserpumpe alles andere als einfach:
● Kühlsystem entleeren.
● Abdeckung des Zahnriemens an Steuergehäuseseite des Motors abnehmen.
● Motorschwungscheibe in Einstellage blockieren (Abbildung Seite 42).
● Nockenwellenzahnrad in Einstellage blockieren (Abb. Seite 30 bzw. 50). Beim Diesel Nockenwellenzahnrad und Einspritzpumpenzahnrad mit Schraube M 8×125 (nur von Hand andrehen) blockieren.
● Zahnriemenspannrolle lösen.
● Zahnriemen an Wasserpumpe abstreifen.
● Motor rechts anheben oder unterstützen.
● Motorhalterung rechts ausbauen.
● Wasserschläuche lösen und vier Schrauben losdrehen.
● Wasserpumpe überholen bzw. erneuern. Gehäuse, Anschlußstutzen, Flügelrad und immer die O-Ringe erneuern.
● Beim Einbau Zahnriemen auflegen, spannen und Steuerzeiten prüfen. Beim Diesel später Förderbeginn in der Werkstatt einstellen lassen.
● **Achtung!** Blockierlehre bzw. Schrauben entfernen.
● Zuletzt Kühlsystem füllen und entlüften.

Der Wasserpumpen-Keilriemen

Den Antrieb der Wasserpumpe besorgt bei **den XV-, XW- bzw. XY-Benzinmotoren** der Keilriemen, der zusätzlich auch die Lichtmaschine treibt. Generell dürfen diese Motoren **nie ohne Keilriemen und damit ohne Wasserpumpenantrieb betrieben werden!** Sie riskieren sonst einen schweren Motorschaden.

1 – Kühler beim Dieselmotor;
2 – Temperaturschalter für Lüfter;
3 – Batterie;
4 – Steckverbindung.

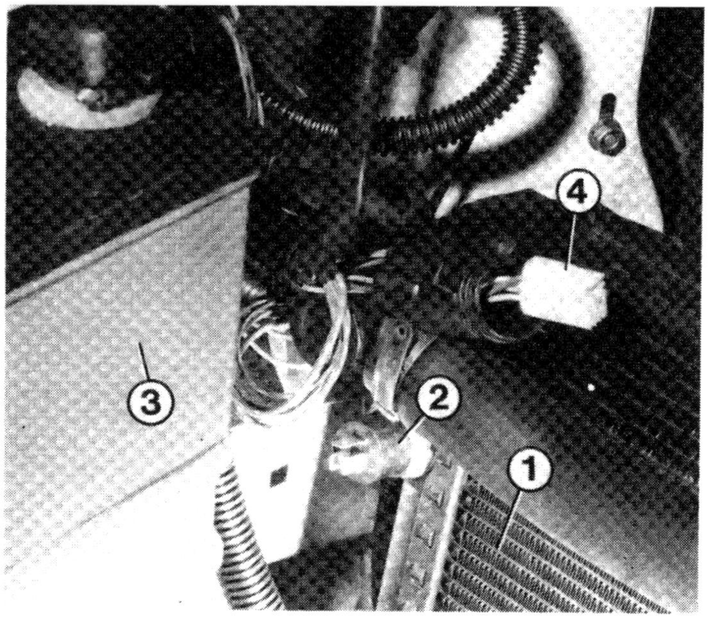

Der Kühlerventilator

Der Peugeot 205 besitzt einen oder zwei elektrisch angetriebene Kühlerventilatoren vor dem Kühler, die sich nur im Bedarfsfall zuschalten. Dadurch wird Motorleistung und in der Folge Kraftstoff gespart. Das Zuschalten erfolgt über einen ein- bzw. zweistufigen Schalter, der am Kühler eingeschraubt ist. Wenn der Schalter am vorbeiströmenden heißen Kühlmittel »spürt«, daß es dem Motor zu heiß werden könnte, schaltet er den Ventilator ein. Ebenso schaltet er wieder aus, wenn die Temperatur abgesunken ist. Beim Diesel ist der Temperaturschalter seitlich links im Wasserkasten des Kühlers eingeschraubt. Ein Relais im Kästchen vor der Batterie steuert beim Diesel die Ventilatoren. Beim Benziner mit zweistufigem Gebläse sorgt ein Vorwiderstand, der hinten am Kühler angeklemmt ist, für den Spannungsabfall für die erste Gebläsestufe.
Die Schalttemperaturen lauten:

	Ausführungen mit einem Ventilator	Ausführungen mit zwei Ventilatoren	
		1. Stufe: Ventilatoren in Reihe geschaltet	2. Stufe: Ventilatoren parallel geschaltet
Einschalt-Temperatur	ca. 88°C	ca. 84°C	ca. 88°C
Abschalt-Temperatur	ca. 79°C	ca. 79°C	ca. 83°C

Störungen am Kühlerventilator

Nach klemmendem Thermostat und gerissenem Keilriemen (nur XV-, XW- bzw. XY-Benzinmotoren) kann ein defekter Kühlerventilator zu hohe Kühlmitteltemperatur verursachen. Ein ausgefallener Ventilator muß aber nicht das Ende der Fahrt bedeuten:

○ Nachdem der Motor einigermaßen abgekühlt ist, kann man mit mittleren Drehzahlen und einigermaßen

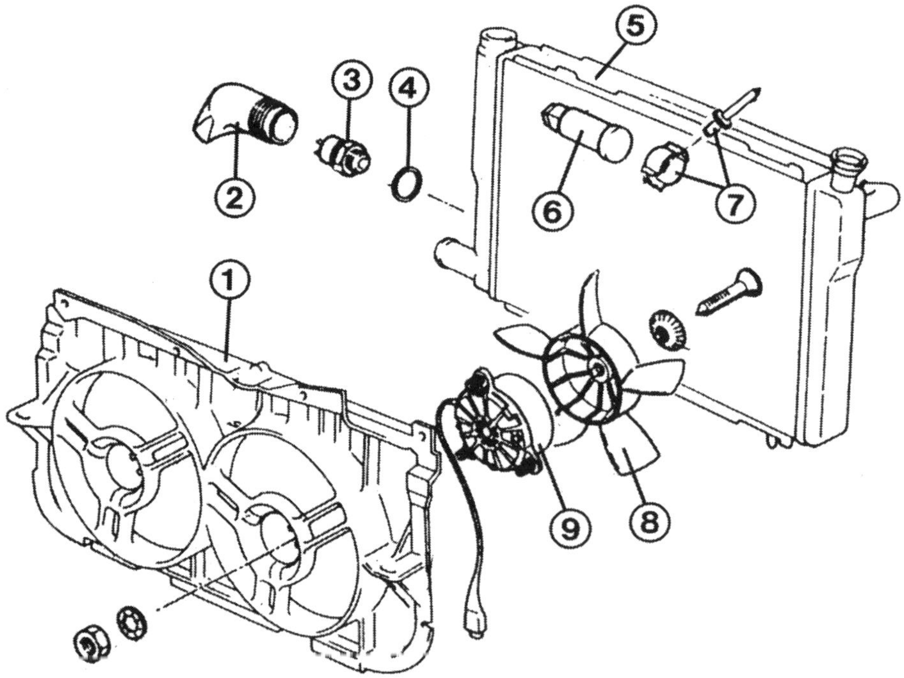

1 – Lüfterrahmen;
2 – Gummikappe;
3 – Dichtring;
5 – Kühler;
6 – Vorwiderstand;
7 – Befestigungsteile;
8 – Lüfterflügel;
9 – Elektromotor.

Wasserpumpe (1) bei den flach liegenden XV-, XW- und XY-Benzinmotoren. Pfeile – Schlauchanschlüsse.

Steckverbindung (1) beim linken Scheinwerfer zur behelfsmäßigen Ansteuerung der Lüfter mit Drahtbrücke (2).

zügigem Tempo die nächste Werkstatt anlaufen. Dabei die Temperaturanzeige (GTI) bzw. die Temperaturwarnleuchte und die STOP-Warnlampe im Auge behalten.

○ Leerlauf und Schleichfahrt dagegen sind für den Motor gefährlich. Da strömt kaum ein kühlender Lufthauch durch die Kühlerlamellen. Muß verkehrsbedingt mit niedriger Geschwindigkeit weitergefahren werden, sollte Sie sofort nach der Störungsursache forschen und gegebenenfalls durch das gezielte Stecken von Kabelbrücken den Kühlerventilator losbrausen lassen (siehe folgenden Abschnitt).

Störungssuche

- Kontrollieren Sie zuerst die Sicherungen.
- Waren diese in Ordnung, suchen Sie die 3polige Steckverbindung hinter der linken Leuchteinheit (Abbildung oben).
- Verbinden Sie mit einer Kabelbrücke die mittlere Steckerkammer (rote Leitung) mit der Kammer mit dem weißen Kabel. Der Kühlerventilator dreht jetzt (Zündung ein) mit voller Kraft los. Wird die rote Leitung mit der blauen Leitung überbrückt, ergibt sich die halbe Lüfterleistung.
- Zur Weiterfahrt die Drahtbrücke im Stecker gut festklemmen und kurzschlußsicher mit Klebeband oder Heftpflaster isolieren.
- Half die Überbrückung des Thermoschalters nicht weiter, prüfen Sie nun den Lüftermotor: Kabelstecker am Ventilatormotor abziehen und stattdessen Leitungen direkt mit der Batteriepolen verbinden.
- Dreht sich der Propeller immer noch nicht, ist der Ventilatormotor defekt – austauschen.
- Läuft der Ventilator jedoch, Relais für den Kühlerventilator (je nach Ausführung in der Zentralelektrik oder vor der Batterie eingebaut), die Kabelstecker sowie sämtliche Kabelverbindungen überprüfen.
- Auch mit direkt von der Batterie gespeistem Kühlerventilator können Sie unbesorgt weiterfahren. Hilfskabel kurzschlußsicher verlegen.

Störungsbeistand

Kühlsystem

Die Störung	– ihre Ursache	– ihre Abhilfe
A Temperatur-Warnleuchte und STOP-Lampe leuchten	1 Nur XV-, XW- und XY-Benzinmotoren: Wasserpumpen-Keilriemen zu schwach gespannt oder gerissen	Keilriemenspannung kontrollieren oder Riemen ersetzen
	2 Zu wenig Flüssigkeit im Kühlsystem	Auffüllen, notfalls aus der Scheibenwaschanlage
	3 Kabel zu den Warnleuchten hat Massekontakt	Kabel am Temperaturfühler abziehen, Lampen müssen verlöschen, sonst Masseschluß; Kabelverlauf kontrollieren
	4 Thermostat öffnet den Kaltwasserzufluß aus dem Kühler nicht (Kühler kalt)	Thermostat ausbauen und ohne ihn weiterfahren oder Wagen abschleppen lassen
	5 Kühlerventilator schaltet nicht ein	Siehe oben
	6 Überdruckventil im Verschlußdeckel defekt	Deckel prüfen (lassen), ggf. austauschen
	7 Kühlerlamellen zugesetzt	Kühler reinigen
B Schwache Heizleistung, Temperaturanzeige (nur GTI) spricht sehr langsam an	Thermostat schließt nicht völlig, aufgeheiztes Kühlwasser strömt zu früh durch den Kühler	Thermostat säubern, ggf. ersetzen

Lebensmitteltransport

Was der Motor an Wegzehrung braucht, führt der Peugeot 205 im Tank mit. Der sitzt flach unter der hinteren Sitzbank. Dort ist er bei einem eventuellen Heckaufprall bestens geschützt.

Der Tank

Der Kraftstofftank im Peugeot 205 faßt 50 Liter. Er ist aus Kunststoff gefertigt und so muß keineswegs befürchtet werden, daß er eines Tages durch Rost undicht wird. Im hinteren rechten Radkasten verläuft das dicke Einfüllrohr und die dünnere Schlauchleitung der Tankentlüftung. Bei umgeklappter hinterer Sitzbank gelangt man nach dem Ausbau von zwei Kunststoffdeckeln an die Oberseite des Tanks. Dort ist der Geber für die Kraftstoffanzeige und bei einigen Ausführungen die elektrische Kraftstoffpumpe (nicht bei Diesel und XV-, XW- sowie XY-Benzinmotoren) erkennbar. Die Kraftstoffleitungen zum Motor sind oben am Kraftstoffbehälter angeschlossen. Wenn zwei Leitungen vorhanden sind, diese vor dem Lösen immer kennzeichnen, damit Vor- und Rücklaufleitung nicht vertauscht werden können.

Fingerzeig: Bevor Sie irgendwelche Arbeiten an der Kraftstoffanlage in Angriff nehmen, müssen Sie immer das Batterie-Massekabel abnehmen. Unbeabsichtigte elektrische Verbindungen können zu gefährlicher Funkenbildung führen.

Die Tankentlüftung

Wichtig für den einwandfreien Kraftstoffnachschub ist die Belüftung des Tanks: In dem Maß wie Kraftstoff verbraucht wird, muß Luft nachströmen können, sonst würde sich im Tank ein Vakuum bilden, und der Kraftstofffluß würde stocken. Ferner muß der Tank belüftet werden, um dem Inhalt Gelegenheit zum Ausdehnen bei Erwärmung zu geben. Auch muß beim Betanken genug Luft aus dem Tank austreten können, damit der hineingeschüttete Kraftstoff nicht wieder zum Einfüllstutzen heraussprudelt (sogenannte Schnell-Entlüftung).

Tank aus- und einbauen

Vor dem Ausbau sollten Sie den Tank möglichst weit leerfahren. Ist das nicht möglich, muß der Tankinhalt über den Tankstutzen abgesaugt werden. Eine gründliche Reinigung im Tankbereich vor der Arbeit ist empfehlenswert. Ansonsten geht der umfangreiche Ausbau so:

- Batteriekabel abklemmen.
- Hintere Sitzbank umklappen und Kunststoffdeckel zum Tank heraushebeln.
- Elektrische Anschlüsse abziehen.
- Leitungen abschließen (kennzeichnen).
- Handbremse lösen.
- Fahrzeug hinten so weit anheben, daß beide Räder abheben. Fahrzeug sichern!
- Reserverad ausbauen.
- Unter dem Fahrzeug Aufhängegummi am hinteren Auspufftopf lösen.
- Auspuffanlage etwas absenken und anbinden. Keinesfalls einfach hängen lassen (Risse, Undichtheit)!
- Handbremsseil am Tank aushängen. Dazu seitliche Befestigungen etwas lösen.
- Ggf. Haltestrebe für Wärmeabschirmblech über dem Auspuffrohr komplett ausbauen.
- Schlauchschelle zum Einfüllrohr lösen.
- Tankbefestigung hinten losschrauben. Tank hinten nach unten kippen lassen. Schlauchleitungen abschrauben.
- Tank zunächst auf Handbremsseil absenken, dann zur Seite hin ausbauen.
- Oben am Tank können der Geber für die Kraftstoffanzeige, das Tauchrohr mit dem Ansaugsieb oder die elektrische Kraftstoffpumpe nach Lösen der Ringmuttern abgenommen werden. Zum Drehen zwei große Schraubendreher überkreuzen und an zwei gegenüberliegenden Zapfen ansetzen. Oder aus einem 65 mm langen Stück Flacheisen ein Verdrehwerkzeug selbst anfertigen.
- **Einbau:** An die Ringmuttern vor dem Einschrauben an der Unterkante einen Wulst dauerelastische Dichtmasse legen.
- Auf richtige Lage von Geber für die Kraftstoffanzeige, Tauchrohr und elektrische Kraftstoffpumpe achten.
- Auf richtige Lage aller Gummibeilagen achten.
- Wärmeabschirmbleche wieder montieren.
- Entlüftungsschlauch oben am Tank wieder sorgfältig in die Halterungen drücken. Bei zu lockerem Sitz zusätzlich mit Klebeband befestigen.

Die Tankanzeige

Der Kraftstoffstand wird im Kombi-Instrument elektrisch angezeigt. Das Anzeigeinstrument ist ein Strommesser, an den bei eingeschalteter Zündung Plusstrom gelangt.

Kraftstoffwege beim Peugeot 205 GTI/CTI.

Der Zeigerausschlag des Instruments wird über den Minusanschluß geregelt. Dieser ist mit dem Geber im Tank verbunden.
Das Aufleuchten der Reserve-Warnlampe wird ebenfalls durch den Geber gesteuert. Durch die Verschaltung der Lampe über die Lichtmaschine (ähnlich wie die Ladekontrolle, Seite 172), leuchtet die Lampe immer bei eingeschalteter Zündung schwach auf (Kontrollfunktion). Erst bei laufendem Motor verlöscht sie, wenn genügend Kraftstoff im Tank ist.

Geber für die Tankanzeige

In Ihrem Peugeot 205 kommt ein sogenannter Tauchrohrgeber zum Einsatz. Er ist senkrecht in den Tank geschraubt. In einem Rohr befindet sich ein Schwimmer, der entsprechend dem Kraftstoffstand im Rohr auf- und absteigt. Über einen Schleifkontakt ist er mit einem Widerstand verbunden. Je nach Lage ändert sich der Widerstandswert und damit der Ausschlag des Anzeigeinstruments im Armaturenbrett. Steht der Schwimmer ganz unten im Rohr, schließt er zusätzlich einen Kontakt, und die Reserve-Kontrolleuchte leuchtet auf.

Geber ausbauen

- Tank etwa halb leerfahren.
- Rücksitz hochklappen.
- Abdeckung vor dem Tank abnehmen.
- Mehrfachstecker abziehen.
- Geber losschrauben und nach oben aus dem Tank ausbauen.

Die Kraftstoffleitungen

Die Kunststoffleitungen verlaufen am Fahrzeugboden und sind mit einigen Haltern befestigt. Eine Leitung dient dem Kraftstoffzufluß, durch die andere erfolgt der Rücklauf zum Tank. Im Motorraum kommt eine Vielzahl von Schlauchleitungen zum Einsatz, die mit Schlauchschellen oder mit Schraubverbindungen befestigt sind. Zusammengequetschte oder geknickte Kunststoffleitungen am Fahrzeugboden komplett ersetzen.

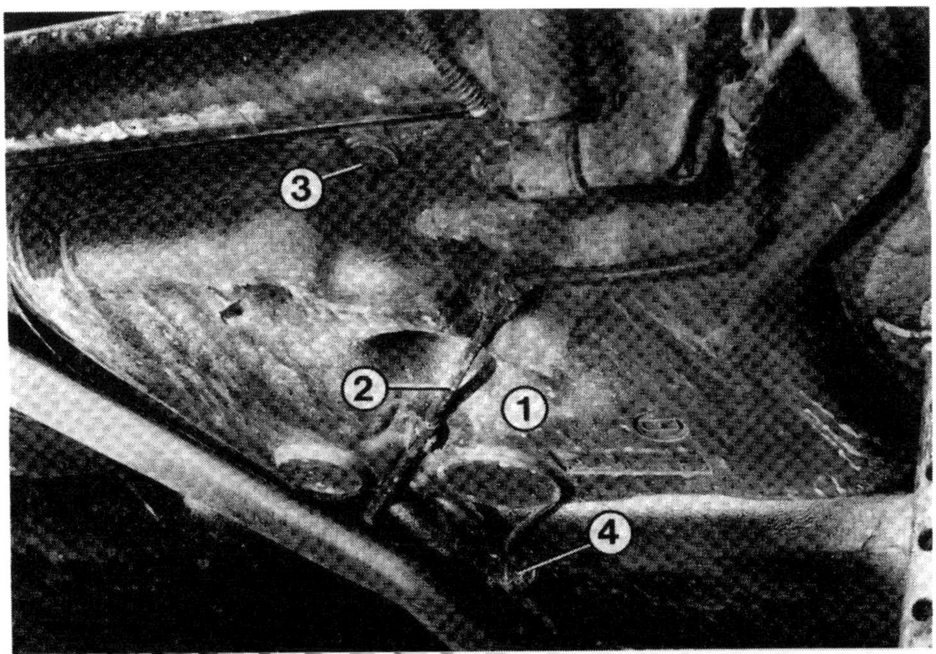

Der Tank (1) ist vor der Hinterachse eingebaut. Weiterhin:
2 – Handbremsseil;
3 – rechte Tankbefestigung;
4 – Kraftstoff-Vor- und Rücklaufleitung.

Kraftstoffanlage prüfen

- Tropfspuren unter dem Fahrzeug?
- Sind die Leitungen am Fahrzeugboden und am Tank feucht? Riecht es ständig nach Kraftstoff, obwohl das Tanken schon Tage zurückliegt?
- Sind Halterungen der Leitungen lose?
- Sind die vielen Leitungen im Motorraum und deren Anschlüsse dicht? Zur Kontrolle auch den Motor laufen lassen und etwas Gas geben, damit die Leitungen unter Druck stehen.
- Ist der Kraftstoffilter pünktlich ausgewechselt worden?
- Bei Störungen kann es nötig werden, die Förderleistung der Kraftstoffpumpe zu prüfen.

Mechanische Kraftstoffpumpe

Alle XV-, XW- sowie XY-Benzinmotoren sind mit einer mechanisch angetriebenen Kraftstoffpumpe ausgestattet. Die Pumpe sitzt an der rechten Seite des Zylinderkopfes. Zuständig für den Antrieb ist ein Exzenter auf der Nockenwelle.

Im Oberteil der Pumpe ist das Saug- und das Druckventil eingebaut, im Unterteil sitzt der Antriebsmechanismus. Die Membrane zwischen Ober- und Unterteil dient gleichzeitig als Dichtung. Eine Feder am Pumpenstößel zieht diesen und damit die daran befestigte Membrane nach unten, das Saugventil öffnet, und aus dem Tank wird Kraftstoff abgesaugt. Der Exzenter auf der Zwischenwelle drückt den Pumpenstößel mit der Membrane zurück, das Druckventil öffnet, und Kraftstoff wird in den Vergaser gefördert.

Die Pumpe kann ausgebaut und zerlegt werden. So gelangt man nach Ausbau des oberen Deckels zu den Ventilen. Trennt man die beiden Gehäusehälften, kann man die Membrane ersetzen.

Störungssuche an der mechanischen Benzinpumpe

Kommt bei einer Motorstörung ein Fehler im Bereich Kraftstoffversorgung in Betracht, gehen Sie folgendermaßen vor:

- Benzinschlauch am Vergaser abziehen und in ein Gefäß (Kappe der Warndreieck-Hülle) halten.
- Von Helfer mit dem Anlasser den Motor durchdrehen lassen.
- Spritzt Benzin aus der Leitung? Wenn ja, ist die Kraftstoffzufuhr in Ordnung (ca. 0,1 Liter in 10 Sekunden).
- Kommt kein Benzin, prüfen Sie die Pumpe.
- Beide Benzinschläuche abziehen und Ersatzbenzinschlauch aufstecken: Am Tankanschluß der Pumpe muß Durchblasen mit dem Mund möglich sein, jedoch kein Absaugen.
- Am Vergaseranschluß ist es umgekehrt. Ansaugen muß möglich sein. Durchblasen nicht. Sonst ist die Benzinpumpe defekt.
- Wer's ganz genau wissen will, läßt in der Werkstatt den Benzinpumpendruck messen:
- Bei Starterdrehzahl und abgeklemmter Kraftstoff-Rücklaufleitung sollen im Schlauch von der Pumpe zum Vergaser mindestens 0,20 bar Überdruck zu messen sein.

Benzinpumpe ausbauen

- Schläuche an der Pumpe abnehmen.
- Vom Tank kommenden Schlauch durch Hineindrehen einer Schraube verschließen.
- Zwei Halteschrauben losdrehen.
- Beim Einbau Dichtring unter der Pumpe erneuern.
- Halteschrauben mit 20 Nm anziehen.

Fingerzeig: Beim Diesel ist die Kraftstoffpumpe in die Einspritzpumpe integriert.

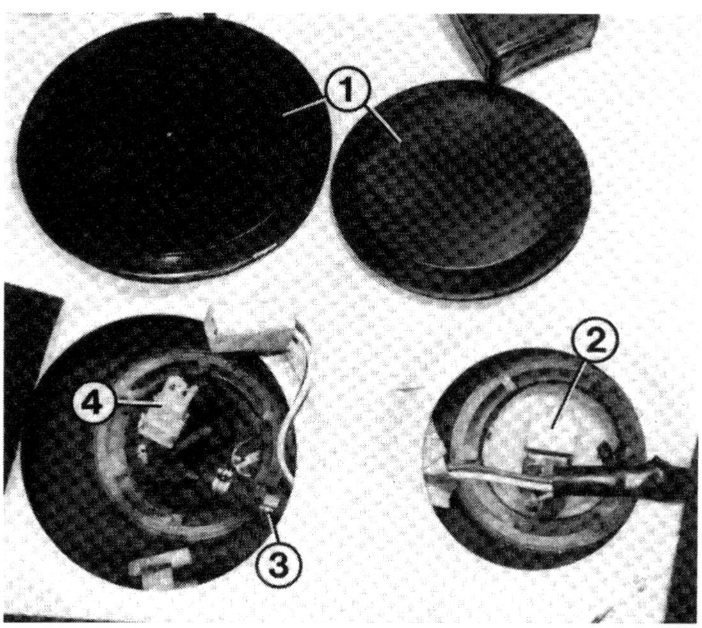

Bei umgeklapptem Rücksitz und ausgebauten Abdeckungen (1) gelangen Sie an die Oberseite des Tanks. Es bedeuten:
2 – Geber für Tankanzeige;
3 – Kraftstoff-Vorlaufleitung zum Motorraum;
4 – Steckverbindung zur elektrischen Tauchpumpe.

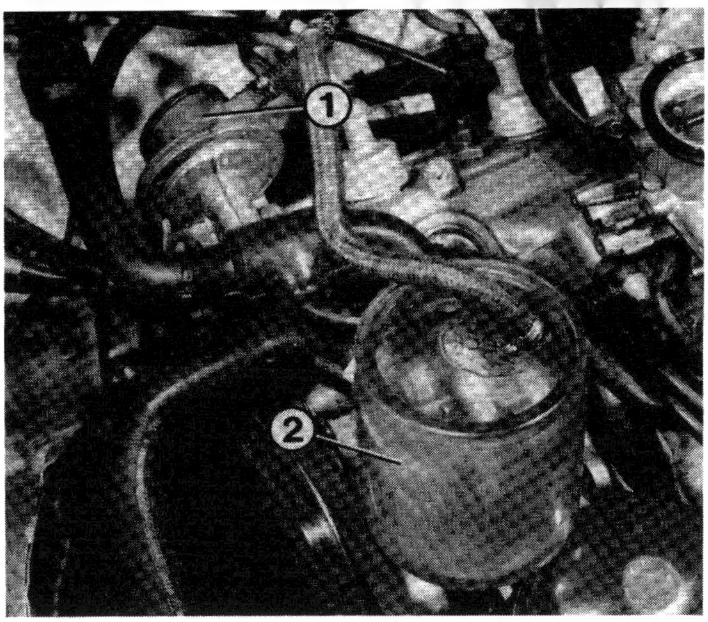

Hier wird die mechanische Kraftstoffpumpe (1) bei den flach liegenden XV-, XW- und XY-Benzinmotoren überprüft. Dazu Schlauchleitung am Vergaser abziehen und in ein Gefäß (2) hängen.

Elektrische Kraftstoffpumpe

Motoren mit Benzineinspritzung bzw. elektronisch geregeltem Vergaser besitzen eine elektrische Kraftstoffpumpe. Sie ist als Tauchpumpe direkt in den Kraftstoffbehälter eingesetzt. Ihre Ansaugseite weist ein Sieb auf.
Plusstrom erhält sie über das Kraftstoffpumpenrelais (siehe Seite 95, 105 oder 113). Das Relais beinhaltet auch die Sicherheitsschaltung, die dafür sorgt, daß die Pumpe nur dann läuft, wenn der Motor dreht. Ob das der Fall ist, erfährt das Relais von der Zündungsklemme 1 bzw. RUP, die ebenfalls am Relaissockel angeschlossen ist. Die Sicherheitsschaltung soll Brände durch auslaufendes Benzin nach Unfällen vermeiden.

Störungssuche an der elektrischen Kraftstoffpumpe

● Als erstes die Sicherung kontrollieren (siehe Seite 208).
● War diese intakt, geht die Suche weiter:
● **Zentral-Einspritzung:** Am einfachsten die Leitung am Kraftstoffilter abziehen, Prüfschlauch mit Gefäß dort anschließen.
● **Elektronisch geregelter Vergaser:** Kraftstoffzulaufleitung am Vergaser abziehen und in Gefäß halten.
● **L-Jetronic (GTI, CTI):** Benzinzulauf am Verteilerrohr abschrauben und in Gefäß halten.
● **Alle:** Helfer Anlasser betätigen lassen.
● Tut sich nichts, muß unter der hinteren Sitzbank kontrolliert werden, ob an der Pumpe überhaupt Strom ankommt:
● Mit Voltmeter oder Prüflampe kontrollieren, ob zwischen den beiden Anschlußkontakten der Pumpe ca. 12 Volt Spannung anliegen. Zur Messung muß der Anlasser von einem Helfer betätigt werden (Schalthebel im Leerlauf, Handbremse angezogen).
● Läuft die Pumpe trotz richtiger Spannung nicht, ist sie defekt – ausbauen und wechseln.
● Fehlt es am Strom, gerät das Pumpenrelais im Motorraum in Verdacht. Prüfung: Fühlen Sie mit der Hand, ob es beim Betätigen des Anlassers klickt. Wenn nicht, ist es defekt.
● An weiteren Fehlerquellen wäre zu nennen: Kabelzuleitung zum Relais oder zur Pumpe defekt, Kraftstoffleitung verstopft oder geknickt.

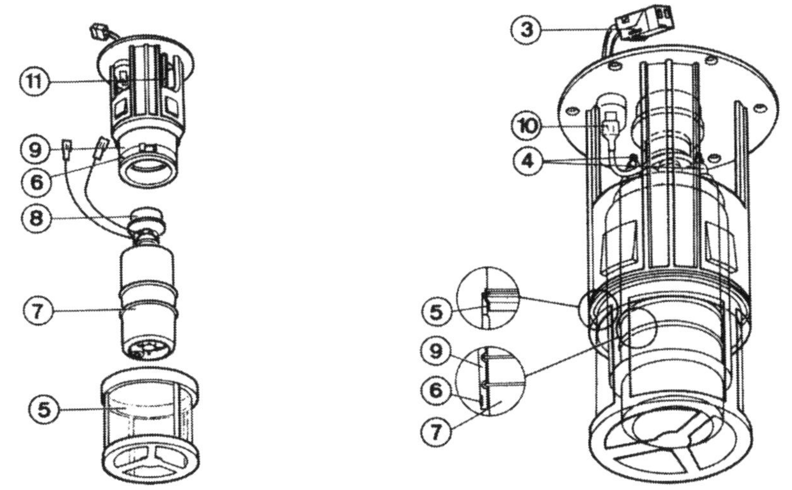

Teile der Tauchpumpe und deren Zusammenbau:
3 – Stecker;
4 – Anschlußklemmen;
5 – Kraftstoffsieb;
6, 8 — Schellen;
7 – Pumpe;
9 – Träger;
10 – Steckkontakt;
11 – Entlüftungsrohr.

Beim Peugeot 205 GTI/CTI ist ein Kraftstofffilter (3) beim rechten Federbein (1) an den Radlauf geschraubt.
Weiter gezeigt: 2 – Prüfstecker.

Elektrische Benzinpumpe ausbauen

- Hintere Sitzbank umklappen.
- Kunststoffabdeckung der Pumpe abhebeln.
- Elektrische Anschlüsse und Schlauchleitungen lösen.
- Zum Drehen zwei große Schraubendreher überkreuzen und an zwei gegenüberliegenden Zapfen ansetzen. Oder aus einem 65 mm langen Stück Flacheisen ein Verdrehwerkzeug selbst anfertigen.
- Pumpe aus dem Tank ziehen. Ggf. Sieb an der Ansaugseite reinigen.
- Beim Einbau auf richtige Lage der Tauchpumpe achten.
- An die Ringmuttern vor dem Einschrauben an der Unterkante einen Wulst dauerelastische Dichtmasse legen.
- Beim Anziehen die Pumpe gegenhalten.

Kraftstoffilter wechseln

Wartung Nr. 35

Alle ca. 80000 km ist der Austausch der Benzinfilter vorgesehen. Bei den **Vergasermotoren** kann ein einfacher Kraftstoffilter im Motorraum vor der Kraftstoffpumpe eingebaut sein. Bei Zentral-Einspritzung und L-Jetronic (GTI, CTI) sind große Aluminiumfilterpatronen im Motorraum eingebaut.

- **Vergaser-Motoren:** Neuen Filter bereitlegen, Schlauchschellen öffnen oder Schellen durchzwicken.
- Alten Filter von den Leitungen abziehen. Leitungen gleich umstecken, damit möglichst wenig Benzin ausläuft.
- Neuen Filter so einsetzen, daß der Pfeil auf dem Filtergehäuse in Durchflußrichtung zeigt.
- **Einspritzer:** Verschraubungen der Kraftstoffleitungen lösen.
- Halteschelle losschrauben.
- Alten Filter abnehmen, Leitungen am neuen festschrauben.
- Wichtig ist, daß der Pfeil in Durchflußrichtung zeigt.
- Während der Arbeit darf keinesfalls Schmutz in die Leitungen geraten.

Gesiebte Luft

Die Ansaugluft des Motors enthält Staub und Schmutzteilchen, die nicht in die Verbrennungsräume gelangen sollen, da sie an den Zylinderwänden wie Schmirgel wirken. Das würde frühzeitigen Verschleiß von Kolben und Zylinderlaufbahnen verursachen. Der Luftfilter sorgt deshalb für den notwendigen Schutz des Motors. Gleichzeitig dämpft er auch die Ansauggeräusche.
Beim Peugeot 205 besteht der Luftfilter aus einem ölgetränkten Schaumstoff, der über ein Stützgitter gezogen ist. Dieser Luftfilter muß alle 20000 km gereinigt werden. Die neue TU-Benzinmotoren-Generation hat ein Papierfilterelement, das alle 40000 km ersetzt werden muß.

Luftfiltereinsatz reinigen

Wartung Nr. 25

- Alle 20000 km Luftfiltereinsatz ausbauen, siehe Abbildungen.
- Luftfiltereinsatz vom Stützgitter abnehmen.
- Schaumstoff unter Kraftstoff einige Male zusammendrücken und so durchspülen. Zuletzt ausdrücken.
- Schaumstoff ringsherum mit einigen Spritzern Motoröl einölen.
- Zusammendrücken, damit sich das Öl gleichmäßig verteilt.
- Filtergehäuse auswischen. Gereinigten Luftfiltereinsatz wieder einsetzen.

Luftfiltereinsatz wechseln

Wartung Nr. 29

- Alle 40000 km bei den TU-Benzinmotoren Luftfiltereinsatz ausbauen und erneuern, siehe Abbildungen.
- Vor dem Abziehen die dünnen Unterdruckleitungen am Luftfilter kennzeichnen, damit diese wieder an gleicher Stelle aufgesteckt werden können.
- Vor dem Einbau des neuen Filters das Filtergehäuse gründlich auswischen.
- Hinweis: Das Papierfilterelement kann zwischendurch ausgebaut und auf einer harten Unterlage ausgeklopft werden. Dabei fällt der feine Staub nach und nach heraus. Nicht mit Preßluft bearbeiten!

Die Ansaugluft-Vorwärmung

Die Vergasermotoren des Peugeot 205 besitzen im Ansaugrohr des Luftfiltergehäuses eine Vorwärmung, die entweder automatisch arbeitet (siehe Schema Seite 64) oder der Fahrer muß bei Temperaturen unter/über

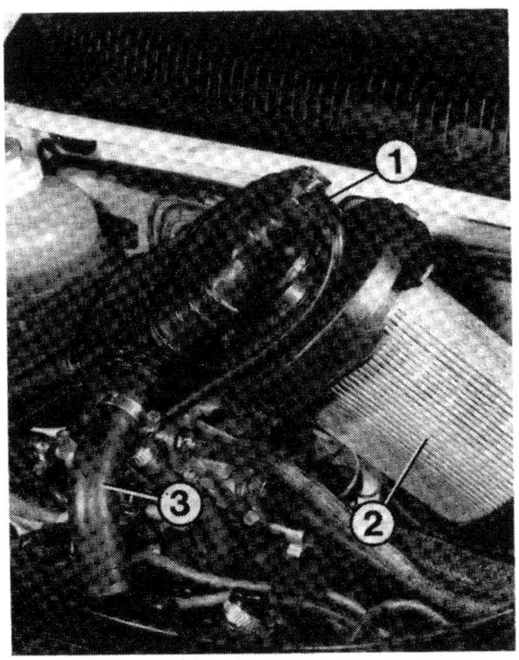

Luftfilterausbau beim TU-Motor mit Papierfilter (2). Verbindungsteil an Vergaser (links) bzw. Zentraleinspritzung (rechts) sowie Schläuche (3, 1) lösen. Spangen um Filtergehäuse abhebeln. Filtergehäuse (Pfeil) vor Einbau auswischen.

Die meisten Peugeot 205 (Ausnahme TU-Motoren) besitzen einen Schaumstoff-Luftfilter (2), der über ein Stützgitter (3) gezogen ist. Zum Reinigen des Filters Kraftstoff (1) besorgen (Feuergefährlichkeit beachten und Dämpfe nicht einatmen!). Nach dem Auswaschen den Filter leicht mit Motoröl (4) einölen.

Luftfilter beim Dieselmotor:
1 – Deckel, nach Lösen der zentralen Mutter abnehmen, auf Dichtring achten;
2 – Schaumstoff-Luftfilter;
3 – Stützgitter;
4 – Luftansaugschlauch von Fahrzeugfront;
5 – Luftfiltergehäuse;
6 – Luftschlauch für gereinigte Luft zum Ansaugrohr.

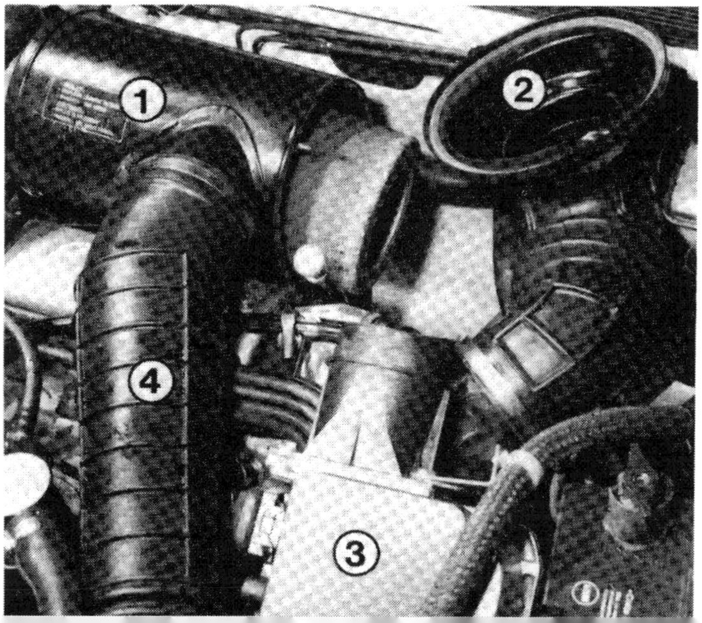

Luftfilter des Peugeot 205 GTI/CTI mit XU-Einspritzmotor:
1 – Luftfiltergehäuse;
2 – angeschraubter Deckel;
3 – Luftmengenmesser.

Luftfilter bei den flach liegenden XV-, XW- und XY-Benzinmotoren:
1 – Warmluftschlauch; 2 – Gummiringe; 3 – Filtergehäuse; 4 – Flügelschraube; 5 – Luftkanal für Doppelvergaser; 6 – Öleinfüllöffnung; 7 – Verschluß mit Schlauchanschluß.

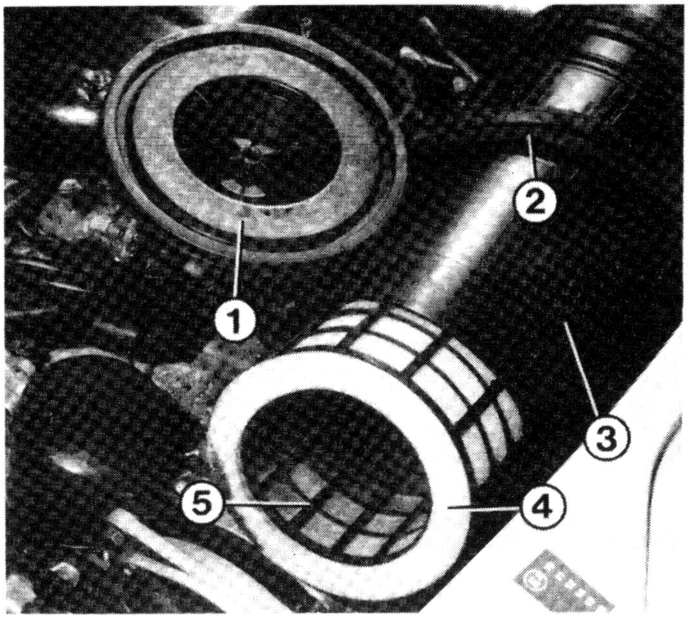

Zum Filterausbau den Deckel (1) vom Gehäuse (3) abschrauben. Filter (4) mit Stützgitter (5) herausziehen. Zum Ausbau des Gehäuses Schläuche lösen und Gummiringe (2) aushängen.

+5°C entsprechend umschalten. Die Ansaugluft-Vorwärmung hat die Aufgabe, die Luft, die der Motor über den Vergaser ansaugt, auf günstiger Temperatur zu halten. Das hat zwei Gründe:

○ Bei kühlem Wetter vergast das Gemisch besser, wenn die Ansaugluft vorgewärmt zugeführt wird. Allerdings soll der Motor bei höheren Außentemperaturen keine vorgewärmte Luft erhalten: Dieselbe Menge warmer Luft besitzt ein größeres Volumen als kalte Luft. Da der Motor nur eine bestimmte Luftmenge ansaugen kann, erhält er bei eingeschalteter Ansaugluft-Vorwärmung etwas weniger Luft – das Gemisch wird fetter, der Verbrauch steigt. Nur bei kühlen Temperaturen ist dies für gleichmäßigen Motorlauf notwendig.

○ Der Vergaservereisung soll vorgebeugt werden. Diese Vereisung entsteht durch den Druckabfall im Vergaser bei laufendem Motor, wobei ein Teil des Kraftstoffes verdunstet und sich dabei erheblich abkühlt. Davon wird auch das Vergasergehäuse abgekühlt, und bei Temperaturen zwischen +3 und +8°C (in Extremfällen auch darüber) und hoher Luftfeuchtigkeit kann sich im Vergaser eine dünne Eisschicht bilden, welche eine einwandfreie Gemischbildung verhindert.

Störungen der Ansaugluft-Vorwärmung

Funktioniert die Ansaugluft-Vorwärmung nicht wunschgemäß, kann das zu Betriebsstörungen führen.

○ **Winters:** Schlechter Leerlauf nach dem Kaltstart in der sogenannten Warmlaufphase.

○ Schlechter Übergang, Motor neigt zum Stottern.

○ **Warme Jahreszeit:** Mangelhafte Leistung, übliche Höchstgeschwindigkeit wird nicht erreicht.

○ Höherer Kraftstoffverbrauch.

Vernebelungs-Taktik

Für optimalen Verbrennungsablauf verlangt der Motor ein fein vernebeltes Kraftstoff/Luft-Gemisch – nicht etwa reinen Kraftstoff. Welches Verhältnis bei dieser Mischung eingehalten werden muß, hängt vom Belastungszustand des Motors und seiner Temperatur ab. Viel Arbeit also für den Vergaser.
Das folgende Kapitel bezieht sich nur auf Fahrzeuge vor Anfang 1990. Ab diesem Zeitpunkt werden Peugeot-Automobile nur noch mit geregeltem Katalysator ausgeliefert.

Welcher Vergaser ist eingebaut?

Motor*	XV 8	XW 7	XY 7	TU 1
Kennzeichnung am Motor	108 C	109 F oder 109 N	150 D oder 150 G	H 1 A
Vergaser	Solex 32 PBISA 12		Solex 34 PBISA 12	Solex 32 PBISA 16
Kennzeichnung am Vergaser	PEU 370	TAL 144/3	PEU 350	TAL 411
Lufttrichter Hauptdüse Leerlaufdüse Luftkorrekturdüse Schwimmernadelventil	25 120 44 155 1,6	25 125 42 175 1,6	26 130 45 160 1,6	keine Angaben verfügbar
Leerlaufdrehzahl	650 ± 50/min Einstellung an Drosselklappen-Anschlagschraube			750 ± 50/min
CO-Gehalt	1,5 ± 0,5 Vol.% Einstellung an Gemischregulierschraube			1,3 ± 0,5 Vol.%

* Einbau-Übersicht siehe »Motoren- und Typentabelle«

Hauptdüse: Bei PEU 370 und TAL 144/3 über eine Verschlußschraube von außen zugänglich; sonst im Boden der Schwimmerkammer eingeschraubt.

Beschleunigungspumpe: Bei PEU 370 und TAL 144/3 durch Nocken betätigt; bei PEU 350 und TAL 411 über Stange mit Feder.

Beschleunigungsanreicherung: Bei PEU 370 und TAL 144/3 mechanische Betätigung über Gestänge; bei PEU 350 und TAL 411 über Unterdruckdose.

Starterklappe: Von Hand über Drahtzug betätigt.

Motor[1]	XY 8		XU 5 1C
Kennzeichnung am Motor	150 H oder 150 B		B 1 E (Automatik)
Vergaser	2 gekoppelte Fallstrom-Einfachvergaser, davon ein Vergaser mit Starterklappe (manuell) bis Fahrgestell-Nr. 5 465 400: Solex 35 PBISA 8	danach: Weber 35 IBSH	Fallstrom-Einfachvergaser mit Startautomatik Weber 36 TLC
Lufttrichter Hauptdüse Leerlaufdüse Luftkorrekturdüse Schwimmernadelventil	28 146 47 175 1,5[2]	26 130 45 165 1,5	28 140 47 150 1,5
Leerlaufdrehzahl	1000 ± 50/min Einstellung an Drosselklappen-Anschlagschraube		900 ± 50/min
CO-Gehalt	2,0 ± 0,5 Vol.% Einstellung an Gemischregulierschraube		1,0 ± 0,5 Vol.%

[1] Einbau-Übersicht siehe »Motoren- und Typentabelle«
[2] Ab Fahrgestell-Nummer 5 043 526: Schwimmernadelventil 1,2 mm und Magnetventil zur Leerlaufabstellung entfallen

Hauptdüse: Bei Solex über eine Verschlußschraube von außen zugänglich; bei Weber im Boden der Schwimmerkammer eingeschraubt.

Beschleunigungspumpe: Mechanische Betätigung Nocken am Gestänge.

Beschleunigungsanreicherung: Betätigung über Unterdruckdose.

Hier sind am Einfach-Vergaser wichtige Teile bezeichnet (Vergaserdeckel ausgebaut):
1 – Beschleunigungspumpe;
2 – Rückzugsfeder;
3 – Leerlaufdüse mit Dichtung;
4 – Vollastanreicherung unterdruckgesteuert;
5 – Luftkorrekturdüse;
6 – Drosselklappenansteller;
7 – Deckeldichtung;
8 – Vergasergehäuse;
9 – Verschlußschraube mit Dichtung;
10 – Hauptdüse;
11 – Dichtung;
12 – Isolierstück;
13 – Dichtung;
14 – Leerlauf-Einstellschraube;
15 – Drosselklappenhebel;
16 – Dichtung;
17 – Drosselklappengehäuse;
18 – Leerlaufgemisch-Regulierschraube.

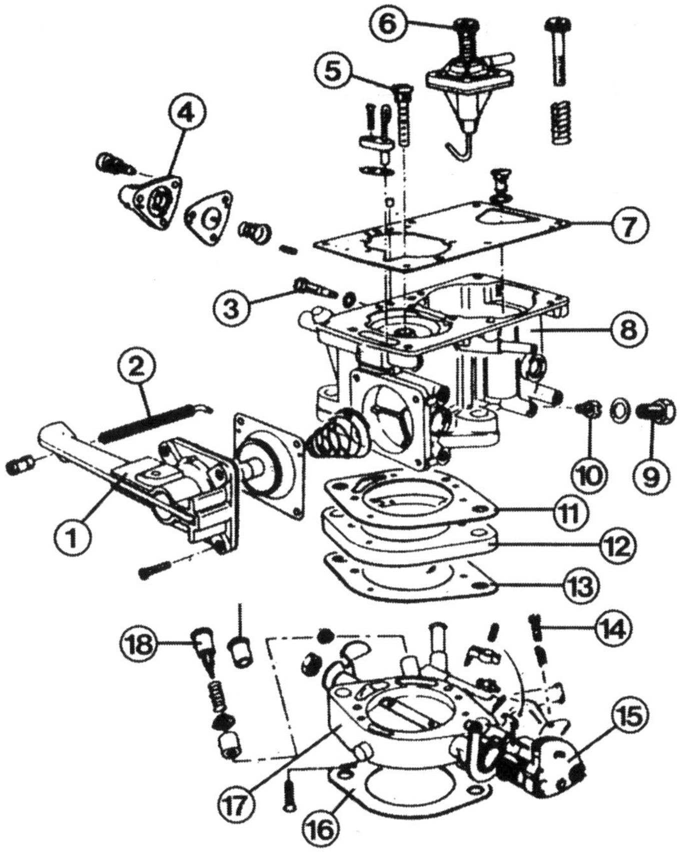

Die wichtigsten Teile des Vergasers

Der Vergaser besteht aus einigen Dutzend Teilen. Hier die wichtigsten:

Beschleunigungspumpe: Beim Durchtreten des Gaspedals spritzt sie zusätzlich Kraftstoff in den Saugkanal, damit das Gemisch nicht durch plötzliches Gasgeben (Drosselklappe läßt schlagartig mehr Luft einströmen) zu sehr abmagert.

Drosselklappe: Sie sitzt genau unten im Vergaser und regelt die Menge des Kraftstoff/Luft-Gemisches, das der Motor ansaugen soll. Wie weit die Drosselklappe geöffnet wird, bestimmt der Fahrer beim Niedertreten des Gaspedals.

Hauptdüse: Sie ist in die Schwimmerkammer von außen oder innen eingeschraubt und sorgt mit ihrer genau bemessenen Bohrung für den Abfluß der richtigen Kraftstoffmenge aus der Schwimmerkammer.

Luftkorrekturdüse: Sie mischt den von der Hauptdüse kommenden Kraftstoff mit Luft vor.

Lufttrichter: Im Saugkanal (Vergaserdurchlaß) sitzt als Teil des Vergasers der Lufttrichter. Er verkleinert den Innendurchmesser des Vergasers, wodurch die angesaugte Luft an dieser Stelle beschleunigt wird. Es entsteht größerer Unterdruck zum Absaugen des Gemisches.

Mischrohr: Es nimmt Kraftstoff von der Hauptdüse und Luft von der Luftkorrekturdüse bzw. von der Leerlaufluftdüse auf und führt beides vermischt in den Vergaserdurchlaß weiter.

Schwimmerkammer: Die Speicherung des Kraftstoffes wird in der Schwimmerkammer durch Schwimmer und Schwimmernadelventil geregelt. Hat das Benzin einen bestimmten Pegel erreicht, drückt der Schwimmer durch seinen Auftrieb über einen Hebel gegen die Ventilnadel. Deren spitz zulaufendes Ende sperrt dann den weiteren Zulauf ab.

Starterklappe: Sie sitzt ganz oben im Vergaser-Durchlaß. Bei kaltem Motor wird sie von Hand über den Starterzug geschlossen. So baut sich bei laufender Maschine im Vergaser ein stärkerer Unterdruck als im normalen Betrieb auf. Deshalb wird auch mehr Benzin durch die Vergaserdüsen gesaugt. Das Gemisch wird also kraftstoffreicher (fetter), und das mag der kalte Motor. Steigt die Betriebstemperatur, muß die Starterklappe wieder geöffnet werden. Beim Weber-Vergaser für den Peugeot 205 Automatik wird die Starterklappe automatisch gesteuert.

Funktion

Start: Mehrere Einrichtungen wirken beim Kaltstart zusammen:

○ Die Starterklappe. Bei tiefen Außentemperaturen muß sie über den Choke-Knopf am Armaturenbrett ganz und bei mittleren Temperaturen teilweise geschlossen werden.

○ Die Pulldown-Membran. Sie wird über Unterdruck gesteuert und öffnet die Starterklappe sofort nach dem Anspringen des Motors um einen festgelegten Spalt. Der Motor bekommt jetzt mehr Luft und somit ein etwas magereres Gemisch. Die Starterklappe wird außerdem beim Beschleunigen über einen Hebel ein Stück weit geöffnet.

Leerlauf: Das Kraftstoff/Luft-Gemisch für den Leerlauf besteht aus dem Leerlaufgemisch sowie aus einer geringen Menge Normalgemisch (durch die leicht geöffnete Drosselklappe).

○ Das Leerlaufgemisch entsteht im Mischrohr des Leerlaufsystems aus Kraftstoff von der Leerlaufdüse und Luft aus der Leerlaufluftdüse. Das so entstandene Gemenge gelangt – vorbei am Leerlauf-Abschaltventil (teilweise Solex) an die CO-Einstellschraube, wo die gewünschte Menge eingestellt werden kann.

○ Wieviel Normalgemisch gebraucht wird, um den Motor mit der richtigen Leerlaufdrehzahl am Laufen zu halten, bestimmen wir durch Verstellen der Drosselklappen-Anschlagschraube. Mit ihr wird die Drosselklappe einen kleinen Spalt breit offen gehalten.

Übergang: Damit beim Übergang von Leerlauf auf Normalbetrieb kein »Loch« entsteht, zweigen kleine Bohrungen oberhalb der Drosselklappe eine zusätzliche Menge Kraftstoff/Luft-Gemisch vom Leerlaufgemisch ab.

Beschleunigen: Bei plötzlichem Gasgeben öffnet die Drosselklappe schlagartig – es wird spontan mehr Luft angesaugt. Damit das richtige Kraftstoff/Luft-Verhältnis erhalten bleibt, fördert die Beschleunigungspumpe in diesem Moment zusätzlichen Kraftstoff.

Teillast und Vollast: Die Drosselklappe ist direkt mit dem Gaspedal verbunden. Wird sie geöffnet, entsteht in der Mischkammer ein Unterdruck, der Kraftstoffgemisch aus dem Vorzerstäuber absaugt. Zur Aufbereitung dieses Gemisches wird Kraftstoff aus der Schwimmerkammer durch die Hauptdüse in das Mischrohr gesaugt und dort mit der Luft aus der Luftkorrekturdüse vermischt.

Entsteht bei höherer Drehzahl und Last ein höherer Unterdruck im Saugrohr, fließt über eine weitere Düse zusätzlicher Kraftstoff zur Hauptdüse (Anfettung des Gemisches).

Das Leerlauf-Abschaltventil

Beim Peugeot 205 GT mit Solex-Vergaser ist ein Leerlauf-Abschaltventil eingebaut. Sinn dieser Einrichtung ist es, sofort nach Abschalten der Zündung den Leerlaufgemischkanal zu verschließen. So wird ein Nachlaufen des Motors ohne Zündfunken vermieden. Bei diesem Effekt (oft Nachdieseln genannt) entzündet sich der Kraftstoff an den noch heißen Auslaßventilen und verbrennt unkontrolliert, was dem Motor schadet.

Leerlauf-Abschaltventil defekt

● Läuft der Motor nach, hängt die Ventilnadel des Abschaltventils oder es hat sich gelockert. Gang einlegen, Motor abwürgen.

● In diesem Fall Ventil abschrauben, gegen Masse halten und von Helfer Zündung an- und abschalten lassen. Bei angeschlossenem Kabel muß sich die Ventilnadel hin- und herbewegen, sofern die Stromzufuhr in Ordnung ist (bei eingeschalteter Zündung prüfen). Ansonsten das Abschaltventil erneuern.

● Natürlich kann die Ventilnadel auch in »Geschlossen«-Stellung hängen. Dann stirbt der Motor im Leerlauf ab.

● Stirbt der Motor ab bzw. dreht er im Leerlauf hoch, kann sich das Ventil auch gelockert haben. Dann zieht der Motor »falsche Luft«.

Fingerzeig: Wenn es an die Auffindung komplexer Fehler im Bereich Vergaser geht, ist oft nicht nur der Selbsthelfer, sondern vereinzelt auch die Peugeot-Werkstatt überfordert. Dann empfiehlt sich der Besuch bei einer Vergaser-Spezialwerkstatt. Ein Adressenverzeichnis hält der Solex-Vergaserhersteller Pierburg GmbH & Co. KG, Postfach 838, 4040 Neuss 13 bereit.

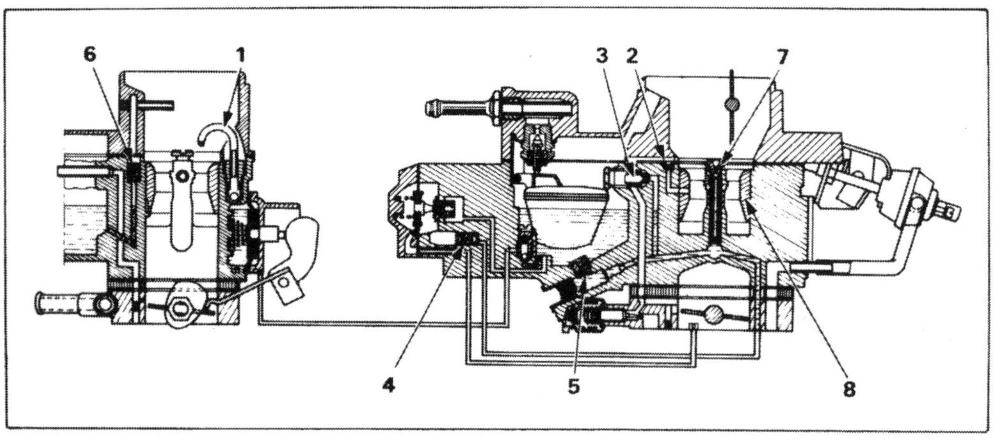

Schnitt durch den Vergaser Solex 32 PBISA 16:
1 – Einspritzrohr der Beschleunigungspumpe;
2 – Leerlaufluftdüse;
3 – Leerlaufdüse;
4 – Vollastanreicherung;
5 – Hauptdüse;
6 – Korrekturdüse;
7 – Mischrohr;
8 – Lufttrichter.

Doppelvergaser beim XY-Motor:
1 – Verbindung der Starterklappen;
2 – Chokezug;
3 – Gaszug;
4 – Verbindungs-schlauch;
5 – Kraftstoffzulauf.

Vergaser reinigen

Schmutzablagerungen im Vergaser sind mittlerweile äußerst selten. Falls Sie dennoch den Vergaser auseinandernehmen müssen, sehen Sie die Zeichnungen und Abbildungen auf diesen Seiten an. Beim Auseinanderbauen Teile in Baugruppen ablegen und möglichst kennzeichnen.

- Luftfilter abbauen.
- Sämtliche Unterdruckleitungen und Schläuche vor dem Abnehmen verwechslungssicher kennzeichnen.
- Vergaserdeckel abschrauben.
- Schwimmer herausnehmen und prüfen, ob das Schwimmernadelventil leichtgängig ist.
- Wenn sich Schmutz am Boden der Schwimmerkammer abgesetzt hat, diesen mit einem sauberen Lappen entfernen.
- Herausgeschraubte Düsen mit Druckluft sauberblasen.
- Die Düsen sind aus Messing und dürfen nur mit geringer Kraft angezogen werden.
- Keine lackgesicherten Einstellschrauben verdrehen. Das kann die Vergaserfunktion grundlegend stören.
- Bei einem älteren Fahrzeug die Lagerung der Drosselklappenwelle kontrollieren. Ist dort Spiel vorhanden, kann unkontrolliert Luft zuströmen und den Leerlauf und Übergang durcheinanderbringen.
- Beim Zusammenbau darauf achten, daß die neue Dichtung zwischen Vergasergehäuse und Oberteil richtig sitzt.
- Die Lagerungen der Drossel- und Starterklappenwellen dürfen auf keinen Fall geschmiert werden. Am Schmierstoff anhaftender Staub wirkt an den Lagern wie Schmirgel.
- Beim Einschrauben die Vergaserdeckel-Befestigungsschrauben alle gleichmäßig anziehen.

Fingerzeig: Vergaserdüsen reinigt man am besten mit Preßluft; wenn nicht vorhanden, genügt auch Durchpusten mit dem Mund (aber möglichst ohne Spucke!). Hartnäckige Verschmutzungen können durch die Borste einer Kleiderbürste entfernt werden. Keinesfalls Draht dazu verwenden!

Abgas-Sonder-Untersuchung

In der Bundesrepublik ist eine jährliche Abgaskontrolle vorgeschrieben, zu der auch die Überprüfung der Zündeinstellung gehört. Diese Kontrolle führen neben der Peugeot-Werkstatt auch freie Werkstätten, Tankstellen, DEKRA und TÜV durch. Zur ASU muß die Auspuffanlage intakt sein, und die Luftschläuche um den Vergaser dürfen nicht undicht sein. Wie läßt man die ASU sinnvollerweise durchführen?

○ **ASU mit TÜV-Kontrolle:** Wenn beide Plaketten dieselbe Fälligkeit zeigen, gehen Sie folgendermaßen vor: Erkannten Sie in letzter Zeit eine unerklärliche Aufwärtstendenz beim Kraftstoffverbrauch, dürfte ein Fehler am Vergaser vorliegen oder die CO-Einstellung stimmt nicht mehr. Da muß die Werkstatt mit dem Abgastester helfen. Bei der Gelegenheit kann dort auch die ASU durchgeführt werden. Mit der neuen ASU-Plakette geht die Fahrt zum TÜV oder DEKRA für die übliche Hauptuntersuchung. Scheint mit Verbrauch und Abgas alles in Ordnung zu sein, erübrigt sich der Werkstattbesuch vor dem TÜV-Termin. Kontrollieren Sie zur Sicherheit Zündzeitpunkt und Leerlaufdrehzahl. Sofern ohnehin bald fällig, Zündkerzen prüfen. Wenn jetzt der Abgaswert bei der Kontrolle noch etwas abweicht, läßt Sie der Prüfer sicher eine kleine Korrektur bei angeschlossenem CO-Tester vornehmen (Schraubendreher bereithalten).

○ **ASU ohne TÜV-Kontrolle:** Werkstätten führen die ASU in vielen Fällen sofort durch, während bei DEKRA und TÜV für die Überprüfung oft Anmeldefristen oder Wartezeiten nötig sind. Zur Zeitersparnis kommt hinzu, daß in der Peugeot-Werkstatt immer die neuesten Einstelldaten vorliegen.

○ **ASU mit Fahrzeuginspektion:** Wenn Sie die Wartung Ihres Peugeot 205 immer in der Werkstatt durchführen lassen, gehört die ASU zum Umfang der Wartung.

Fingerzeig: Vergleichen Sie die verschiedenen Werkstatt-Angebote für die ASU! Der genannte Preis kann Messung sowie Einstellung umfassen oder lediglich die reinen Prüfarbeiten. Dann kostet das Einstellen noch Extrageld.
Weist der Motor Mängel auf (ausgeschlagene Drosselklappenlagerung, Nebenluft, defekter Auspuff), gibt es keine Plakette. Erst muß der betreffende Fehler behoben werden.

Leerlauf und Abgas prüfen

Wartung Nr. 27

Vor dem Prüfen muß sichergestellt sein, daß Ventilspiel, Zündzeitpunkt und Zündkerzen in Ordnung sind. Gebraucht wird ein Motortester mit Drehzahlmesser. Normalerweise verstellt sich der Abgaswert nicht, und deshalb braucht nur selten anläßlich der ASU an der Einstellschraube herumgedreht zu werden. Wer vor der ASU sicherheitshalber den CO-Gehalt messen lassen will, fährt mit betriebswarmem Motor bei einer geeigneten Tankstelle oder Werkstatt vor. Das CO-Meßgerät muß dann den richtigen CO-Wert anzeigen (siehe Tabelle).
Vorsicht: Wegen der hohen Spannungen an den Klemmen der Zündanlage (TSZ) Drehzahlmesser nur bei stehendem Motor an- und abklemmen.

- Motor warmfahren.
- Luftfilter nicht abnehmen.
- Alle elektrischen Verbraucher ausschalten.
- Der Kühlerventilator darf bei der Prüfung nicht laufen.
- Der Choke muß ganz zurückgeschoben sein.
- Die Leerlaufdrehzahl kann jetzt eingestellt werden (siehe Tabelle). Die Einstellung erfolgt an der Drosselklappen-Anschlagschraube (siehe Abbildungen).
- Anschließend mit Gemisch-Regulierschraube den vorgeschriebenen CO-Wert einstellen.
- Drehzahl wieder einstellen.
- CO-Wert nochmals prüfen.
- Verdrehsicherung anbringen.

Fingerzeig: Beim Peugeot 205 GT mit zwei Vergasern vor Leerlauf- und Abgaseinstellung zuerst den Gleichlauf bei ausgebautem Luftschlauch mit einem Unterdrucktester prüfen. Ggf. an der Synchronisationsschraube am Gestänge einstellen. Zur Leerlauf- und Abgaseinstellung die dünne Erregerleitung an der Lichtmaschine ausstecken. Den CO-Wert durch gleichmäßiges Drehen an beiden Gemisch-Regulierschrauben einstellen. Zur Voreinstellung beide Schrauben ganz hineindrehen, dann wieder genau vier Umdrehungen herausdrehen.

CO-Wert behelfsmäßig einstellen

Die nachfolgenden Beschreibungen verstehen sich nur als Maßnahme für den Notfall – etwa, wenn der Vergaser total zerlegt wurde oder sich im fernen Ausland ein »Fachmann« an der Einstellung versucht hat.

- Motor warmfahren.
- Luftfilter nicht abnehmen.
- Alle elektrischen Verbraucher ausschalten.
- Der Kühlerventilator darf bei der Prüfung nicht laufen.
- Der Choke muß ganz zurückgeschoben sein.
- Sicherung an der Einstellschraube entfernen.
- Leerlaufdrehzahl mit Drosselklappen-Anschlagschraube auf 650/min einstellen. Dann mit Gemisch-Regulierschraube höchstmögliche Drehzahl einstellen.
- Beide Einstellungen solange wiederholen, bis mit der Gemisch-Regulierschraube 650/min erreicht werden. Abschließend Gemisch-Regulierschraube hineindrehen, bis Drehzahl etwas abfällt.
- **Zwei Vergaser (GT):** Durch gleichmäßiges Verstellen beider Gemisch-Regulierschrauben höchste Drehzahl einstellen. Leerlaufdrehzahl mit Drosselklappen-Anschlagschraube auf 1000/min einstellen.
- Beide Einstellungen so lange wiederholen, bis mit der Gemisch-Regulierschraube 1000/min erreicht werden.
- Abschließend Gemisch-Regulierschrauben gleichmäßig hineindrehen, bis Drehzahl etwas abfällt.
- Diese Einstellung sollte bald mit einem CO-Tester überprüft werden.

Fingerzeig: Wenn nach dem Aufstecken des Schlauches der Kurbelgehäuse-Entlüftung der CO-Wert sprunghaft ansteigt, befindet sich Kraftstoff-Kondensat im Motoröl. Motoröl wechseln.

Dichtheit Ansaugseite prüfen

Wartung Nr. 14

Bei allen Benzinmotoren gilt folgendes: Wenn trotz aller Einstellversuche kein gleichmäßiger Leerlauf erzielt wird, sollten Sie sämtliche Unterdruckschläuche vom Ansaugrohr zu den verschiedenen unterdruckgesteuerten Systemen und Aggregaten, wie Bremskraftverstärker und Zündverteiler, kontrollieren. Die Schläuche müssen fest aufgesteckt sein und dürfen keine Beschädigungen zeigen.
Sämtliche Verbindungen nach der Drosselklappe müssen festgezogen sein, dies gilt auch für das Ansaugrohr

Doppelvergaser beim XY-Motor:
1 – Leerlaufgemisch-Regulierschrauben;
2 – Saugrohr;
3 – Kühlmittelanschluß zur Saugrohr-Beheizung;
4 – Kraftstoffzulauf.

und alle Schlauchverbindungen. Eine Undichtigkeit liefert dem Motor »falsche Luft«, die den Leerlauf und den Abgaswert durcheinanderbringt.
Zur Suche einer undichten Stelle kann man den Motor im Leerlauf drehen lassen und mit Testbenzin oder Startpilot die verdächtigen Stellen absprühen (aber nicht in den Ansaugschnorchel des Luftfilters). Ändert sich dabei der Motorlauf, liegt eine undichte Stelle vor. Erhöhte Brandgefahr und Gesundheitsschädlichkeit der Dämpfe beachten!

Gaszug prüfen

Wartung Nr. 6

Der Gaszug verbindet die Drosselklappe des Vergasers bzw. des Einspritzers oder die Einspritzpumpe beim Diesel mit dem Gaspedal. Sein größter Fehler: Er ist sehr knickempfindlich, worauf wir beim Einbau besonders achten müssen. Beim Prüfen darauf achten, daß der Gaszug leichtgängig ist und keine einzelnen Drähte abstehen. Einige Tropfen Öl auf die Stelle, wo der Zug aus der Hülle tritt, halten ihn leichtgängig.

Gaszug ausbauen

- Nippel des Gaszugs am oberen Ende des Gaspedals aushängen.
- Kunststoff-Durchführung des Zugs im Zwischenblech zum Motorraum nach vorn durchstoßen.
- Zugende von hinten in den Motorraum schieben.
- Spange am vorderen Gaszugende abziehen.
- Gaszugnippel am Drosselklappenhebel bzw. an der Einspritzpumpe (Diesel) aushängen.
- Gaszughülle aus dem Widerlager ziehen.
- Beim Einbau Gaszug nicht knicken und in weiten Bögen verlegen. Die Kunststoff-Durchführung evtl. mit Dichtmittel einsetzen.

Gaszug einstellen

- Von einem Helfer das Gaspedal voll durchtreten lassen.
- Drosselklappenhebel bzw. Einspritzpumpenhebel (Diesel) in Vollgasstellung drücken.
- Gaszughülle straffziehen und die Stecksicherung in die entsprechende Kerbe im Rastensegment am Ende der Gaszughülle stecken.
- Kontrolle: Bei voll durchgetretenem Gaspedal darf sich der Drosselklappenhebel höchstens noch 1 mm in Richtung Vollgasanschlag bewegen lassen.
- Bei entlastetem Gaspedal muß die Leerlaufdrehzahl stimmen.

Der Chokezug

Der Chokezug – auch Starterzug genannt – schließt die Luftklappe (Starterklappe) oben im Vergaser, damit beim Kaltstart das Kraftstoffgemisch angefettet wird.
Zum Auswechseln des Zuges zuerst Luftfilter ausbauen und am Vergaser die Klemmschrauben für Starterzug und Zughülle lösen.

Chokezug einstellen

● Chokezug am Armaturenbrett bis zum Anschlag einschieben.
● Luftfilter abbauen.
● Hülle des Zuges am Widerlager des Vergasers so festklemmen, daß die Luftklappe in völlig geöffneter Stellung steht.
● In dieser Stellung die Klemmschraube am Luftklappen-Hebel anziehen.
● Prüfen, ob die Luftklappe beim Betätigen des Chokezugs voll schließt.
● Ebenfalls prüfen, ob beim Zurückschieben des Zuges am Armaturenbrett die Luftklappe voll öffnet.
● Bei voll geöffneter Luftklappe muß zwischen Betätigungshebel für Drosselklappe und Anschlag des Drosselklappenhebels noch ein Luftspalt vorhanden sein.

Störungsbeistand

Vergaser

Diesen Störungsbeistand sollten Sie erst durcharbeiten, wenn sichergestellt ist, daß die Zündung einwandfrei arbeitet.

Die Störung	– ihre Ursache	– ihre Abhilfe
A Kalter Motor springt nicht oder schlecht an	1 Kraftstoffweg im Vergaser nicht in Ordnung	Prüfung: Zuleitung am Vergaser abziehen, in ein Gefäß halten und Motor starten. Kommt kein Benzin, siehe unter Kraftstoffpumpe
	a) Schwimmernadelventil klemmt oder Schwimmer defekt	Gegen Schwimmerkammerdeckel klopfen, evtl. Vergaserdeckel abnehmen, Schwimmer und Nadelventil überprüfen
	b) Bohrungen, Düsen und Kanäle im Vergaser verstopft	Vergaser reinigen
	2 Leerlauf-Abschaltventil defekt	Erneuern
	3 Starterzug falsch eingestellt	Einstellen
	4 Starterklappe schwergängig oder klemmt	Gängig machen
	5 Nur Automatik: Bimetallfeder der Startautomatik ausgehängt	Feder einhängen oder Starterdeckel ersetzen
	6 Grundeinstellung der Drosselklappe falsch	Einstellen lassen
	7 »Falsche Luft« tritt an Deckeldichtung oder Ansaugflansch ein bzw. an einem der Unterdruckschläuche	Kontrollieren, schadhafte Dichtungen bzw. Schläuche ersetzen
B Kalter Motor geht nach dem Start wieder aus	1 Siehe A 4, 6 und 7	
	2 Starterklappenspalt falsch eingestellt	Einstellen (lassen)
	3 Nur Automatik: Starterdeckel falsch eingestellt	Einstellmarken gegenüberstellen
C Kalter Motor hat zu hohe oder niedrige Leerlaufdrehzahl	1 Siehe A 6 und 7	
	2 Leerlauf falsch eingestellt	Einstellen (CO-Test)
D Kalter Motor nimmt schlecht Gas an und ruckelt	1 Ansaugluft-Vorwärmung gestört	Klappenstellung prüfen
	2 Siehe A 4 und 7	
	3 Siehe B 2	
	4 Siehe C 2 und 3	
	5 Beschleunigungssystem arbeitet nicht	Prüfung: Luftfilterdeckel abnehmen. Wird Benzin eingespritzt, wenn Sie den Drosselklappenhebel bewegen?
	a) Kanäle verstopft	Vergaser reinigen
	b) Membrane defekt	Auswechseln
	6 Beschleunigungs-Einspritzmenge falsch	Einstellen lassen
E Warmer Motor springt schlecht oder nicht an	1 Siehe A 2	
	2 Dampfblasen im Kraftstoffsystem	Mit durchgetretenem Gaspedal starten
	3 Schwimmernadelventil undicht	Ersetzen
	4 Schwimmer defekt	Prüfen, ggf. austauschen
	5 Schwimmerstand falsch	Einstellen lassen
F Leerlauf ungleichmäßig bzw. zu hoch oder zu niedrig	1 Siehe A 7	
	2 Siehe C 2	
	3 Leerlauf-Kraftstoffdüse verschmutzt oder lose	Vergaser reinigen bzw. Düse festziehen
	4 Gemisch-Einstellschraube beschädigt	Ersetzen

Arbeiten am Vergaser Solex 32 PBISA 16.
Links: Starterklappe (3) schließen. Spalt »b« an »4« auf 3 mm einstellen.
Rechts: Bei ganz geschlossener Drosselklappe und Starterklappe den Spalt »c« auf 0,8 mm einstellen.

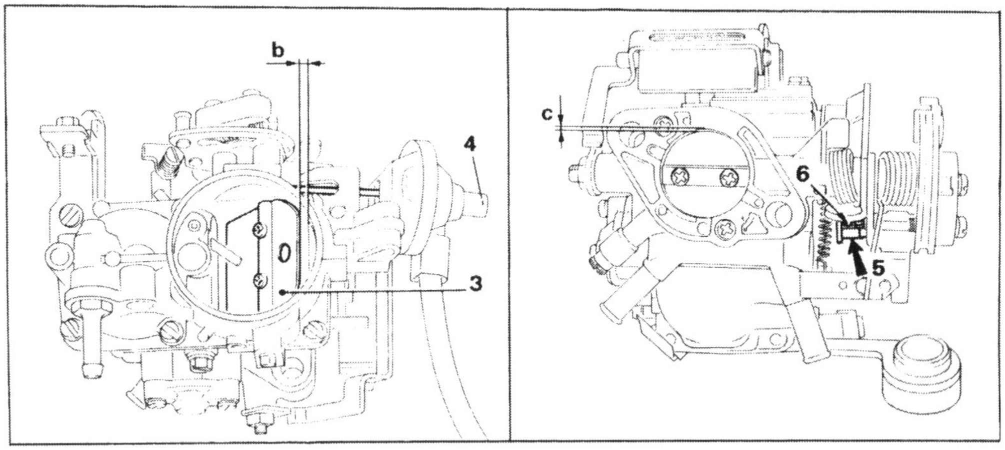

Die Störung	– ihre Ursache	– ihre Abhilfe
G Leerlaufdrehzahl oder CO-Gehalt nicht einstellbar	1 Siehe A 3, 4, 5 und 7	
H Kraftstoffverbrauch zu hoch	1 Siehe A 3 und 4 2 Siehe C 2 und 3 3 Siehe D 1 4 Siehe E 3–5	
J Ungleichmäßiger Lauf, bei Vollgas Aussetzer, Patschen, Leistung fällt ab	Unzureichende Kraftstoffzufuhr	Kraftstoffpumpensieb und Sieb im Vergaser sowie Schwimmernadelventil reinigen. Druck der Kraftstoffpumpe kontrollieren lassen
K Schlechte Übergänge beim Gasgeben	1 Siehe C 2 2 Siehe D 5 und 6	
L Vergaser patscht	1 Siehe A 7 2 Siehe C 2 3 Siehe D 5 4 Wassertropfen im Kraftstoff	Mit Vollgas versuchen, einzelnen Tropfen durch das Düsensystem zu ziehen. Schwimmerkammer entleeren, Wasser entfernen, Tank reinigen

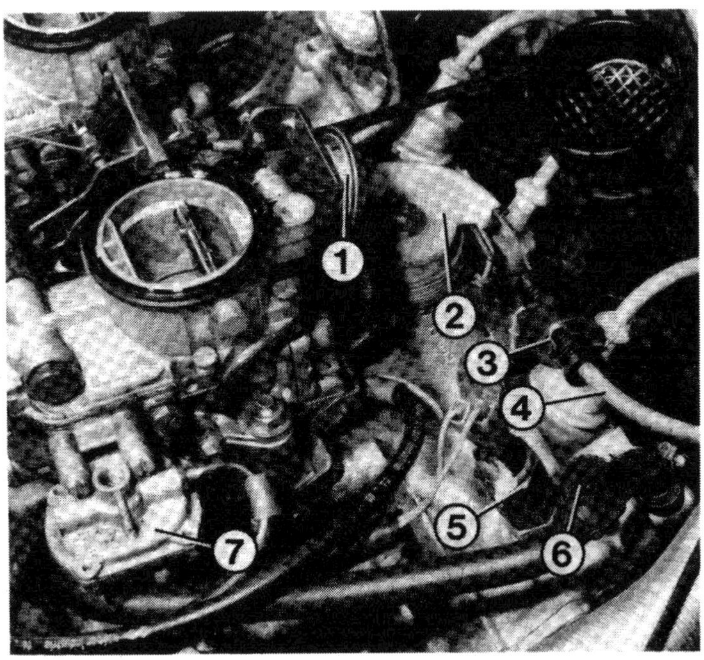

Doppelvergaser beim XY-Motor:
1 – Druckdose;
2 – Umlenkhebel für Gaszug mit Rückstellfeder;
3 – Gaszug mit Haltespange;
4 – Gaszug;
5 – Temperaturschalter;
6 – Entlüftungsventil für Kühlsystem;
7 – Ansteller.

Elektro-Mixer

Im Modelljahr 1989 hatten die Benzinmotoren mit 44 kW oder 60 PS im Peugeot 205 Junior und Peugeot 205 CJ Cabrio einen elektronisch beeinflußten Vergaser (Solex 34 TBIA), was die Verwendung eines geregelten Katalysators erlaubt. Wegen der geringen Stückzahlen dieses Modells ist die folgende Beschreibung kürzer als üblich.

Aufbau und Funktion

In seinem Grundaufbau (siehe Schema) entspricht der Vergaser einem vergleichbaren Standardvergaser. Wesentliches Unterscheidungsmerkmal ist die umfassende elektronische Regelung dieses Vergasers.
Das **elektronische Steuergerät** (3) verarbeitet dabei Informationen über Motordrehzahl, Kühlmitteltemperatur vom Temperaturfühler (5), die Motoröltemperatur vom Temperaturschalter (6) und die Stellung von Drosselklappe sowie die Öffnungsgeschwindigkeit der Drosselklappe (spontanes Gasgeben) über das Drosselklappen-Potentiometer (7). So können alle vorkommenden Lastzustände erfaßt und damit die jeweils optimale Gemischzusammensetzung bereitgestellt werden.
Um die für den Katalysator (1) unerläßlich genaue und konstante Gemischzusammensetzung zu sichern, wird der Durchsatz des Vergasers (2) durch das elektronische Steuergerät geregelt. Dazu erhält es von der **Lambda-Sonde** (4) eine Information über die Abgaszusammensetzung. Um den Kraftstoffbedarf genau regeln zu können, wurden die herkömmlichen Vergaserdüsen durch Magnetventile (auch Steller genannt) ersetzt.
Das Leerlaufsystem wird durch das **Leerlaufdüsen-Magnetventil** (8) gesteuert, das Hauptsystem durch das **Hauptdüsen-Magnetventil** (9), welches zusätzlich parallel mit einer festen Düse arbeitet. Die Düse ermöglicht sehr kurze Ansprechzeiten für die Regelung und einen Notbetrieb. Dabei werden die beiden Magnetventile (8, 9) in eine vorgegebene Stellung gebracht.
Noch weitere Funktionen sind eingebaut:
○ **Leerlaufanhebung** über die Unterdruckdose (10) und ein Magnetventil (11).
○ **Belüftung der Schwimmerkammer** über das Magnetventil (14) in den Aktivkohlebehälter (15) bei bestimmten Betriebszuständen.
○ **Tankentlüftung in den Aktivekohlebehälter:** In bestimmten Betriebszuständen schaltet das Benzindampf-Absaugventil (16). Dann wird der Benzindampf aus dem Aktivkohlebehälter wieder abgesaugt – der Filter regeneriert.
○ Nur Schweiz: eine **Abgasrückführung** über das Abgasrückführungsventil (12) und das Magnetventil (13).

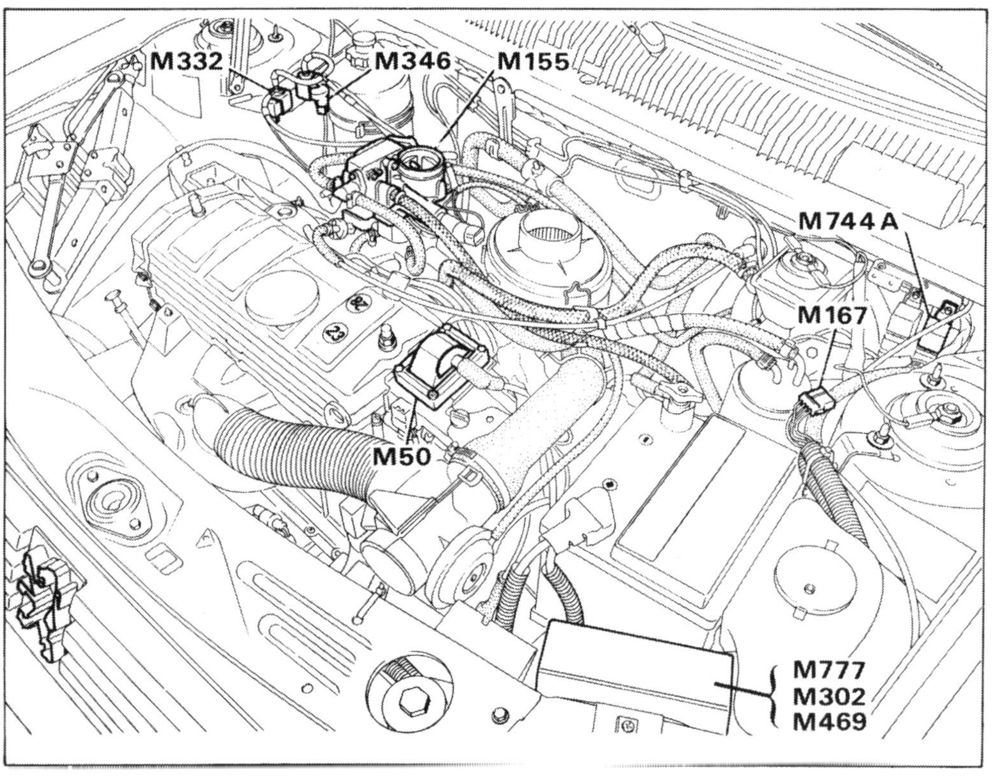

Besonderheiten im Motorraum bei geregeltem Vergaser:
M50 – Zündspule;
M155 – Vergaser, geregelt;
M167 – Prüfstecker für Gemischeinstellung und Diagnose;
M302 – Schutzdiode für Relais;
M332 – Magnetventil für Leerlaufanhebung;
M346 – Magnetventil für Benzindampfabsaugung aus Aktivkohlebehälter;
M469 – Sicherung für Lambda-Sondenheizung;
M744A – Pumpenrelais;
M777 – Relais für Stromversorgung der Vergaseranlage.

Funktionsschema der geregelten Vergaseranlage (Beschreibung siehe linke Seite).

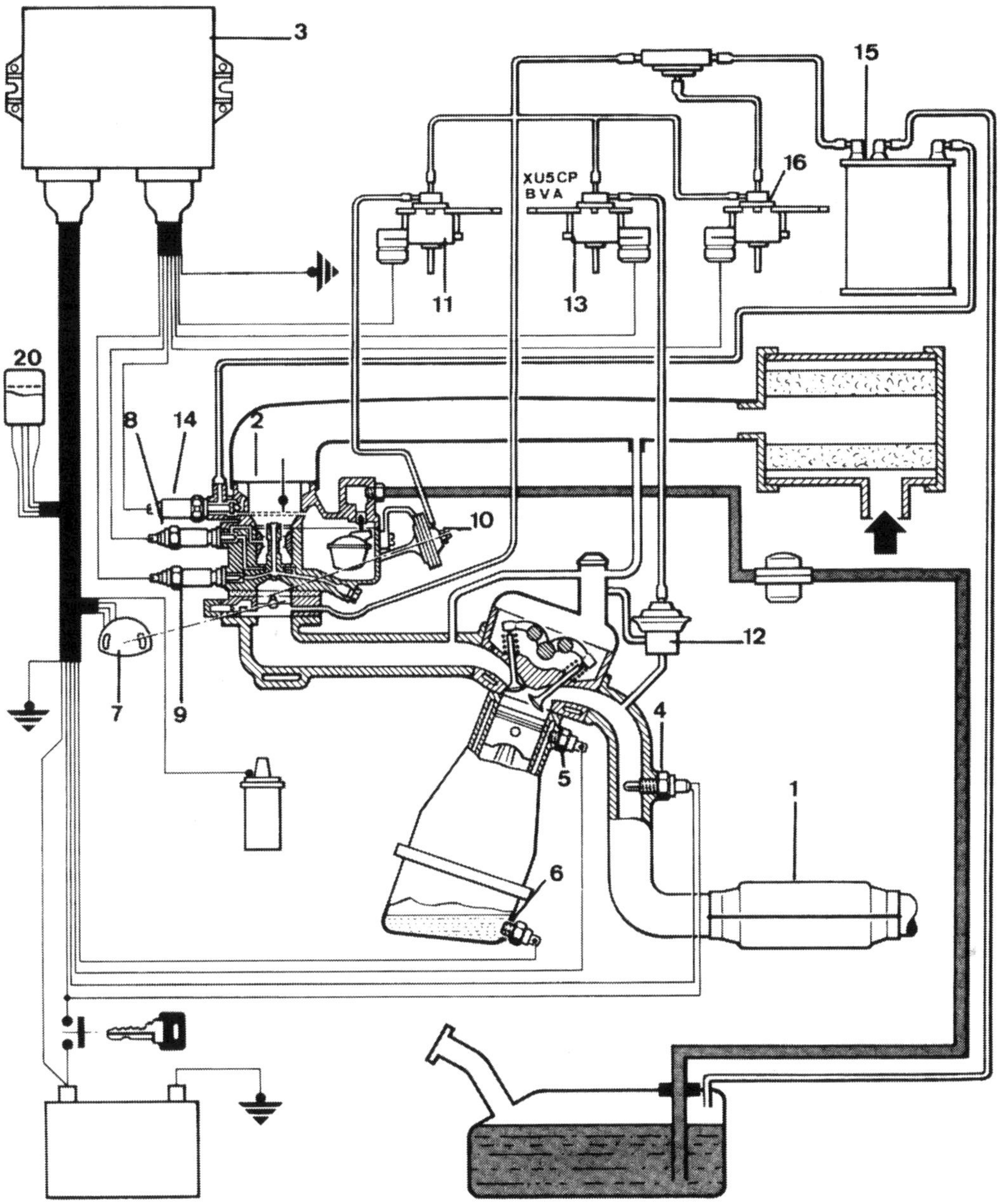

Betriebszustände

Kaltstart: Der Kaltstart wird durch eine Startautomatik mit Dehnstoffelement erleichtert. Dabei sind Leerlaufdüsen-Magnetventil und Hauptdüsen-Magnetventil ganz geöffnet. Die Lambda-Regelung ist ausgeschaltet.
Leerlauf: Bei warmem Motor kommt der Kraftstoff nur vom Leerlaufdüsen-Magnetventil. Die Lambda-Regelung ist in Betrieb.
Normalbetrieb: Das Hauptdüsen-Magnetventil deckt zusammen mit der festen Hauptdüse den Kraftstoffbedarf des Motors. Für gute Übergänge wird kurz das Leerlaufdüsen-Magnetventil angesteuert. Die Lambda-Regelung ist in Betrieb.
Vollast: Hier wird für beste Motorleistung starke Gemischanreicherung veranlaßt. Dazu werden beide Magnetventile angesteuert.
Beschleunigen: Eine Beschleunigungspumpe liefert den zusätzlichen Kraftstoff.
Lambda-Regelung: Ist das Motoröl wärmer als +18° C, schaltet der Schalter in der Ölwanne. Dadurch wird die Lambda-Regelung aktiv.

Ansteuerung der Kraftstoffpumpe

Bei eingeschalteter Zündung hat das Pumpenrelais M774A angezogen. Plusstrom bekommt es vom Zündschloß, Masse kommt über den geschlossenen Kontakt im Öldruckschalter – die Kraftstoffpumpe läuft jetzt nicht. Beim Starten erhält die Pumpe wie der Anlasser Strom direkt vom Zündschloß – Pumpe läuft. Bei laufendem Motor wird Öldruck aufgebaut, und der Öldruckschalter öffnet. Das Pumpenrelais M774A wird stromlos – die Kraftstoffpumpe läuft.

Fehlt also Öldruck bei laufendem Motor (Öl nicht eingefüllt) oder ist der Öldruckschalter defekt (Kennzeichen: Öldruckwarnlampe im Kombi-Instrument verlöscht bei laufendem Motor nicht), geht der Motor aus, sobald die Schwimmerkammer im Vergaser leer ist.

Prüfungen am Steuergerät

Das Steuergerät ist hinter dem Handschuhfach eingebaut. Bevor am 15poligen oder am 7poligen Stecker geprüft wird, folgendes beachten:

○ Stecker am Steuergerät nur bei ausgeschalteter Zündung abziehen.

○ Für Messungen Stecker abziehen und Steckergehäuse abnehmen. Nicht direkt an den empfindlichen Steckern messen, sondern an den Leitungen.

○ Die Batterie muß in gutem Ladezustand sein. Spannung bei laufendem Anlasser über 9 Volt.

○ Für Masseprüfungen die Minusklemme der Batterie abschrauben.

○ Prüfungen sind nur dann sinnvoll, wenn Zündung und die mechanische Seite des Motors (z. B. Steuerzeiten) in Ordnung sind.

Prüftabelle für 15poligen Stecker (Eingangssignale)

Stecker	Belegung/Messung
1	Masse für Abschirmung der Leitung zur Zündspule
2	Temperaturfühler M 889 Widerstandmessung gegen Masse (bei +20°C ca. 8200 Ω, bei 80°C ca. 750 Ω)
4	Masse für Abschirmung der Leitung zur Lambda-Sonde
5–12–13	Drosselklappen-Potentiometer a) Widerstandsmessung Stecker 5 nach Stecker 13: 4150 Ω ± 20% b) Widerstandsmessung Stecker 5 nach Stecker 12: Gaspedal entlastet 5730 Ω ± 20% Vollgasstellung 2250 Ω ± 20%
7	Masse
8	Drehzahlinformation von Klemme RUP der Zündspule
9	Dauerstromversorgung der Vergaseranlage von der Batterie
10	Prüfanschluß für Gemischeinstellung und Diagnose
11	Spannungssignal der Lambda-Sonde (Abgaszusammensetzung)
15	Stromversorgung der Vergaseranlage von Relais M 777 bei eingeschalteter Zündung

Prüftabelle für 7poligen Stecker (Ausgangssignale)

Stecker	Belegung/Messung
1	a) zum Hauptdüsen-Magnetventil M 155 B/Widerstandsmessung nach Masse: 40–50 Ω oder 90–100 Ω b) Prüfanschluß für Gemischeinstellung und Diagnose
2	zum Leerlaufdüsen-Magnetventil M 155 C/Widerstandsmessung nach Masse: 40–50 Ω
3	zum Leerlaufanhebungs-Magnetventil M 332/Widerstandsmessung nach Masse: 35–45 Ω
4	Steuerung Abgasrückführung (nur Schweiz)
5	zum Benzindampfabsaugungs-Magnetventil M 346/Widerstandsmessung nach Masse: 35–45 Ω
6	zum Magnetventil der Schwimmerkammerbelüftung M 155 D/Widerstandsmessung nach Masse: 40–60 Ω
7	Steuerung der Diagnose- und Warnleuchte

Belegung der Buchsen am Steuergerät.
E1 – Masse;
H53 – Steuergerät (P53);
L38 – Diagnose- bzw. Warnleuchte;
M50 – Zündspule;
M155A – Drosselklappen-Potentiometer;
M155B – Hauptdüsen-Magnetventil;
M155C – Leerlaufdüsen-Magnetventil;
M155D – Schwimmerkammerbelüftungs-Magnetventil;
M167 – Prüfstecker für Gemischeinstellung und Diagnose;
M331 – Abgasrückführungs-Magnetventil;
M332 – Magnetventil für Leerlaufanhebung;
M346 – Magnetventil für Benzindampfabsaugung aus Aktivkohlebehälter;
M777 – Relais für Stromversorgung der Vergaseranlage;
M848 – Lambda-Sonde;
M889 – Motor-Temperaturfühler;
M892 – Motoröl-Temperaturschalter.

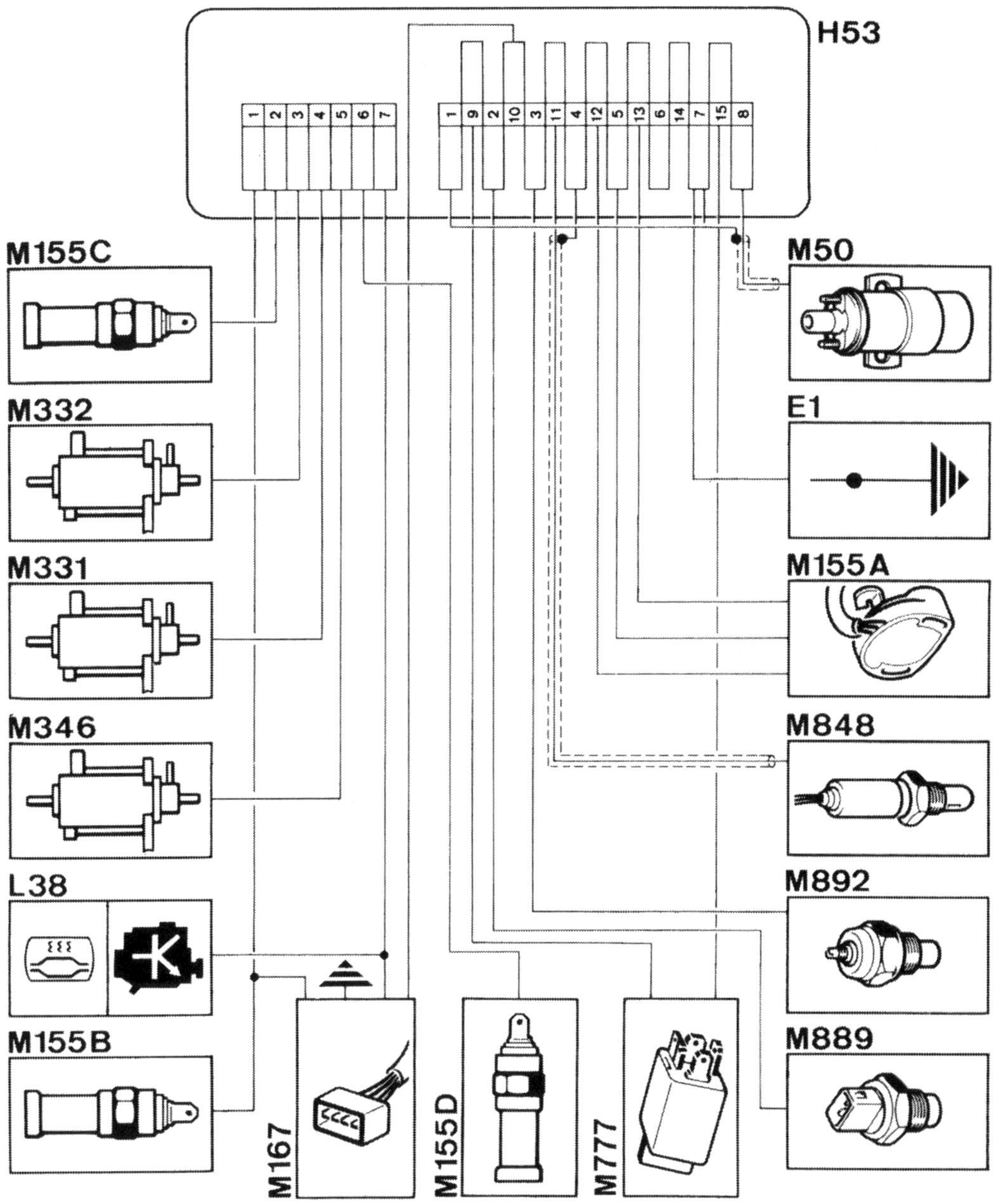

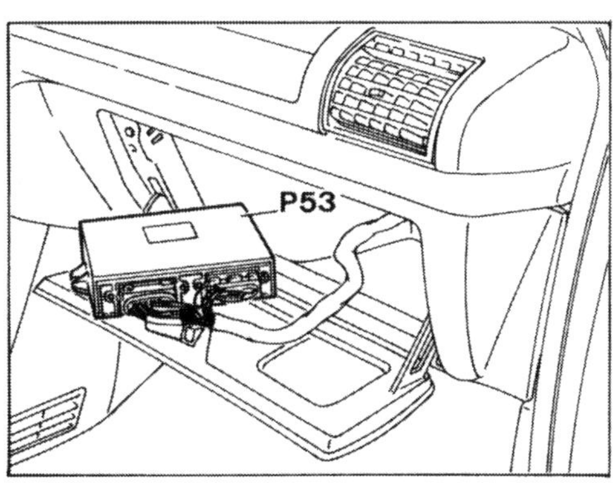

Das Steuergerät der geregelten Vergaseranlage (P53 bzw. H53) ist hinter dem Handschuhfach eingebaut.

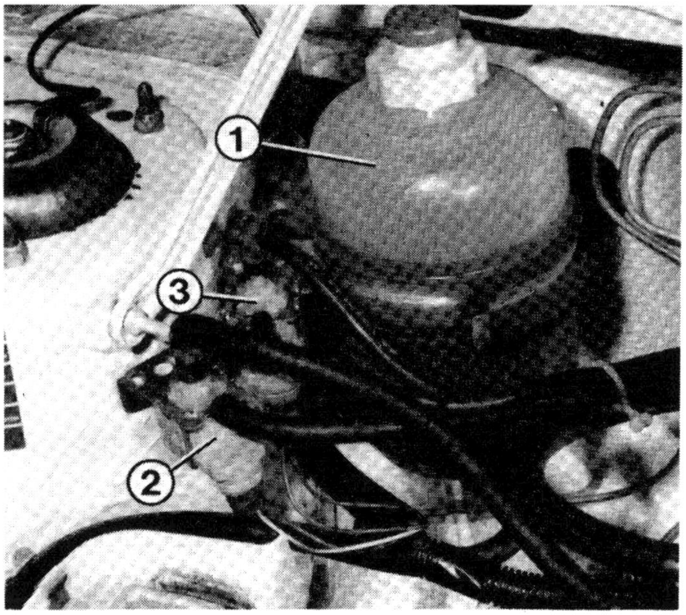

1 – Ausgleichsbehälter; 2 – Magnetventil-Benzindampfabsaugung aus Aktivkohlebehälter; 3 – Magnetventil-Leerlaufanhebung.

Leitung (1) am Vergaser (Pfeil) abziehen und in Gefäß (2) halten. Läuft der Anlasser, muß Kraftstoff kommen.

Leerlaufdrehzahl prüfen

Die richtige Leerlaufdrehzahl lautet 850 ± 100/min. Sie wird an der Drosselklappen-Anschlagschraube bei betriebswarmem Motor und montiertem Luftfilter eingestellt. Der Zündzeitpunkt muß ebenfalls stimmen. Zusätzlich wird der erhöhte Leerlauf geprüft. Dazu Motor kurz mit 3000/min drehen lassen, beim Loslassen des Gaspedals muß die Motordrehzahl für einige Sekunden bei 1300/min »hängenbleiben« und erst danach auf die eigentliche Leerlaufdrehzahl zurückgehen. Wenn erforderlich, erhöhte Leerlaufdrehzahl so einstellen:

- Unterdruckleitung mit rotem Farbring an Beschleunigungsdose abziehen.
- Unterdruckleitung mit grünem Farbring am T-Stück abziehen und an Beschleunigungspumpe aufstecken. Jetzt ist die Beschleunigungspumpe direkt mit dem Motorunterdruck verbunden.
- Motor starten.
- 1300/min an Stellschraube in der Beschleunigungspumpe einstellen.
- Leitungen zurückstecken.
- Funktion prüfen. Ggf. ist das Magnetventil defekt oder wird vom Steuergerät nicht angesteuert.

Fingerzeig: Das Leerlaufgemisch muß in der Peugeot-Werkstatt geprüft bzw. eingestellt werden. Dort wird mit einem speziellen Tester am Prüfanschluß im Leerlauf eine Spannung von 6 ± 2 Volt eingestellt.

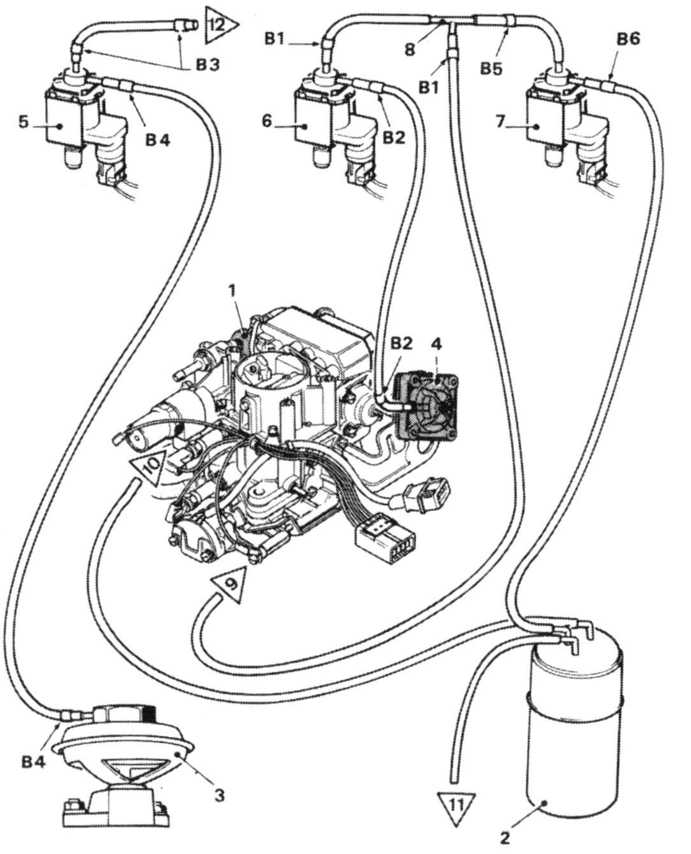

Anschluß der Unterdrucksysteme:
Die Kennzeichnung für die Anschlüsse der einzelnen Unterdrucksysteme erfolgt an den Unterdruckleitungen durch unterschiedliche Farbringe und an den Bauteilen durch unterschiedliche Farbkennzeichnungen.
1 – Vergaser;
2 – Aktivkohlebehälter (je nach Länderausführung);
3 – Abgasrückführungsventil (Schweiz);
4 – Leerlaufanhebungs-Dose;
5 – Abgasrückführungs-Magnetventil – Kennzeichen braun und gelb;
6 – Leerlaufanhebungs-Magnetventil – Kennzeichen rot und grün;
7 – Benzindampfabsaugungs-Magnetventil – Kennzeichen blau und weiß;
8 – T-Anschlußstück;
9 – zum Unterdruckanschluß am Saugrohr;
10 – zur Schwimmergehäusebelüftung des Vergasers;
11 – zum Kraftstoffbehälter;
12 – zum Unterdruckschlauch des Bremskraftverstärkers.
Farbkennung: B1 – grün; B2 – rot; B3 – gelb; B4 – braun; B5 – blau; B6 – weiß.

Schaltplan der geregelten Vergaseranlage:
M5 – Zündverteiler
L38 – Diagnose- bzw. Warnleuchte
M45 – Batterie
M50 – Zündspule
H53 – Steuergerät (P53)
M155 – Vergaser, geregelt
M155A – Drosselklappen-Potentiometer
M155B – Hauptdüsen-Magnetventil
M155C – Leerlaufdüsen-Magnetventil
M155D – Schwimmerkammerbelüftungs-Magnetventil
M165 – Kombi-Instrument
M167 – Prüfstecker für Gemischeinstellung und Diagnose
M300 – Anlasser
M302 – Schutzdiode für Relais
M331 – Abgasrückführungs-Magnetventil
M332 – Magnetventil-Leerlaufanhebung
M346 – Magnetventil-Benzindampfabsaugung aus Aktivkohlebehälter
M469 – Sicherung für Lambda-Sondenheizung
M598 – Zündschaltgerät
M650 – Öldruckschalter
H683 – Kraftstoffpumpe
P706 – Zentralelektrik
M744A – Pumpenrelais
M777 – Relais für Stromversorgung der Vergaseranlage
M848 – Lambda-Sonde
M889 – Motor-Temperaturfühler
M892 – Motoröl-Temperaturschalter

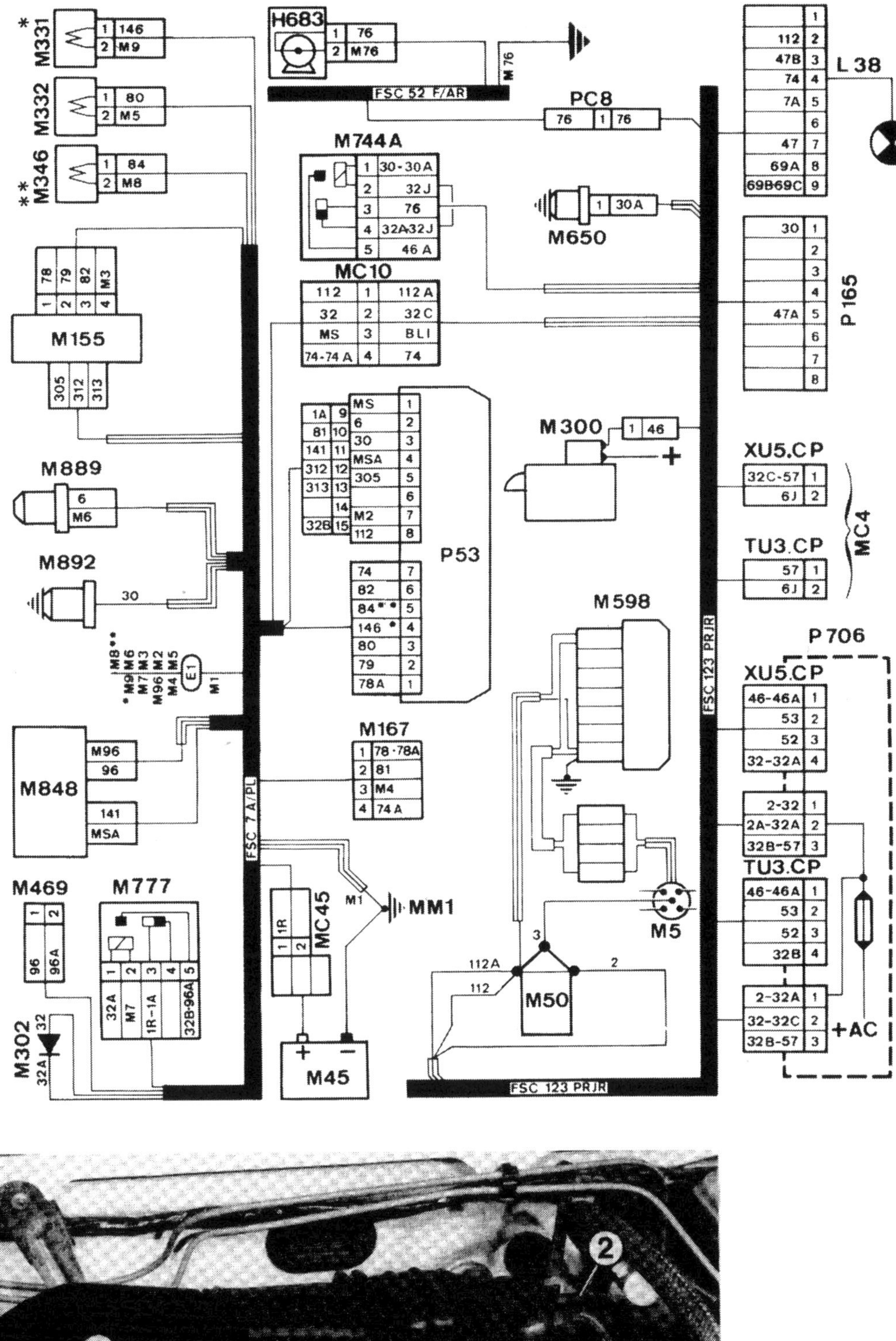

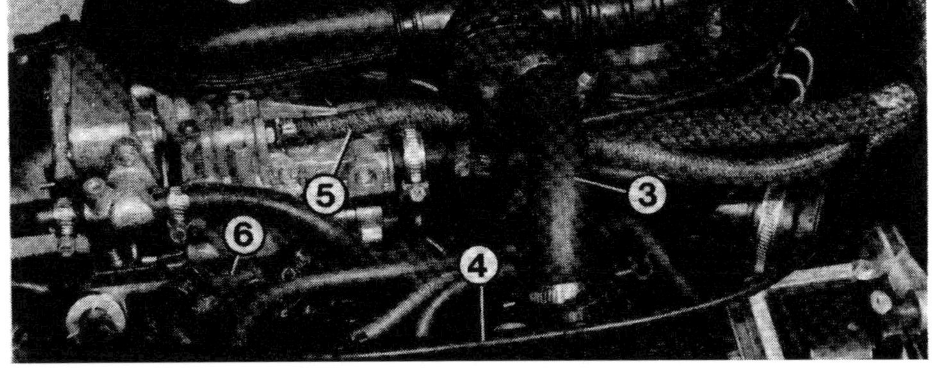

1 – Luftkanal;
2 – Unterdruckleitung für Ansaugluft-Vorwärmung;
3 – Kurbelgehäuse-Entlüftung;
4 – Gaszug;
5 – Kraftstoffzulauf;
6 – beheiztes Saugrohr.

1 – Starterklappe;
2 – Vergaserdeckel;
3 – Kühlmittelschlauch;
4 – Gaszug;
5 – beheiztes Saugrohr;
6 – Steuergehäuse;
7 – Leerlaufanhebungs-Dose.

Eigendiagnose

Eine Warnleuchte im Kombi-Instrument meldet Betriebsstörungen. Brennt die Leuchte bei laufendem Motor, liegt ein Fehler vor, und die Diagnose ist einzuleiten.

- Zündung ausschalten.
- Stecker 10 (Leitung 81) am Steuergerät mit Masse verbinden. Hierzu ist im Motorraum ein 3poliger Prüfstecker eingebaut.
- Zündung einschalten. Die Leuchte blinkt jetzt regelmäßig, um anzuzeigen, daß auf Diagnose umgeschaltet ist.
- Warmen Motor starten und im Leerlauf drehen lassen: Blinken beachten und nach Tabelle beurteilen.

Leuchte blinkt regelmäßig in kurzen Abständen weiter	**kein Fehler erkannt**
Leuchte blinkt je einmal, dazwischen längere Pausen	**Fehler Motortemperaturfühler (Anschlüsse, Leitungsunterbrechung, Temperaturfühler, Steuergerät)**
Leuchte blinkt je zweimal, dazwischen längere Pausen	**Fehler Drosselklappen-Potentiometer**
Leuchte blinkt je dreimal, dazwischen längere Pausen	**Fehler Lambda-Sonde (Kurzschluß)**
Leuchte blinkt je viermal, dazwischen längere Pausen	**Fehler Lambda-Sonde (Leitungsunterbrechung)**

Zwitter

Die Mono-Jetronic ist eine sogenannte Zentraleinspritzung und stammt vom Fahrzeugausrüster Bosch. Sie besteht im wesentlichen aus einem Gehäuse, das dem eines Vergasers ähnelt, versehen mit einem einzigen Einspritzventil, dessen Funktion ein elektronisches Steuergerät bestimmt.
Die Mono-Jetronic ist damit eines der kompaktesten Einspritzsysteme, das im Preis fast mit einem vergleichbaren Vergaser konkurrieren kann, andererseits aber viele gute Eigenschaften einer vollwertigen Benzineinspritzung besitzt. Auch die Lambda-Regelung für den Katalysator macht bei dieser Gemischaufbereitung keine Probleme.

Wo ist die Mono-Jetronic eingebaut?

Seit Modelljahr 1988 wird die neue TU-Motorenreihe mit geregeltem Katalysator zunehmend mit der Mono-Jetronic- Einspritzung ausgerüstet (siehe »Motoren- und Typentabelle«). Seit Modelljahr 1990 sind alle Motoren bis 1400 cm³ damit ausgestattet. Da jetzt alle Modelle einen geregelten Katalysator haben, entfallen die herkömmlichen Vergaser.

Die wichtigsten Teile

Das Steuergerät

Zwischen den Eingangsinformationen (durch die verschiedene Geber) steht – bildlich gesprochen – das Steuergerät. Seine Aufgabe ist es, für die verschiedenen Fahr- und Lastzustände die richtige Kraftstoffmenge zu ermitteln und dies dem Einspritzventil »in Auftrag zu geben«. Dabei greift das Steuergerät auf ein Motorkennfeld zurück – eine Datei, in der alle nur denkbaren Motorsituationen gespeichert sind. Ebenfalls in diesem Kennfeld festgehalten sind die zugehörigen Kraftstoffmengen – selbstverständlich in Form von elektrischen Signalen.
Eingebaut ist das Steuergerät versteckt hinter dem Handschuhfach.

Die zentrale Einspritzeinheit

Das ist das Gehäuse, in dem die Mehrzahl der Teile dieser kompakten Einspritzung zusammengefaßt sind. Es sieht nicht nur aus wie ein Vergaser, sondern hat auch wie dieser eine Drosselklappe – bewegt durch das Gaspedal. Durch dieses Gehäuse strömt die Ansaugluft, und hier wird – vom Einspritzventil – auch der Kraftstoff zugesetzt. Genau wie im Vergaser.
Die Einspritzeinheit beherbergt aber noch andere Bauteile, die allesamt wenig mit einem Vergaser zu tun haben. Es sind dies – neben dem schon erwähnten Einspritzventil – der Druckregler, der Lufttemperaturfühler, der Drosselklappensteller, der Leerlaufschalter und das Drosselklappen- Potentiometer.

Das Einspritzventil

Das Einspritzventil wird mittels Elektromagnet geöffnet. So kann Kraftstoff fließen oder auch nicht – je nach Befehl des Steuergerätes.

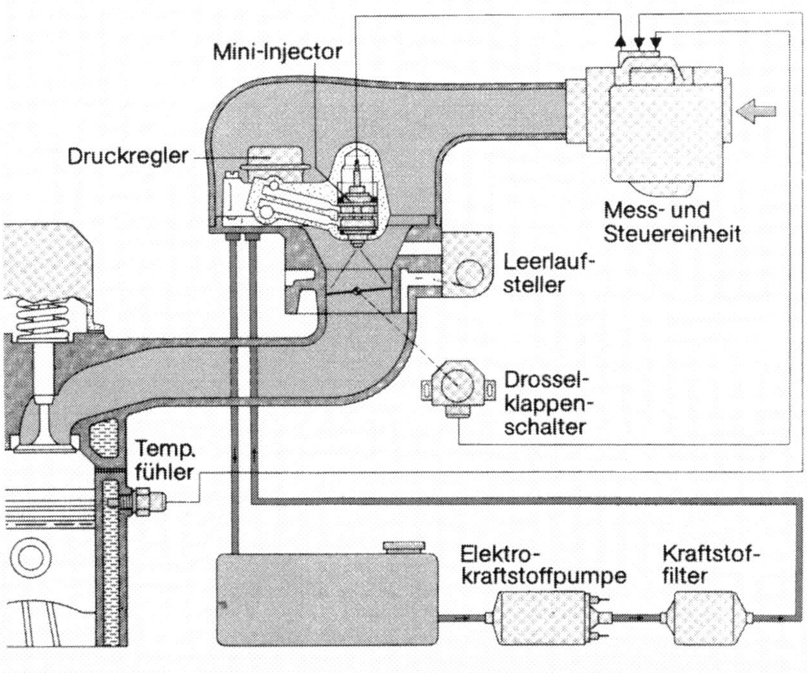

Funktionsschema der Mono-Jetronic. Rot dargestellt ist der Kraftstoff; die Ansaugluft ist rosafarben abgesetzt.

Damit der Kraftstoff optimal zerstäubt wird, besitzt das Ventil schräge Austrittsbohrungen, aus denen das Benzin gegen die konische Wandung der Austrittsbohrung prallt und dort verwirbelt wird.

Lufttemperaturfühler Er sitzt seitlich am Gehäuse des Einspritzventils und kann so die Temperatur der Ansaugluft – wie sie an der Einspritzeinheit ankommt – genau erfassen.

Druckregler Er sorgt dafür, daß der Kraftstoffdruck am Einspritzventil stets bei 1 bar liegt. Das macht er, indem er mehr oder weniger Benzin durch die Rücklaufleitung zum Tank zurückfließen läßt. Die Kraftstoffzufuhr bleibt nämlich weitgehend konstant.

Drosselklappensteller Ein kleiner Elektromotor mit Winkelgetriebe fährt den Betätigungsstößel mehr oder weniger weit gegen den Leerlauf-Anschlag der Drosselklappe. So kann die Drosselklappe je nach Bedarf ein kleines oder etwas größeres Stück geöffnet werden. Was dazu dient, die Leerlaufdrehzahl bei unterschiedlichen Belastungen konstant zu halten.

Leerlaufschalter Vorn im Betätigungsstößel des Drosselklappenstellers sitzt der Leerlaufschalter, der es dem Steuergerät mitteilt, wenn Sie das Gaspedal loslassen.

Drosselklappen-Potentiometer Es meldet die Bewegungen der Drosselklappe und deren Stellung dem Steuergerät. So wird zum Beispiel plötzliches Gasgeben als Beschleunigen erkannt. Die Meldung erfolgt auf elektrischem Weg: Ein Potentiometer ist nichts anderes als ein veränderbarer Widerstand.

Die Funktionen

Zusammenspiel der Einzelteile **Grundfunktion:** Die Kraftstoffpumpe schafft Benzin unter Druck zum Druckregler. Dieser sorgt dafür, daß am Einspritzventil stets derselbe Kraftstoffdruck (1 bar) »anliegt«.

Das Steuergerät erhält Informationen über den Motorlauf durch die Drehzahlimpulse von der Zündung und die Widerstandswerte vom Drosselklappen- Potentiometer (Drosselklappenstellung). Daraus zieht das Steuergerät Rückschlüsse auf den Lastzustand des Motors und mißt – über das Einspritzventil – die zur angesaugten Luft nötige Menge Kraftstoff bei. Berücksichtigt ist bei dieser Zumessung das Kraftstoff/Luft-Verhältnis von $\lambda = 1$ für optimales Arbeiten des Katalysators. Dieses Verhältnis muß je nach Signal der Lambda-Sonde korrigiert werden (siehe Seite 60).

Das Einspritzventil kann nur öffnen und schließen, nicht aber die Menge dosieren. Deshalb wird die Kraftstoffmenge über die Einspritzzeit variiert. Und das geht so: Bei jedem Zündimpuls der Zündanlage spritzt das Ventil einmal ab. Wird wenig Kraftstoff gebraucht, öffnet das Ventil bei diesem Impuls nur ganz kurz – oft weniger als eine tausendstel Sekunde. Benötigt der Motor dagegen mehr Kraftstoff (Vollast, kalter Motor), wird eben bei diesem Impuls länger abgespritzt. Das gilt natürlich für jeden Zündimpuls.

Kalter Motor: Über die Motortemperatur ist das Steuergerät durch den Kühlmittel-Temperaturgeber informiert. Je kälter der Motor, desto länger die Einspritzzeiten. Also kraftstoffreicheres Gemisch. Bei diesem Betriebszu-

Hier ist die Einspritzventil (Mini-Injector) (2) mit noch angeschlossenem Stecker (1) aus der Aufnahme (3) in der Einspritzeinheit ausgebaut. Am Ventil ist seitlich das Kraftstoffsieb sichtbar.

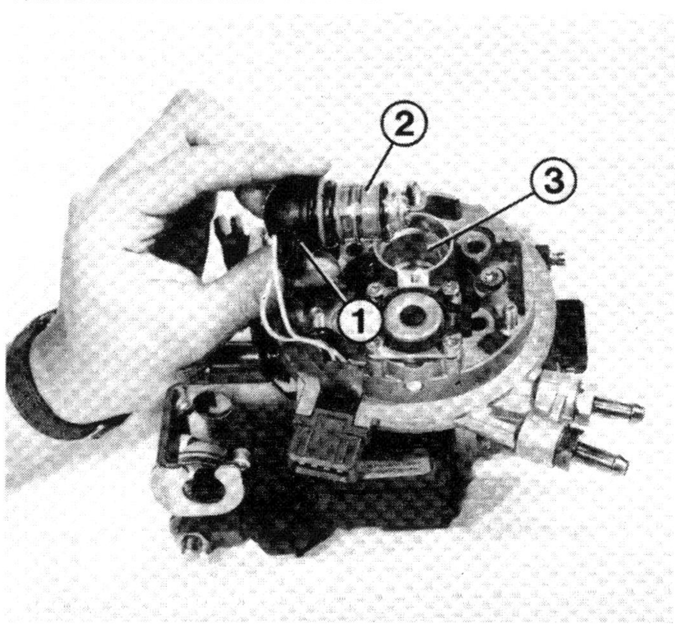

1 – Vorwiderstand; 2 – Einspritzeinheit; 3 – Magnetventil-Benzindampfabsaugung aus Aktivkohlebehälter; 4 – Kraftstoffilter; 5 – Drosselklappen-Potentiometer; 6 – Anschluß Einspritzventil und Ansaugluft-Temperaturfühler.

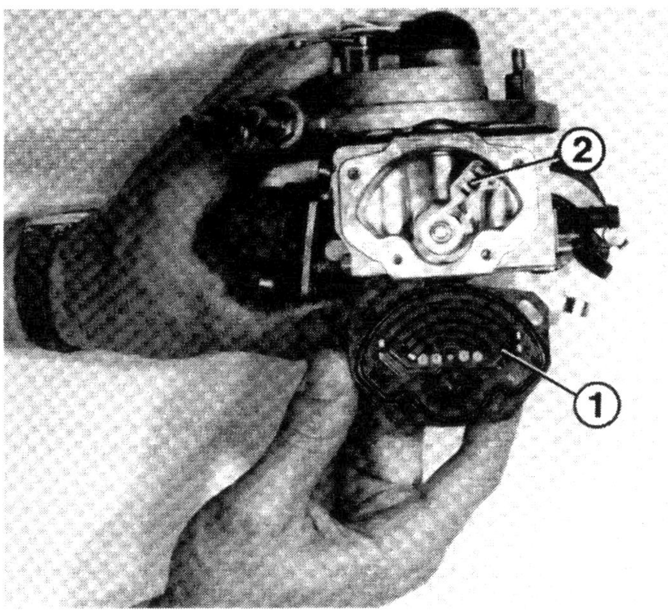

Das Drosselklappen-Potentiometer wird im Werk eingestellt und darf nicht zerlegt werden. Hier ist es lediglich zum Zeigen der Schleifkontakte (2) und der Widerstands-Leiterbahnen (1) geöffnet worden. Bei Defekt Einspritzeinheit ersetzen.

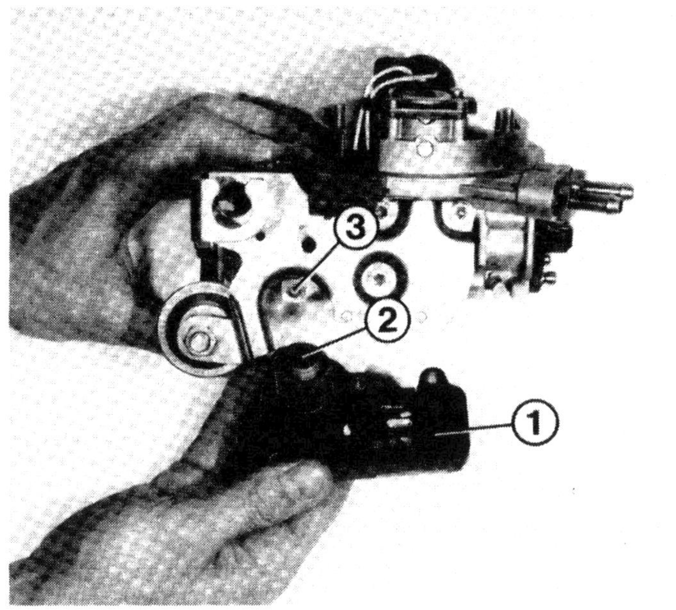

Der Drosselklappensteller (1) läßt sich einzeln auswechseln. Das ist auch nötig, wenn der Leerlaufschalter (2) an seinem Betätigungsstößel defekt ist. Weiter zu sehen: Die Drosselklappen-Anschlagschraube (3).

stand muß das Lambda-Signal ohne Beachtung bleiben, d.h. es kann kein für den Katalysator optimales Gemisch erzeugt werden.

Leerlauf: Der Leerlaufschalter am Drosselklappensteller informiert das Steuergerät über diesen Betriebszustand. Nun reguliert der Drosselklappensteller die Leerlaufdrehzahl.

Parallel dazu löst der Leerlaufschalter das Umschalten des Zweiwegeventils aus. So gelangt kein Unterdruck mehr an die Zündverstellung am Verteiler. Durch das Ausschalten der Unterdruck-Zündverstellung wird der Zündzeitpunkt etwas in Richtung »Spät« verlegt, was das Abgas verbessert.

Beschleunigen: Spontanes Gasgeben erkennt das Steuergerät durch die Signale vom Potentiometer als Beschleunigungsvorgang, weshalb das Gemisch sofort »angefettet« wird.

Vollast: Bei Vollgas – oder genauer gesagt ab ca. 72,5° Drosselklappenwinkel – veranlaßt das Steuergerät die Vollastanreicherung. Es wird also im Verhältnis mehr Kraftstoff beigemischt. Über die Drosselklappenstellung informiert das Potentiometer. Die Vollastanreicherung ignoriert natürlich das Lambda-Signal.

Schubbetrieb: Bergab mit losgelassenem Gaspedal spart die Mono-Jetronic Sprit und schaltet die Kraftstoffzufuhr ab. Das Steuergerät erkennt diesen Betriebszustand am losgelassenen Gaspedal (Leerlaufschalter) und der hohen Motordrehzahl.

Drehzahlbegrenzung: Oberhalb der Maximal-Drehzahl schaltet das Steuergerät zum Schutz des Motors die Kraftstoffzufuhr ab.

Selbsthilfe

Viele Prüfungen an der Einspritzung sind dem Selbsthelfer in Ermangelung der nötigen Prüfgeräte leider unmöglich gemacht. Dennoch bleibt ein breites Betätigungsfeld.

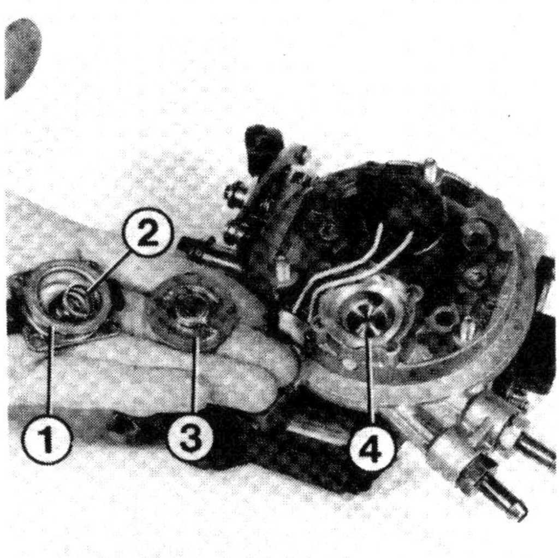

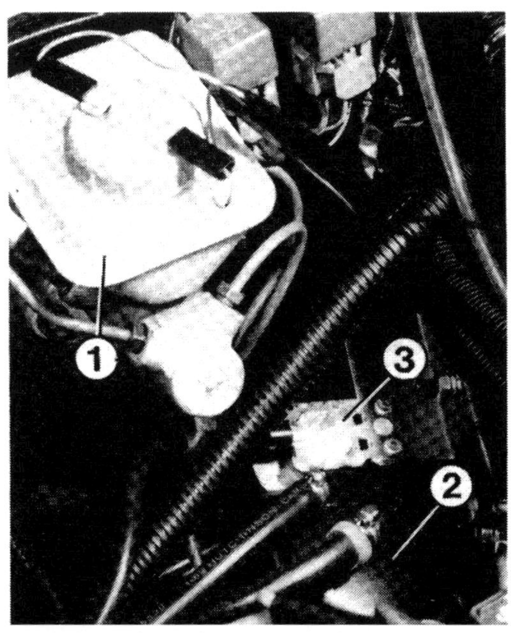

Links: Hier wurde der Druckregler zerlegt:
1 – Deckel;
2 – Feder;
3 – Membran;
4 – Anlagefläche.
Rechts:
1 – Bremsflüssigkeitsbehälter;
2 – Aktivkohlebehälter;
3 – Magnetventil für Unterdruckverstellung der Zündung.

Das Steuergerät selbst kann mit Heimwerkermitteln nicht kontrolliert werden. In der Praxis ist hier auch nur sehr selten mit Fehlern zu rechnen. Geber, Schalter und Kabelverbindungen geben ungleich häufiger Anlaß zu Beanstandungen. Damit bietet sich bei einem Defekt folgende Vorgehensweise an:

○ Sicherstellen, daß die Zündung in Ordnung ist.

○ Kraftstoffversorgung prüfen, dazu den Schlauch vom Kraftstoffilter abziehen und in ein Gefäß halten. Anlasser betätigen.

○ Sichtprüfung an den Teilen der Einspritzanlage durchführen (siehe folgenden Abschnitt).

○ Wurde durch genannte Prüfungen kein Fehler gefunden, Fehlerspeicher abrufen, mögliche Fehlerquelle ermitteln, verdächtiges Bauteil nach Prüfanleitung (folgende Seiten) kontrollieren.

Fingerzeig: Bei Totalausfall der Einspritzung zuerst Sicherung für die Kraftstoffpumpe prüfen.

Sichtprüfung

● Unterdruckschläuche auf Dichtheit prüfen. Alle Schläuche, die an der Einspritzeinheit oder am Ansaugkrümmer angeschlossen sind – vom dicken Schlauch des Bremskraftverstärkers bis zu den kleinen Unterdruckschläuchen zum Verteiler – müssen geprüft werden.

● Dichtung unter der Einspritzeinheit in Ordnung; ebenso die Dichtungen der Ansaugkanäle?

● Undichtigkeiten lassen »Nebenluft« ins Ansaugsystem eindringen – Luft also, die in der Berechnung des Steuergeräts nicht enthalten ist und die deshalb die Gemischaufbereitung empfindlich stört. Das Gemisch magert unkontrolliert ab, Motorlaufstörungen – hauptsächlich im Leerlauf – sind die Folge.

● Sind an den Kraftstoffleitungen Undichtigkeiten zu erkennen?

● Wurden die Kabelstecker mehrfach auseinandergezogen und wieder verbunden? Korrosion oder ungeschicktes Reißen kann mangelnden Kontakt zur Folge haben.

● Sehen Sie sich die Stecker an den einzelnen Bauteilen der Einspritzung genau an. Mit einem schmalen Schraubendreher lassen sich die Zungen ein wenig nachbiegen (Notlösung!).

Störungen und Eigendiagnose

Das Steuergerät der Mono-Jetronic kann bestimmte Fehler erkennen. Dabei wird in zwei Gruppen unterschieden:

○ Erhebliche Fehler: Diese Fehler werden gespeichert und gleichzeitig leuchtet die Diagnosewarnleuchte im Kombi-Instrument auf.

○ Geringfügige Fehler: Fehler werden nur gespeichert. Die Diagnosewarnleuchte im Kombi-Instrument leuchtet **nicht** auf. Bei Störungen kann der Fehlerspeicher abgerufen werden. Die Diagnosewarnleuchte im Kombi-Instrument blinkt dann in einem festgelegten Rhythmus je nach Art des Fehlers unterschiedlich (siehe Tabelle).

Fehlerspeicher abrufen

Hierzu eine Testleitung anfertigen: Sie brauchen einen Druckschalter, außerdem zwei je ca. 2 m lange Leitungen.

1 – zentrale Einspritzeinheit; 2 – Anschluß Drosselklappen-Potentiometer; 3 – Kraftstoff-Rücklauf; 4 – Kraftstoff-Zulauf; 5 – Gaszug; 6 – Anschluß Einspritzventil und Ansaugluft-Temperaturfühler.

Pumpe prüfen: Prüfschlauch (2) am Kraftstoffilter (3) aufstecken und in Gefäß (1) halten. Stecker (4) am Pumpenrelais (6) abziehen und Drahtbrücke (5) stecken, damit Pumpe läuft.

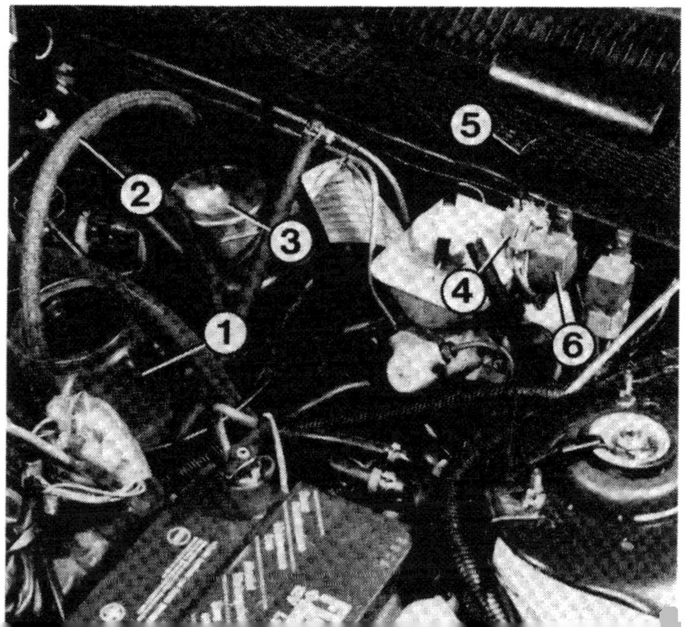

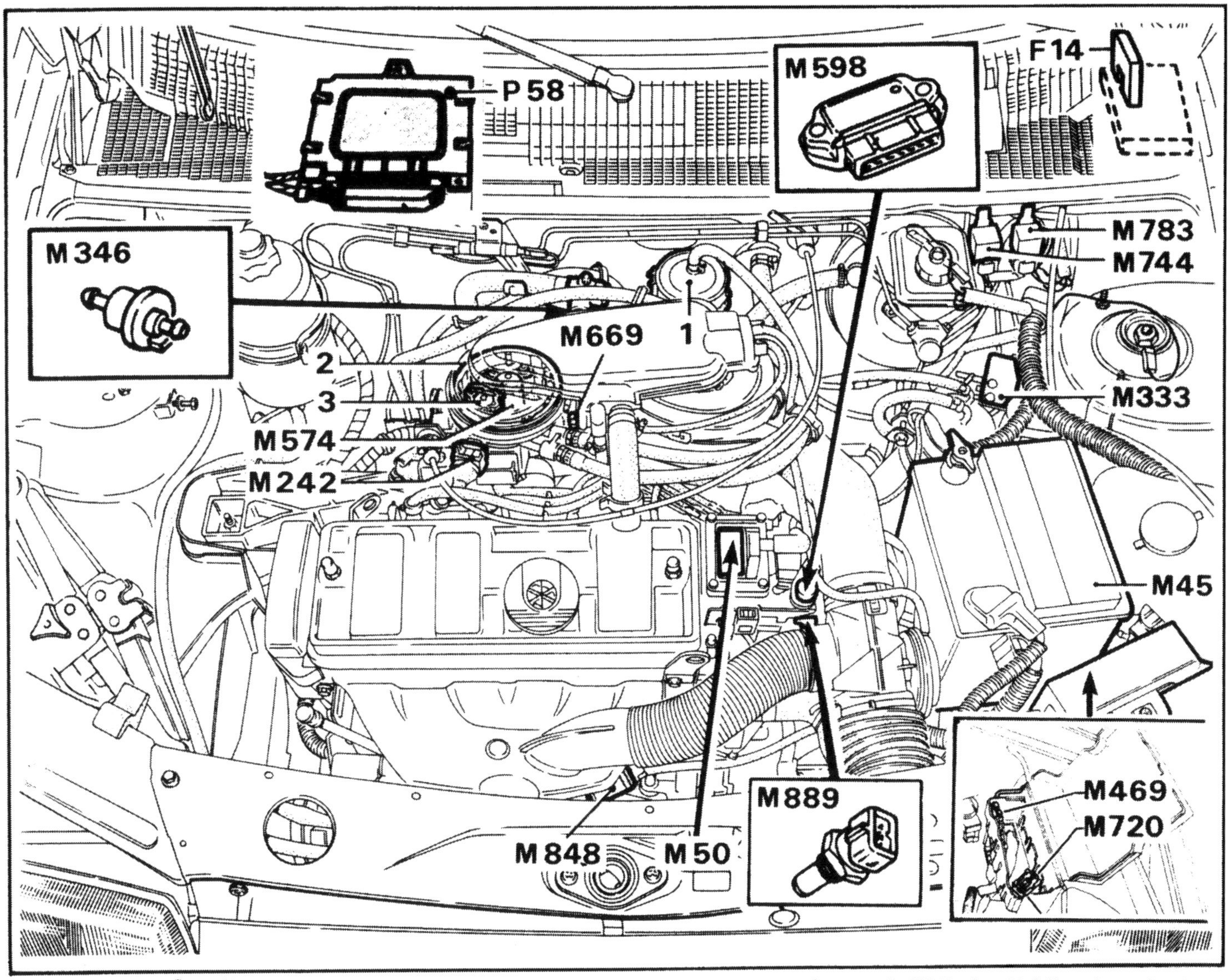

Bauteile bei Zentraleinspritzung: F 14 – Pumpensicherung (10 A); M 45 – Batterie; M 50 – Zündspule; P 58 – Steuergerät; M 242 – Anschluß Einspritzventil und Ansaugluft-Temperaturfühler; M 333 – Magnetventil für Unterdruckverstellung der Zündung; M 346 – Magnetventil-Benzindampfabsaugung aus Aktivkohlebehälter; M 469 – Sicherung für Lambda-Sondenheizung; M 574 – Einspritzventil und Ansaugluft-Temperaturfühler; M 598 – Zündschaltgerät; M 669 – Drosselklappen-Potentiometer;
M 720 – Diagnoseanschluß; M 744 – Pumpenrelais; M 783 – Relais für Stromversorgung der Einspritzung; M 794 – Vorwiderstand; M 848 – Lambda-Sonde; M 889 – Motor-Temperaturfühler; 1 – Kraftstoffilter; 2 – Einspritzeinheit; 3 – Druckregler.

Eine Leitung an Masse anschließen. Die andere Leitung an den Diagnosestecker im schwarzen Kasten vor der Batterie anschließen (an Klemme 1, mit den beiden grünen Leitungen).

- Motor starten und ca. 10 Minuten probefahren.

Hinweis: Läuft der Motor wegen eines Defekts gar nicht an, Anlasser ca. 6 Sekunden lang betätigen. Zündung danach nicht ausschalten.

- Testleitung zwischen Masse und Diagnosestecker anklemmen.
- Motor abstellen. Zündung eingeschaltet lassen.
- Schalter 3 Sekunden drücken.
- Nach Öffnen der Schalterkontakte:
  a) Warnleuchte blinkt einmal (Zehnerstelle)
  b) Warnleuchte bleibt 1,5 Sekunden dunkel
  c) Warnleuchte blinkt zweimal (Einerstelle)
- Jetzt ist der Code 12 für den Prüfungsbeginn ausgegeben.
- Warten, bis Warnleuchte dauernd brennt.
- Jetzt gespeicherten Fehler auslesen. Dazu Schalter erneut für 3 Sekunden drücken.
- Nach Öffnen der Schalterkontakte:
  a) Warnleuchte blinkt z. B. fünfmal (Zehnerstelle)
  b) Warnleuchte bleibt 1,5 Sekunden dunkel
  c) Warnleuchte blinkt z. B. dreimal (Einerstelle)
- Es wurde der Code 35 ausgegeben, siehe Tabelle.
- Wenn die Warnleuchte wieder dauernd brennt, Schalter erneut für 3 Sekunden drücken, um festzustellen, ob weitere Fehler gespeichert sind.
- Erscheint der Code 11, bedeutet dies Prüfungsende. Das Auslesen könnte jetzt, wie oben beschrieben, erneut gestartet werden.

Fingerzeig: Code 41 wird bei stehendem Motor immer ausgegeben, dies ist bedeutungslos. Ausnahme: Wenn der Motor nicht anspringt.

Löschen der Fehler nach Reparatur

- Motor warmlaufen lassen, bis Kühlerventilator einschaltet (wegen Leerlauf-Bezugspunkt).
- Prüfung bis Code 11 durchführen.
- Schalter 20 Sekunden drücken.
- Minusklemme an der Batterie kurz ab- und anschrauben.

Fehler- und Prüftabelle

Mono-Jetronic

Code	Fehlerbereich und Prüfung
11	Ende der Fehlercodeausgabe
12	Bereit zur Fehlercodeausgabe
13	Ansaugluft-Temperaturfühler prüfen
14*	Kühlmittel-Temperaturfühler prüfen
21*	Leerlaufschalter prüfen
33*	Drosselklappen-Potentometer prüfen
41	Kein Drehzahlsignal von Klemme RUP der Zündspule
31 32	Gemischregulierung am Regelanschlag. Ursachen: Ansaugluftsystem zieht Nebenluft, Auspuffanlage vor Lambda-Sonde undicht, Fehler an Kraftstoffversorgung, Einspritzventil, Zündanlage, Motorkompressionsdruck schlecht, Leitung der Lambda-Sonde hat Kurzschluß, Lamda-Sonde defekt
51*	Lambda-Sonde defekt
52*	Steuergerät zunächst versuchsweise ersetzen
53	Batteriespannung prüfen
54*	Steuergerät zunächst versuchsweise ersetzen

* Erheblicher Fehler, Diagnosewarnlampe leuchtet auf

Prüfen der Bauteile

Stecker der Einspritzanlage abziehen

Die Stecker der Einspritzanlage unterscheiden sich grundsätzlich von den übrigen im Wagen. Zunächst sind sie durch verschiedene Form oder Einfärbung kodiert. Man sieht sofort, wo welcher Stecker hingehört. Zum anderen besitzen sie eine Drahtsicherung, die beim Abziehen niedergedrückt werden muß.

Leerlaufschalter und Steuerventil prüfen

- **Elektrische Prüfung:** Zündung einschalten.
- Drosselklappe am Betätigungshebel von Hand öffnen und wieder schließen.
- Dabei muß das Steuerventil zweimal klicken.
- Ist das der Fall, ist der Leerlaufschalter in Ordnung. Außerdem schaltet das Steuerventil.
- **Dichtheitsprüfung des Steuerventils:** Motor starten und im Leerlauf drehen lassen.
- Stecker am Steuerventil abziehen. Die Drehzahl muß ansteigen, weil sich der Zündzeitpunkt nach »Früh« verschiebt.
- Stecker aufstecken, Drehzahl fällt ab.
- Ist das der Fall, ist das Steuerventil in Ordnung. Wenn nicht, Steuerventil ersetzen.
- **Leerlaufschalter prüfen:** Die eingangs beschriebene Prüfung läßt – sofern ein Defekt vorliegt – offen, ob der Leerlaufschalter oder die Elektrik des Ventils schadhaft ist. Dies klärt man so:
- Stecker am Steuerventil abziehen und Leuchtdioden-Spannungsprüfer an den Steckerkontakten anschließen.
- Zündung einschalten: Die Leuchtdiode muß brennen.
- Drosselklappe von Hand am Betätigungshebel öffnen: Die Leuchtdiode muß verlöschen.
- Ist beides der Fall, ist der Leerlaufschalter in Ordnung.

Leerlaufschalter einstellen

- Wurde der Drosselklappenansteller samt Leerlaufschalter ausgewechselt, muß die Anschlagschraube für den Schalter eingestellt werden.
- Vor dem Einstellen muß der Leerlaufschalter ganz zurückgeschoben werden.
- Dazu Ladegerät auf 6 Volt umstellen und an den oberen beiden Anschlußkontakten des Anstellers anschließen; +-Pol nach oben.
- Warten, bis der Stößel ganz zurückgefahren ist.
- Ohmmeter an den unteren beiden Anschlüssen des Drosselklappenstellers anschließen.
- Führerlehrenblatt mit 0,5 mm zwischen Stößel und Anschlagschraube einschieben, dabei Ohmmeter beobachten:
- Bei eingeschobener Fühlerlehre muß der Schalter geschlossen sein – Anzeige 0 Ω.

Prüfen des Drosselklappen-Potentiometers: Welche Widerstandswerte Sie an den hier bezeichneten Klemmen des Potentiometers messen müssen, entnehmen Sie der Tabelle unten.

Einstellen des Leerlaufschalters: Das Fühlerlehrenblatt mit 0,5 mm Dicke wird zwischen Anschlagschraube und Stößel (Pfeil) eingeschoben. Der Stößel muß dazu ganz zurückgefahren werden. 1 – Einspritzventil; 2 – Drosselklappenwelle.

- Fühlerlehre wieder herausziehen. Der Schalter muß jetzt offen sein – Anzeige ∞ Ω.
- Gegebenenfalls die Einstellschraube mit einem kleinen Innensechskantschlüssel verdrehen und anschließend mit einem Lacktupfer sichern.

Drosselklappensteller prüfen

- Stecker am Drosselklappensteller abziehen.
- Batterie-Ladegerät auf 6 Volt umstellen und an den oberen beiden Anschlußkontakten des Anstellers anschließen; +-Pol nach oben.
- Der Stößel muß ganz zurückfahren.
- Anschlußkabel umpolen:
- Der Stößel muß ganz ausfahren.
- Ist das der Fall, ist der Drosselklappensteller in Ordnung. Wenn nicht, ersetzen.
- Wer dem Frieden nicht traut, kann zusätzlich den Wicklungswiderstand des Stellmotors zwischen den beiden oberen Anschlüssen messen: Er muß 5–6 Ω betragen.

Drosselklappen-Potentiometer prüfen

- Stecker am Drosselklappen-Potentiometer abziehen.
- Ohmmeter laut Tabelle an je zwei der vier Steckkontakte anschließen.
- Werden die unten genannten Werte nicht erreicht, ist das Drosselklappen-Potentiometer defekt. Leider kann es nicht einzeln ersetzt werden. Es muß das komplette Unterteil der Einspritzeinheit ausgewechselt werden.

Klemmen	Prüfbedingungen	Widerstand
1→5	–	520–1300 Ω
1→2	Widerstand ändert sich ab ca. ¼ geöffneter Drosselklappe kontinuierlich	600–3500 Ω
1→4		600–6000 Ω

Einspritzventil prüfen

- **Prüfung bei laufendem Motor:** Luftfilter-Oberteil abbauen.
- Motor starten und im Leerlauf drehen lassen.
- Spritzstrahl des Einspritzventils beobachten. Er muß ein gleichmäßiges Spritzbild haben und auf die Drosselklappe gerichtet sein.
- Motor abstellen, um die Dichtheit des Ventils zu prüfen.
- Es dürfen bei stehendem Motor nicht mehr als 2 Tropfen pro Minute austreten.
- **Wenn der Motor nicht anläuft:** Sicherung für die Kraftstoffpumpe im Sicherungsfach und die Sicherung im Kasten vor der Batterie prüfen.
- Luftfilter-Oberteil abbauen.
- Anlasser betätigen.
- Das Einspritzventil muß sichtbar Kraftstoff abspritzen.
- Wenn nicht, Stecker oben an der Einspritzeinheit für die Leitungen zum Einspritzventil abziehen.
- Ohmmeter an den beiden mittleren Anschlußkontakten (an der Einspritzeinheit) anschließen.
- Bei einer Umgebungstemperatur von +15 bis +30°C müssen 1,2–1,6 Ω abzulesen sein.
- Andernfalls ist das Einspritzventil defekt. Befestigungsschraube (TORX-Schraube) lösen und Ventil wechseln.
- Wenn trotz richtiger Werte das Ventil nicht abspritzt, Stromversorgung des Einspritzventils prüfen:

● Leuchtdioden-Spannungsprüfer (siehe Kapitel »Elektrik und Elektronik«) – nichts anderes verwenden – an die beiden mittleren Kontakte im abgezogenen Anschlußstecker anschließen.

● Anlasser betätigen: Die Leuchtdioden müssen flackern.

● Einspritz-Vorwiderstand prüfen (ca. 2 Ω), sonst Leitungsunterbrechung oder Steuergerät defekt.

Schubabschaltung prüfen

● Luftfilter-Oberteil abbauen.

● Motor starten, kurz auf über 3000/min hochdrehen und schlagartig Drosselklappe schließen.

● Der gut sichtbare Sprühstrahl des Einspritzventils muß in diesem Augenblick kurz unterbrochen werden. Dann ist die Schubabschaltung in Ordnung.

● Wenn nicht, Leerlaufschalter und Steuergerät kontrollieren (lassen).

Temperaturgeber prüfen

● **Ansaugluft-Temperaturgeber:** Braunen Stecker oben an der Einspritz-Einheit abziehen.

● An den beiden äußeren Steckkontakten ein Ohmmeter anschließen.

● Widerstandswert ablesen.

● Bei +20°C müssen es 2500 Ω±10% und bei −10°C 8–11 kΩ sein.

● Wenn ja, Geber in Ordnung.

● **Temperaturgeber Motortemperatur:** Stecker am Geber (siehe Bild) abziehen.

● An den beiden Steckkontakten des Gebers ein Ohmmeter anschließen.

● Widerstandswert ablesen.

● Bei +20°C müssen es 2500 Ω±10% und bei +80°C (Betriebstemperatur) 320 Ω±10% sein.

● Wenn ja, Geber in Ordnung.

Kraftstoffdruck prüfen

● Der Kraftstoffdruck kann nur mittels Meßvorrichtung (Werkstatt) genau kontrolliert werden, dazu wird ein Manometer über ein T-Stück an die Kraftstoffzulaufleitung angeschlossen (Sollwert 1–1,2 bar bei laufendem Motor bzw. Anlasser).

● Bei Verdacht auf falschen Kraftstoffdruck, den Druckregler zerlegen (siehe Bilder).

● Dazu vier TORX-Schrauben lösen.

● Prüfen, ob die Membran beschädigt ist oder ob sich Schmutz abgelagert hat.

Weitere Ursachen für falschen Druck

○ Kraftstoffilter verstopft, weil sehr lange nicht ausgetauscht oder Tank verschmutzt ist.

○ Kraftstoffrücklaufleitung zum Tank verstopft oder gequetscht.

○ Stromversorgung an der Kraftstoffpumpe durch Übergangswiderstände reduziert. Bei laufendem Motor müssen Sie direkt an den Pumpenanschlüssen mindestens 12 Volt messen.

○ Ansaugsieb der Kraftstoffpumpe im Tank verstopft oder Kraftstoffpumpe defekt.

Der Gaszug

○ Ausbau und Einstellung des Gaszugs erfolgt wie bei den Vergasermotoren beschrieben.

○ Beim Einstellen muß jedoch der Stößel des Drosselklappenstellers ganz zurückgefahren sein. Wie das gemacht wird, ist unter »Leerlaufschalter einstellen« beschrieben.

○ Unterläßt man das Zurückfahren des Stößels, funktioniert evtl. später die Schubabschaltung nicht mehr.

Abgas-Sonder-Untersuchung

Für Fahrzeuge mit geregeltem Katalysator (und das sind alle mit Mono-Jetronic) ist zur Zeit (Stand Ende 1990) in Sachen ASU eine Übergangsregelung in Kraft. Wegen noch fehlender Voraussetzungen für eine intensivere Prüfung (ASU II), in der auch eine Katalysator-Funktionsprüfung enthalten sein soll, werden diese Fahrzeuge vorläufig überhaupt nicht kontrolliert. Trotzdem muß die ASU-Plakette am vorderen Nummernschild aktuell sein. Deshalb vergeben die Werkstätten die Plaketten für Fahrzeuge der Kategorie »schadstoffarm, Stufe C« ohne Prüfung und berechnen auch nur den Preis der ASU-Plakette.

Leerlauf und Abgas prüfen

Wartung Nr. 27

Diese Einstellarbeiten erübrigen sich bei der Mono-Jetronic, denn bei dieser Einspritzung gibt es nichts mehr einzustellen. Das Steuergerät übernimmt diese Aufgabe.
Nur in Zweifelsfällen wird die Leerlaufdrehzahl (850 ± 50/min) bzw. der CO-Gehalt (0,2–1,2 Vol.%, gemessen am CO-Entnahmerohr) nachgeprüft. Bei Nichterreichen der Sollwerte Fingerzeig unten beachten.
Unterdruckschläuche, Kraftstoff-Verdunstungsanlage prüfen und Fehlerspeicher abfragen.

Fingerzeig: Wird die Dauerspannung zum Steuergerät unterbrochen (Batterie oder Steuergerät ausgebaut), »vergißt« das Steuergerät den Bezugspunkt für die Leerlaufdrehzahl. Später muß er neu »erlernt« werden. Dazu alle unnötigen Stromverbraucher ausschalten (Scheinwerfer, Heckscheibenheizung etc.) und den Motor solange warmlaufen lassen, bis der Kühlerventilator einschaltet. Zündung ausschalten und kurz die Minusklemme der Batterie ab- und anschließen.

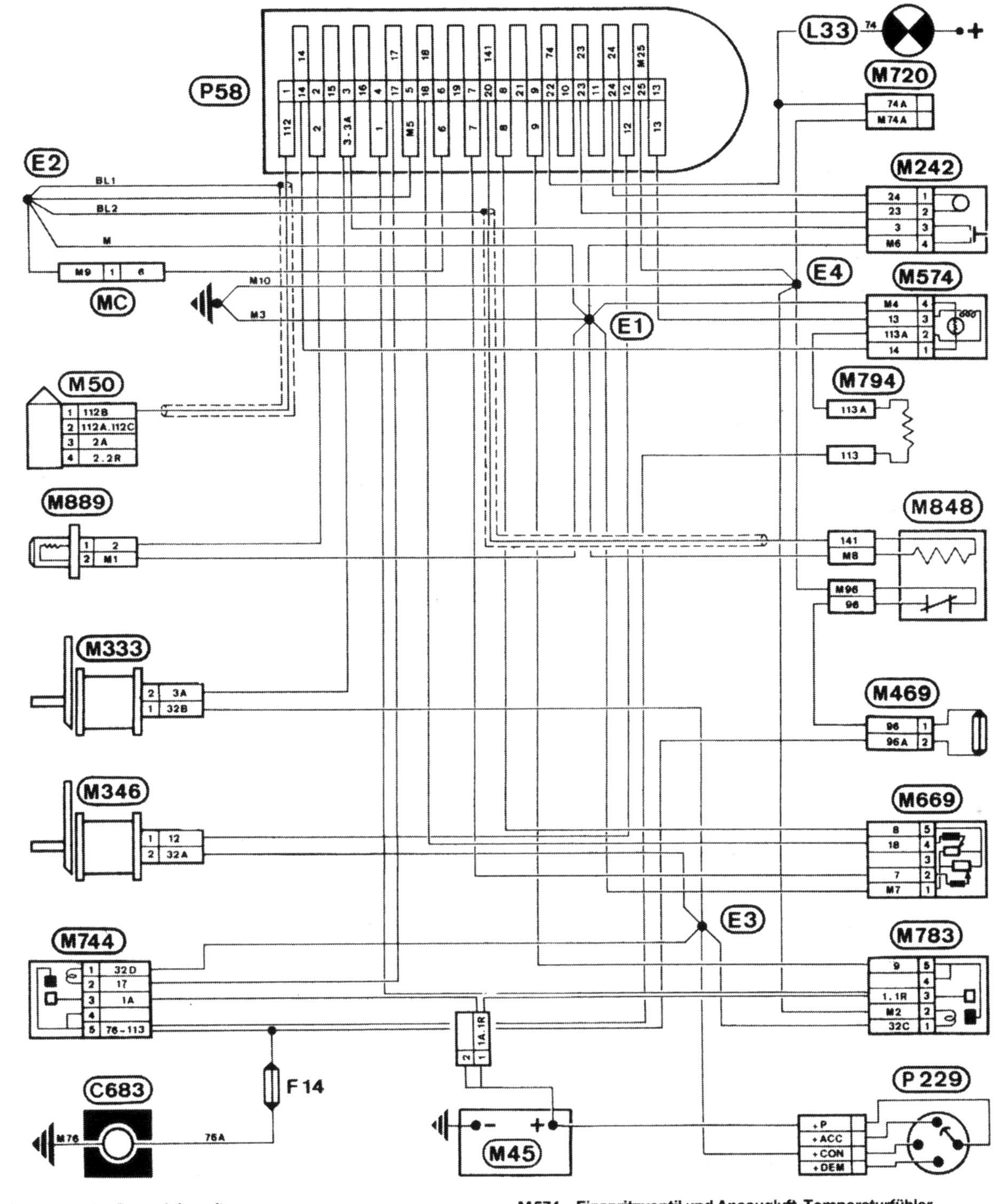

Schaltplan der Zentraleinspritzung:
F14 – Pumpensicherung (10 A)
L33 – Diagnose- bzw. Warnleuchte
M45 – Batterie
M50 – Zündspule
P58 – Steuergerät
P229 – Zündschloß
M242 – Drosselklappensteller und Leerlaufkontakt
M333 – Magnetventil für Unterdruckverstellung der Zündung
M346 – Magnetventil-Benzindampfabsaugung aus Aktivkohlebehälter
M469 – Sicherung für Lambda-Sondenheizung
M574 – Einspritzventil und Ansaugluft-Temperaturfühler
M669 – Drosselklappen-Potentiometer
C683 – Kraftstoffpumpe
M720 – Diagnoseanschluß
M744 – Pumpenrelais
M783 – Relais für Stromversorgung der Vergaseranlage
M794 – Vorwiderstand
M848 – Lambda-Sonde
M889 – Motor-Temperaturfühler
E – Masselötverbindungen
MC – Stecker am Motor

Kraft-Spritze

Mit Benzineinspritzung ausgerüstete Motoren saugen reine Luft an. Den Kraftstoff liefert das elektronisch gesteuerte Einspritzsystem. Es spritzt das Benzin über elektromagnetisch wirkende Einspritzventile in einem intermittierenden Strahl vor das Einlaßventil in das Saugrohr. Die Kraftstoffmenge wird dabei über die Einschaltdauer der Einspritzventile bestimmt.

Verschiedene Versionen

Basierend auf dem Grund-Funktionsprinzip der L-Jetronic von Bosch kommen an den verschiedenen Motoren unterschiedliche Versionen dieser Einspritzung zum Einsatz.

L-Jetronic

Die Urform dieser Einspritzung arbeitet rein nach dem Prinzip »viel angesaugte Luft – viel Kraftstoff.«. Der Betriebszustand des Motors wird durch verschiedene Meßfühler erfaßt. Deren Ausgangssignale werden in einem elektronischen Steuergerät zu Steuerimpulsen für die Einspritzventile verarbeitet, die jeweils gleichzeitig angesteuert werden und den Kraftstoff vor die Einlaßventile einspritzen.
Um eine gute Verteilung des Kraftstoffes zu erreichen, erfolgen zwei Einspritzvorgänge pro Nockenwellenumdrehung. Dabei wird jeweils die Hälfte der für ein vollständiges Arbeitsspiel des Motors zugemessenen Kraftstoffmenge eingesprüht. Eine Lambda-Regelung (für geregelten Kat) ist bei der L-Jetronic ohne Zusatzeinrichtung nicht möglich.

- Das Kraftstoffsystem besteht aus Kraftstoffbehälter, Elektrokraftstoffpumpe (Tauchpumpe im Tank), Kraftstoffilter, Verteilerrohr, Kraftstoffdruckregler und Einspritzventilen.
- Zum Luftsystem zählen Luftmengenmesser, Drosselklappe und Drosselklappenschalter, Leerlaufdrehzahl-Einstellschraube und Leerlaufgemisch-Einstellschraube.
- Für Kaltstart- und Warmlaufsteuerung sind zuständig: Kaltstartventil, Thermozeitschalter, Zusatzluftschieber und Motortemperaturfühler.

LE2-Jetronic

Dieses Einspritzsystem arbeitet nach demselben Prinzip wie die zuvor beschriebene L-Jetronic, weist jedoch noch die nachstehenden Besonderheiten auf:

- Integrierung der Kaltstartsteuerung ins elektronische Einspritzsteuergerät und daher Wegfall des Kaltstartventils und des Thermozeitschalters.
- Elektronisches Einspritzsteuergerät mit 25 statt 35 Steckerpolen.

Beim Kaltstart erfolgt die Anreicherung durch die Haupt-Einspritzventile. Die Anreicherung wird vom elektronischen Einspritzsteuergerät in Abhängigkeit von den folgenden Meßgrößen errechnet: Motortemperatur unter 35°C, Anlasserbetätigungszeit und Motordrehzahl. Während dieser Anlaßphase gibt der Rechner doppelt soviel Impulse an die Einspritzventile ab. Parallel zu dieser Anreicherung ist die Luftmenge zu erhöhen. Diese Aufgabe erfüllt der Zusatzluftschieber.

LU- und LU2-Jetronic

Der Kampf gegen die Luftverschmutzung veranlaßte die Gesetzgeber, die Grenzwerte für die Schadstoffemissionen der Benzinmotoren herabzusetzen. Um die neuen Abgasbestimmungen einhalten zu können, wurde in

Schnitt durch Ansaugseite am XU-Motor mit L-Jetronic.

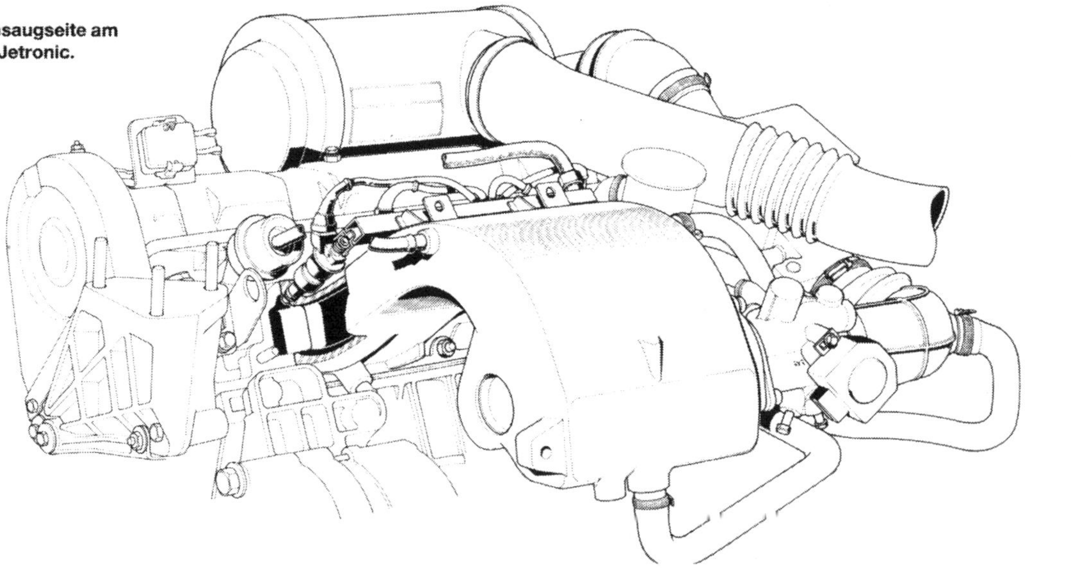

Folgende Teile der L-Jetronic sind bezeichnet:
1 – Kraftstoffzulaufleitung zum Verteilerrohr;
2 – Ansaugrohr;
3 – Verteilerrohr für Kraftstoff zu allen Einspritzventilen;
4 – Druckregler;
5 – Kraftstoffrücklauf;
6 – Einspritzventil;
7 – Steckanschluß zum Einspritzventil.

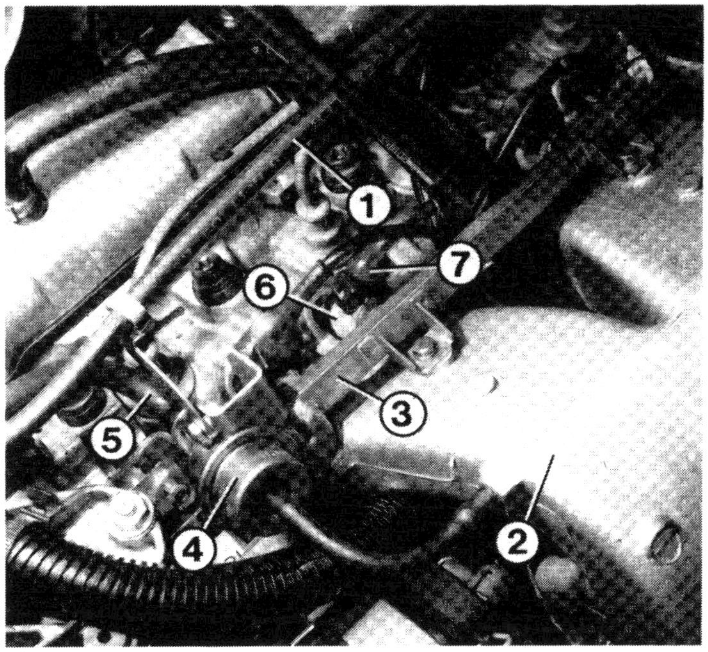

das Benzineinspritzsystem **L-Jetronic** eine Gemischregelung mit Lambda-Sonde integriert, so daß eine wirksame Verringerung der Schadstoffemissionen durch katalytische Nachbehandlung der Abgase in einer Auspuffanlage mit Katalysator erfolgen kann. Die Einspritzsysteme **LU-** und **LU 2-Jetronic** messen durch einen Restsauerstoff-Meßfühler, die sogenannte Lambda-Sonde, ständig die Zusammensetzung der Abgase. Auf der Grundlage dieser Meßgröße wird das Kraftstoff/Luft-Gemisch auf ein gleichbleibendes Verhältnis geregelt. Die Systeme LU und LU 2 unterscheiden sich nur durch die Kaltstartsteuerung (Kaltstartventil und Thermozeitschalter bei der LU-Jetronic, ins Einspritzsteuergerät integrierte Kaltstartsteuerung bei der LU 2-Jetronic).

L-Motronic

Die L-Motronic arbeitet im Prinzip gleich wie die LU 2-Jetronic. Jedoch sind im Sinne einer noch besseren, präziseren und billigeren Steuerung von Zündung und Einspritzung die beiden Arbeitsgebiete in einem Steuergerät zusammengefaßt. Dieses Motronic-Steuergerät hat 55 Anschlüsse. In ihm sind die Kennfelder für Einspritzung und Zündung gespeichert. Motordrehzahl und Kurbelwellenstellung werden über einen Bezugsmarkengeber am Anlasserzahnkranz erfaßt. Das Steuergerät besitzt einen Fehlerspeicher zur Diagnose. Außerdem steuert es das Magnetventil der Benzindampf-Absaugungsanlage.

Welche Einspritzung in welchem Motor?

Motor	Kennzeichen	Hubraum cm³	Leistung kW/PS	Einspritzung	Typenbezeichnung/Modelljahr						
					1984	1985	1986	1987	1988	1989	1990
XU 5 J	180 Z B 6 B	1569	76/104	LE-Jetronic, Pulsair	–	GTI	GTI	GTI CTI	GTI CTI	GTI CTI	–
XU 9 J1	DFZ	1891	75/102	LU-Jetronic, G-Kat	–	–	–	GTI	GTI	–	GTI Automatik
XU 9 JA	D 6 B		94/128	LE-Jetronic	–	–	–	–	GTI	–	–
XU 9 JAZ	DKZ		88/120	L-Motronic, G-Kat	–	–	–	–	–	GTI	GTI

Die Teile der Einspritzung

Zum besseren Verständnis der Gesamtfunktion unserer Einspritzanlage sollten zuerst die wichtigsten Bauteile und Begriffe erklärt werden.

Kraftstoffpumpe

Im Kraftstoffsystem wird eine elektrisch angetriebene Rollenzellenpumpe verwendet. Sie ist als Tauchpumpe im Kraftstoffbehälter montiert.

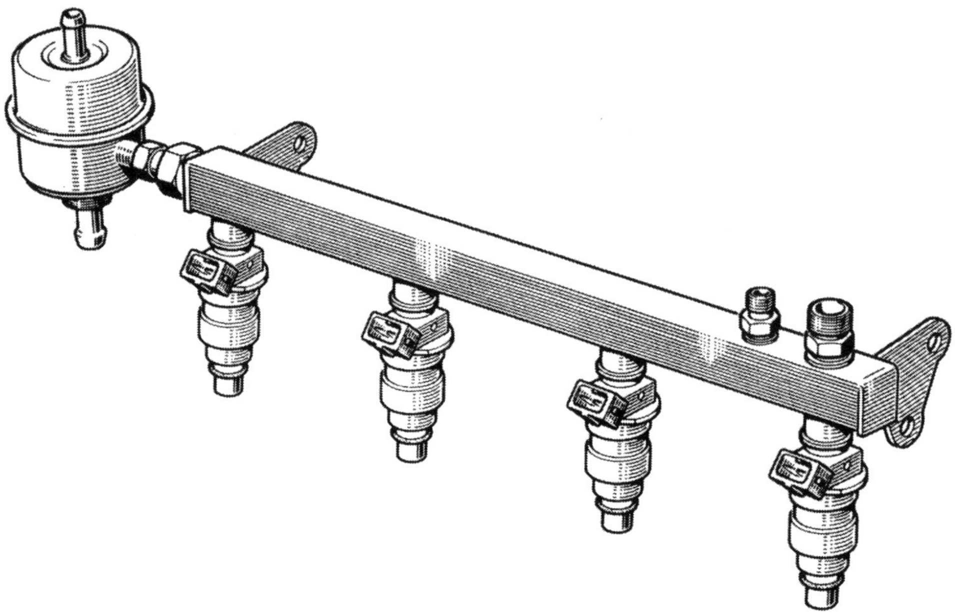

Hier ist das Verteilerrohr mit Druckregler und den Einspritzventilen dargestellt.

Um den Druck im System aufrecht zu erhalten, wird mehr Kraftstoff gefördert, als der Motor unter Extrembedingungen verbraucht (bei Vollast werden 70% der Kraftstoffördermenge zum Behälter zurückgeleitet). Der Pumpendurchsatz beträgt bei einem Druck von 3 bar durchschnittlich 100 Liter pro Stunde.
Die Kraftstoffpumpe ist über eine eigene Sicherung abgesichert. Strom erhält sie über das Pumpenrelais, aber nur, wenn der Anlasser dreht oder der Motor läuft.

Kraftstoffilter

Der Kraftstoffilter ist in die Förderleitung zum Motor eingesetzt. Der Filter enthält einen Papiereinsatz. Seine Filterfläche beträgt etwa 3000 cm².
Ein Sieb hält am Ausgang eventuell losgelöste Papierteilchen zurück, daher muß die Durchflußrichtung unbedingt eingehalten werden (Pfeil am Gehäuse).

Verteilerrohr

Das Verteilerrohr ist quer über allen Einspritzventilen eingebaut. Es ermöglicht eine einfache Montage der Einspritzventile und erfüllt eine Speicherfunktion, damit die Einspritzventile möglichst unter gleichem Kraftstoffdruck stehen.

Kraftstoff-druckregler

Der am Ende des Verteilerrohrs angebrachte Kraftstoffdruckregler wird vom Saugrohrdruck gesteuert. Er hält den Kraftstoffdruck für einen gegebenen Saugrohrdruck konstant. Er besteht aus folgenden Teilen (siehe Zeichnung): Metallgehäuse (1), Membran (2), Druckfeder (3), Saugrohranschluß (4), Kraftstofförderanschluß (5), Kraftstoffrücklaufanschluß (6) und Ventil (7).
Wenn der Druck in der Kammer (a) den durch die Spannung der Feder (3) vorgegebenen Wert überschreitet, öffnet das Ventil (7), und der Kraftstoff wird zum Behälter zurückgeleitet.
Die Federkammer (b) ist über eine Schlauchleitung mit dem Saugrohr verbunden und regelt die Spannung der Feder, so daß die Druckdifferenz zwischen der Kammer (a) und dem Saugrohr immer konstant bleibt. Der Druckabfall an den Einspritzventilen ist daher unabhängig von der Motorlast immer gleich.

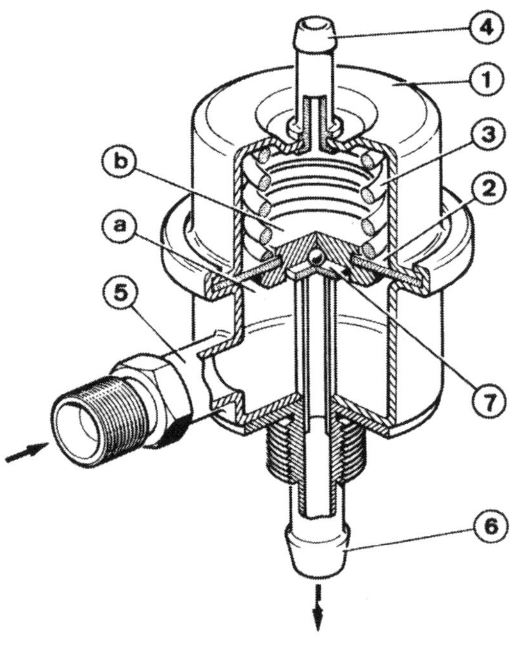

Die Schnittzeichnung zeigt sämtliche Teile am Kraftstoffdruckregler. Er ist im Text oben beschrieben. Die Pfeile zeigen in Fließrichtung des Kraftstoffes.

Schnitt durch ein Einspritzventil. Ausführliche Beschreibung siehe Text unten.

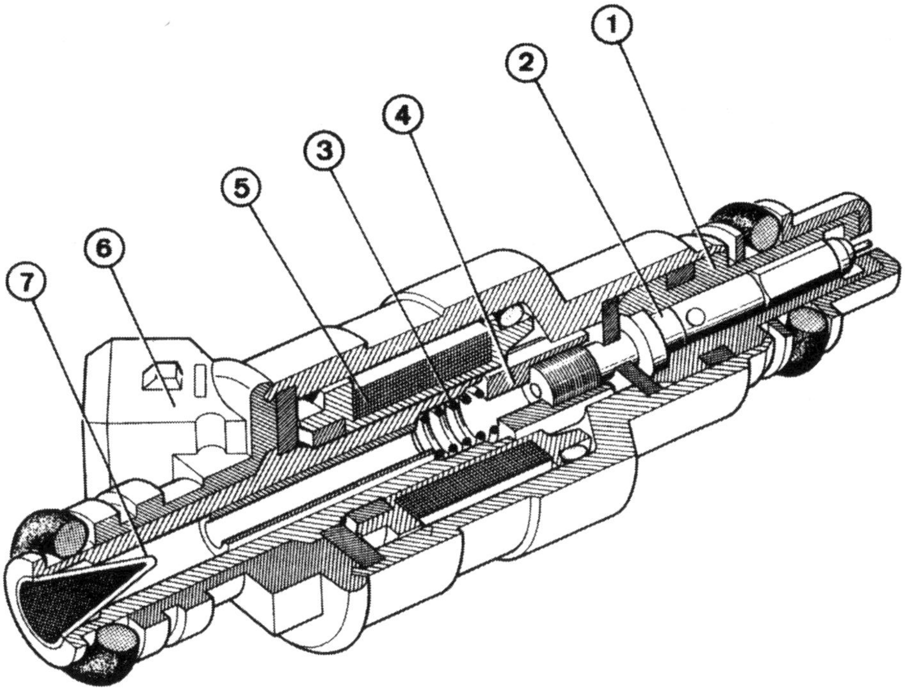

Einspritzventile

Die elektromagnetisch betätigten Einspritzventile sind wie folgt aufgebaut: Ventilkörper (1), Düsennadel (2), Feder (3), Magnetanker (4) Magnetwicklung (5), elektrischer Anschluß (6) und Filter (7).
Die vom Steuergerät ausgehenden elektrischen Impulse bewirken den Aufbau eines Magnetfelds in der Magnetwicklung: der Magnetanker wird angezogen und die Düsennadel hebt um etwa 0,1 mm von ihrem Sitz ab. Der unter Druck stehende Kraftstoff wird durch einen Ringspalt zerstäubt. Der Spulenwiderstand beträgt ca. 16 Ω.
Die Einspritzventile sind ins Saugrohr eingesetzt und sprühen den Kraftstoff vor die Einlaßventile. Sie werden vom Verteilerrohr her versorgt und öffnen gleichzeitig. Die für ein vollständiges Arbeitsspiel des Motors zugemessene Kraftstoffmenge wird in zwei Einspritzvorgängen eingespritzt. Zur Kaltstartanreicherung werden die Ventile unter bestimmten Bedingungen doppelt so häufig angesteuert.

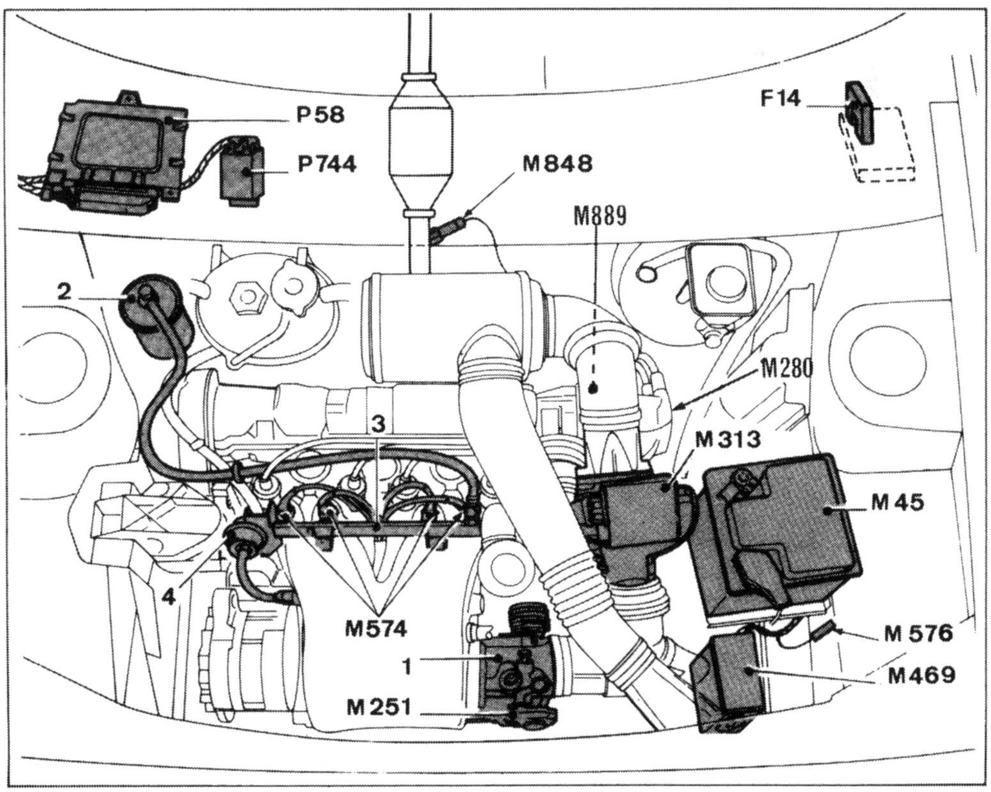

Motorraum bei L-Jetronic:
F14 – Pumpensicherung (10 A);
M45 – Batterie;
P58 – Steuergerät;
M251 – Drosselklappenschalter;
M280 – Zusatzluftschieber;
M313 – Luftmengenmesser;
M469 – Sicherung für Lambda-Sondenheizung;
M574 – Einspritzventile;
M576 – Anschluß zur CO-Einstellung bzw. Diagnose;
P744 – Pumpenrelais;
M848 – Lambda-Sonde;
M889 – Motor-Temperaturfühler;
1 – Drosselklappeneinheit;
2 – Kraftstoffilter;
3 – Verteilerrohr;
4 – Druckregler.

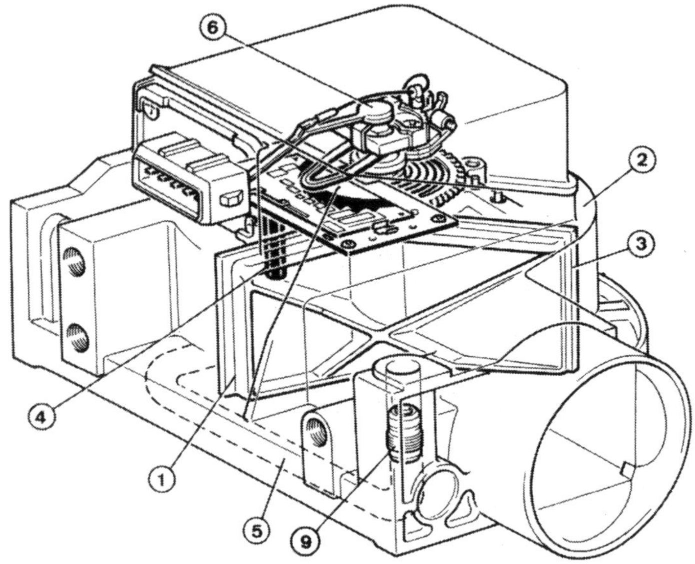

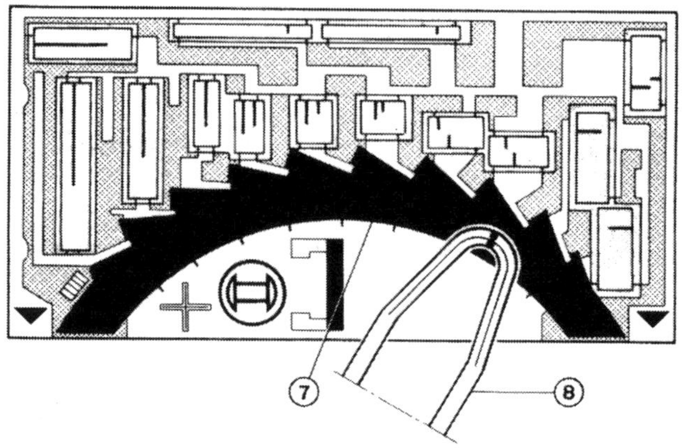

Hier ist der Luftmengenmesser im Schnitt gezeigt. Ausführliche Beschreibung siehe unten.

Luftmengenmesser

Die vom Motor angesaugte Luftmenge bestimmt seinen Lastzustand. Die genaue Erfassung dieser Meßgröße ist für die richtige Zuteilung der Kraftstoffmenge unerläßlich. Die Strömung der Ansaugluft wirkt auf die Stauklappe (1), die in Abhängigkeit von der Strömungskraft eine bestimmte Winkellage einnimmt. Im Dämpfungsvolumen (2) dämpft die Kompensationsklappe (3), die dieselbe wirksame Fläche wie die Stauklappe aufweist, die durch die Saughübe der einzelnen Zylinder verursachten Schwingungen im Ansaugsystem.
Ein Temperaturfühler (4) ist im Stromkreis des Luftmengenmessers parallelgeschaltet. Hierbei handelt es sich um einen Heißleiter, dessen Widerstand mit steigender Temperatur abnimmt. Er verändert das Ausgangssignal des Luftmengenmessers in Abhängigkeit von der Ansauglufttemperatur. Eine von der Stauklappe (1) nicht erfaßte Luftmenge wird durch den Umgehungskanal (5) angesaugt. Darin sitzt die Gemisch-Regulierschraube (9). Die Einstellung des Leerlaufgemisches erfolgt durch Veränderung des Querschnitts dieses Umgehungskanals (5).
Das mit der Stauklappe fest verbundene Potentiometer (6) setzt die Winkelstellung der Stauklappe (1) in ein elektrisches Spannungsignal für das elektronische Einspritzsteuergerät um. Das im abgeschlossenen Gehäuse montierte Potentiometer (6) besteht aus einer Keramikplatte mit einer Leiterbahn mit mehreren Widerständen, die durch Laserstrahl abgeglichen werden. Die Widerstände haben die besondere Eigenschaft, sich mit den abrupten Temperaturänderungen im Motorraum nicht zu verändern. Ein mit der Stauklappe fest verbundener Schleifer (8) stellt den Kontakt zur Leiterbahn her.
Damit das Ausgangssignal des Potentiometers nicht durch die Batteriespannung beeinflußt wird, wird im elektronischen Steuergerät nur das Verhältnis zwischen Ausgangsspannung und Batteriespannung ausgewertet. Der Temperaturfühler (4) für die Ansauglufttemperatur beeinflußt unmittelbar die Ausgangsspannung.

Kaltstart- und Warmlaufsteuerung

Beim Kaltstart benötigt der Motor eine zusätzliche Menge Kraftstoff/Luft-Gemisch, um die Kondensation an den kalten Teilen von Saugrohr und Zylinder auszugleichen. Der hierzu erforderliche Kraftstoff kommt aus den Einspritzventilen, die unter bestimmten Bedingungen kurzzeitig doppelt so oft einspritzen. Parallel zur Kraftstoffmenge muß auch mehr Luft zur Verfügung gestellt werden, dies besorgt der Zusatzluftschieber.

Der Zusatzluftschieber

Der Zusatzluftschieber ist in eine Drosselklappenumgehung eingesetzt, deren Luftdurchsatz vom Luftmengenmesser erfaßt ist. Eine Lochblende ist auf einer Achse drehbar gelagert. Das Schließen der Öffnung erfolgt durch Drehung der Lochblende, die von einem elektrisch beheizten Bimetall betätigt wird. Bei kaltem Bimetall ist der Durchlaß geöffnet, und die Luft gelangt ins Saugrohr. Mit zunehmender Erwärmung schließt das Bimetall allmählich den Luftdurchlaß.

Motortemperaturfühler

Die Warmlaufphase des Motors und die meisten anderen Arbeitsgebiete der Einspritzung sind von der Motortemperatur abhängig. Sie wird vom Temperaturfühler erfaßt und zum Steuergerät gemeldet. Dabei handelt es sich um einen NTC-Widerstand, der bei steigender Temperatur seinen Widerstand verringert.

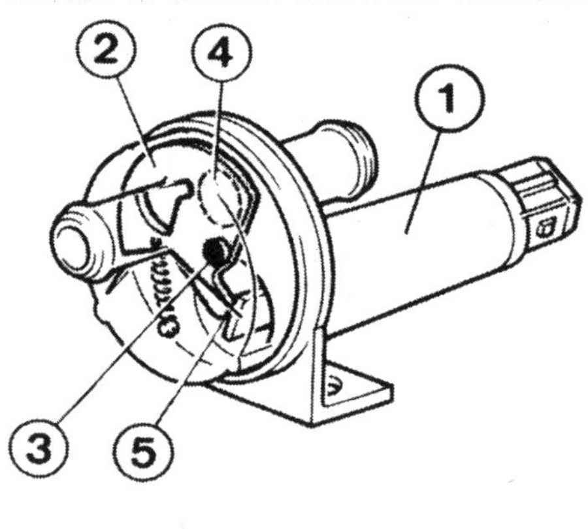

Schnittzeichnung des Zusatzluftschiebers (1):
2 – Lochblende;
3 – Drehachse;
4 – Blendenöffnung;
5 – beheiztes Bimetall.

Schnitt durch die Drosselklappeneinheit (links) und den Drosselklappenschalter (rechts). Beschreibung siehe unten.

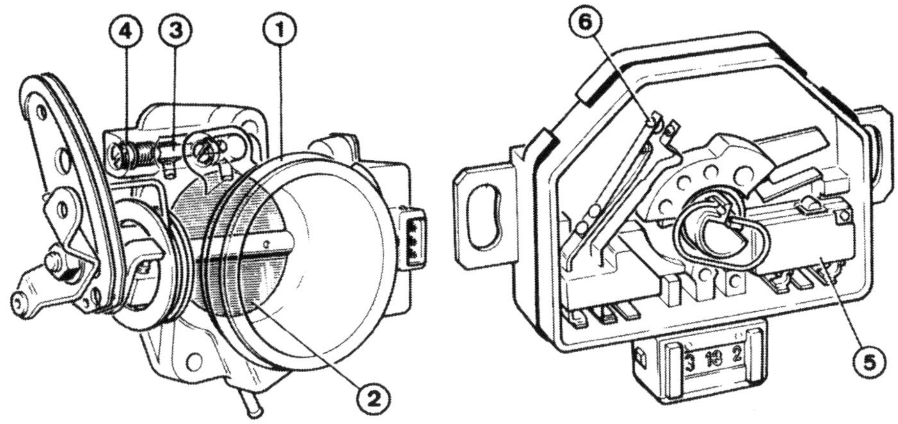

Drosselklappe

Die Drosselklappeneinheit besteht aus: Drosselklappengehäuse (1), Drosselklappe (2) und Leerlauf-Umgehungskanal (3) mit Leerlaufdrehzahl-Einstellschraube (4).

Funktionsprinzip: Die angesaugte Luftmenge wird von der Öffnung der Drosselklappe (2) bestimmt. Im Leerlauf, bei geschlossener Drosselklappe, strömt die zur Verbrennung erforderliche Luft zwischen Drosselklappe und Gehäuse durch den Leerlaufumgehungskanal (3). Die Leerlaufdrehzahl-Einstellschraube (4) ermöglicht die Einstellung der Leerlaufdrehzahl durch Veränderung des Querschnittes.

Drosselklappenschalter

Der von der Drosselklappenachse betätigte Drosselklappenschalter besitzt zwei Kontakte:
Der **Leerlaufkontakt** (5) meldet dem Steuergerät die Leerlaufstellung. Diese Information ist für die Sperre der Kraftstoffzufuhr im Schiebebetrieb (Schubabschaltung) erforderlich. Die Schubabschaltung erfolgt, wenn der Leerlaufkontakt des Drosselklappenschalters geschlossen ist und die Motordrehzahl über 1300/min liegt. Die Kraftstoffeinspritzung setzt wieder ein, wenn die Motordrehzahl auf 1100/min absinkt oder der Leerlaufkontakt öffnet.

Vollastkontakt (6) meldet dem Einspritzsteuergerät die Vollaststellung der Drosselklappe, um die Vollastanreicherung auszulösen.

Selbsthilfe

Viele Prüfungen an der Einspritzung sind dem Selbsthelfer in Ermangelung der nötigen Prüfgeräte leider unmöglich gemacht. Dennoch bleibt ein ausreichendes Betätigungsfeld.

Vorgehensweise

Das Steuergerät kann mit Heimwerkermitteln nicht kontrolliert werden. In der Praxis ist hier auch nur selten mit Fehlern zu rechnen. Geber, Schalter und Kabelverbindungen geben ungleich häufiger Anlaß zu Beanstandungen. Damit bietet sich bei einem Defekt folgende Vorgehensweise an:

- Sicherstellen, daß die Zündung in Ordnung ist.
- Sichtprüfung an den Teilen der Einspritzanlage durchführen (siehe folgenden Abschnitt)
- Wurde durch genannte Prüfungen kein Fehler gefunden, Störungsbeistand am Ende des Kapitels studieren. Bei entsprechenden Motoren Fehlerspeicher auslesen (lassen).
- Auf diese Weise die mögliche Fehlerquelle ermitteln, verdächtiges Bauteil nach Prüfanleitung (folgende Seiten) kontrollieren.

Alle mit Pfeil bezeichneten Stellen müssen dicht sein, sonst kommt die Einspritzung durcheinander. Es bedeuten: 1 – Luftmengenmesser; 2 – Zylinderkopf; 3 – Zusatzluftschieber; 4 – Drosselklappengehäuse; 5 – Bremskraftverstärker; 6 – Druckregler; 7 – Kurbelgehäuse-Entlüftung; 8 – Zündverteiler; 9 – Stutzen; 10 – Saugrohr, 11 – Einspritzventile.

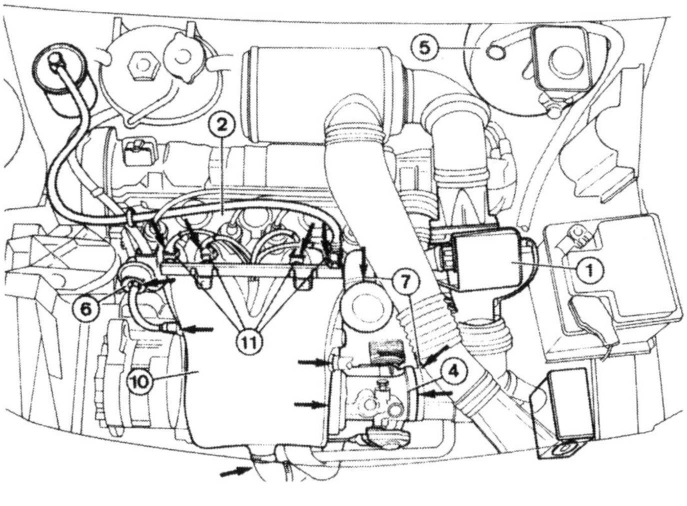

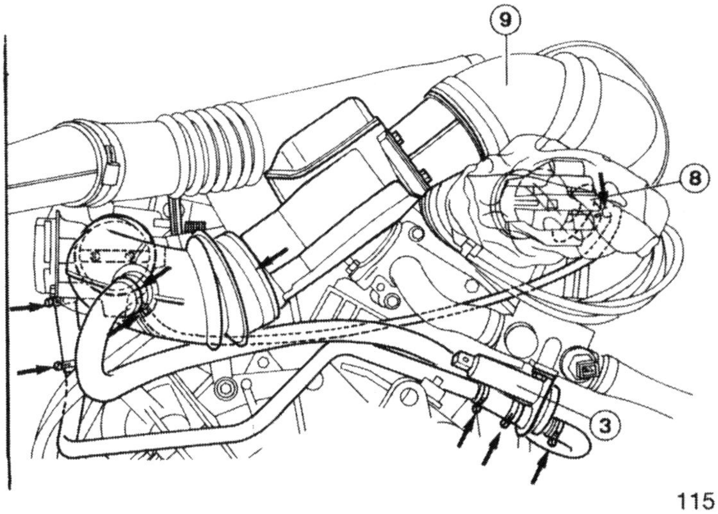

Sichtprüfung

- Zuerst Luftschläuche auf Dichtheit prüfen! Alle Schläuche – von den dicken Ansaugluftschläuchen bis zu den kleinen Unterdruckschläuchen zum Verteiler – müssen geprüft werden.
- Sind alle Dichtungen in Ordnung, z.B. an den Einspritzventilen, die Flanschdichtung des Ansaugrohres?
- Undichtigkeiten lassen »Nebenluft« ins Ansaugsystem eindringen – Luft also, die der Luftmengenmesser nicht erfassen kann und die deshalb die Gemischaufbereitung empfindlich stört. Das Gemisch magert unkontrolliert ab, Motorlaufstörungen und ungleichmäßiger oder »holpriger« Leerlauf sind die Folgen.
- Sind an den Kraftstoffleitungen Undichtigkeiten zu erkennen?
- Wurden Kabelstecker mehrfach auseinandergezogen und wieder verbunden? Korrosion oder ungeschicktes Reißen kann mangelnden Kontakt zur Folge haben.
- Sehen Sie sich die Stecker an den einzelnen Bauteilen der Einspritzung genau an. Mit einem schmalen Schraubendreher lassen sich die Zungen ein wenig nachbiegen.

Stecker der Einspritzanlage abziehen

Die Stecker der Einspritzanlage unterscheiden sich grundsätzlich von den übrigen im Wagen. Zunächst sind sie durch verschiedene Einfärbung kodiert.
Man sieht sofort, wo welcher Stecker hingehört. Zum anderen besitzen sie eine Drahtsicherung, die beim Abziehen des Steckers gelöst werden muß:

- Sicherungsbügel niederdrücken, Stecker abziehen.
- Beim Aufstecken den Sicherungsbügel nicht berühren.
- Stecker aufdrücken, bis der Sicherungsbügel einrastet.

Kraftstoffdruck prüfen

Der Kraftstoffdruck kann nur mittels Meßvorrichtung (Werkstatt) genau kontrolliert werden, dazu wird ein Manometer über ein T-Stück an die Kraftstoffzulaufleitung angeschlossen. Außerdem wird die Unterdruckleitung in Mitte des Druckreglers abgezogen, damit auf seine Membran der atmosphärische Druck wirkt. Bei laufendem Motor bzw. drehender Kraftstoffpumpe (Kabelbrücke am Pumpenrelais) müssen gemessen werden: Motor XU9J1 (75 kW/1905 cm^3): 2,3–2,7 bar; andere Einspritzmotoren: 2,8–3,2 bar.
Ursachen für falschen Kraftstoffdruck können sein:

- ○ Kraftstoffilter verstopft – weil sehr lange nicht ausgetauscht oder der Tank verschmutzt ist.
- ○ Kraftstoffrücklaufleitung zum Tank verstopft oder gequetscht.
- ○ Stromversorgung an der Kraftstoffpumpe durch Übergangswiderstände reduziert. Bei laufendem Motor müssen Sie direkt an den Pumpenanschlüssen mindestens 12 Volt messen.
- ○ Ansaugsieb der Kraftstoffpumpe im Tank verstopft.
- ○ Druckregler am Verteilerrohr defekt.
- ○ Kraftstoffpumpe defekt.

Fördermenge prüfen

Die Fördermenge der Kraftstoffpumpe kann nur bedingt direkt geprüft werden, da der Druckregler die Fördermenge beeinflußt.

- Unterdruckleitung in der Mitte des Druckregler abziehen.
- Rücklaufleitung am Druckregler abnehmen und dort Prüfschlauch mit Meßbecher anschließen.
- Kraftstoffpumpe 15 Sekunden lang fördern lassen. Dazu am Pumpenrelais eine Kabelbrücke stekken oder den Anlasser von Helfer betätigen lassen.
- In 15 Sekunden müssen mindestens ca. 300–350 cm^3 Kraftstoff gefördert werden (Ursachen für falsche Ergebnisse siehe oben).

Fingerzeig: Bei Totalausfall der Einspritzung zuerst Sicherung für die Kraftstoffpumpe im Sicherungsfach prüfen.

Eigendiagnose

Motor XU9JAZ

Nur das Steuergerät der L-Motronic beim Motor XU9JAZ ist in der Lage, bestimmte Fehler zu erkennen. Dabei wird in zwei Gruppen unterschieden:

- ○ Erhebliche Fehler: Diese Fehler werden gespeichert und gleichzeitig leuchtet die Diagnosewarnleuchte im Kombi-Instrument auf.
- ○ Geringfügige Fehler: Fehler werden nur gespeichert. Die Diagnosewarnleuchte im Kombi-Instrument leuchtet **nicht** auf.

Bei Störungen kann der Fehlerspeicher abgerufen werden. Die Diagnosewarnleuchte im Kombi-Instrument blinkt dann in einem festgelegten Rhythmus je nach Art des Fehlers unterschiedlich (siehe Tabelle).
Die Abfrage des Fehlerspeichers erfolgt in gleicher Weise wie bei der Mono-Jetronic, siehe Seite 105.

Code	Fehlerbereich und Prüfung
11	Ende der Fehlercodeausgabe
12	Bereit zur Fehlercodeausgabe
13	Ansaugluft-Temperaturfühler prüfen
14*	Kühlmittel-Temperaturfühler prüfen
15*	Kraftstoffpumpenrelais
21*	Drosselklappen-Leerlaufschalter prüfen
22*	Steuergerät zunächst versuchsweise ersetzen
33*	Luftmengenmesser prüfen
34*	Benzindampfabsaugungs-Magnetventil
35*	Drosselklappen-Vollastschalter prüfen
42*	Einspritzventile
31 32	Gemischregulierung am Regelanschlag. Ursachen: Ansaugluftsystem zieht Nebenluft, Auspuffanlage vor Lambda-Sonde undicht, Fehler an Kraftstoffversorgung, Einspritzventil, Zündanlage, Motorkompressionsdruck schlecht, Leitung der Lambda-Sonde hat Kurzschluß, Lambda-Sonde defekt
51*	Lambda-Sonde defekt
52*	Steuergerät zunächst versuchsweise ersetzen
53	Batteriespannung prüfen
54*	Steuergerät zunächst versuchsweise ersetzen

* Erheblicher Fehler, Diagnosewarnlampe leuchtet auf

Prüfungen am Steuergerät

Das Steuergerät ist hinter dem Handschuhfach eingebaut. Bevor an den vielpoligen Steckern (nicht alle belegt) geprüft wird, folgendes beachten:

○ Stecker am Steuergerät nur bei ausgeschalteter Zündung abziehen.
○ Für Messungen Stecker abziehen und Steckergehäuse abnehmen. Nicht direkt an den empfindlichen Steckern messen, sondern an den Leitungen.
○ Die Batterie muß in gutem Ladezustand sein. Spannung bei laufendem Anlasser über 9 Volt.
○ Für Masseprüfungen die Minusklemme der Batterie abschrauben.

Kraftstoffdruck prüfen: 1 – Anschlußschläuche (Selbstbau); 2 – Manometer; 3 – Zulaufleitung, Verteilerrohr; 4 – Anschluß M 14 × 1,4; 5 – Unterdruckleitung.

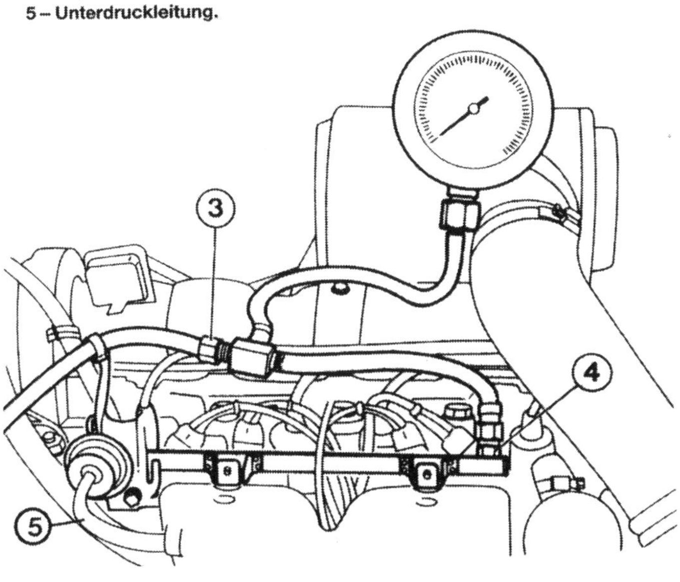

○ Prüfungen sind nur dann sinnvoll, wenn Zündung und die mechanische Seite des Motors (z. B. Steuerzeiten) in Ordnung sind.

Prüftabelle für Motor XU 9 JAZ (Motronic)

Stecker	Belegung	Messung [Sollwert]
1	Steuerung zum Zündschaltgerät M 598	Spannungsmessung gegen Masse [bei drehendem Anlasser über 0 Volt]
3	Steuerung des Pumpenrelais M 744	Spannungsmessung gegen Masse [bei drehendem Anlasser über 9 Volt]
5	Steuerung Benzindampf-Magnetventil M 346	Widerstand der Magnetspule [ca. 20 Ω]
7	Signal Luftmengenmesser M 313	Widerstand nach Masse [je nach Stauklappenstellung ca. 10–1000 Ω]
10	Masse für Lambda-Sonde M 848	Widerstand nach Masse [unter 1 Ω]
12	Spannungsversorgung Luftmengenmesser M 313	Widerstandsmessung nach Stecker 26 [ca. 300–600 Ω]
13	Diagnoseabruf	
14	Masse	Widerstand zur Fahrzeugmasse [unter 1 Ω]
15	Diagnoseausgabe	
16 17	Steuerung der Einspritzventile M 574	jeweils Widerstandsmessung nach Stecker 37 [ca. 8 Ω], Widerstand pro Ventil [16 Ω]
18	Dauerstromversorgung von Batterie	Spannung nach Masse bei ausgeschalteter Zündung [ca. 12 Volt]
19, 24	Masse	Widerstand zur Fahrzeugmasse [unter 1 Ω]
26	Masse Luftmengenmesser	Widerstand zur Fahrzeugmasse [unter 1 Ω]
27	Stromversorgung bei eingeschalteter Zündung	Spannung nach Masse bei eingeschalteter Zündung [ca. 12 Volt]
28	Signal Lambda-Sonde	siehe unter Lambda-Sonde prüfen, Seite 60
30	Masse Drosselklappenschalter und Temperaturfühler	Widerstand zur Fahrzeugmasse [unter 1 Ω]
36	Steuerung Einspritzrelais M 783	Leitungsprüfung, sonst Relais versuchsweise ersetzen
37	Stromversorgung bei eingeschalteter Zündung und Relais M 783 angezogen	Spannung nach Masse [ca. 12 Volt]
23, 40 41	nur Klimaanlage	ohne Einfluß auf die Einspritzung
44	Signal Lufttemperaturfühler im Luftmengenmesser	Widerstandsmessung gegen Masse [bei –10°C: ca. 10 kΩ] [bei +20°C: ca. 2,5 kΩ] [bei +50°C: ca. 800 Ω] [bei +80°C: ca. 320 Ω]
45	Motortemperaturfühler M 889	
46	freie Leitung	
47, 48	Bezugsmarkengeber Kurbelwellenstellung M 133	Widerstandsmessung [490–600 Ω]
52	Drosselklappenschalter Leerlaufkontakt M 251	Widerstandsmessung gegen Masse [Gaspedal entlastet: unter 1 Ω, sonst ∞ Ω]
53	Drosselklappenschalter Vollastkontakt M 251	Widerstandsmessung gegen Masse [Vollgas: unter 1 Ω, sonst ∞ Ω]
55	Diagnoseanschluß	

205 ↦ 7 900 001

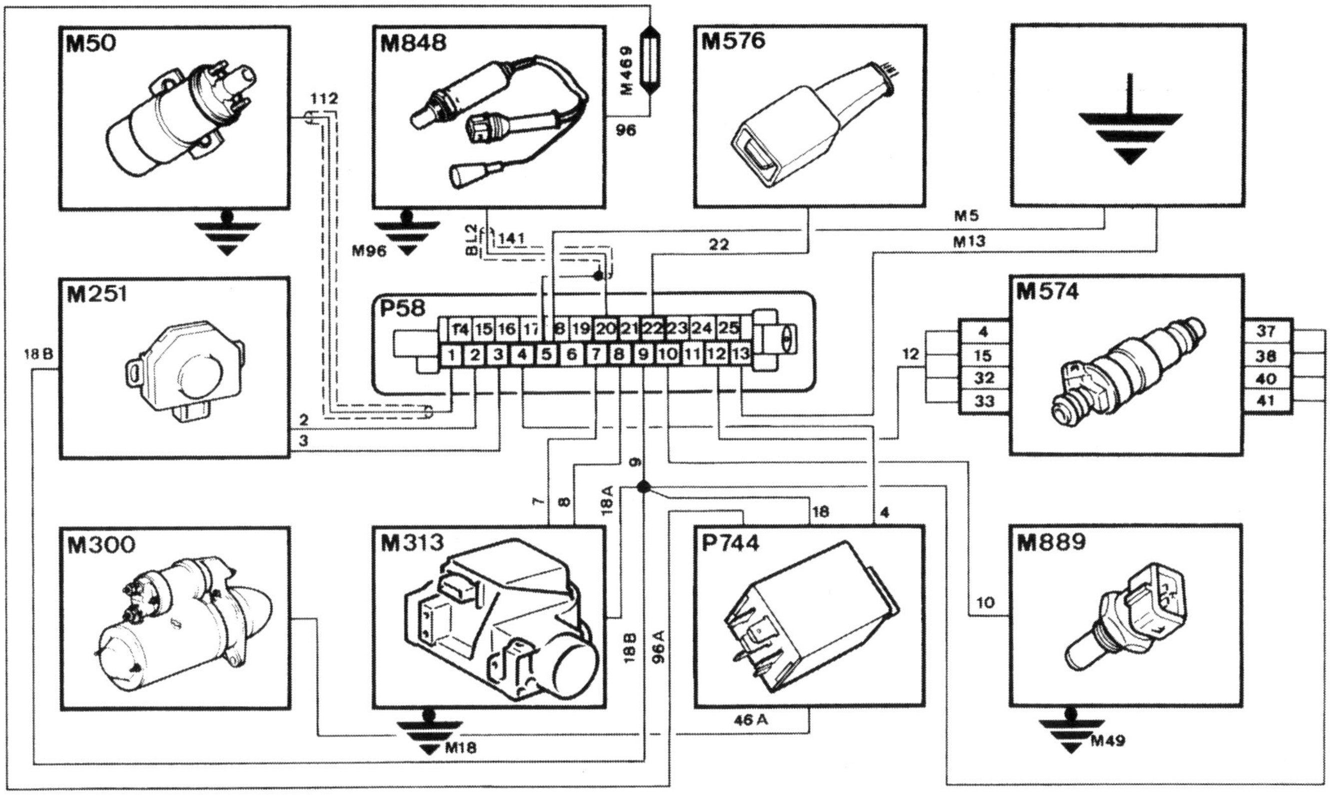

Anschluß des Steuergerätes (P58) bei L-Jetronic (Motor XU 9J1). Es bedeuten: M50 – Zündspule; M848 – Lambda-Sonde; M576 – Anschluß zur CO-Einstellung bzw. Diagnose; M574 – Einspritzventile; M889 – Motor-Temperaturfühler; P744 – Pumpenrelais; M313 – Luftmengenmesser; M300 – Anlasser; M251 – Drosselklappenschalter.

Prüftabelle für Motor XU5J und XU9J

Stecker	Belegung	Messung [Sollwert]
1	Motordrehzahl von Klemme RUP der Zündspule	Spannungsmessung gegen Masse [bei eingeschalteter Zündung ca. 12 Volt]
2	Drosselklappenschalter Leerlaufkontakt M 251	Widerstandsmessung gegen Masse [Gaspedal entlastet: unter 1 Ω, sonst ∞ Ω]
3	Drosselklappenschalter Vollastkontakt M 251	Widerstandsmessung gegen Masse [Vollgas: unter 1 Ω, sonst ∞ Ω]
4	Steuerung des Pumpenrelais M 744	Spannungsmessung gegen Masse [bei drehendem Anlasser über 9 Volt]
5, 13	Masse	Widerstand zur Fahrzeugmasse [unter 1 Ω]
7	Signal Luftmengenmesser M 313	Widerstand nach Masse [je nach Stauklappenstellung ca. 60–1000 Ω]
8	Spannungsversorgung Luftmengenmesser M 313	Widerstandsmessung nach Stecker 5 [ca. 300–500 Ω]
9	Stromversorgung bei eingeschalteter Zündung und Relais M 783 angezogen	Spannung nach Masse [ca. 12 Volt]
10	Motortemperaturfühler	Widerstandsmessung gegen Masse [bei –10°C: ca. 10 kΩ] [bei +20°C: ca. 2,5 kΩ] [bei +80°C: ca. 320 Ω]
12	Steuerung der Einspritzventile M 574	jeweils Widerstandsmessung nach Stecker 9 [ca. 3,5–5 Ω], Widerstand pro Ventil [16 Ω]
20*	Signal Lambda-Sonde	siehe unter Lambda-Sonde prüfen, Seite 60
22*	Prüfsignal für Leerlaufgemisch-(CO)-Einstellung	

* nur XU 9 J mit G-Kat

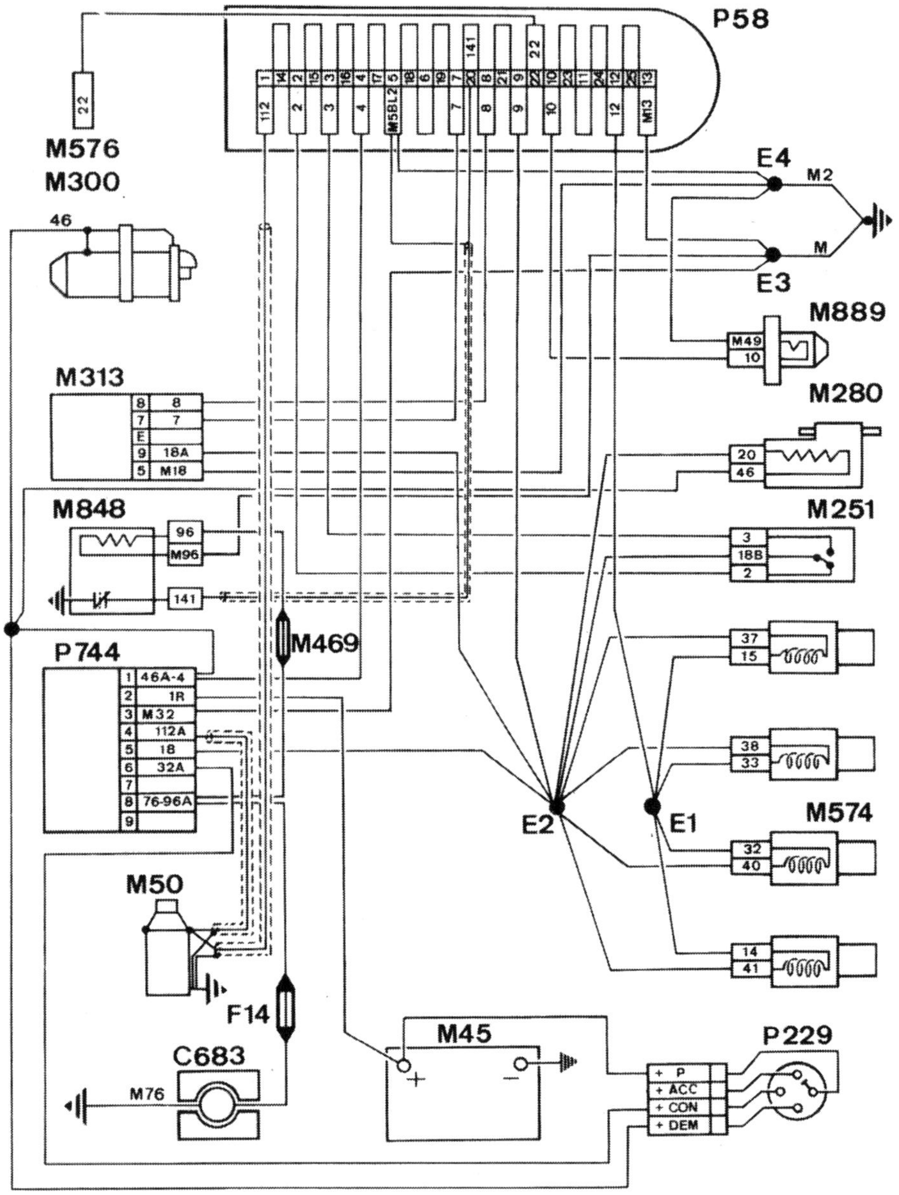

Gesamtschaltplan bei LU2-Jetronic (Motor XU 9J1):
M5 – Zündverteiler
F14 – Pumpensicherung (15 A)
M45 – Batterie
M50 – Zündspule
P58 – Steuergerät
P229 – Zündschloß
M251 – Drosselklappenschalter
M280 – Zusatzluftschieber
M300 – Anlasser
M313 – Luftmengenmesser
M469 – Sicherung für Lambda-Sondenheizung
M574 – Einspritzventile
M576 – Anschluß zur CO-Einstellung bzw. Diagnose
C683 – Kraftstoffpumpe
P744 – Pumpenrelais
M848 – Lambda-Sonde
M889 – Motor-Temperaturfühler
E – Masse-Lötverbindungen

Zusatzluftschieber prüfen

- **Spannungsversorgung prüfen:** Zündung lahmlegen (Seite 182).
- Stecker am Zusatzluftschieber abziehen.
- Prüflampe am Stecker anschließen.
- Von Helfer Anlasser betätigen lassen. Die Prüflampe muß brennen, sonst ist die Stromversorgung unterbrochen.

Funktionsprüfung: Bei kaltem Motor und abgezogenem Stecker am Zusatzluftschieber prüfen.

- Motor starten.
- Luftschlauch am Zusatzluftschieber mit einer Zange zusammendrücken. Die Drehzahl muß abfallen.
- Stecker aufstecken, Motor warmfahren.
- Luftschlauch erneut mit Zange zusammendrükken: Die Drehzahl muß konstant bleiben.
- Wenn nicht, klemmt die Lochblende im Zusatzluftschieber.
- Schlauch abnehmen, mit Taschenspiegel in Öffnung schauen.
- 12 Volt direkt anlegen, nach 5 Minuten muß die Blende geschlossen sein. Der Widerstand des Heizelements beträgt 40–50 Ω (bei +20°C).
- Der Durchgang muß verschlossen sein. Wenn nicht, Zusatzluftschieber wechseln.

Drosselklappengehäuse reinigen

Wartung Nr. 26

Leichtes Klemmen der Drosselklappe kann die Folge von Verunreinigungen im Drosselklappengehäuse sein.

- Zur Kontrolle Luftschlauch abnehmen und mit Taschenlampe und Spiegel prüfen.
- Zum Auswaschen in Benzin das Drosselklappengehäuse ausbauen.
- Dazu den Gaszug, die elektrischen Verbindungen und die Schläuche lösen.
- Nicht an den eingestellten Anschlagschrauben herumdrehen.

Fingerzeig: Was es zur Abgas-Sonder-Untersuchung zu sagen gibt, finden Sie auf Seite 89 und 108.

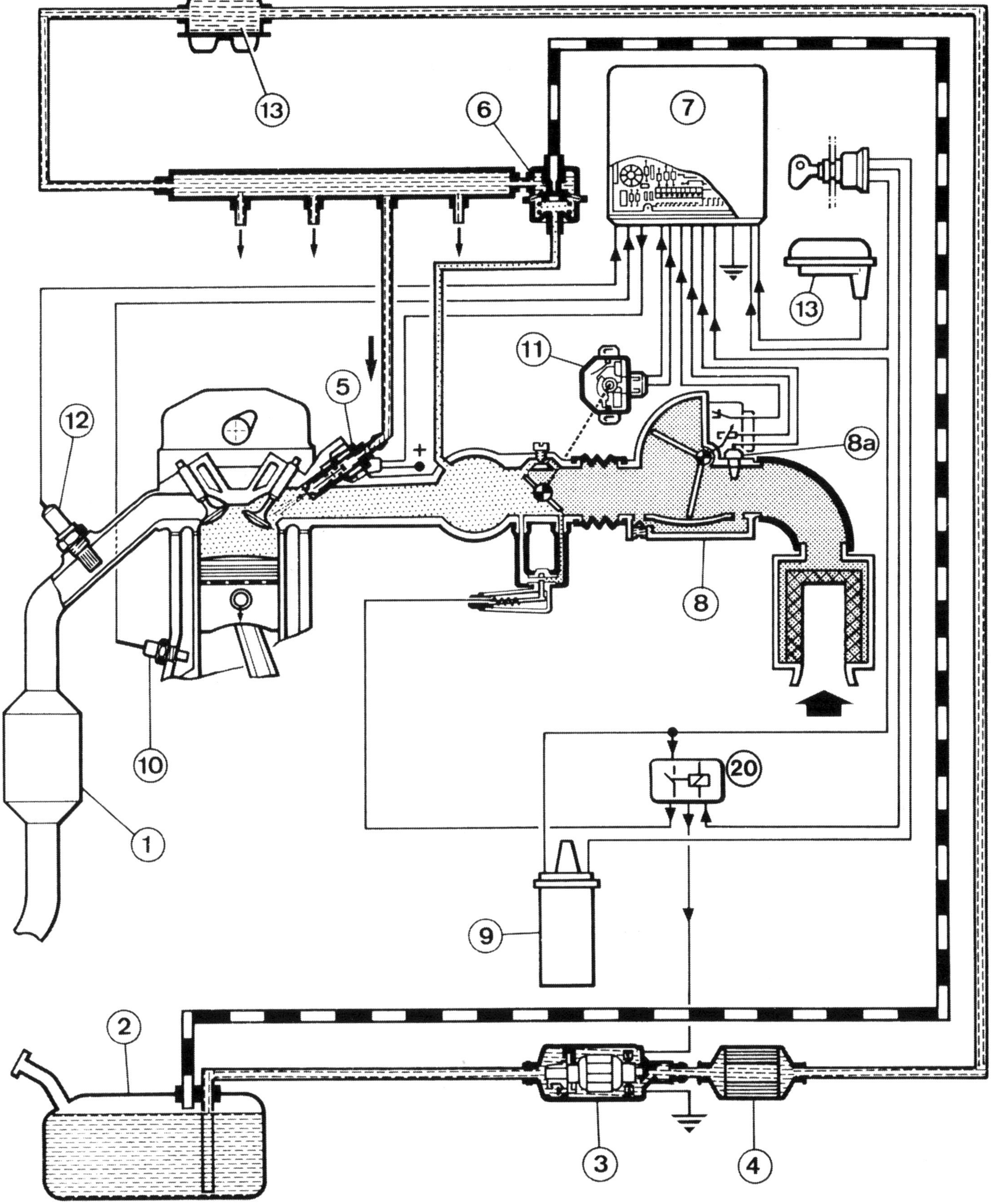

Funktionsschema LU2-Jetronic. Es bedeuten: 1 – Katalysator; 2 – Tank; 3 – Kraftstoffpumpe; 4 – Kraftstoffilter; 5 – Einspritzventile; 6 – Kraftstoffdruckregler; 7 – Steuergerät; 8 – Luftmengenmesser (Ansaugluftmenge); 8a – Ansaugluft-Temperaturfühler; 9 – Zündspule (Drehzahl); 10 – Motor-Temperaturfühler; 11 – Drosselklappenschalter (Vollast/Leerlauf-Erkennung); 12 – Lambda-Sonde, 13 – Geräuschdämpfer (teilweise in Kraftstoffleitung eingebaut); 13 – Höhengeber (manche Länder); 20 – Pumpenrelais.

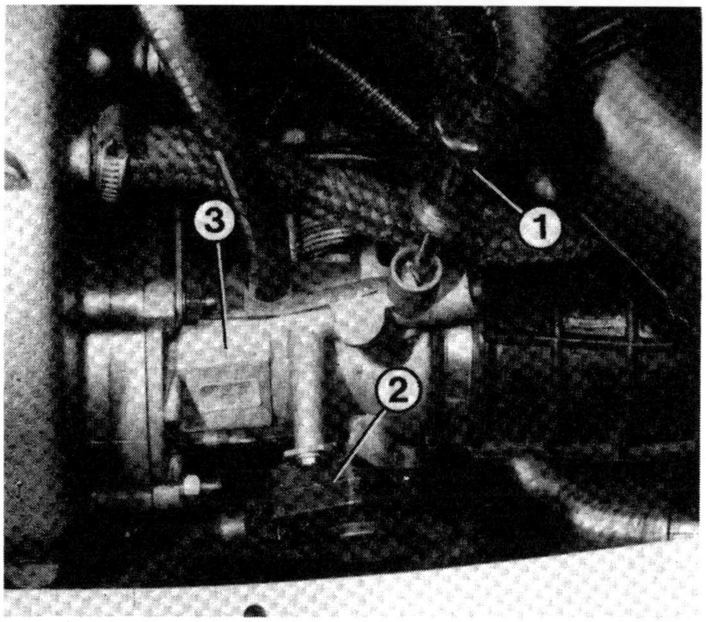

Hier gezeigt:
1 – Leerlaufdrehzahl-Einstellschraube;
2 – Drosselklappenschalter;
3 – Drosselklappengehäuse.

Leerlauf und Abgas prüfen

Wartung Nr. 27

Für den Heimwerker ist der Abgastest mittlerweile kaum mehr von Interesse, da diese Arbeit zwangsläufig bei der ASU geschieht und außerdem ein Abgas-Meßgerät meist nicht zur Verfügung steht.
Vor dem Prüfen muß sichergestellt sein, daß Ventilspiel, Zündzeitpunkt und Zündkerzen in Ordnung sind. Gebraucht wird ein Motortester mit Drehzahlmesser. Normalerweise verstellt sich der Abgaswert nicht, und deshalb braucht auch nur selten anläßlich der ASU an der Einstellschraube herumgedreht zu werden. Bei geregeltem Kat ist das Abgas nicht einstellbar, es wird vom Steuergerät anhand der Werte von der Lambda-Sonde automatisch geregelt. Wer vor der ASU sicherheitshalber den CO-Gehalt messen lassen will, fährt mit betriebswarmem Motor bei einer geeigneten Tankstelle oder Werkstatt vor. Prüfwert bei geregeltem Kat am Endrohr der Auspuffanlage: CO $< 0{,}5\,\%$.
Vorsicht: Wegen der hohen Spannungen an den Klemmen der Zündanlage (TSZ) Drehzahlmesser nur bei stehendem Motor an- und abklemmen.

- Motor warmfahren.
- Luftfilter nicht abnehmen.
- Alle elektrischen Verbraucher ausschalten.
- Klimaanlage ausschalten. Automatik auf P oder N schalten.
- Der Kühlerventilator darf bei der Prüfung nicht laufen.
- Leerlaufdrehzahlen für Motor XU 5J und XU 9J: 850–900/min; für Motor XU 9JAZ: 850–950/min.
- CO-Gehalt im Abgas prüfen und ggf. je nach Motor mit der Gemisch-Regulierschraube am Luftmengenmesser einstellen.
- Motor XU 9JAZ: Nichts einstellen, evtl. Fehlerdiagnose durchführen.
- Ohne Kat: 1–2 Vol.% CO. Gemisch-Regulierschraube hineindrehen = CO steigt und umgekehrt.
- Motor XU 9 J: Lambda-Testspannung an Leitungsstecker 22 am Steuergerät auf $6{,}8 \pm 1$ Volt einstellen. Gemisch-Regulierschraube hineindrehen = Spannung fällt (Gemisch fetter) und umgekehrt.

Fingerzeig: Grundvoraussetzung für eine funktionierende Lambda-Regelung ist die richtige Leerlauf-Grundeinstellung, d.h. der CO-Gehalt muß stimmen, sonst liegt die Regelung stets an einem Ende des Regelbereichs. Gleiche Bedingungen bestehen, wenn das Gemisch durch Nebenluft stark abgemagert ist.

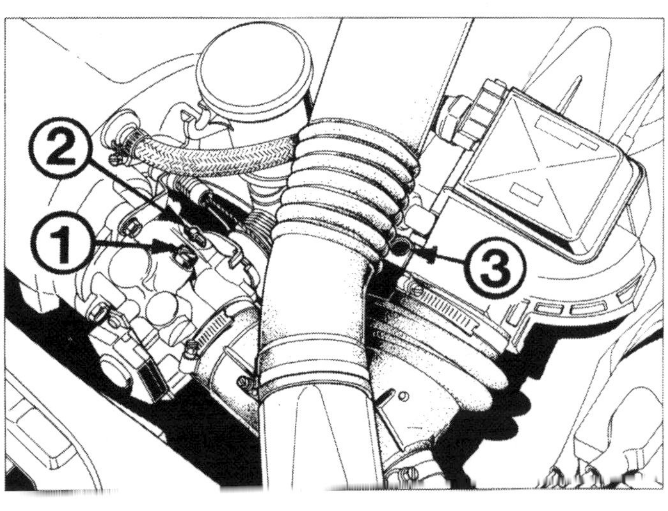

1 – Leerlaufdrehzahl-Einstellschraube;
2 – Einstellschraube für das Schalten des Leerlaufkontaktes. Hier nichts verdrehen, denn zuerst müßte die Grundstellung der Drosselklappen eingestellt werden (Werkstattsache);
3 – Gemisch-Regulierschraube am Luftmengenmesser.

Im Störungsbeistand ist zusammengestellt, wo die Ursache einer Störung liegen könnte. Die Zahlen geben an, in welcher Reihenfolge vorgegangen werden sollte. Bevor man sich auf die Fehlersuche macht, noch folgendes beachten:

- ○ Die Zündanlage muß fehlerfrei sein.
- ○ Der Motor muß mechanisch in Ordnung sein (Kompressionsdruck, Steuerzeiten).
- ○ Kraftstoff im Tank? Batterie in Ordnung?

Warnleuchte (Diagnose) brennt bei eingeschalteter Zündung nicht	Warnleuchte (Diagnose) brennt nach dem Anlasser weiter	Motor springt nicht oder schlecht an	Motor springt an und stirbt wieder ab	Leerlauf ungleichmäßig	Aussetzer in allen Drehzahlbereichen	Leistungsmangel	Zu hoher Kraftstoffverbrauch	Leerlauf nicht einstellbar (Drehzahl zu hoch)	KONTROLLEN (siehe entsprechenden Abschnitt)
	1	1	1	1	1	1	1	1	Eigendiagnose*
2	2								Stromversorgung des elektronischen Steuergeräts
1	3								Warnleuchte (Diagnose)* erneuern
				7	7	8	6		Einspritzventile (Funktion)
		7		9	6	7	4		Luftmengenmesser
		5		8	5		5		Motortemperaturfühler
		4	5	4				2	Zusatzluftschieber
				5					Drosselklappenschalter
				10				4	Drosselklappengrundeinstellung
				2			2		Leerlaufdrehzahl
		2	2	3		3			Luftsystem
		3	3			4			Kraftstoffpumpensteuerung
		6	4	6	3	5	3		Kraftstoffdruck
					4	6			Kraftstoffördermenge
						2		3	Einstellung der Gasbetätigung
					2				Ladestromkreis
		8	6	11	8	9	7		Ventilspiel und Verdichtungsdrücke
		9	7	12	9	10	8		Test mit neuem Steuergerät
							9		Auspuffanlage vor Lambda-Sonde undicht, z.B. Verschluß auf CO-Entnahmerohr fehlt.

* nur Motronic

Eng verbunden

In einem Wagen mit Schaltgetriebe wird die Kupplung für zweierlei gebraucht: Zum einen muß sich mit ihr die Verbindung Motor/Getriebe beim Schalten trennen lassen, denn nur ein nicht belastetes Getriebe läßt den Gangwechsel zu. Zum zweiten kann die Kupplung beim Anfahren den laufenden Motor sanft mit den zunächst noch stehenden Teilen des Antriebs verbinden.

Funktion der Kupplung

Die Kraftübertragung zwischen Motor und Getriebe erfolgt durch die Kupplung. Die arbeitet ausschließlich mit Reibung, und das kann man sich so vorstellen: Zwei Anlageflächen nehmen eine dritte in die Zange und halten sie so stark fest, daß sie sich mit den beiden anderen mitdrehen muß. Trick der Sache ist der, daß diese Verbindung jederzeit gelöst werden kann, denn sonst könnten beide Teile genauso gut miteinander verschraubt werden. Um die Teile beim Namen zu nennen: Fest mit dem Motor verbunden sind die **Schwungscheibe** und die federbelastete **Druckplatte.** Dazwischen eingeklemmt ist die **Mitnehmerscheibe,** die mit der Getriebwelle fest verzahnt ist.
Eine weitere wichtige Funktion hat das **Ausrücklager** zu erfüllen: Beim Niedertreten des Kupplungspedals wird es über den Kupplungszug und verschiedene Hebel gegen die Druckplatte gepreßt und übernimmt nun gewissermaßen die Federkraft der Druckplatte. Die Mitnehmerscheibe ist dadurch aus ihrer Zwangslage befreit und kann sich zwischen Druckplatte und Schwungscheibe frei drehen. Motor und Getriebe sind kraftmäßig getrennt. Wird das Kupplungspedal wieder losgelassen, quetscht die Tellerfeder der Druckplatte die Mitnehmerscheibe wieder an die Schwungscheibe und aus ist's mit der Freiheit. Alle drei Teile stellen wieder eine feste, kraftschlüssige Verbindung dar. Die Motorkraft kann auf den Antrieb übertragen werden.

Lebensdauer der Kupplung

Es gibt Fahrer, die bereits nach 40000 km eine neue Kupplung brauchen, andere bringen es dagegen auf mehr als 100000 km. Eine hohe Laufzeit erreicht man, wenn der Wagen vorwiegend auf Langstrecken gefahren und die Kupplung vernünftig behandelt wird. Wer mit seinem Wagen hauptsächlich im Stadtverkehr fahren muß – wobei auch die Kupplung viel öfter getreten wird –, kann kaum so lange mit den ersten Kupplungsbelägen auskommen wie ein Langstreckenfahrer. Wie im Abschnitt »Funktion der Kupplung« angesprochen, bewirkt jedes Einkuppeln, daß die Beläge der Mitnehmerscheibe an ihren Gegenreibflächen schleifen und dabei heiß werden. Besonders verschleißfördernd ist hierbei das Anfahren mit hoher Motordrehzahl – Kavalierstart genannt –, Anfahren im 2. Gang, »Hermummogeln« an Kreuzungen im 2. oder 3. Gang mit teilweise getretenem Kupplungspedal oder das Schleifenlassen der Kupplung an Steigungen.

Auskuppeln beim Halt an der Kreuzung?

Recht verbreitet ist die Angewohnheit, mit eingelegtem 1. Gang und durchgetretenem Kupplungspedal an der roten Ampel zu warten. Mancher fürchtet, den Gang nicht gleich einlegen zu können, wenn das grüne Licht den Weg freigibt. Wenn auch kein direkter oder sofort meßbarer Schaden entsteht, so beansprucht das Auskuppeln doch das Ausrücklager und bewirkt so wieder Verschleiß. Je öfter und länger das vor den vielen Ampeln geschieht, desto früher ist dieses Lager abgenutzt.

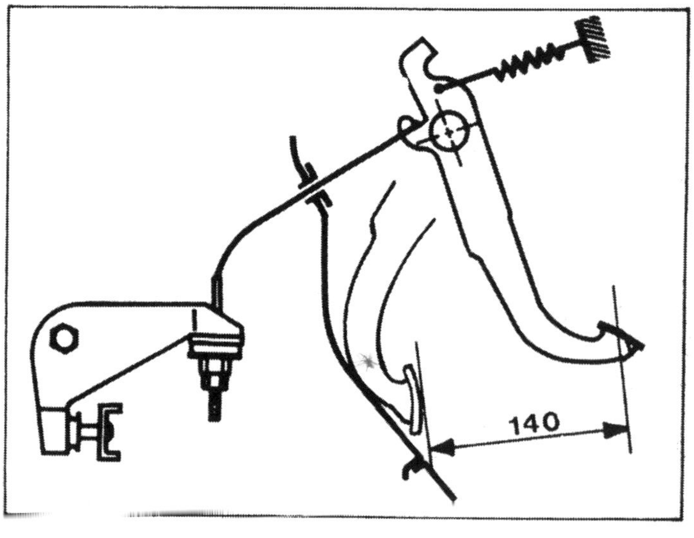

Beim Peugeot 205 ist die Kupplung richtig eingestellt, wenn sich ein Pedalweg von 140 mm ergibt.

An den flach liegenden XV-, XW- und XY-Motoren mit Getriebetyp BH wurde hier bezeichnet:
1 – Umlenkhebel;
2 – Lagerbolzen, bei Schwergängigkeit schmieren;
3 – Druckbolzen mit Einstellmöglichkeit;
4 – Ausrückhebel;
Pfeil – Motortypenschild.

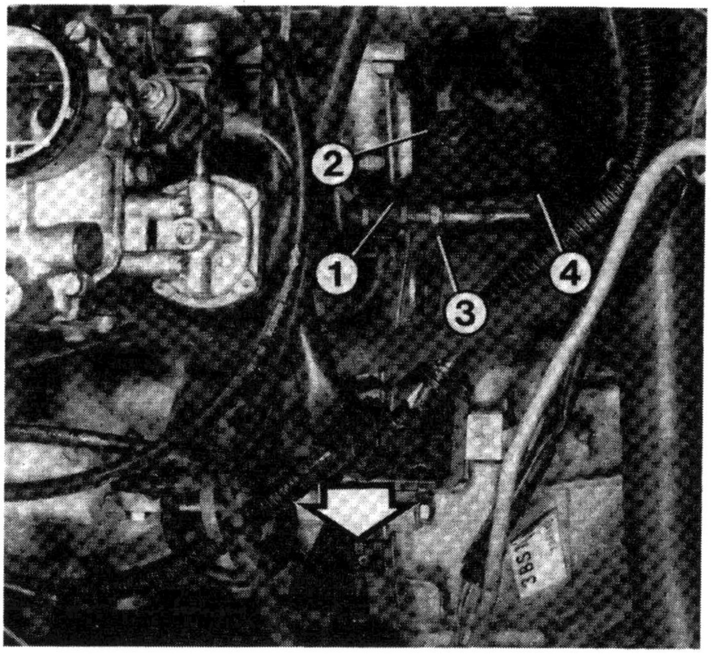

Kupplung prüfen

Der Verschleiß an der Mitnehmerscheibe läßt sich im eingebauten Zustand nicht erkennen. Das erste Anzeichen für Verschleiß ist, wenn die Kupplung durchrutscht. Eine schleifende Kupplung bemerken Sie beim Fahren zuerst im höchsten Gang unter Last. Der Motor dreht hoch, ohne daß die Fahrgeschwindigkeit im gleichen Maß zunimmt. Einen gewissen Aufschluß kann folgende Methode geben, die Sie aber nur gelegentlich anwenden sollten:

Schleift die Kupplung?

- Handbremse anziehen.
- Motor starten.
- 3. Gang einlegen, langsam einkuppeln und Gas geben.
- Bei einwandfreier Handbremse müßte der Motor abgewürgt werden.
- Dreht der Motor durch, wird ein Kupplungstausch bald fällig.

Trennt die Kupplung richtig?

Läßt sich das Getriebe auch bei warmem Motor nur schwer durchschalten oder wird der Schaltvorgang sogar von kratzenden oder krachenden Geräuschen »untermalt«, trennt wahrscheinlich die Kupplung nicht mehr richtig. Nur selten ist dieser Effekt auf ein schadhaftes Getriebe zurückzuführen. Um sicherzugehen, machen wir die Probe mit dem 1. oder dem Rückwärtsgang:

- Motor im Leerlauf drehen lassen.
- Kupplungspedal voll durchtreten, etwa drei Sekunden warten, dann versuchen, den Rückwärtsgang einzulegen.
- Läßt sich der Gang nur sehr schwer einlegen oder kratzt das Getriebe hörbar, trennt die Kupplung nicht mehr sauber. Die Mitnehmerscheibe läuft also nicht ganz frei.
- Kupplungsspiel prüfen.
- Prüfung nochmals durchführen.
- Andere Ursachen für nicht trennende Kupplung siehe Störungsbeistand am Ende des Kapitels.

Kupplungsspiel einstellen

Das Kupplungsspiel wird am Kupplungspedal mit einem Maßstab gemessen. Der Kupplungspedalweg muß **140 mm** betragen. Eingestellt wird am Zugende im Motorraum bzw. am Umlenkhebel beim Getriebe. Wartung Nr. 21

Fahren mit defektem Kupplungszug

Sollte unterwegs der Kupplungszug reißen, so muß das noch nicht das Ende der Reise bedeuten. Ein nahes Ziel oder die nächste Werkstatt kann man auch ohne Kupplungszug erreichen. Man kann sogar hoch- bzw. herunterschalten. Voraussetzung ist feinfühliger Umgang mit dem Gaspedal und Schalthebel, besonders beim Herunterschalten.
Gang herausnehmen: Gas wegnehmen und bei langsamer werdender Fahrt oder bei leicht abgebremstem Wagen Schalthebel in Richtung Leerlauf drücken.

Anfahren: Motor ausschalten, 1. Gang einlegen und Anlasser betätigen. Der Peugeot 205 ruckelt los und setzt sich in Bewegung. Den kalten Motor sollten Sie hierzu erst etwas warmlaufen lassen. Wer während der Fahrt nicht schalten will, fährt auf diese Weise in der Ebene im 2. Gang an.

Hochschalten: Im 1. Gang mit dem Anlasser anfahren. 1. Gang nur knapp über Leerlaufdrehzahl hinausdrehen. Gas etwas zurücknehmen, Schalthebel in Leerlaufstellung ziehen. Gaspedal loslassen und den Schalthebel mit leichter Hand in Richtung des 2. Gangs drücken. Bei richtiger Motor- und Getriebedrehzahl rutscht der Gang fast von selbst hinein. Wenn Sie zu lange gewartet haben, müssen Sie ein ganz klein wenig Gas geben, damit sich der Gang ohne Zähneknirschen einlegen läßt. Hat es nicht geklappt, halten Sie noch einmal an und versuchen das Ganze von neuem. In die weiteren Gänge wird auf die gleiche Weise hochgeschaltet. Am leichtesten geht es in sehr niedrigen Geschwindigkeiten: In den 2. Gang bei höchstens 20 km/h, in den 3. bei 25 km/h, in den 4. bei 35 km/h und in den 5. bei 45 km/h.

Herunterschalten: Hierbei muß die Motordrehzahl angehoben werden, damit sich der nächtsniedrige Gang einlegen läßt. Fuß etwas vom Gas, Gang herausnehmen, behutsam Gas zugeben und gleichzeitig den Schalthebel in Richtung des neuen Gangs drücken. Bei richtiger Motordrehzahl rutscht der Gang fast ohne Nachdruck hinein. Auch das Herunterschalten geschieht am besten wieder bei niedrigen Geschwindigkeiten und Drehzahlen.

Kupplung ausbauen

An speziellen Werkzeugen wird für diese Arbeit ein Zentrierdorn für die Mitnehmerscheibe gebraucht. Dieser Dorn ist nichts anderes als das Ende einer Getriebe-Antriebswelle. Zur Not läßt sich die Kupplungsscheibe jedoch auch mit einem anderen passenden Dorn (Stahlstift, runder Holzstiel etc.) behelfsmäßig zentrieren.

- Nur XV-, XW- und XY-Motoren: Kupplungsgehäuse ausbauen, siehe unten.
- Andere Motoren (Diesel, Einspritzer, TU-Motoren): Getriebe ausbauen (siehe Seite 130).
- Kupplungszug lösen.
- Sechs Schrauben um die Druckplatte lösen. Dreht sich die Schwungscheibe mit, muß ein Helfer einen Schraubendreher in die Verzahnung am Außenrand stecken. So kann die Drehung der Scheibe an einer lose eingedrehten Befestigungsschraube gebremst werden.
- Druckplatte und Mitnehmerscheibe abnehmen.
- Verschleiß der Druckplatte beurteilen: Zeigen die Spitzen der Tellerfeder Einlaufspuren tiefer als 0,3 mm? Stehen die Tellerfederspitzen alle schön parallel zur übrigen Druckplatte oder bilden sie an einer Seite ein Tal? Sind alle Nieten noch fest? Sind die Blattfedern unter dem Anlagering in Ordnung? Ist der Anlagering selbst frei von Rissen und Riefen? Außerdem darf der Ring zur Mitte hin nicht stärker als 0,3 mm durchgebogen sein (Metallineal auflegen). Sonst Druckplatte auswechseln.
- Verschleiß der Mitnehmerscheibe beurteilen: Ist noch genug Belagmaterial vorhanden oder stehen die Nieten (meist zuerst an der Druckplatten-Seite) schon bedrohlich weit vor? Peugeot gibt kein exaktes Verschleißmaß an, man muß sich also aufs Gefühl verlassen. Wir empfehlen, die Kupplungsscheibe schon beim kleinsten Zweifel auszutauschen. Ferner die Schraubenfedern der Scheibe kontrollieren. Ist eine gebrochen: Austausch-Scheibe einbauen.
- Kleines Führungslager in der Mitte der Kurbelwelle und das Ausrücklager auf Leichtgängigkeit prüfen.
- Innenverzahnung der Mitnehmerscheibe mit MoS_2-Paste (z. B. Molykote BR 2 Plus) fetten.
- Keilnuten der Welle und kleines Führungslager hauchdünn mit hitzebeständigem Fett bestreichen.
- Führungsrohr des Ausrücklagers, Enden (Drehpunkte) der Ausrückgabel fetten. Gummimanschette an Kugelbolzen abnehmen, darunter ebenfalls fetten.
- Falls sich Motoröl auf den Teilen der Kupplung befindet, Motorschwungscheibe ausbauen (Drehmoment der sechs Schrauben 70 Nm) und den Kurbelwellendichtring erneuern.
- Kupplungsscheibe (Federkäfig zur Druckplatte zeigend) und Druckplatte einsetzen, dabei Kupplungsscheibe mit Dorn zur Schwungseite zentrieren (Mittelbohrungen beider Teile müssen fluchten, damit sie leicht auf die Welle geschoben werden können).
- Druckplatte in mehreren Stufen über Kreuz festziehen.
- Kupplungsgehäuse bzw. Getriebe einbauen.
- Wird eine neue Druckplatte eingebaut, muß unbedingt das Korrosionsschutzwachs auf der Reibfläche mit Verdünnung abgewaschen werden. Sonst frühzeitiger Kupplungs-Verschleiß.

Kupplungsgehäuse ausbauen

XV-, XW- und XY-Motoren

- Fahrzeug vorn erhöhen, z. B. mit Auffahrrampen. Fahrzeug sichern.
- Batterie ausbauen.
- Motoröl ablassen.
- Schaltgestänge lösen.
- Motorhaube ganz öffnen und fixieren.
- Luftfilter und Anlasser ausbauen.
- Kupplungszug lösen und Druckstange herausnehmen.
- Motor unter Kupplungsgehäuse mit Rangierwa-

Kupplungsbetätigung bei seitlich angeflanschtem Getriebe BE1 oder MA:
1 – Kupplungszug mit Einstellmöglichkeit am Zugende;
2 – Umlenkhebel;
3 – Ausrückhebel;
4 – Feder;
5 – Druckbolzen;
6 – Lagerbolzen für Umlenkhebel.

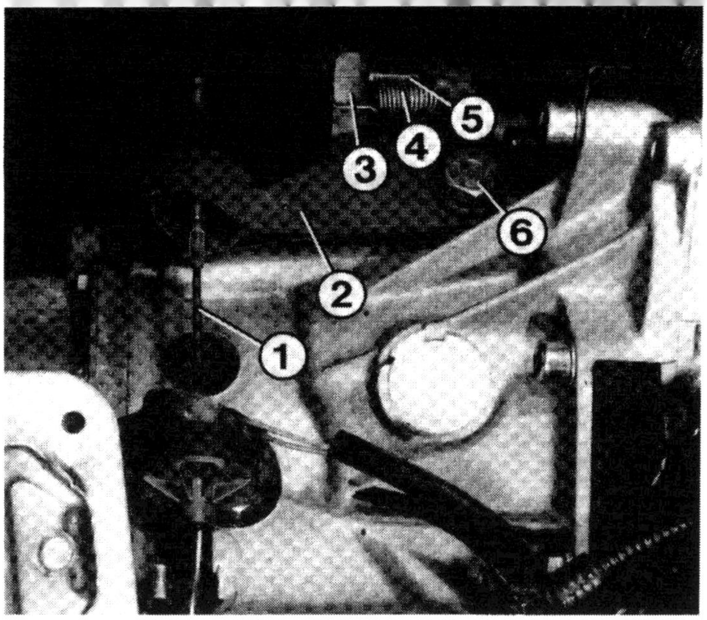

genheber unterstützen oder Motor linksseitig an Flaschenzug hängen.

- Motorlager unter der Batterie losschrauben.
- Motor ablassen, bis die linke Antriebswelle am Rahmen aufliegt.
- 14 Schrauben um das Kupplungsgehäuse abschrauben (Anzugsmoment 13 Nm). Kupplungsgehäuse mit Zahnrädern abnehmen.
- Zum Einbau neue Dichtung verwenden.

Das Ausrücklager

Das Ausrücklager wird beim Durchdrücken des Kupplungspedals von der Ausrückgabel auf die Tellerfederspitzen der Kupplungs-Druckplatte gepreßt. Die Kupplung wird dadurch entlastet. Dieses Drucklager ist wartungsfrei. Ist es defekt, macht es sich durch Mahlgeräusche bei getretener Kupplung bemerkbar. Deswegen muß es jedoch nicht sofort ausgewechselt werden. Die Arbeit kann bis zum nächsten Kupplungstausch aufgeschoben werden, wenn Getriebe bzw. Kupplungsgehäuse ohnehin ausgebaut sind.

Ausrücklager ausbauen

- Ausrücklager von Ausrückgabel abziehen.
- Wird das alte Lager wieder eingebaut, darf es nicht ausgewaschen werden – lediglich abwischen.
- Die Führungshülse, auf der das Ausrücklager hin und her verschoben wird, mit MoS_2-Fett bestreichen. Besteht diese aus Kunststoff, darf nicht gefettet werden.
- Zum Einbau Lager lediglich auf die Führungshülse schieben.

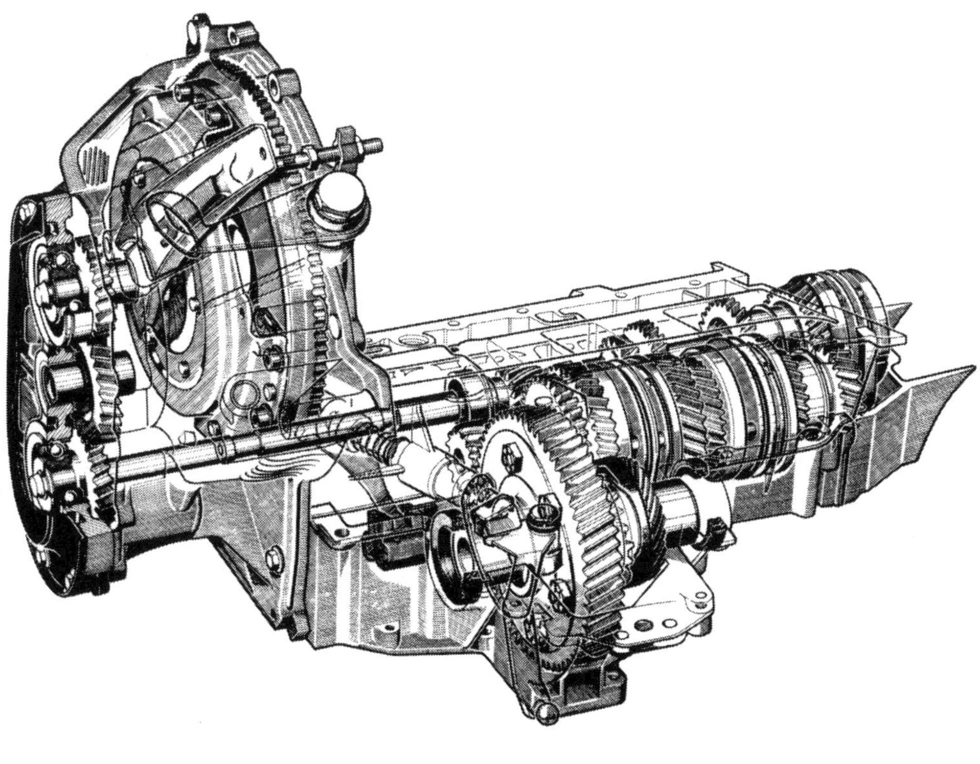

Getriebetyp BH mit Kupplungsgehäuse der flach liegenden XV-, XW- und XY-Motoren.
Zum Erneuern der Kupplung das Kupplungsgehäuse mit dem Zahnradsatz ausbauen.

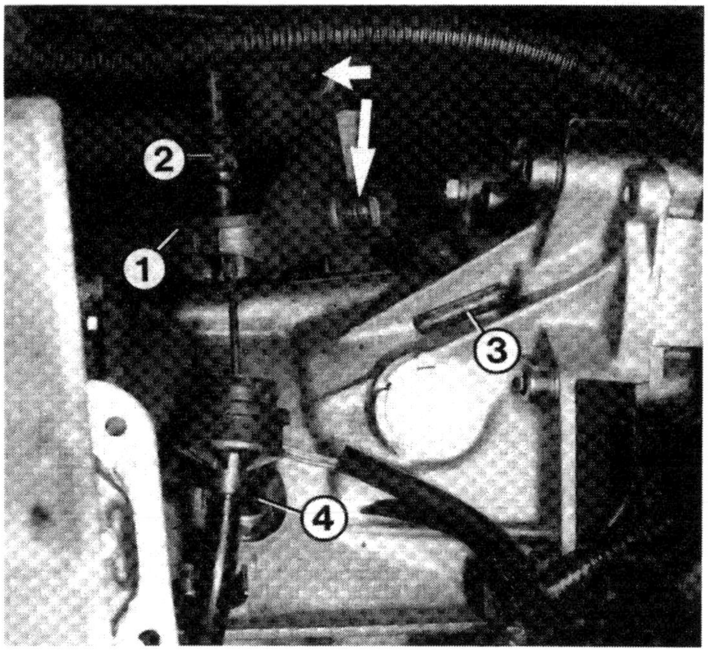

Losgeschraubte Kupplungsbetätigung bei seitlich angeflanschtem Getriebe BE1 oder MA:
1 – Umlenkhebel mit Seilzugabstützung;
2 – Einstellmuttern für Kupplungspedalweg;
3 – Druckbolzen;
4 – Schalter für Rückfahrscheinwerfer;
Pfeile – Schmierstellen.

Störungsbeistand

Kupplung

Die Störung	– ihre Ursache	– ihre Abhilfe
A Kupplung rutscht	1 Kupplungspedalweg zu klein	Auf 140 mm einstellen
	2 Kupplungsbeläge abgenutzt	Mitnehmerscheibe ersetzen
	3 Anpreßdruck der Kupplung zu gering	Kupplungsdruckplatte ersetzen
	4 Kupplung wurde überhitzt	Defekte Teile ersetzen
B Kupplung trennt nicht	1 Kupplungspedalweg zu groß	Auf 140 mm einstellen
	2 Mitnehmerscheibe hat Schlag	Mitnehmerscheibe ersetzen
	3 Mitnehmerscheibe verzogen oder Belag gebrochen	Mitnehmerscheibe ersetzen
	4 Mitnehmerscheibe klemmt auf Getriebewelle	Kupplung ausbauen, Kerbverzahnung mit Drahtbürste gründlich reinigen. Anschließend mit Moly-Paste oder -Spray schmieren
	5 Belag nach sehr langer Standzeit an Schwungscheibe festgerostet	Mit eingelegtem 1. Gang starten, Kupplung dauernd durchtreten. Ruckartig aufs Gaspedal treten und loslassen, um die Kupplung loszubrechen. Andernfalls ausbauen
	6 Tangential-Blattfedern der Druckplatte gebrochen	Druckplatte ersetzen
C Kupplung trennt nicht und rutscht gleichzeitig durch	Kupplungsdruckplatte defekt	Druckplatte auswechseln
D Kupplung rupft	1 Motor oder Getriebeaufhängung defekt	Motor- oder Getriebelager ersetzen
	2 Unebenheiten auf der Anlagefläche von Schwungscheibe oder Druckplatte	Defektes Teil ersetzen
	3 Falsche Beläge	Mitnehmerscheibe ersetzen
E Kupplungsgeräusche	1 Unwucht der Kupplungsdruckplatte bzw. Mitnehmerscheibe	Kupplungsdruckplatte bzw. Mitnehmerscheibe ersetzen
	2 Torsions-Dämpferfeder defekt	Mitnehmerscheibe ersetzen
	3 Ausrücklager defekt	Ausrücklager ersetzen
	4 Nietverbindungen in der Kupplung locker	Kupplungsdruckplatte ersetzen

Kraftgang

Mit seinen unterschiedlichen Übersetzungsstufen paßt das Getriebe die Drehzahl von Motor und Antriebsrädern einander an. So kann der Fahrer Einfluß auf Fahrgeschwindigkeit, Beschleunigungsvermögen und Bergsteigfähigkeit des Wagens nehmen.
Je nach eingebauter Getriebeversion ist man damit in der Lage, unter vier bzw. fünf Gängen den jeweils passenden auszusuchen oder das Automatikgetriebe schalten zu lassen. Im Peugeot 205 gibt es beim Schaltgetriebe zwei Getriebebauarten, die zu unterscheiden sind:
XV-, XW- und XY-Motoren: Bei diesen flach liegenden Vergasermotoren ist das Getriebe in die Motorölwanne integriert und wird vom Motoröl mitgeschmiert.
Andere Motoren: Das abgeschlossene Getriebe (Typ MA oder BE) ist seitlich links am Motor angeflanscht.

Das Schaltgetriebe

Die Motorleistung wird über die Kupplung auf die Eingangswelle des Schaltgetriebes geleitet. Auf dieser Eingangs- oder Antriebswelle sitzen 5 Zahnräder (einschließlich Rückwärtsgang; beim 5-Gang-Getriebe sogar 6), die mit 5 bzw. 6 dazu passenden Zahnrädern auf der sogenannten Abtriebswelle ständig im Eingriff stehen. Diese Zahnräder können frei umlaufen, bis eines von ihnen beim Schalten eines bestimmten Gangs mit seinem entsprechenden Gegenrad auf der Antriebswelle gekuppelt wird. Das Verhältnis der Zähnezahlen des jeweiligen Zahnradpaars ergibt die betreffende Übersetzungsstufe.
Unser Peugeot 205 hat – wie alle Personenwagen – »vollsynchronisierte« Vorwärtsgänge.
Beim Gangwechsel wird nicht etwa eine Verbindung zwischen den Zahnrädern, sondern zwischen Zahnrad und Welle hergestellt. Um die Drehzahlen von Welle und Zahnrad einander anzugleichen, läßt man einen Teil der Welle gegen einen Teil der anderen Welle über Reibelemente schleifen. Durch die Reibung wird die schnellere Welle abgebremst, bis bei Gleichlauf eine kraftübertragende Verbindung hergestellt werden kann. Da die Synchronisation für diese Drehzahlanpassung einen Sekundenbruchteil braucht, soll man besonders bei kaltem Motor und noch steifem Getriebeöl den Schalthebel nicht gewaltsam »durchreißen«.

Schaltungsprobleme

Wenn sich die Gänge nur noch schwer einlegen lassen oder die Schaltung nach längerer Fahrt plötzlich schwergängig ist, kommt als Fehlerursache weit häufiger die Kupplung oder der Kupplungszug in Betracht als das Getriebe. Das Einstellen der Schaltung dient lediglich dazu, den Schalthebel in die richtige Position zu bringen und damit die Schaltwege auszurichten.
Das Einstellen selbst muß die Peugeot-Werkstatt vornehmen, denn nur dort sind die jeweiligen Einstellmaße und Methoden der vielen verschiedenen Getriebe und Schaltgestänge bekannt. Bei Schaltungsproblemen können Sie prüfen, ob sich vielleicht eine Schaltstange gelöst hat. Außerdem sollten Sie Schaltungsprobleme während der Garantie reklamieren.

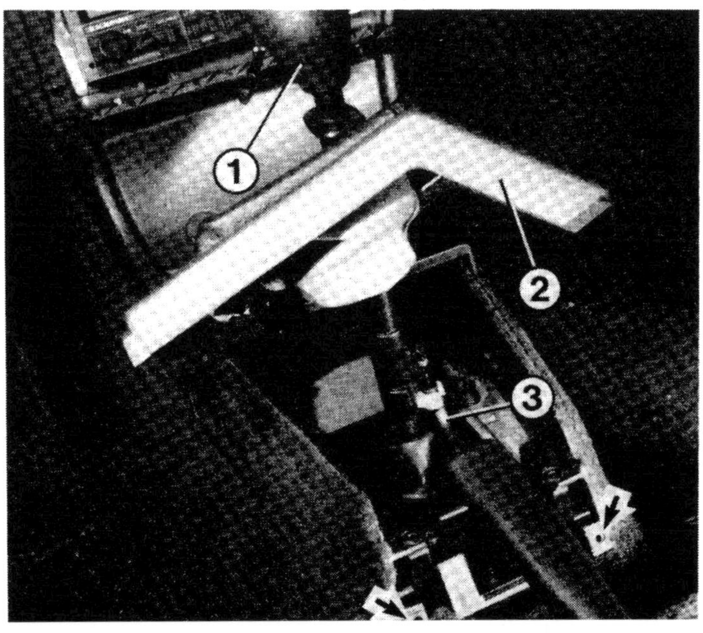

1 – Schalthebel beim Peugeot 205 Diesel;
2 – Schalthebelabdeckung, zum Ausbau zwei Schrauben (Pfeile) herausdrehen;
3 – Entriegelungszug für Rückwärtsgangsperre.

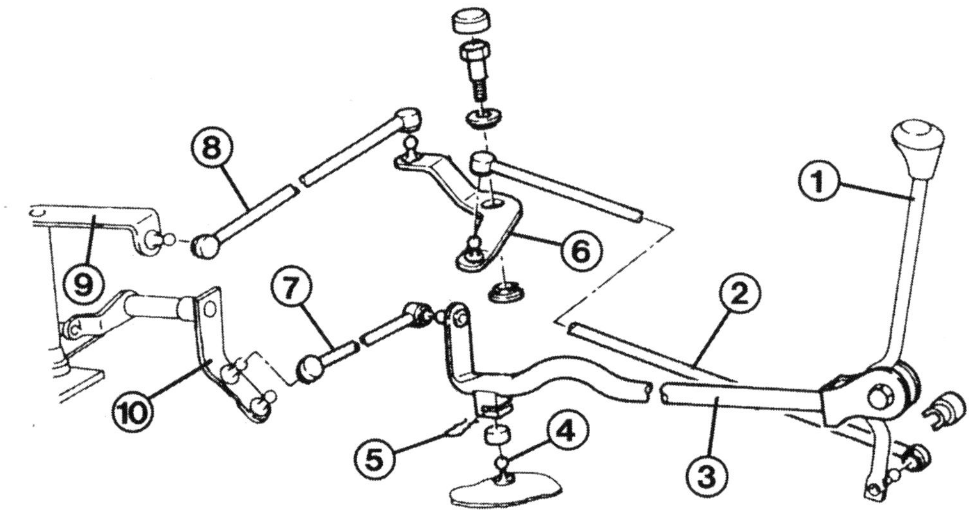

Schaltgestänge beim Getriebe MA:
1 – Schalthebel;
2 – Schaltstange;
3 – Wählstange;
4 – Kugelbolzen;
5 – Spange;
6 – Umlenkhebel;
7 – Wählstange;
8 – Schaltstange;
9, 10 – Schalthebel am Getriebe.

Schaltgetriebe aus- und einbauen

Die Beschreibung bezieht sich auf die am Motor angeflanschten Getriebe MA und BE1, siehe Motoren- und Typentabelle. Bei den XV-, XW- und XY-Motoren ist das Getriebe in der Motorölwanne eingebaut, deshalb ist hier die Ölwanne auszubauen.

Zum Ausbau muß der Wagen so aufgebockt werden, daß Sie sowohl im Motorraum als auch an der Wagenunterseite arbeiten können. Das Getriebe wird nach unten abgenommen.

- Motorhaube ganz öffnen und fixieren.
- Batterie und Batteriestandblech ausbauen.
- Luftfilter ausbauen.
- Folgende Teile lösen: Massekabel, Tachowelle, Schaltgestänge, Schaltungszug für Rückwärtsgangsperre, Kupplungszug.
- Zündverteilerkappe und Verteilerfinger ausbauen.
- Anlasser ausbauen.
- Luftmengenmesser (Einspritzer) ausbauen.
- Handbremse anziehen.
- Radkappen abnehmen.
- Antriebswellen ausbauen.
- Motor linksseitig mit Rangierwagenheber unterstützen oder Motor an Flaschenzug hängen.
- Motorlager unter Batterie losschrauben.
- Getriebehalter ausbauen.
- Motor vorsichtig so weit wie möglich ablassen.
- Getriebe unterstützen oder aufhängen.
- Oben 3 Schrauben Motor/Getriebe abschrauben.
- Getriebe nach unten ausbauen.
- Vor dem Einbau die Kerbverzahnung der Getriebewelle reinigen und mit MoS_2-Paste schmieren. Kontrollieren, ob die Paßhülsen zur Zentrierung des Getriebes im Motorblock eingesetzt sind.
- **Einbau** grundsätzlich mit neuen Wellendichtringen der Antriebswellen.
- Alle selbstsichernden Schrauben erneuern.
- Anzugsdrehmomente: Getriebe/Motor 45 Nm; Motorlager seitliche Muttern 18 Nm und zentrale Mutter 35 Nm; Muttern an Konsole der rechten Antriebswelle und Anlasser 18 Nm; Klemmschraube am Traggelenk 45 Nm; Antriebswellenmutter 265 Nm.

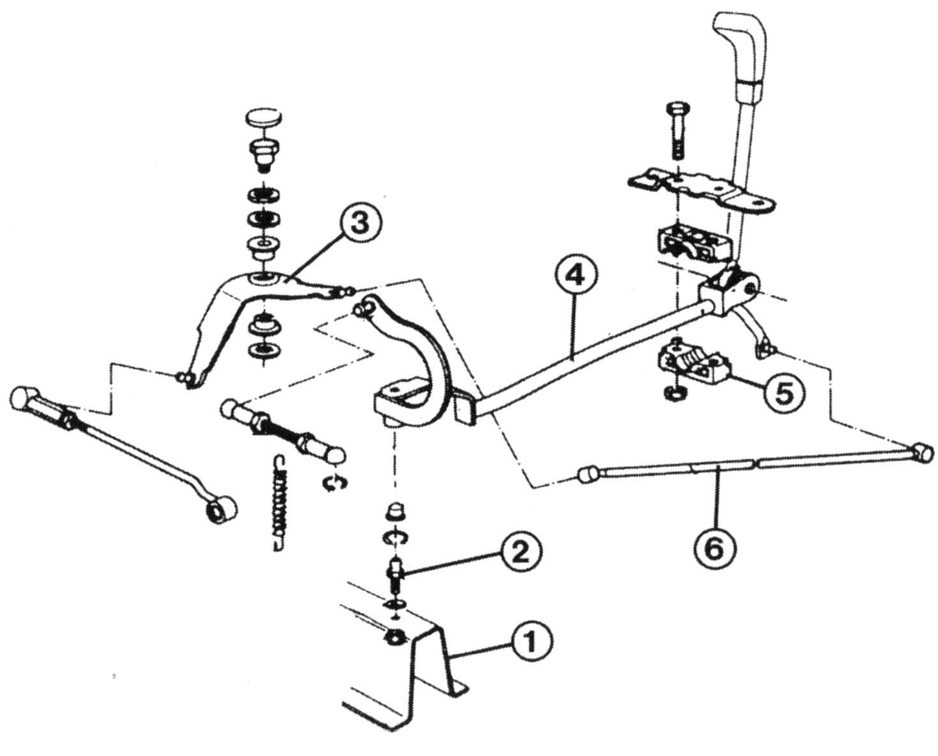

Schaltgestänge beim Getriebe BH:
1 – Querträger;
2 – Kugelbolzen;
3 – Umlenkhebel mit Lagerteilen;
4 – Wählstange;
5 – Gleitlager;
6 – Schaltstange.

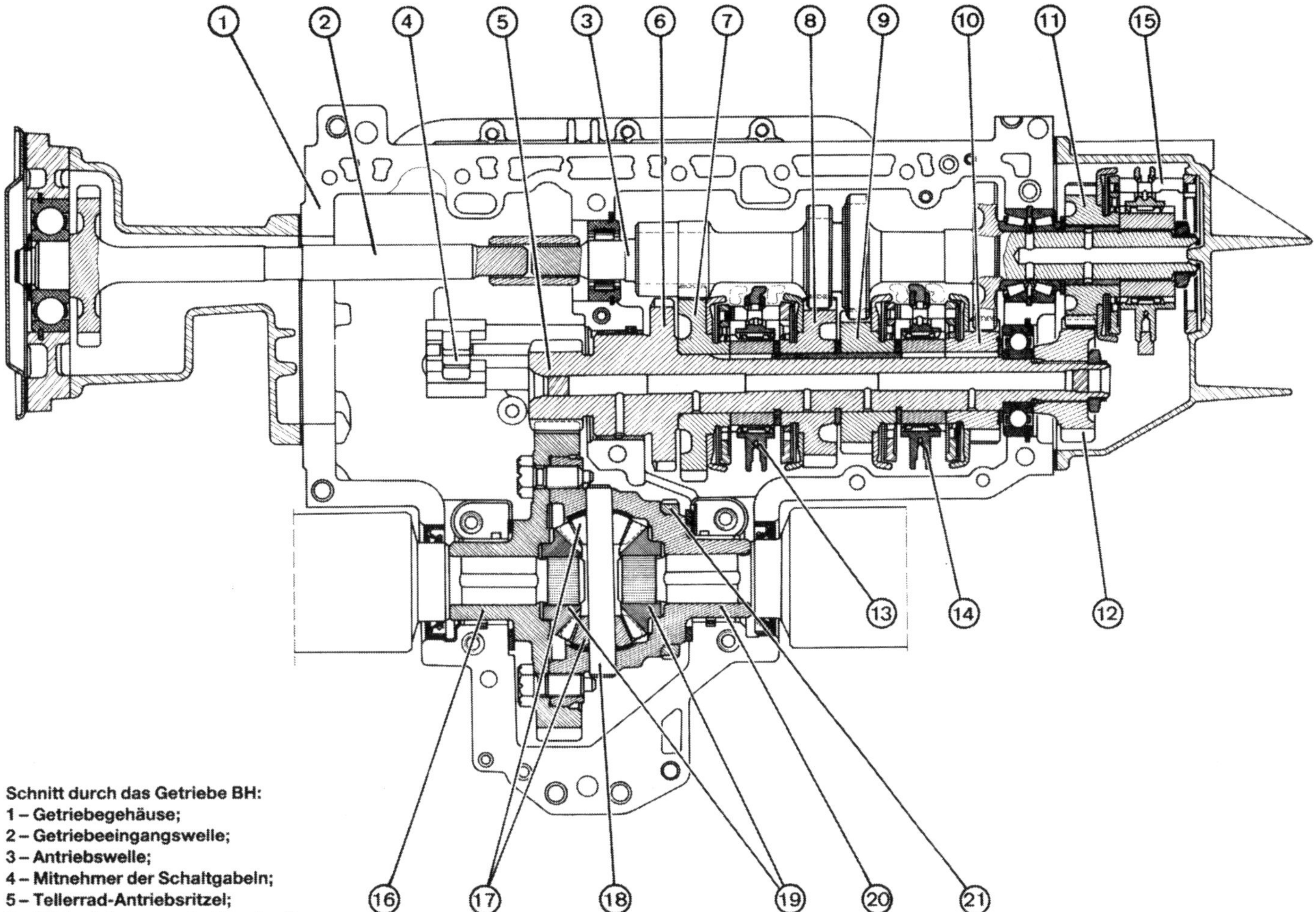

Schnitt durch das Getriebe BH:
1 – Getriebegehäuse;
2 – Getriebeeingangswelle;
3 – Antriebswelle;
4 – Mitnehmer der Schaltgabeln;
5 – Tellerrad-Antriebsritzel;
6 – Rückwärtsgangrad – Hauptwelle;
7 – 1. Gangrad;
8 – 2. Gangrad;
9 – 3. Gangrad;
10 – 4. Gangrad;
11 – Zahnrad des 5. Ganges auf Antriebswelle (5-Gang-Getriebe);
12 – 5. Gangrad (5-Gang-Getriebe);
13 – Synchronkörper des 1./2. Gangs;
14 – Synchronkörper des 3./4. Gangs;
15 – Synchronkörper des 5./Rückwärtsgangs (5-Gang-Getriebe);
16 – Tellerrad;
17 – Ausgleichskegelräder;
18 – Ausgleichskegelräderachse;
19 – Achswellenkegelräder;
20 – Ausgleichsgehäuse;
21 – Tachoschnecke.

Getriebegeräusche

Im Lauf der Zeit kann das Getriebe durch Geräuschentwicklung auf sich aufmerksam machen. Dann sollten Sie zuerst nach dem Ölstand im Getriebe sehen.

○ Tritt ein heulendes Geräusch in einem Gang auf und verändert sich der Ton beim Gasgeben und Gas wegnehmen, dürfte die Verzahnung des betreffenden Gangradpaares verschlissen sein.

○ Bei Geräuschen in allen Gängen liegt es am Achsantrieb oder an den Getriebe-Wellenlagern.

○ Rauhe, mahlende Geräusche, die erst bei warmem Getriebe hörbar werden, weisen auf schlagende Synchronringe hin. Bei dünnflüssiger werdendem Öl wird dieses immer an derselben Stelle vom Synchronring weggedrückt.

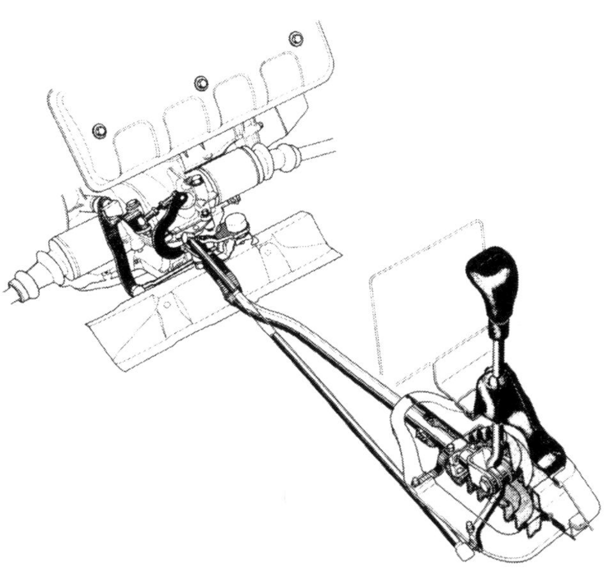

Die Ansicht zeigt den Verlauf der Schaltstangen zum Getriebe BH, welches bei den flach liegenden XV-, XW- und XY-Motoren in die Motorölwanne eingebaut ist.

Fingerzeig: Werkstätten wagen sich nur selten an die Reparatur oder Überholung eines Getriebes, sondern raten lieber zu einem Austauschaggregat. Preiswerter ist in den meisten Fällen der Einbau einer gebrauchten Schaltbox von der Autoverwertung. Achten Sie dabei auf die richtigen Getriebe-Kennbuchstaben. Bei Unsicherheiten müssen Sie eine Peugeot-Werkstatt um Rat fragen.

Automatisches Getriebe

Kernstück aller Automatikgetriebe sind sogenannte Planetensätze. Die bestehen aus einem Zahnrad, um das drei weitere Zahnräder umlaufen. Über diese Anordnung ist ein Ringrad mit Innenverzahnung gestülpt. Jeweils zwei dieser Baugruppen sind zu einem Radsatz zusammengefaßt und bilden ein eigenes kleines Zweigang-Getriebe.

Das Geniale an diesen Getrieben ist die Art, sie zu schalten. Dazu werden nämlich keine Zahnräder getrennt oder zugeschaltet, sondern die Übersetzungsänderung erfolgt lediglich durch Festhalten oder Loslassen von Teilen des Planetensatzes. Das Schalten geschieht also ohne Unterbrechen des Kraftflusses. Das Halten und Lösen besorgen in der Praxis hydraulisch gesteuerte Lamellenkupplungen.

Wann das Schalten zu erfolgen hat, bestimmt die hydraulische Getriebesteuerung nach den Kriterien Fahrgeschwindigkeit, Motorbelastung, Kickdown und Wählhebelstellung.

Um ein mehrstufiges Getriebe zu erhalten, werden beim Peugeot 205 zwei Planetensätze hintereinandergeschaltet. So entsteht ein Dreigang-Getriebe mit Rückwärtsgang.

Der Drehmomentwandler

Zwischen Motor und Automatikgetriebe sitzt keine herkömmliche Reibkupplung, wie wir sie vom Schaltgetriebe her kennen. Vielmehr wurde ein hydraulischer Drehmomentwandler verwendet, in dem das Drehmoment des Motors auf Schaufelräder übertragen wird. Bei laufendem Motor versetzt das mit ihm gekuppelte Pumpenrad die Wandlerflüssigkeit (ATF) in eine Drehbewegung und schleudert sie nach außen gegen das Wandlergehäuse. Dabei trifft die Flüssigkeit auf das sogenannte Leitrad, das den ATF-Strom in die vorgesehene Richtung lenkt. Dabei wird auch das mit dem Getriebe verbundene Turbinenrad in Drehung versetzt.

Weil die Zahnräder des Planetengetriebes dauernd im Eingriff stehen und die Wandlerflüssigkeit bei laufendem Motor immer versucht – durch den Motor in Drehung versetzt – das Getriebe und damit auch die Antriebsräder zu bewegen, »kriecht« der Peugeot 205 Automatik im Leerlauf, muß also mit der Fuß- oder Handbremse gehalten werden. Um eine optimale Leistungsabgabe des Motors zum Getriebe zu erreichen, wird der Wandler bei höheren Drehzahlen überbrückt und so sein Schlupf aufgehoben.

Automatikgetriebe prüfen

Für den Selbsthelfer bietet das Automatikgetriebe kaum Möglichkeiten zur Eigeninitiative. Gezielte Prüfungen helfen jedoch, den Fehler einzukreisen, was nicht zuletzt beim Gebrauchtwagenkauf interessant ist:

- Der ATF-Stand im Getriebe ist bei Störungen als erstes zu prüfen (siehe Kapitel »Schmieren«).
- Riecht die ATF am Peilstab verbrannt, liegt ein schwerer Getriebeschaden vor. Die Bremsbänder bzw. Kupplungslamellen sind dann defekt.
- Auf einer Probefahrt können die Schaltpunkte überprüft werden.
- Beurteilen der Schaltvorgänge gehört dazu.
- Die Einstellung des Bowdenzugs zwischen Getriebe und Vergaser bzw. Einspritzung ist eine wichtige Voraussetzung für fehlerfreie Arbeitsweise.
- Gleiches gilt für die Einstellung des Wählhebels.

Schaltpunkte

Die km/h-Angaben (ca. ± 5 %) gelten für einen Peugeot 205 Automatik mit Vergasermotor mit 55 kW/75 PS. Die Klammerwerte gelten bei Motor XU 9J1 ab Modelljahr 1989.

Schaltvorgang	1–2	2–3	3–4	4–3	3–2	2–1
bei geringem Gasgeben	17 (18)	50 (40)	68 (65)	60 (55)	44 (34)	15 (16)
bei Vollgas	46 (39)	80 (95)	130 (123)	108 (105)	77 (72)	40 (34)
bei Kick-down	60 (56)	112 (104)	155 (140)	140 (130)	107 (100)	56 (52)

Beurteilen der Schaltvorgänge

- **Hochschalten:** Bei Teilgas ist der Gangwechsel kaum wahrnehmbar; bei Vollgas oder Kickdown werden die Übergänge zwar etwas deutlicher, doch stets muß der höhere Gang geschmeidig fassen. Kurzes Hochdrehen beim Gangwechsel deutet auf Fehler hin, die genauer untersucht werden müssen.
- **Herunterschalten:** Ohne Gas (beim Ausrollenlassen) kaum spürbar bei sehr niederen Geschwindigkeiten. Ein Stoß ist beim Rückschalten mit Teil- oder Vollgas normal. Das Zurückschalten ohne Gas mit dem Schalthebel dauert 1 bis 2 Sekunden. Wird beim zwangsweisen Zurückschalten mit dem Schalthebel gleichzeitig Gas gegeben, erfolgt der Gangwechsel ohne Verzögerung.

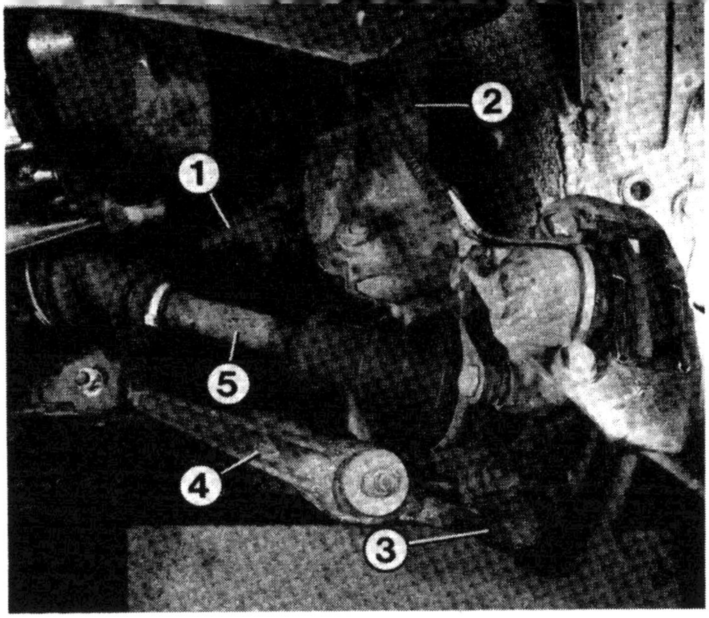

Hier sind Teile der vorderen linken Radaufhängung beim Peugeot 205 Diesel bezeichnet:
1 – Verbindung Motor- und Radträger an Karosserie;
2 – Federbein;
3 – unteres Traggelenk;
4 – Querlenker;
5 – Antriebswelle.

Der Startblockierschalter

Wagen mit automatischem Getriebe besitzen einen Startblockierschalter, der ein Anlassen des Motors nur in Wählstellung »P« und »N« zuläßt. Der Schalter sitzt unten am Wählhebel und steuert ein Relais. Über den Arbeitskontakt des Relais läuft beim Startvorgang der Strom vom Zündschloß zum Anlasser-Magnetschalter.

- Streikt der Anlasser, obwohl »P« oder »N« eingelegt ist, Verkleidung am Wählhebel abnehmen.
- Am Stecker überbrücken.
- Läßt sich der Anlasser jetzt betätigen, muß der Schalter am Wählhebel ausgetauscht werden.

Fingerzeig: Fahrzeuge mit Automatikgetriebe dürfen nicht weiter als 40 bis 50 km geschleppt werden, sonst reicht die Getriebeschmierung nicht aus. Aus dem gleichen Grund gilt eine Höchstgeschwindigkeit von 50 km/h. Im Zweifelsfall den bequemeren Weg wählen und den Wagen verladen lassen.

Der Achsantrieb

Getriebe und Achsantrieb sitzen in einem gemeinsamen Gehäuse. Wenn Sie die Zeichnung auf Seite 131 oben betrachten, erkennen Sie, daß die vom Motor ans Getriebe geleitete Kraft über ein kleines und ein großes Zahnrad an den Achsantrieb gelangt. Am großen Zahnrad ist das Gehäuse des Ausgleichsgetriebes angeschraubt. In diesem Gehäuse sitzen vier ineinandergreifende Kegelräder, von denen zwei mit den Antriebswellen verbunden sind.

Solange Sie geradeaus fahren, rollen beide Vorderräder mit der Drehzahl des großen Achsantriebsrades. Die Kegelräder des ebenfalls im gleichen Tempo drehenden Ausgleichsgetriebe-Gehäuses dagegen stehen still. Beim Durchfahren einer Kurve muß das kurvenäußere Rad einen längeren Weg zurücklegen als das innere. Jetzt treten die Kegelräder in Aktion: Die schnellere Drehung des äußeren Rades und seines Kegelrades wirkt über die beiden Übertragungskegelräder auf jenes Kegelrad auf der Kurveninnenseite ein, das nun entsprechend langsamer dreht.

Dieser Ausgleich ist notwendig, sonst würde der Wagen ruckartig mit durchdrehenden Vorderrädern durch die Kurven fahren. Nachteilig wirkt sich das Ausgleichsgetriebe jedoch aus, wenn ein Antriebsrad auf glattem Untergrund durchdreht. Dann wird auf das andere Rad keine Kraft mehr übertragen, der Wagen rührt sich nicht von der Stelle.

Die Antriebswellen

Damit Sie beim Fahren und Lenken kein Zerren in der Lenkung verspüren, müssen die Gelenke der Antriebswellen die Kräfte in allen Feder- und Lenkstellungen vollkommen gleichmäßig übertragen. Diese Anforderung erfüllen die Gelenke auf den Antriebswellen (innen sogenannte Tripodengelenke für den Längenausgleich, außen Gleichlaufgelenke für die Lenk- und Federbewegungen).

Linke Antriebswelle (oben) und die längere Welle zum rechten Vorderrad:
1 – Tripodengelenke;
2 – Manschette;
3 – Gleichlaufgelenke;
4 – Keilverzahnung;
5 – Gewinde.

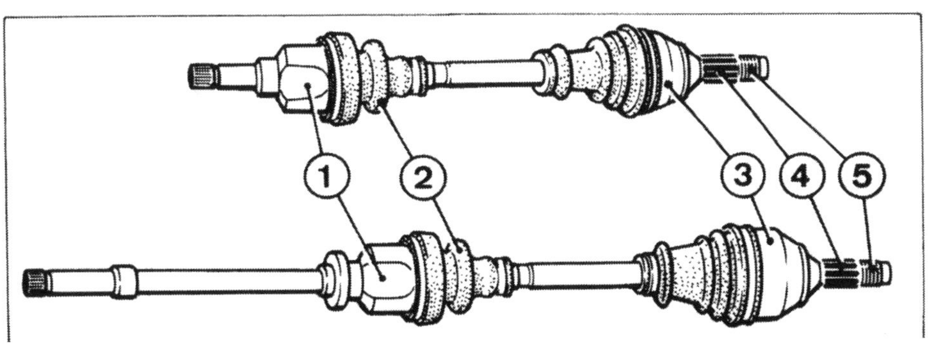

Beim Peugeot 205 kommen je nach Baujahr und Motorleistung unterschiedliche Antriebswellen zum Einsatz – hier beim Austausch auf Teile-Nummer achten und genau vergleichen.

Manschetten der Antriebswellen prüfen

Die Gelenke der Antriebswellen sind durch Gummimanschetten vor Feuchtigkeit und Schmutz geschützt. Deshalb sollten Sie diese Manschetten regelmäßig unter die Lupe nehmen, ob sie nicht durch Risse undicht geworden sind.

- Jeweils ein Vorderrad hochbocken, Wagen abstützen.
- Betreffende Achswelle langsam durchdrehen und dabei die Manschette auf spröde Stellen bzw. Löcher untersuchen. Auch Fettspuren können auf ein Loch hindeuten.
- Sitzen die Schlauchbinder fest?
- Beschädigte Staubmanschetten baldigst auswechseln, sonst zerstört eindringendes Wasser die Gelenke, und die Antriebswellen sind nicht gerade billig!

Störungen an den Antriebswellen

Gewöhnlich gibt es mit den Antriebswellen keine Probleme. Ihre Lebensdauer hängt natürlich von der Fahrweise ab. Vollgasstarts mit eingeschlagenen Vorderrädern und Anfahren mit durchdrehenden Antriebsrädern führen zu vorzeitigem Defekt.
Die Gelenke der Antriebwellen zeigen meist schlagartig Ausfallserscheinungen, die aber zwischendurch wieder völlig verschwinden können. Die »ruhige Phase« kann sich über mehrere Tage und Kilometer erstrecken.

○ Charakteristisch sind **rhythmische Schlag- oder Knack-knack-knack-Geräusche** beim Gasgeben und im Schiebebetrieb. Verändern sich diese Töne noch abhängig vom Lenkeinschlag, dürfte das radseitige Gelenk defekt sein.

○ **Vibrationen und Zitterbewegungen im Lenkrad** bei eingeschlagenen Rädern weisen ebenfalls auf ein schadhaftes äußeres Gelenk.

Antriebswellen aus- und einbauen

Abhängig von Motor und Baujahr muß teilweise unterschiedlich vorgegangen werden, im Prinzip ist die Arbeit aber gleich.

- Bei XV-, XW- und XY-Motoren das Motoröl ablassen. Sonst Getriebeöl ablassen.
- Handbremse anziehen.
- Radkappen abnehmen.
- Antriebswellenmutter in der Mitte der Vorderräder abschrauben.
- Radschrauben lösen.
- Fahrzeug vorn aufbocken und sichern.
- Klemmschrauben unten an den Achsschenkeln abschrauben.
- Verbindung Achsschenkel unten und Gelenk lösen. Dabei Achsschenkel nicht mit Werkzeug spreizen (später Bruchgefahr!). Wärmeabschirmbleche abnehmen.
- Muttern an der Konsole lösen, durch welche die rechte Antriebswelle führt. Exzenterschrauben eine halbe Umdrehung drehen.
- Erst rechte, dann linke Antriebswelle ausbauen. Vorderräder entsprechend einschlagen.
- Gelenkmanschetten nicht beschädigen!
- Zum Einbau grundsätzlich neue Wellendichtringe am Ausgleichsgetriebe einbauen.
- Alle selbstsichernden Schrauben erneuern.
- Rechte Antriebswelle nur mit Kunststoffschutzhülse ins Ausgleichsgetriebe einsetzen. Diese ist neuen Dichtringen beigepackt.
- Wärmeabschirmbleche an Traggelenke einbauen.
- Anzugsdrehmomente: Muttern an Konsole der rechten Antriebswelle 18 Nm; Klemmschraube am Traggelenk 45 Nm; Antriebswellenmutter 265 Nm; Radschrauben 85 Nm.
- Getriebeöl/Motoröl einfüllen

Fingerzeige: Beim Getriebe BE1 bis Fahrgestellnummer 5391313 vor dem Ausbau der rechten Antriebswelle durch die Bohrung der bereits ausgebauten linken Welle einen geeigneten Stab ins Ausgleichsgetriebe stecken. Ansonsten können die Kegelräder ins Getriebe hinunterrutschen.
Fahrzeug nicht mit ausgebauten Antriebswellen und montierten Vorderrädern herumschieben – die Vorderradlager werden beschädigt.
Die Manschetten können einzeln ersetzt werden (Reparatursätze). Bei schadhaften Gelenken ist die komplette Welle auszutauschen.

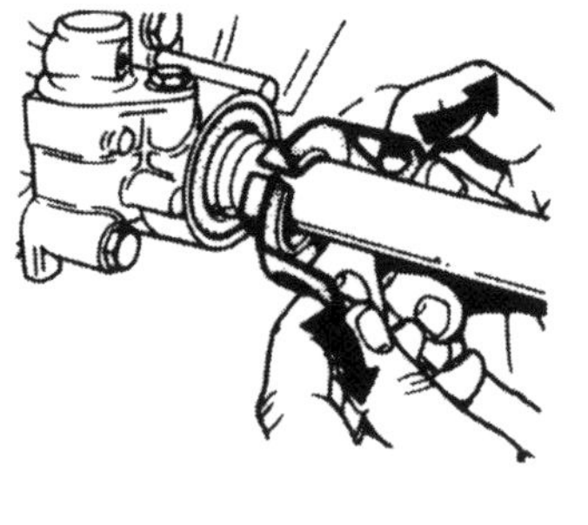

Beim Einbau der Antriebswellen neue Dichtringe einbauen und Dichtringe innen fetten. Zum Einsetzen der Wellen die Schutzhülse (Pfeile) verwenden.

Beine zeigen

Sache des Fahrwerks ist es nicht nur, guten Bodenkontakt herzustellen – also für gute Straßenlage zu sorgen. Darüber hinaus muß es Fahrbahnstöße in gedämpfte Bewegungen umwandeln, die von den Wageninsassen noch als angenehm empfunden werden. Das ist die schwierigste Anforderung an die Radaufhängung, denn Fahrkomfort läßt sich nicht nur in Zahlen ausdrücken, es zählt außerdem der subjektive Eindruck mit dem eigenen »Popometer«.

Die Vorderradaufhängung

Eine Vorderachse im landläufigen Sinne gibt es im modernen Automobilbau schon längst nicht mehr. Vielmehr sind die beiden Vorderräder – jedes für sich – einzeln aufgehängt. Die Zeichnung zeigt alle Teile der vorderen Radaufhängung an Ihrem Peugeot 205.

Kern der Vorderradaufhängung ist das sogenannte McPherson-Federbein, an dem das Rad über den Achsschenkel befestigt ist und das sich gleichzeitig für Federung und Stoßdämpfung zuständig fühlt. Der Achsschenkel ist unten über das Traggelenk durch eine Klemmverbindung mit dem Querlenker verbunden. Ein elastisch aufgehängtes Lager verbindet das Federbein oben mit der Karosserie. Unten ist es über den sogenannten Querlenker gelenkig mit dem Vorderachsträger verbunden. Mit der Lenkung haben die Querlenker übrigens nichts zu schaffen – ihren Namen bekamen sie vielmehr, weil an ihnen die Federbeine angelenkt (sprich: gelenkig aufgehängt) sind und weil sie quer zur Fahrtrichtung stehen. Der Querlenker ist an einem Lagerpunkt mit dem Achsträger verbunden (beim GTI/CTI Dreiecksquerlenker).

Außerdem sind die beiden Querlenker noch mit einem mehrfach gebogenen Rundstab aus Federstahl miteinander und der Karosserie verbunden – dem sogenannten Stabilisator. Der bewirkt folgendes: Wenn bei Kurvenfahrten das innere Rad ausfedert, wird der Stabilisator in sich verwunden. Mit der so entstehenden Federkraft wird nun die kurvenäußere Radaufhängung unterstützt und somit deren Feder gewissermaßen verstärkt. Erfolg: Der Wagen neigt sich beim Kurvenfahren wesentlich schwächer. Federt der Wagen – etwa beim Bremsen – vorn gleichmäßig ein, bleibt der Stabilisator wirkungslos. Der Stabilisator ist noch gegen seitliches Verschieben über einen Stab am Achsträger abgestützt.

Der Achskörper aus Stahlblech ist an sechs Stellen mit der Karosserie verbunden. An ihm ist noch die Zahnstangenlenkung und das rechte Motorlager befestigt.

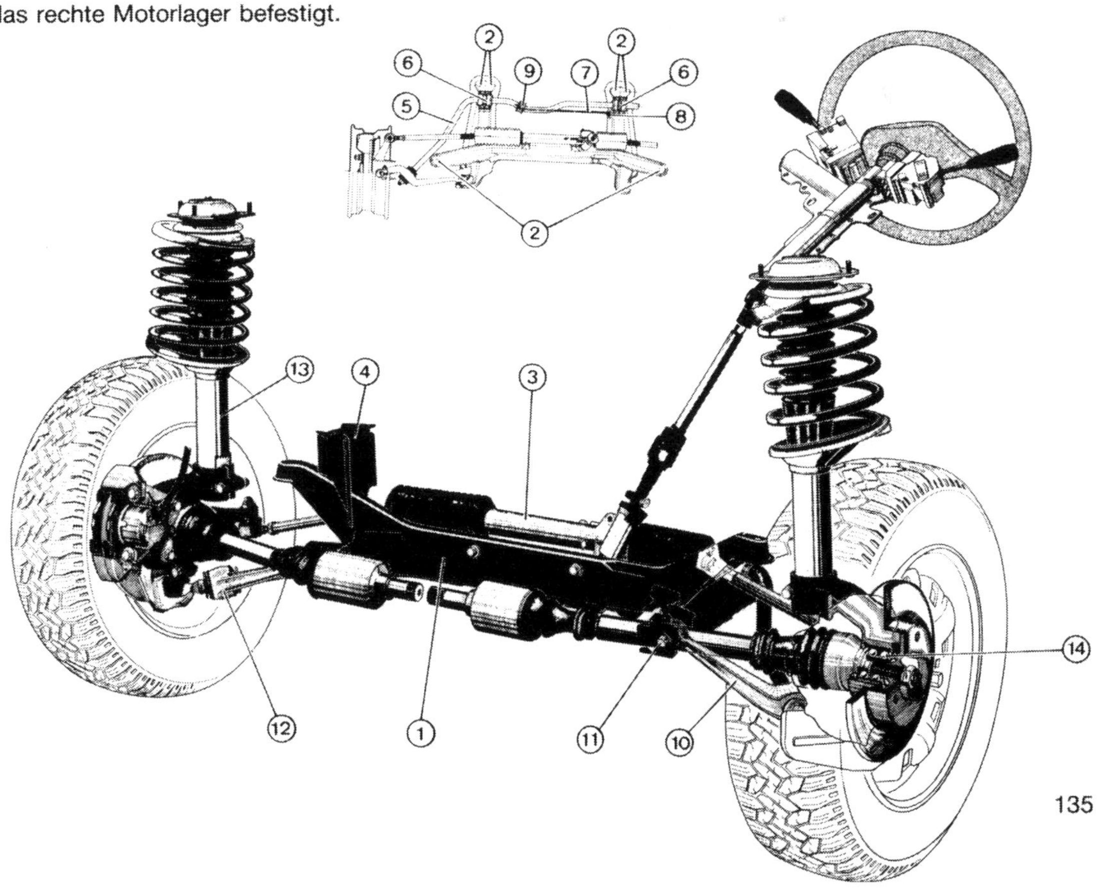

Die Vorderachse des Peugeot 205 (außer GTI/CTI):
1 – Träger;
2 – Verbindung zur Karosserie;
3 – Lenkgetriebe;
4 – Motorlager;
5 – Drehstab;
6 – Drehstablagerung;
7 – Drehstab-Querabstützung;
8 – Befestigung;
9 – Schelle,
10 – Querlenker;
11 – Querlenkerlagerung;
12 – Drehstablager im Querlenker;
13 – Federbein;
14 – Radlager.

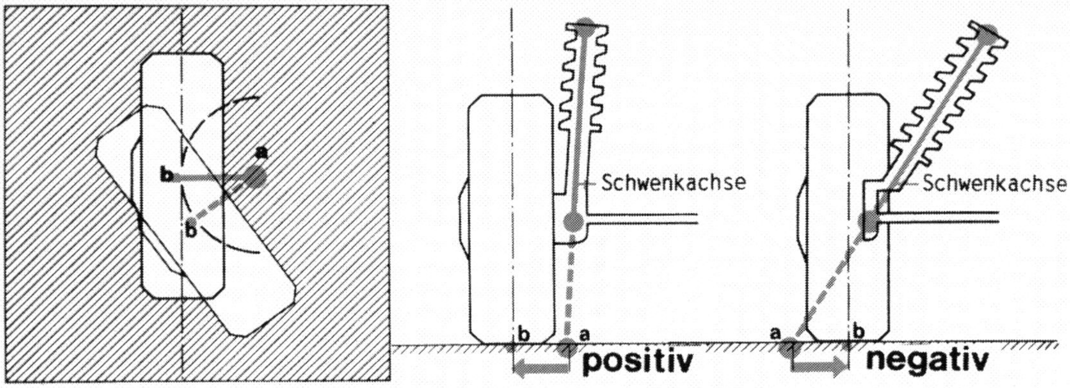

Trifft die (gedachte) Verlängerung der Schwenkachse außerhalb der Radmitte auf dem Boden auf, ist der Lenkrollradius negativ, trifft sie innerhalb auf, ist er positiv. Unter Schwenkachse versteht man die Linie, um die das Rad beim Lenken schwenkt.

Die Radeinstellung

Die Vorderräder müssen für ein sicheres Fahrverhalten in Längs- und Seitenrichtung in bestimmten Winkelstellungen stehen. Damit Sie sich unter der **Lenkgeometrie** etwas vorstellen können, hier eine Erläuterung der Begriffe:

○ **Spur:** Beim Peugeot 205 stehen die Vorderräder im Stillstand vorn geringfügig näher beisammen als hinten. Man sagt, die Spur ist »positiv« oder der Wagen hat »Vorspur«. Die Reibung zwischen Rad und Straße will das linke Rad nach links weg und das rechte nach rechts weg drücken. Das gleichen die Kräfte des Frontantriebs wieder aus, die bestrebt sind, die Vorderräder vorn zusammenzudrücken. Beim Hineinlenken des Wagens in eine Kurve geht die Vorspur in eine »Nachspur« über. Das geschieht durch die trapezförmige Anordnung des Lenkgestänges: Das kurveninnere Rad schwenkt stärker herum als das kurvenäußere. Dies ist auch notwendig, weil ja in einer Kurve die inneren Räder einen engeren Kreis fahren müssen als die äußeren.

○ **Sturz:** So nennt man die leichte Neigung der Vorderräder – oben im Radkasten haben sie beim Peugeot 205 einen engeren Abstand voneinander als unten am Boden. Das heißt in der Fachsprache »negativer« Sturz.

○ **Spreizung:** Sie gehört zum Sturz. Spreizung ist die geringfügige Neigung der Schwenkachse, um die beim Lenken die ganze Geschichte schwenkt. Beide Schwenkachsen haben oben einen kleineren Abstand voneinander als unten. Sturz und Spreizung verhindern zusätzlich das Flattern der Räder. Ferner erleichtern sie das Einschlagen der Räder.

○ **Nachlauf:** Darunter versteht man die Schrägstellung der Schwenkachse in Fahrzeuglängsrichtung. Das hilft ebenfalls, den Geradeauslauf zu stabilisieren und Flattern der Vorderräder zu verhindern. Außerdem bewirkt er eine Rückstellung der Lenkung nach Kurven.

Die Lenkung

Die Drehungen am Lenkrad wandelt ein Lenkgetriebe – es sitzt hinter dem Motor vor der Trennwand zum Innenraum – in eine hin- und hergehende Bewegung um, damit die Vorderräder zur Seite schwenken können. Der Peugeot 205 hat eine Zahnstangenlenkung. Ein Ritzel am Ende der Lenksäule greift in eine Zahnstange ein und verschiebt diese je nach Drehrichtung am Lenkrad nach rechts oder links. Diese Bewegungen übertragen die beiden an der Zahnstange angeschraubten Spurstangen auf die schwenkbaren Federbeine und damit auf die Räder.
Um Fahrbahnstöße vom Lenkrad fernzuhalten, ist bei Fahrzeugen ohne Servolenkung ein Lenkungsdämpfer am Lenkgetriebe angeschraubt.

Die Servolenkung

Bei der auf Wunsch eingebauten Servolenkung dient die Zahnstange im Lenkgetriebe gleichzeitig als Kolben. Dieser wird vom hineingepumpten Hydrauliköl nach rechts oder links verschoben. In welche Richtung gepumpt wird, bestimmen Sie beim Drehen des Lenkrads. Denn diese Drehung wird auf ein Ventilsystem übertragen, das Richtung und Menge des Flüssigkeitsstromes regelt. Den Druck im hydraulischen System erzeugt eine Flügelpumpe, die der Motor über einen Keilriemen antreibt.

Die Hinterachse

Die Hinterachse besteht aus einem Achsrohr, an dessen Enden gezogene Längslenker montiert sind. Die Federung übernimmt für jeden Längslenker ein Torsionsstab; gedämpft weden die Federbewegungen durch flach eingebaute doppelt wirkende Teleskopstoßdämpfer. Fast alle Varianten unseres Peugeot 205 (nicht bei Motor XW 7) haben einen Stabilisator in der Mitte des Achsrohres.

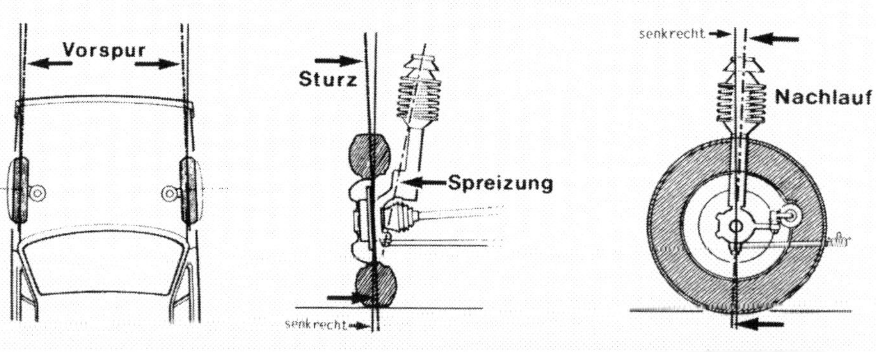

Damit Sie sich unter den nebenstehenden Begriffen etwas vorstellen können, haben wir sie hier zeichnerisch deutlich gemacht.

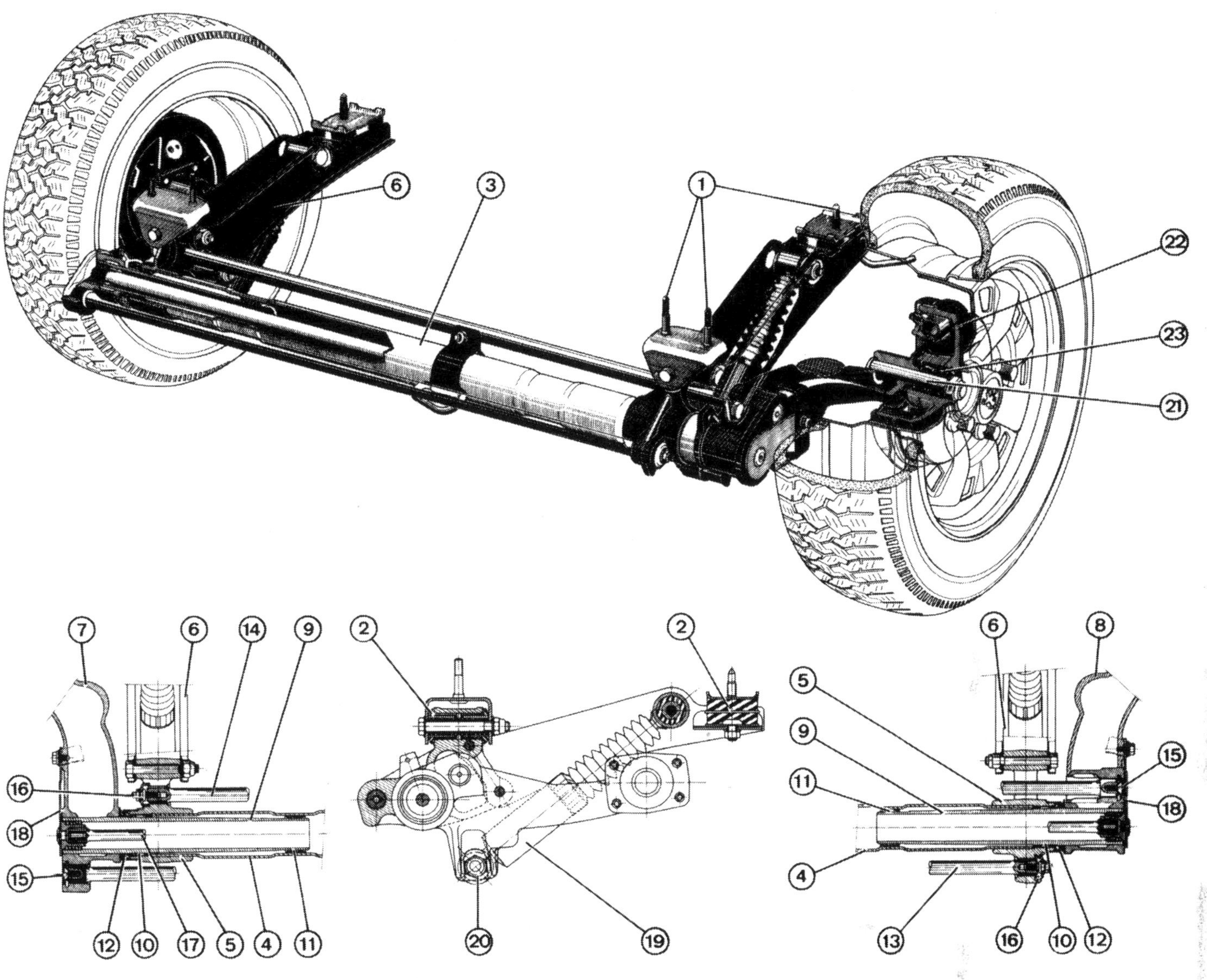

Teile der Hinterachse im Peugeot 205: 1 – Verbindung zur Karosserie; 2 – Gummilager; 3 – Hinterachsträger; 4 – Rohr; 5 – Trägergehäuse; 6 – Längsträger; 7, 8 – Längslenker (Grauguß); 9 – Lagerrohr für Längslenker; 10, 11 – Nadellager; 12 – Dichtringe; 13, 14 – Torsionsstäbe (ersetzen Federn); 15 – Exzenter mit Schraube; 16 – Bundstift, Scheibe und Mutter; 17 – Drehstab; 18 – Hebel zum Drehstab; 19 – Stoßdämpfer; 20 – Stoßdämpferbefestigung; 21 – Achsstumpf; 22 – Bremstrommel; 23 – Radlager.

Die Hinterachse ist auf jeder Seite an drei Stellen elastisch mit der Karosserie verschraubt. An den Enden des Achsrohres sind zwei stabile Gehäuse befestigt, welche die Lagerung der Grauguß-Längslenker und der Torsionsstäbe übernehmen. Am hinteren Ende der Lenker erfolgt die Befestigung der Bremstrommeln (GTI/CTI: Bremsscheiben) über ein doppelkegelförmiges Radlager.

Die Stoßdämpfer

Die Stöße der Fahrbahn schlucken Reifen und Federn. Die Stoßdämpfer indessen sollen die Schwingungen der Achsen und der Karosserie unterdrücken bzw. zum Abklingen bringen. Richtiger wäre daher die Bezeichnung »Schwingungsdämpfer«. Serienmäßig sind sogenannte Zweirohrdämpfer eingebaut. Sie bestehen aus einem Arbeitszylinder, in dem ein mit einer Kolbenstange verbundener Arbeitskolben auf und ab gleiten kann. Der Arbeitszylinder ist von einem zweiten Zylinder umgeben, der als Vorratsbehälter für das Stoßdämpfer-Hydrauliköl dient. Bei Federbewegungen eines Rades verschiebt sich der Kolben im Zylinder. Das in Bewegung versetzte Spezialöl wird durch Ventile hindurchgepreßt, was die Kolbenbewegung verlangsamt und damit die Schwingungen des jeweiligen Rades dämpft.

Lenkung prüfen

Manschetten des Lenkgetriebes kontrollieren: Ganz hinten unten im Motorraum sitzt das Lenkgetriebe, dessen Zahnstange mit Gummimanschetten geschützt wird. Diese müssen regelmäßig kontrolliert werden. Ein Wartung Nr. 20

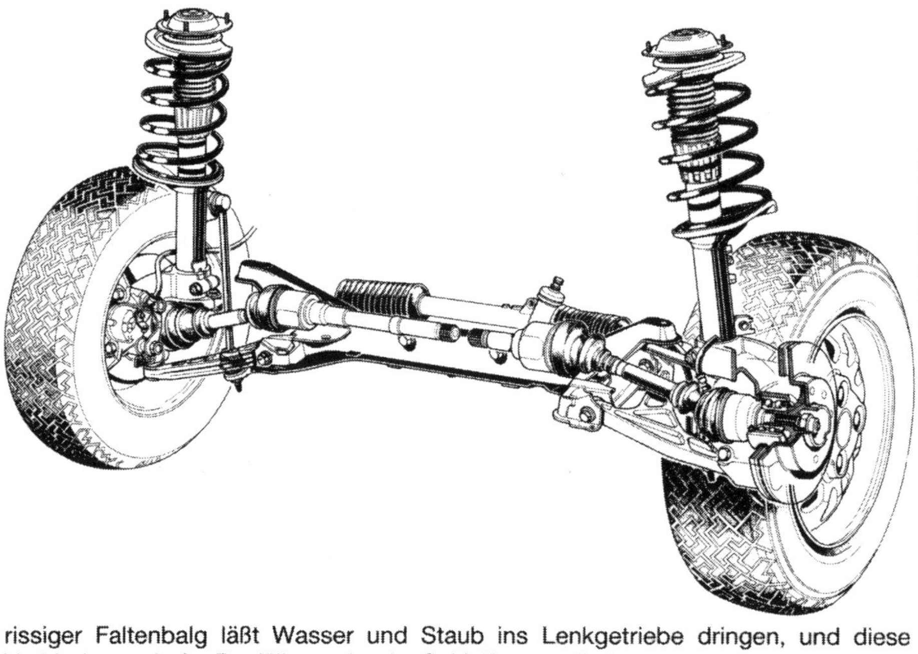

Die Vorderachse des Peugeot 205 GTI/CTI ist verstärkt. Die Radführung erfolgt unten über geschmiedete Dreiecksquerlenker. Der Drehstab ist stabiler befestigt. Außerdem sind innenbelüftete Bremsscheiben eingebaut.

rissiger Faltenbalg läßt Wasser und Staub ins Lenkgetriebe dringen, und diese Mischung produziert in Verbindung mit der Fettfüllung eine Art Schleifpaste, die Zahnstangenführung und Lenkritzel stark in Mitleidenschaft zieht. Rechtzeitige Kontrolle spart also Geld.

- Faltenbälge mit der Hand auseinanderziehen oder Lenkung einschlagen, um Risse in den Gummiwülsten zu erkennen.
- Sitzen die Schlauchbinder an den Enden der Gummimanschetten noch fest?
- Defekte Manschetten sofort ersetzen.

Staubkappen und Spiel der Spurstangenköpfe prüfen: Die gelenkigen Spurstangenköpfe am äußeren Ende der Spurstangen bestehen aus Stahl-Kugelköpfen, die mit etwas Fett wartungsfrei in eine Kunststoffschale eingebettet sind. Schutz vor Staub und Feuchtigkeit erhalten die Gelenke durch Gummikappen, deren Zustand öfters kontrolliert werden soll:

- Kontrollieren Sie die Staubschutzmanschetten rundum auf Risse.
- Spurstangenköpfe mit gerissenen Manschetten sind generell als defekt anzusehen – austauschen.
- Ob die Gelenke Spiel aufweisen, können Sie bei aufgebocktem Wagen durch Hin- und Herschwenken des Rades um seine Vertikalachse oder durch Rütteln an der Spurstange selbst feststellen.
- Andere Möglichkeit: Von Helfer das Lenkrad hin- und herdrehen lassen und bei auf dem Boden stehenden Wagen mit der Hand am Gelenk fühlen, ob Spiel vorhanden ist.
- Spurstangenköpfe mit Spiel sofort ersetzen!

Lenkungsspiel prüfen: Linkes Seitenfenster herunterkurbeln. Stellen Sie sich neben den Wagen. Durchs Fenster greifen und Lenkrad kurz hin und her drehen. Bewegt sich das linke Vorderrad aus der Geradeausstellung sofort mit? Achten Sie auf die Felge, denn der elastische Reifen kann einen Teil des Einschlags »schlucken«, ehe er sich bewegt. Bei Fahrzeugen mit Servolenkung den Motor im Leerlauf drehen lassen. Etwa 3 cm Lenkungsspiel am Lenkrad kann noch hingenommen werden, ansonsten die Ursachen klären. Evtl. haben die beiden Kardangelenke der Lenksäule zu viel Spiel.

Die Zahnstangenlenkung (1) sitzt tief versteckt hinter dem Motor. Weiterhin:
2 – Lenksäule;
3 – Lenkungsmanschette;
4 – Schalthebel am Getriebe.

Hinter einem Vorderrad finden Sie:
1 – Klemmverbindung Federbein/Achsschenkel, 58 Nm;
2 – Federbein;
3 – Bremsschlauch;
4 – Leitungssteckverbindung für Belagverschleißanzeige;
5 – Entlüftungsventil;
6 – Bremssattel;
7 – Bremsscheibe;
8 – Bestigungsschrauben für Bremssattel;
9 – Wärmeschutzblech für Traggelenk;
11 – Drehstablagerung im Querlenker;
12 – Antriebswellen-Manschette.

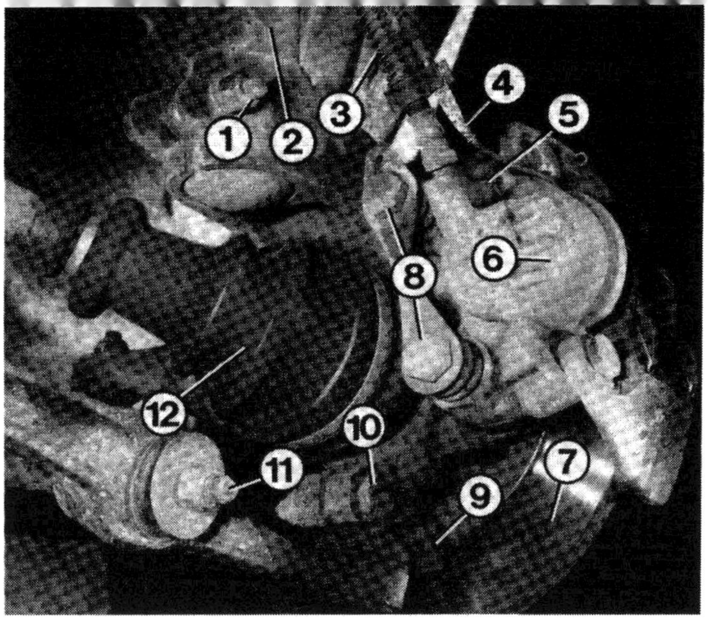

Staubkappen der Traggelenke prüfen

Wartung Nr. 19

Die Traggelenke der Vorderachse zwischen Querlenkern und Achsschenkeln sind wartungsfrei. Die stählernen Kugelköpfe der Traggelenke sitzen in einer Fett-Dauerfüllung und zusätzlich in Kunststoffschalen. Als Schutz vor Nässe und Schmutz dienen Gummistaubkappen. Eindringender Schmutz wirkt wie Schmirgelsand im Gelenk; Feuchtigkeit läßt es mit der Zeit festrosten (Geräusche). Betrachten Sie bei dieser Gelegenheit auch die Stoßdämpfer und die Federn: Die Stoßdämpfer dürfen außen nicht ölfeucht sein. Feder gebrochen?

● Lenkung nach einer Seite voll einschlagen.

● Kappen der Gelenke rechts und links auf Beschädigungen kontrollieren.

● Eine schadhafte Staubkappe nicht ersetzen, sondern komplettes Gelenk austauschen lassen. Was sinnvoll ist, denn sicher ist bereits Schmutz oder Wasser durch den Riß eingedrungen. Damit gilt das Gelenk als defekt, noch bevor sich »Spiel« oder Quietschgeräusche bemerkbar machen.

Stoßdämpfer prüfen

Stoßdämpfer fallen gewöhnlich nicht schlagartig aus, sondern ihre Wirkung läßt allmählich nach, woran man sich unbemerkt gewöhnt. Faustregel: Nach zwei verschlissenen Reifensätzen besitzen die Stoßdämpfer nur noch 50 % ihrer ursprünglichen Wirkung und sind somit zur Erneuerung reif.

Keine genaue Diagnose erhält man durch die bekannte »Schaukelmethode« im Stand, bei der man den Wagen am betreffenden Kotflügel aufschaukelt und plötzlich losläßt: Die Federbewegung müßte sofort gedämpft weden. So läßt sich aber nur ein total ausgefallener Stoßdämpfer feststellen.

Ein genaueres Bild über den Stoßdämpferzustand liefert ein spezieller Prüfstand. Anhand des Diagramms hat man einen Anhaltspunkt über die Funktionsfähigkeit der Stoßdämpfer. Solche Prüfstände haben Autoclubs im »Wandereinsatz« sowie manche Werkstätten und TÜV-Stellen.

Störungsbeistand

Stoßdämpfer

Es gibt einige untrügliche Anzeichen für nachlassende Stoßdämpferwirkung:

○ **Flatternde Lenkung,** weil die Räder keinen ständigen Fahrbahnkontakt haben.

○ **Die Karosserie schwingt weiter** nach Überfahren von Unebenheiten.

○ **»Schwammiges« Fahrverhalten** in Kurven, wobei die kurveninneren Räder nicht stark genug auf den Boden gedrückt und die äußeren nicht genügend entlastet werden.

○ **Vielfach unterbrochene Bremsspur** bei Vollbremsung.

○ **Ungleichmäßige Abnützung der Reifen** und erhöhter Reifenverschleiß.

○ **Erhebliche Ölspuren** außen am Stoßdämpfer bis unter den Federteller des Federbeins. Geringe Leckverluste sind dagegen normal.

Eigenarbeiten an Fahrwerk und Lenkung

Vorsichtsmaßnahmen

Fahrwerk und Lenkung sind für die Verkehrsicherheit von entscheidender Bedeutung. Eigenarbeiten an diesen Teilen sollte nur derjenige vornehmen, der sich seiner Sache völlig sicher ist. Andere sind mit derartigen Instandsetzungsarbeiten in einer Fachwerkstatt am besten aufgehoben.

Wer jedoch unbedingt an diesen Teilen schrauben will, sollte wenigstens nicht blindlings drauflosschlossern, sondern nach fachkundiger Anleitung arbeiten. So sind auch die Arbeitsbeschreibungen dieses Kapitels zu verstehen.

Federbein/Stoßdämpfer vorn ausbauen

Das Federbein besteht aus Stoßdämpfer und Schraubenfeder. Die Federbeine können schnell ausgebaut werden, weil sie eine Klemmverbindung zum Achsschenkel aufweisen. Die Stoßdämpfer sind oben umgebördelt und somit nicht zerlegbar. Bei der Arbeit äußerst vorsichtig mit der gespannten Feder umgehen. Federspanner gleichmäßig verteilt an Feder ansetzen und gleichmäßig spannen.

- Motorhaube öffnen.
- Befestigung des Federbeins (3 Muttern) einige Umdrehungen lösen.
- Zentrale Mutter oben im Federbein mit Ringschlüssel SW 22 einige Umdrehungen lösen. Dabei mit Innensechskantschlüssel 7 mm gegenhalten.
- Vorsicht – diese Mutter hält den oberen Federteller und somit die gespannte Feder! Mutter nicht zu weit lösen.
- Vorderradschrauben lösen.
- Fahrzeug vorn aufbocken, auf Unterstellböcke absetzen. Sichern!
- Vorderrad abbauen.
- Federspanner ansetzen, dabei möglichst viele Windungen fassen (nicht die Federauflagen).
- Rangierwagenheber am Achsschenkel unten ansetzen. Fahrzeug anheben (Radaufhängung soll einfedern).
- Von Helfer Fahrzeug zusätzlich nach unten drükken lassen. Dabei die Federspanner von Hand so weit wie möglich spannen.
- Fahrzeug wieder auf Unterstellböcke absetzen.
- Federspanner vollends spannen, bis die Feder von den Auflagen abhebt.
- Mutter und Schraube an der Klemmverbindung zum Achsschenkel abschrauben.
- Klemmverbindung vorsichtig etwas spreizen.
- Federbein aus Klemmverbindung ziehen.
- Achsschenkel mit Draht festbinden. Klappt er nach außen, können die Gelenke der Antriebswelle zu weit ausfahren.
- Federbein oben vollends abschrauben (3 Muttern) und aus dem Radkasten nehmen.
- Zentrale Mutter oben am Federbein abschrauben (Federteller müssen entlastet sein!). Vorsicht beim Umgang mit der gespannten Feder!
- Reihenfolge und Einbaulage der Scheiben und Puffer um die Federauflage genau merken.
- Gespannte Feder gleich auf neuen Stoßdämpfer stecken, Federauflage etc. einsetzen und die Mutter oben an der Kolbenstange einige Umdrehungen aufschrauben. Jetzt ist die gespannte Feder wieder »eingesperrt«.
- Federbein wieder einbauen. Klemmverbindung zum Achsschenkel und Befestigung oben mit neuen Schrauben/Muttern nur leicht andrehen.
- Federspanner gleichmäßig entspannen und ausbauen. Beim Entspannen auf richtigen Sitz der Feder im oberen und unteren Federteller achten.
- Vorderrad einbauen und Fahrzeug absetzen.
- Prüfen, ob das Federbein am Anschlag im Achsschenkel anliegt. Ggf. Klemmverbindung weiter lösen. Anzugsdrehmoment der Klemmverbindung 58 Nm.
- Weitere Drehmomente: Muttern (3) oben 13 Nm; zentrale Mutter oben an der Kolbenstange (neue selbstsichernde Mutter) 45 Nm; Radschrauben 80 Nm (Stahlfelgen) bzw. 90 Nm (Leichtmetallfelgen).

Hintere Stoßdämpfer erneuern

Bei dieser Arbeit müssen die Befestigungsschrauben in einem bestimmten Belastungszustand des Fahrzeuges festgedreht werden. Hierzu müssen die Hinterräder montiert sein. Am besten das Fahrzeug hinten auf Auffahrrampen stellen.

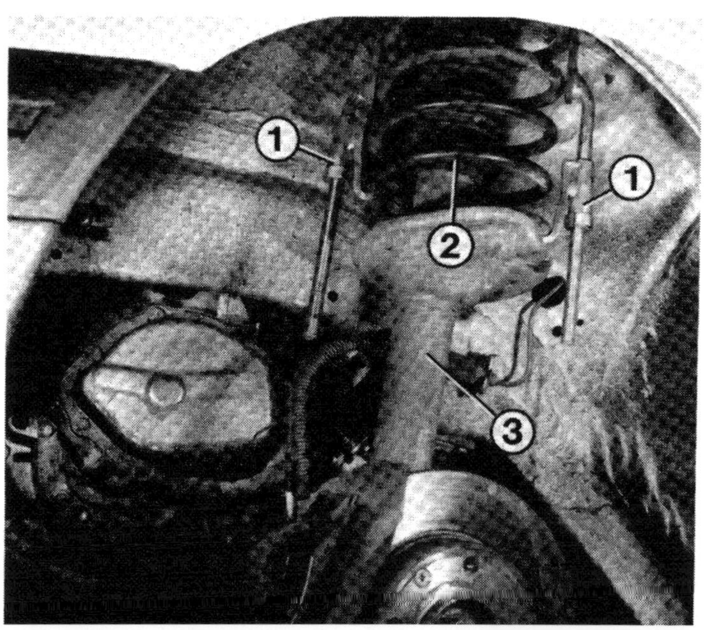

Mit Federspannern (1) aus dem Zubehörhandel kann die Feder (2) am Federbein (3) gespannt werden. Vorsicht mit der gespannten Feder!

Hier ist das rechte Hinterrad ausgebaut:
1 – obere Stoßdämpfer-Befestigung;
2 – Stoßdämpfer;
3 – untere Stoßdämpfer-Befestigung;
4 – Füllrohr zum Tank;
5 – Entlüftungsschlauch.

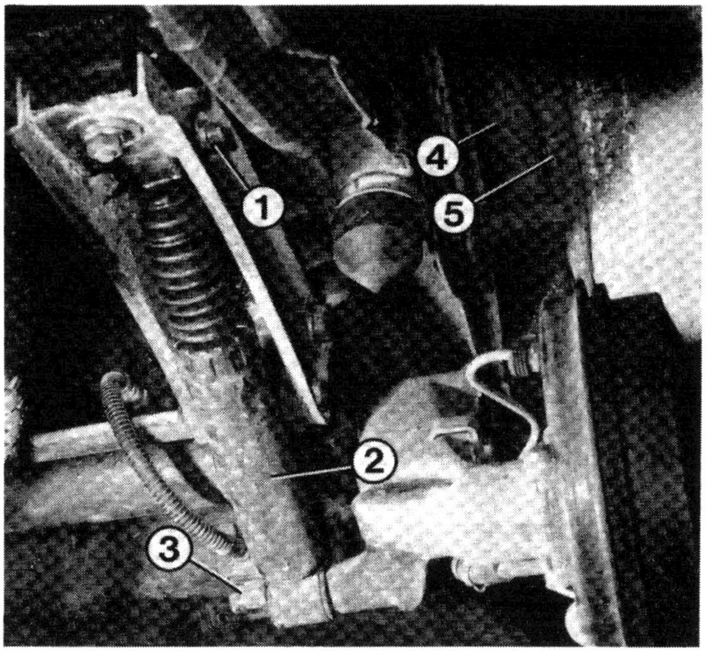

- Reserverad ausbauen.
- Stoßdämpfer am Längslenker abschrauben. Um auf der rechten Seite die Schraube zurückschieben zu können, das Halteblech für das Handbremsseil losschrauben und verschieben.
- Stoßdämpfer vom Rahmenboden abschrauben. Lage der Unterlegscheiben beachten.
- Stoßdämpfer austauschen.
- Neuen Stoßdämpfer lose vormontieren. Neue selbstsichernde Muttern verwenden.
- Hintere Radaufhängung durch Gewichte im Gepäckraum so weit einfedern, bis der Abstand zwischen den beiden Stoßdämpfer-Befestigungsschrauben 288 mm beträgt.
- Muttern festdrehen. Drehmomente: Befestigung am Längslenker 120 Nm; Befestigung am Rahmenboden 75 Nm.
- Rechts Halteblech für Bremsseil wieder anschrauben.

Radlager ausbauen

Das vordere Radlager ist mit seinem Außenring ins Radlagergehäuse eingepreßt, am inneren Lagerring ist die Radnabe eingepreßt. Ein neues Radlager darf auf keinen Fall mit dem Hammer in seinen Sitz geklopft werden, sonst ist der nächste Schaden »mit eingebaut«. Das Aus- und Einpressen des Lagers sollten Sie deshalb von der Peugeot-Werkstatt durchführen lassen, wo eine Reparaturpresse und passende Preßdorne zur Verfügung stehen. Für das hintere Radlager gilt im Prinzip das gleiche, jedoch ist selbst für die Werkstatt der Austausch erst an Fahrzeugen ab 9/85 möglich. Bei zuvor gebauten Fahrzeugen müssen bei einem hinteren Radlagerschaden die Bremstrommel mit Radlager und die Radnabe ausgetauscht werden.

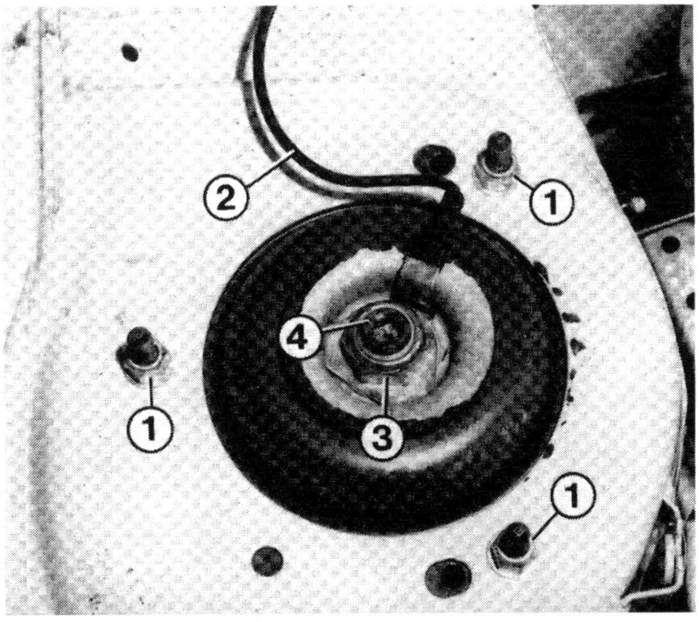

Das vordere Federbein ist an drei Stellen (1) mit der Karosserie verschraubt: Die Mutter (3) darf nur bei entspannter Feder von der Kolbenstange (4) abgedreht werden. Dabei Kolbenstange mit Innensechskantschlüssel gegenhalten. Weiterhin:
2 – Massekabelbrücke zur Radioentstörung.

Zum Ausbau des Lenkrades (2) Peugeot-Emblem aus der Lenkradmitte hebeln. Zum Lösen der Mutter Lenkradschloß einrasten lassen.

Servolenkung befüllen und entlüften

Befüllt und entlüftet werden muß das Lenksystem, wenn Einzelteile des Hydrauliksystems ausgetauscht wurden und deshalb das Hydrauliköl abgelassen werden mußte.

- Filter im Behälter mit Waschbenzin reinigen.
- Neues Öl (z.B. Esso Dexron II D2.1065) bis 2 cm unter den Rand einfüllen. Abgelassenes Öl nicht mehr verwenden.
- Wagen vorn beidseitig aufbocken und bei abgeschaltetem Motor das Lenkrad mehrmals langsam von Anschlag zu Anschlag drehen.
- Öl nachfüllen.
- Entlüften: Motor starten. Lenkrad mehrmals langsam von Anschlag zu Anschlag drehen. Es dürfen beim Drehen des Lenkrads keine Luftblasen mehr im Behälter aufsteigen.
- Flüssigkeitsstand »kalt« nochmals prüfen.

Servolenkung auf Dichtheit prüfen

Wurde im Vorratsbehälter ein abgesunkener Flüssigkeitsstand festgestellt, muß umgehend die gesamte Lenkanlage überprüft werden. Sonst könnte während der Fahrt plötzlich die Lenkunterstützung ausfallen. Hier die Prüfschritte:

- Motor starten. Lenkrad einmal nach rechts und nach links zum Anschlag drehen. So baut sich der größtmögliche Leitungsdruck in der Servolenkung auf, und Undichtigkeiten werden am ehesten sichtbar.
- Lenkrad an einem Anschlag festhalten und an folgenden Stellen nach Undichtigkeiten suchen:
- Am Steuerkolbenventil. Es sitzt etwa dort, wo die Lenksäule ins Lenkgetriebe mündet.
- An der Zahnstangenabdichtung im Lenkgetriebe. Zur Prüfung Schlauchbinder des Faltenbalgs lösen und Faltenbalg zur Seite schieben.
- An der Hydraulikpumpe. Zum Feststellen von Undichtigkeiten muß evtl. vorher eine Motorwäsche durchgeführt werden.
- An den Leitungsanschlüssen. Alle Anschlüsse einzeln prüfen und evtl. nachziehen.

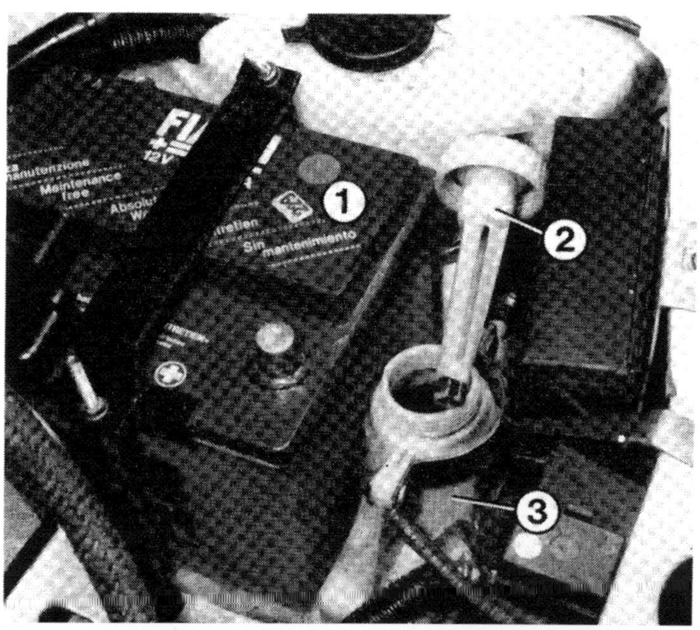

Der Behälter (3) für das Öl der Servolenkung ist vor der Batterie (1) eingebaut. Weiterhin: 2 – Peilstab mit Verschlußdeckel.

Zum Ausbau des Lenkgetriebes muß der Tragrahmen von der Karosserie losgeschraubt und hinten etwas abgelassen werden.
Drehmoment: 9 – 75 Nm; 10 – 53 Nm; 11 – 45 Nm.

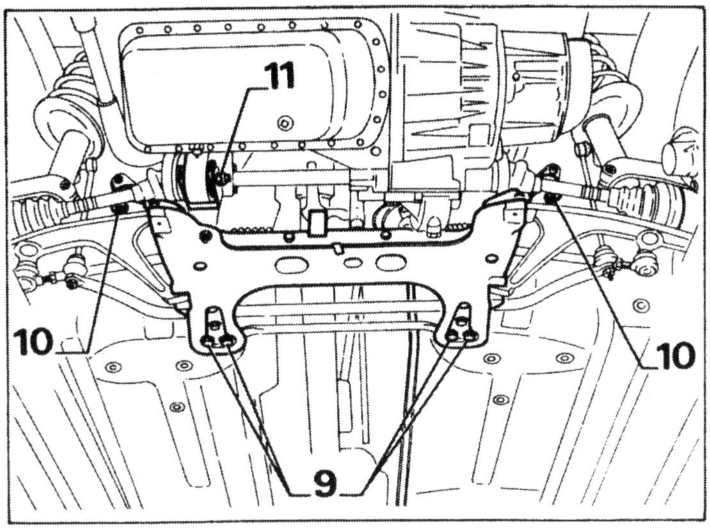

Lenkrad ausbauen

- Emblem in Lenkradmitte abhebeln.
- Lenkrad in Sperrstellung einrasten lassen.
- Lenksäulenmutter mit Stecknuß SW24 lösen.
- Vorderräder genau geradeaus stellen, so daß die Lenkradspeichen symmetrisch stehen.
- Mutter und Unterlegscheibe abnehmen, Lenkrad mit ruckelnden Bewegungen abziehen.
- Beim Einbau des Lenkrades auf die symmetrische Ausrichtung der Speichen achten.
- Lenkschloß einrasten lassen.
- Lenksäulenmutter mit 40 Nm anziehen.

Heiße Sache

Die Bremsen wandeln Bewegung in eine andere Energieform um – nämlich in Wärme. Dabei entsteht naturgemäß auch Verschleiß. Grund genug, sich mit diesem Notanker im Auto intensiv zu befassen.

Eigenarbeiten an der Bremse

Bei einer so wichtigen Einrichtung wie den Bremsen kann keine Kontrolle zu viel sein! Wenn Sie also in diesem Bereich zwischendurch mal nach dem Rechten sehen, haben Sie Ihre Wartungsaufgaben sicher besser erfüllt, als derjenige, der seinen Wagen nur in den vorgesehenen Intervallen zur Wartung bringt. Denn gerade vor einer Urlaubsfahrt oder bei schon älteren Fahrzeugen sind verstärkte Kontrollen ratsam. Andererseits erfordern Reparaturen im Bereich Bremsen ein erhöhtes Verantwortungsbewußtsein. Mit unserem Bremsenkapitel haben wir dem Selbstpfleger die Möglichkeit gegeben, z. B. auch Arbeiten an der Bremshydraulik durchzuführen. In solchen Fällen muß jeder Bastler für sich entscheiden, ob sein Kenntnisstand für eine verantwortungsvolle Ausführung dieser Arbeiten ausreicht.

Fingerzeig: Beim Peugeot 205 sind im Bremssystem je nach Ausführung, Baujahr und Leistung viele unterschiedliche Teile verbaut. Bauen Sie kein gebrauchtes Teil ein, ohne vorher mit der Werkstatt seine Austauschbarkeit geklärt zu haben. Zum Ersatzteileinkauf möglichst das Altteil mitnehmen.

So funktioniert die Bremse

○ Wenn Sie auf das Bremspedal treten, preßt eine mit dem Pedal verbundene Druckstange zwei hintereinanderliegende Kolben in den Hauptbremszylinder (im Motorraum).
○ Die Kolben verdrängen die dort eingeschlossene Bremsflüssigkeit. Dieser so entstehende hydraulische Druck in der Bremsanlage wird über Rohr- und Schlauchleitungen zu den Radzylindern weitergeleitet.
○ In diesen drücken Kolben die Bremsklötze gegen die Bremsscheiben.
○ An den Hinterrädern des Peugeot 205 werden die Bremsbacken gegen die Bremstrommeln gedrückt. Beim Peugeot 205 GTI (88/94 kW) sind vorn wie hinten Scheibenbremsen eingebaut.
○ Den Flüssigkeitsdruck übertragen zwei voneinander unabhängige Leitungssysteme (Bremskreise), und zwar meist für je ein Vorderrad und das gegenüberliegende Hinterrad (diagonal aufgeteilte Zweikreisbremse). Beim GTI ist das Bremssystem auch auf je 1 Vorderrad und die Hinterachse aufgeteilt.
○ Falls ein Bremskreis ausfallen sollte, bleiben so ein Vorderrad und zumindest das Hinterrad auf der anderen Seite bremsfähig.
○ Die Handbremse wirkt über Seilzüge auf die Hinterräder – egal ob dort Trommel- oder Scheibenbremsen eingebaut sind.

Fingerzeig: Bei Ausfall eines Bremskreises müssen Sie wesentlich stärker auf das Bremspedal treten (bei gleichzeitig längerem Pedalweg), um die übliche Bremswirkung zu erreichen. Außerdem wird der Anhalteweg länger.

Bremsentest

Wartung Nr. 18

● Zuerst eine Vollbremsung bei Schrittgeschwindigkeit.
● Am Gummiabrieb auf der Straße sehen Sie bei gleich langen Spuren, daß die Bremsen gleichmäßig ziehen.
● Gleiche Prüfung mit der Handbremse.
● Für die Bremsenprüfung bei höheren Geschwindigkeiten brauchen Sie eine ebene Strecke.
● Nun aus etwa 50 km/h bei losgelassenem Lenkrad, aber mit griffbereiten Händen zuerst sanft und dann scharf bis zum Stillstand abbremsen.
● Zieht der Wagen etwa nach links, ist eine der rechten Radbremsen nicht in Ordnung. Das Auto zieht in Richtung des stärker gebremsten Rades. Ursachen siehe Störungsbeistand am Ende des Kapitels.
● Lassen Sie den Peugeot 205 ein schwaches Gefälle hinunterrollen, um festzustellen, ob die Räder leichtgängig sind.
● Nach der Probefahrt machen Sie die Handprobe:
● Ist eine Felge auf der einen Wagenseite wärmer als auf der anderen Seite?
● Ursachen können ein verklemmter Bremssattel, schwergängige hintere Trommelbremsen oder schadhafte Radlager sein.

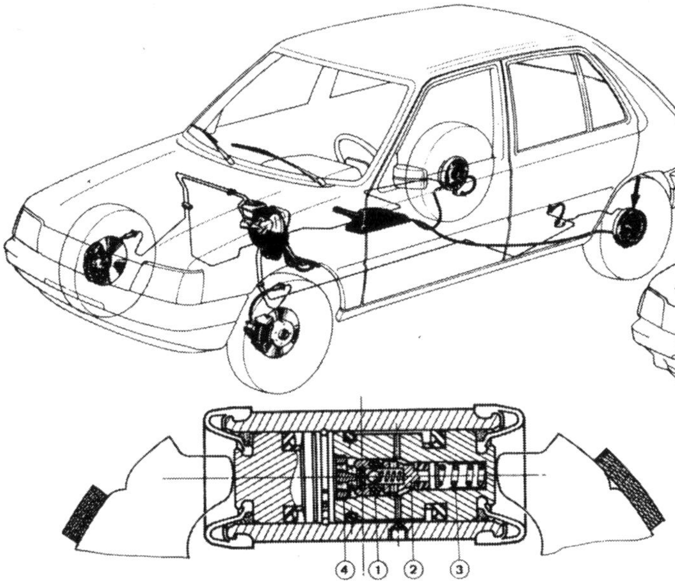

Bei den meisten Peugeot 205 sind die Bremskreise diagonal aufgeteilt. Der Bremskraftregler ist im Radbremszylinder hinten (Pfeil) eingebaut.

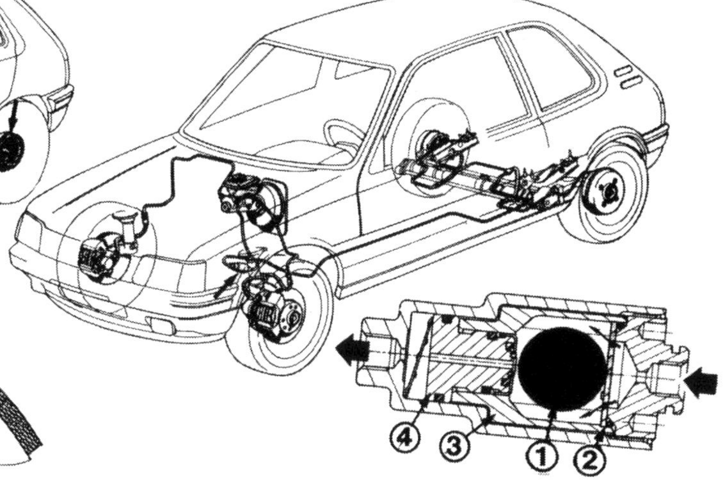

Bremskreisaufteilung beim GTI/CTI für Vorder- und Hinterachse. Der Bremskraftregler (Pfeil) für die Hinterachse arbeitet nach dem Trägheitsprinzip (Einbaulage wichtig).

Die Bremsflüssigkeit

Dieses gelbliche – übrigens giftige und gegen Autolack aggressive – Flüssigkeit greift die Metall- und Gummiteile nicht an. Sie bleibt selbst bei −40°C noch ausreichend dünnflüssig, und sie hat trotz ihrer Dünnflüssigkeit den extrem hohen Siedepunkt von ca. 260°C.

Aber die Bremsflüssigkeit hat auch eine sehr unangenehme Eigenschaft: Sie nimmt gern Wasser auf, sie ist »hygroskopisch«. Und das Wasser kann tatsächlich – z.B. über die Luftfeuchtigkeit – in die Bremsflüssigkeit gelangen: Über den Vorratsbehälter sowie durch mikroskopische Undichtigkeiten an den Bremsschläuchen und Gummimanschetten. Solche Wasseraufnahme führt nicht nur zu Korrosion an den Metallteilen der Anlage, sondern bewirkt ein rapides Absinken des Siedepunkts. Bei nur 2,5% Wassergehalt liegt der Siedepunkt nur noch bei 150°C.

Das ist bei starker Belastung der Bremsen gefährlich, weil sie sich dann sehr stark aufheizen. In der Nähe der erhitzten Bremsen können sich Dampfblasen in der Hydraulikflüssigkeit bilden. Die lassen sich zusammenpressen – das Bremspedal kann tief durchgetreten werden; manchmal tritt man sogar ins Leere! In diesem Fall kann bisweilen noch schnelles Pumpen mit dem Bremspedal helfen.

Besonders gefährlich ist dieser Effekt nach dem Abstellen des Wagens nach starker Bremsbeanspruchung. Mangels Fahrtwind heizt sich die Bremsenumgebung noch stärker auf; die höchste Temperatur herrscht nach etwa 15 Minuten Standzeit. Erst nach etwa einer halben Stunde ist wieder die normale Bremsflüssigkeitstemperatur erreicht.

Vorbeugend schreibt der Wartungsplan daher den Wechsel der Bremsflüssigkeit alle zwei Jahre vor.

Die Bremsflüssigkeit muß laut Peugeot wie folgt heißen:

○ Lockheed 55 ○ NAFIC FN3 ○ Peugeot

Fingerzeig: Hierzulande wird für alle neuen Fahrzeuge allgemein die Bremsflüssigkeit in der Spezifikation DOT 4 (FMVSS116), auch DOT 4 PLUS genannt, vorgeschrieben. Sie kann im Peugeot 205 ebenfalls verwendet werden. Alle handelsüblichen Bremsflüssigkeiten können gefahrlos gemischt werden (Norm).

Stand der Bremsflüssigkeit prüfen

Wartung Nr. 11

- Zu niedriger Bremsflüssigkeitsstand wird beim Peugeot 205 zwar auch durch eine Kontrolleuchte am Armaturenbrett angezeigt, doch die Sichtkontrolle sollten Sie sich dennoch nicht ersparen:
- Motorhaube öffnen und den Bremsflüssigkeits-Vorratsbehälter evtl. mit einem Lappen reinigen.
- Im durchscheinenden Flüssigkeitsbehälter muß der Bremsflüssigkeitsstand zwischen den unteren und oberen Pfeilmarken stehen, dann ist alles in Ordnung.

Bremsflüssigkeitsstand zu niedrig?

Sind die Scheibenbremsbeläge schon etwas abgenutzt, tendiert der Flüssigkeitsspiegel eher zur unteren Markierung; sind sie neu, steht er weiter oben. Das ist völlig normal, denn die bei abgenutzten Belägen schon etwas weiter herausgetretenen Kolben der Scheibenbremse hinterlassen in den Zylindern der Bremssättel ein größeres Volumen, das sich mit Bremsflüssigkeit füllt.
Kritisch wird es dagegen, wenn die Bremsflüssigkeit in einem Behälterteil unter »MINI« abgesunken ist. Da sie nicht verdunstet oder verbraucht wird, muß sie durch ein Leck ausgetreten sein. Also schleunigst nach der Ursache suchen, bevor Sie irgendwann ins Leere treten. Nachfüllen ist Augenwischerei!

Bremsanlage auf Dichtigkeit und Beschädigungen prüfen

Wartung Nr. 28

Zur Kontrolle muß die Wagenunterseite trocken sein, damit Sie undichte Stellen erkennen können. Bremsflüssigkeit kriecht auch unter Schmutz. Feuchtdunkle Stellen oder schwarzer Schmutz lassen eine Undichtigkeit vermuten.

- Kontrollieren Sie sämtliche Anschluß- und Verbindungsstellen; auch die Bremssättel und die Bremsträgerbleche der Trommelbremsen, hinter denen die Radbremszylinder sitzen. Sie sitzen an den Bremssätteln bzw. innen an den Bremsträgerblechen.
- Die Bremsschläuche dürfen weder feucht noch aufgequollen oder angescheuert sein. Sonst auswechseln.
- Die Bremsleitungen sind zum Schutz gegen Rost mit einer Kunststoffschicht überzogen. Wird diese Schutzschicht beschädigt, kann es zu Rostansatz kommen. Deshalb die Leitungen nie mit Schraubendreher, Schmirgelleinen oder Drahtbürste säubern, sondern Kaltreiniger nehmen.
- Ist die Schutzschicht beschädigt, soll Rostschutzgrundierung dünn aufgestrichen werden.
- Leitungen mit Rostnarben und solche, die plattgedrückt sind, müssen ersetzt werden.
- Sind Schutzkappen auf allen Entlüftungsventilen?
- Die Bremsdruckprobe können Sie provisorisch selbst machen:
- Treten Sie mit voller Kraft aufs Bremspedal.
- Es darf auch nach einigen Minuten der vollen Belastung nicht nachgeben, sonst ist eine Manschette im Hauptbremszylinder defekt.
- Durch die undichte Manschette sinkt der Flüssigkeitsstand im Behälter nicht ab, sondern die unter Druck gesetzte Flüssigkeit mogelt sich an einem Kolben des Hauptbremszylinders vorbei auf die drucklose Seite.
- Undichte Stellen an den Kolbenmanschetten der Bremssättel und Radbremszylinder lassen sich an dunklen Flecken an den Bremsträgerblechen und Bremssätteln erkennen.
- Im Zweifelsfall Werkstatt aufsuchen.

Bremsflüssigkeit austauschen

Wartung Nr. 37

Nicht nur die schon erwähnte Gefahr von Dampfblasen macht den Bremsflüssigkeitswechsel erforderlich, sondern auch die vom aufgenommenen Wasser verursachte Korrosionsgefahr in den Bremszylindern und -leitungen. Zum Flüssigkeitswechsel geht man wie beim Entlüften vor. Gebraucht wird ca. 1 Liter frische Bremsflüssigkeit.

- Vorratsbehälter der Bremsflüssigkeit mit einer alten Injektionsspritze entleeren und gleich neu befüllen.
- So lange Bremsflüssigkeit durchpumpen, bis frische Flüssigkeit am Entlüfterventil austritt.
- Dazu durch jedes Entlüfterventil 250 cm^3 Bremsflüssigkeit pumpen. Dann ist garantiert jeder Tropfen ausgewechselt.
- **Reihenfolge:** Hinten rechts, hinten links, vorn rechts und zuletzt vorn links.

Fingerzeig: Gebrauchte Bremsflüssigkeit darf nicht in die Kanalisation geschüttet werden, auch sollte man sie nicht ins Altöl kippen. Am besten wird sie in eigenem Gefäß bei der Sondermüllverwertung (bei der Gemeindeverwaltung nachfragen!) abgegeben.

Die Scheibenbremsen

Zusammen mit jedem Vorderrad dreht sich eine Stahlscheibe frei im Luftstrom. Sogenannte Bremssättel umfassen sattelförmig die Scheiben. Beim Tritt auf das Bremspedal drücken Kolben die Bremsbeläge gegen die Scheiben – es wird gebremst.
Durch den Fahrtwind werden die Scheibenbremsen ständig gekühlt. Beim GTI sind zur besseren Kühlung gar innenbelüftete Bremsscheiben eingebaut. Auch ohne besondere Mechanik stellen sich die Scheibenbremsen selbst nach.
Bei den Scheibenbremsen im Peugeot 205 handelt es sich um sogenannte Faustsattelbremsen (von Girling oder Bendix). Der Bremssattel sieht wie eine geballte Faust aus. Der Bremskolben im Zylindergehäuse drückt den inneren Belag gegen die Bremsscheibe, wodurch das Zylindergehäuse in seiner Führung herübergezogen und der Bremsklotz auf der anderen Seite ebenfalls gegen die Scheibe gepreßt wird.

1 – Bremskraftverstärker;
2 – Verschlußdeckel mit Niveaugeber (3);
4 – Bremsflüssigkeitsbehälter;
5 – Bremsleitung;
6 – Hauptbremszylinder;
7 – Unterdruckschlauch;
8 – Schraube, 25 Nm;
9 – Rückschlagventil in Unterdruckleitung zum Schiebedach;
10 – Rückschlagventil für Bremskraftverstärker.

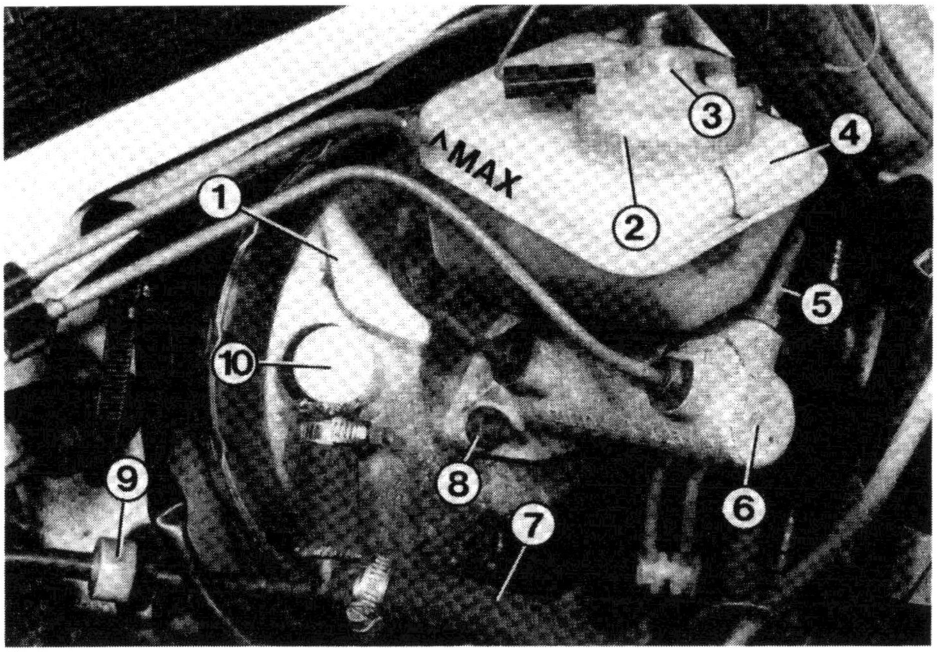

Die Scheibenbremse bei Nässe

Bei Dauerregen wird die offen liegende Bremsscheibe kräftig geduscht, weshalb die Bremswirkung einen Sekundenbruchteil verspätet einsetzt. Die Feuchtigkeit zwischen Bremsscheiben und -klötzen muß erst zum Verdampfen gebracht werden. In streusalzreichen Wintern tritt diese Erscheinung verstärkt auf, wenn die auf Bremsbelägen und -scheiben sitzende Salzschicht beim Bremsen erst abgeschliffen werden muß. Nach Fahrten im Regen oder bei winterlicher Streusalznässe sollten Sie vor mehrtägigem Abstellen des Wagens die Bremsen trockenfahren. Es genügt, die letzten hundert Meter Wegstrecke mit dauernd leicht getretenem Bremspedal zu fahren.

Bremsbelagdicke prüfen

Wartung Nr. 33

Die großzügig dimensionierten Bremsklötze der vorderen Scheibenbremsen halten oft bis zu 50000 km. Trotzdem darf die regelmäßige Sichtprüfung nicht vergessen werden.

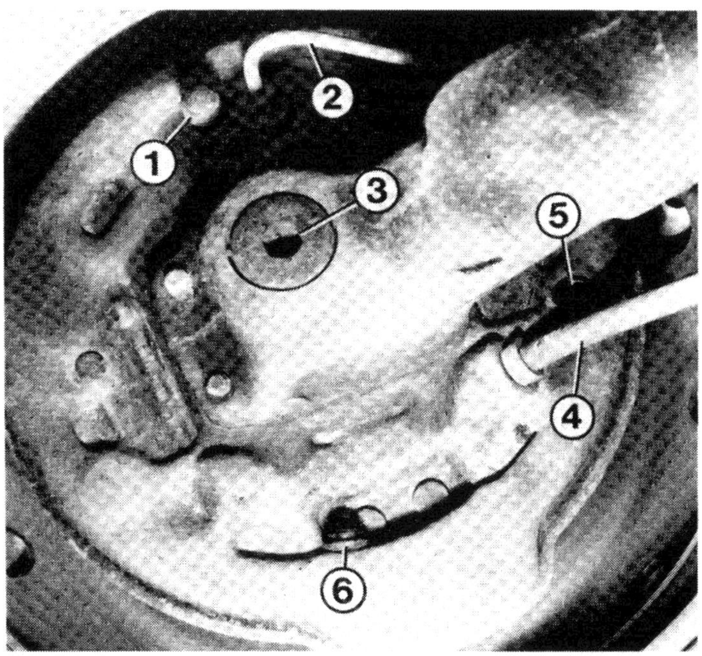

Linkes Hinterrad von hinten:
1 – Entlüftungsventil;
2 – Bremsleitung;
3 – Achsstumpf mit Sechskant zum Gegenhalten;
4 – Bremsseil;
5 – Schauloch für Bremsbelag;
6 – Gummistopfen für Schauloch.

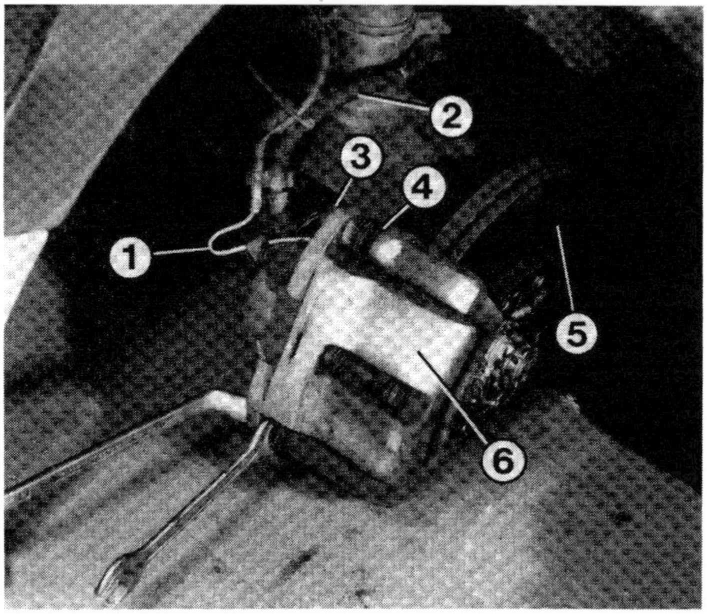

Beim Peugeot 205 GTI/CTI mit innenbelüfteten Bremsscheiben (5) wird zum Bremsbelagwechsel der Bremssattel (6) am unteren Gleitlager losgeschraubt und nach oben geschwenkt. Es bedeuten:
1 – Leitung für Belagsverschleißfühler;
2 – Bremsschlauch;
3 – Sechskantschraube;
4 – Schutzmanschette für oberes Gleitlager.

● **Vorn:** Leuchtet die Belagverschleißanzeige im Kombi-Instrument auf, ist es Zeit, die vorderen Beläge zu erneuern.
● Bei ausgebautem Rad oder bei ausgebauten Bremsklötzen prüfen, ob die Nut in der Bremsklotzmitte noch sichtbar ist – sonst erneuern.

● **Hinten:** Bei der Trommelbremse befindet sich innen am Bremsträger ein Schauloch. Sind die ursprünglich 5 mm dicken Beläge auf 1 mm abgeschliffen, müssen sie erneuert werden. Beim GTI mit Scheibenbremsen prüfen, ob die Nut in der Bremsklotzmitte noch sichtbar ist – sonst erneuern.

Zustand der Bremsscheiben kontrollieren

Wenn die Räder zur Belagkontrolle abgenommen sind, prüft man auch den Zustand der Bremsscheiben.
● Die Scheiben dürfen keine tiefen Rillen (durch Schmutz oder zu stark abgefahrene Beläge) aufweisen. Die Riefen graben sich in neue Bremsbeläge tief ein, was deren Lebensdauer wesentlich verkürzt und überdies die Bremswirkung herabsetzt.
● Riefige Bremsscheiben können auf einer Drehbank etwas nachgearbeitet werden, wenn sie dabei nicht mehr als 2 mm gegenüber dem Neuzustand an Dicke verlieren. Neue Bremsscheiben sind vorn 10 mm (innenbelüftet: 20,4 mm) und hinten 8 mm dick.
● Zu dünne Scheiben müssen paarweise ausgetauscht werden.
● Eine bläuliche Verfärbung der Bremsscheibe ist ohne Bedeutung.

Vordere Bremsklötze erneuern

Grundsätzlich müssen rechts und links beide Beläge ausgetauscht werden. Nur Beläge mit »Allgemeiner Betriebserlaubnis« (ABE) verwenden.
Zunächst nachsehen, welcher Bremssatteltyp in Ihrem Fahrzeug eingebaut ist. Zum Einkauf neuer Bremsklötze am einfachsten die alten als Muster ausbauen. Es gibt folgende Bremssättel:
○ Bendix DBA, Serie IV: Bremsklötze sind oben und unten mit Keilen gehalten.
○ Girling, J48: Bremsklötze sind durch zwei kleine Stifte gehalten.
○ Girling, CJPE: (GTI mit 1905-cm³-Motor) Bremsklötze können gewechselt werden, wenn man den Bremssat-

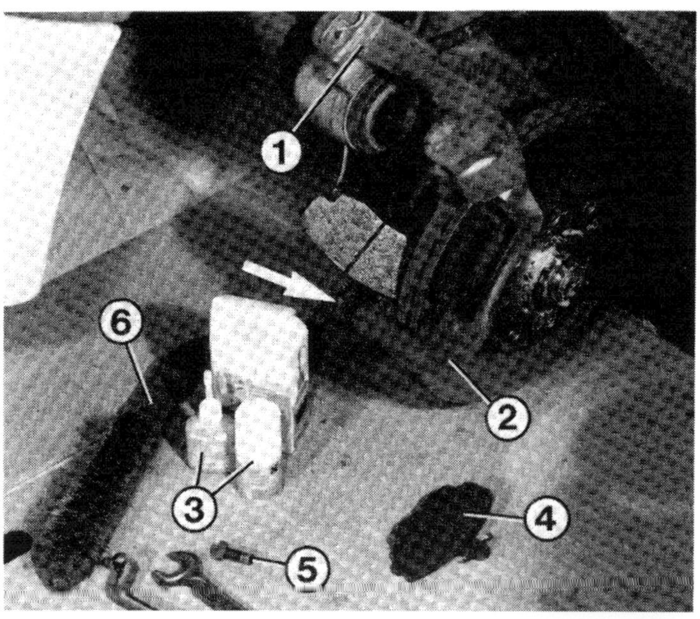

Bremsbelagwechsel beim Peugeot 205 GTI/CTI mit innenbelüfteten Bremsscheiben:
1 – Zylindergehäuse, nach oben klappen und mit Draht anbinden;
2 – Bremsträger mit Gleitlagern (Pfeil);
3 – Schraubsicherungsmittel für Sechskantschraube (5), Gewindegänge mit Bürste (6) reinigen;
4 – Bremsbelag, ohne Belagfühler außen einbauen.

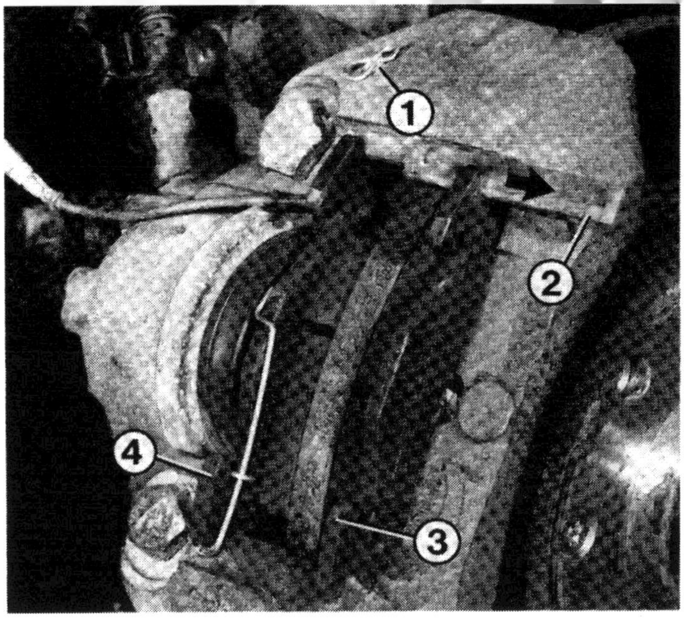

Sicherungen (1) abziehen und Haltekeil (2) seitlich (Pfeil) austreiben. Bremsbelag (3, 4) herausziehen.

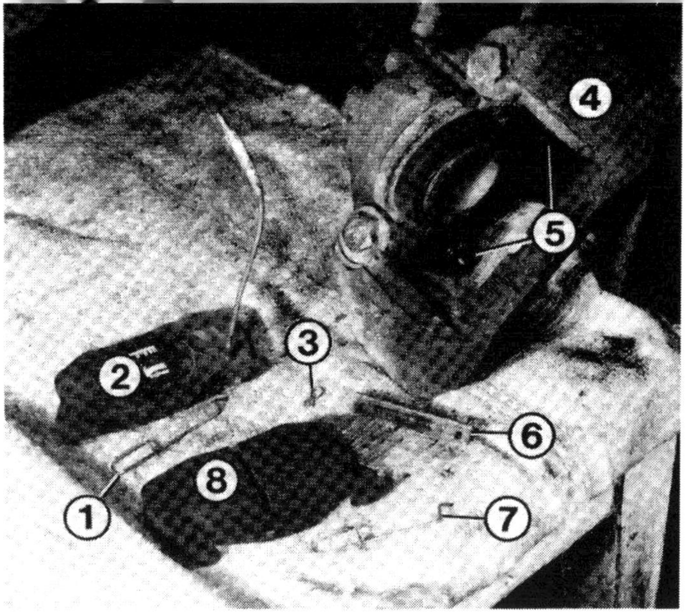

1, 7 – Feder; 2 – Bremsbelag mit Verschleißfühler; 4 – Bremssattel; 5 – Gleitlager; 6 – Haltekeil; 8 – Bremsbelag.

tel unten losschraubt und nach oben schwenkt. Zum Bremsklotzwechsel wird eine neue selbstsichernde Schraube gebraucht. Diese ist meist im Bremsbelagsatz enthalten – kontrollieren. Will man die alten Schrauben verwenden, muß diese sorgfältig mit Schraubensicherungsmittel montiert werden (Anweisungen des Herstellers folgen).

Weil die Kolben in den Bremssätteln mit zunehmendem Verschleiß der Beläge weiter herauswandern, müssen sie vor dem Einsetzen neuer, dicker Beläge zurückgedrückt werden. Hierbei wird die Bremsflüssigkeit durch die Leitungen in den Vorratsbehälter gepreßt. Wurde in der Zwischenzeit unnötigerweise Bremsflüssigkeit nachgefüllt, muß das Zuviel jetzt abgesaugt werden. Andernfalls greift die am Vorratsbehälter austretende Bremsflüssigkeit umliegende lackierte Teile im Motorraum an. Zum Absaugen nur eine absolut saubere Pipette oder alte Injektionsspritze verwenden – nie mit dem Mund ansaugen!

- Wagen vorn aufbocken und sichern.
- Rad abnehmen.
- Lenkung einschlagen, damit die Beläge gut zugänglich sind.
- Leitung der Verschleißanzeige ausstecken.
- Bendix DBA: Sicherungen am Haltekeil abziehen und Keil seitlich ausbauen.
- Girling, J48: Stifte mit Durchschlag und Hammer austreiben.
- Girling, CJPE: Untere Befestigungsschraube des Bremssattelgehäuses herausdrehen, dabei den Führungsbolzen an seinem Sechskant gegenhalten. Bremssattel nach oben schwenken.
- Bremsklötze abnehmen, auf Lage der Federn achten.
- Kolben im Bremssattel mit einer Schraubzwinge oder Zange zurückdrücken. Damit der Kolben nicht verkantet oder beschädigt wird, auf den Anlagering ein kleines Brettchen oder alten Bremsklotz legen.
- Sitz der Bremsklötze an allen Anlageflächen ggf. reinigen. Sitze der Haltekeile von Rost befreien.
- Neue Beläge einsetzen.
- Haltekeile, Stifte bzw. Bremssattel montieren.
- Girling, CJPE: Die (neue!) untere Befestigungsschraube mit 35 Nm anziehen. Die obere Halteschraube nicht nachziehen, sonst ist die selbstsichernde Wirkung dahin. Schlanken Gabelschlüssel zum Gegenhalten des Führungsbolzens verwenden, sonst wird er eingeklemmt und die Anzugskraft stimmt nicht.
- Nach dem Zusammenbau das **Bremspedal mehrmals treten,** bis die Beläge an den Bremsscheiben anliegen. Sonst ist beim ersten Bremsen keine Bremswirkung vorhanden!
- Mit den neuen Bremsbelägen – wenn möglich – die ersten 500 km nur behutsam bremsen.

Bremssattel vorn ausbauen

Die vorderen Bremssättel sind mit je zwei Schrauben am Achsschenkel befestigt. Diese Schrauben müssen erneuert oder vor dem Einbau gereinigt und mit Sicherungsmittel montiert werden.

- Rad abnehmen.
- Bremsklötze ausbauen.
- Halteschrauben des Bremssattels losdrehen.
- Bremssattel mit angeschraubtem Bremsschlauch so aufhängen, daß der Schlauch nicht unter Spannung steht.
- Oder Verbindung Bremsschlauch/Bremsleitung am Radlauf lösen. Blechspange abziehen. Bremsleitung verschließen – oft paßt die Gummikappe vom Entlüftungsventil des Bremssattels.
- Oder Bremspedal niederdrücken und halten, um das Auslaufen von Bremsflüssigkeit zu verhindern.
- Beim Einbau Befestigungsschrauben mit Verdrehsicherungen einbauen. Anziehdrehmoment: Bendix 120 Nm; Girling 100 Nm.

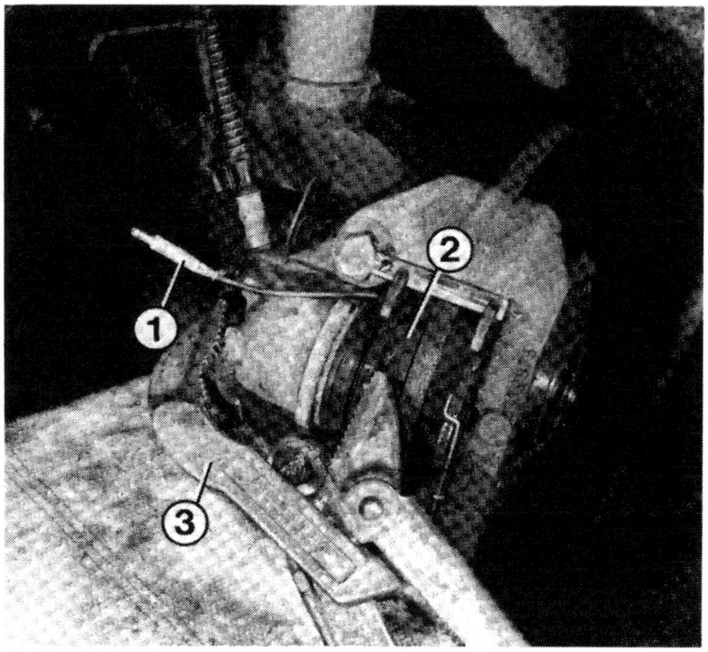

Zurücksetzen des Bremskolbens mit Rohrzange (3). Belag (2) dazu eingebaut lassen.
1 – Leitungsstecker für Belagverschleißfühler.

- Bremsschlauch bzw. -leitung wieder festschrauben.
- Bremsanlage entlüften, falls der Bremsschlauch bzw. die -leitung abgeschraubt war.
- Bremspedal vor den ersten Metern Fahrt mehrfach durchtreten, bis sich normales Pedalspiel einstellt.

Bremskolben-Staubmanschetten wechseln

Wurde die Bremskolbenmanschette im Bremssattel beschädigt, müssen Sie baldigst für Ersatz sorgen, sonst klemmt bald der Bremskolben aufgrund von Schmutz und Korrosion. Die Manschette gibt's nur zusammen mit dem Bremskolben-Dichtring zu kaufen. Zum Einbau beider Teile muß der Kolben im Bremssattelgehäuse herausgedrückt werden. Aus Sicherheitsgründen sollten Sie diese Arbeit in der Werkstatt durchführen lassen.

Bremsscheiben vorn ersetzen

Bremsscheiben müssen grundsätzlich beidseitig erneuert werden. Einseitiger Wechsel kann ungleiche Bremswirkung zur Folge haben.

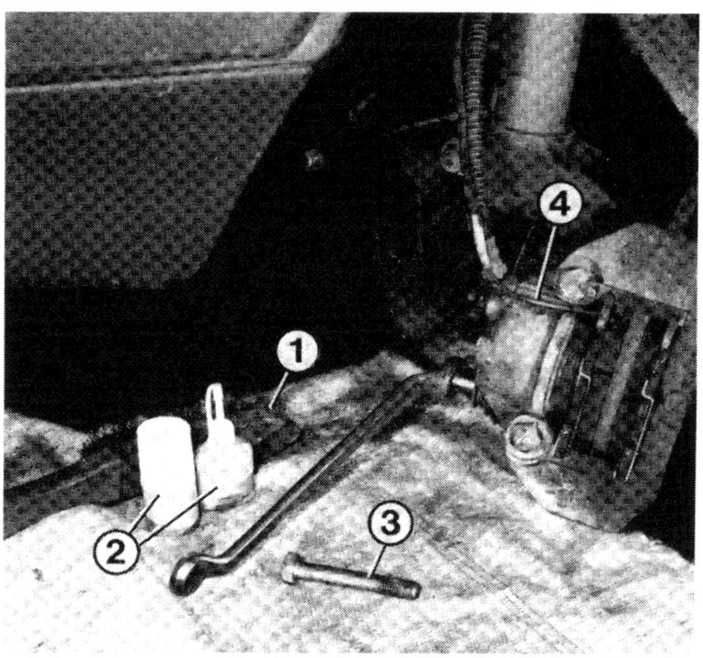

Aus- und Einbau eines Bremssattels (4): Gewindegänge der Schraube (3) mit Stahlbürste (1) reinigen und Schraubensicherungsmittel (2) nach Herstellervorschrift auftragen.

An der linken Vorderradbremse sind hier bezeichnet:
1 – Bremsscheibe;
2 – Antriebswellenmutter;
3 – Befestigungsschrauben für Bremsscheibe;
Pfeil – Nut bei Einbau der Bremsscheibe leicht fetten.

- Bremssattel Girling, CJPE (GTI mit 1905-cm³-Motor): Bremssattel abschrauben und mit Draht an der Karosserie befestigen; die Hydraulikleitung bleibt angeschlossen.
- Bremsklötze ausbauen.
- Kreuzschlitzschraube herausdrehen – ab besten unter Verwendung von Rostlöserspray oder mit Schlagschrauber.
- Die Bremsscheibe kann nun von Hand von der Radnabe gezogen werden.
- Ist sie festgerostet, mit kräftigen Hammerschlägen nachhelfen – aber nur, wenn die Scheibe ohnehin gewechselt wird.
- Vor dem Ansetzen der neuen Bremsscheibe die Anlagefläche an der Radnabe säubern.

Die Trommelbremse

Alle Peugeot 205 bis auf den GTI mit XU 9-Motor besitzen Trommelbremsen an der Hinterachse. Bei dieser

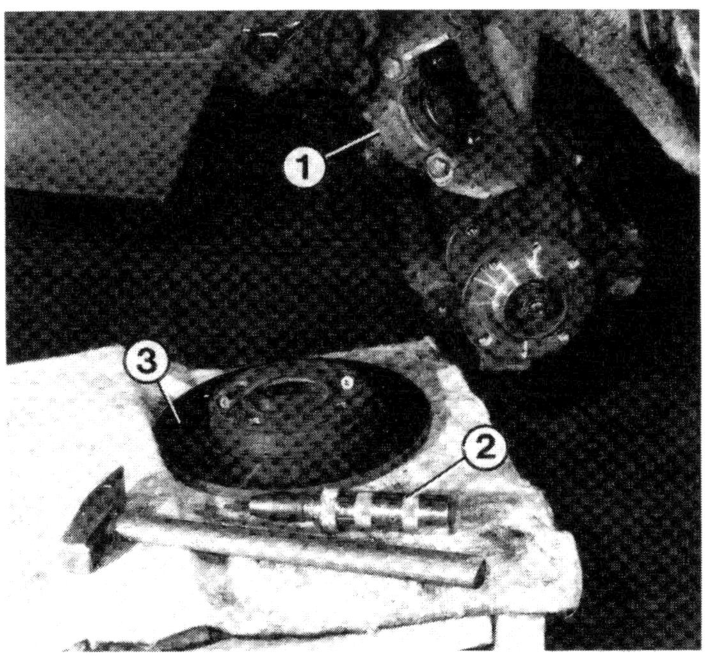

Zum Ausbau einer Bremsscheibe (3) den Bremssattel (1) abschrauben. Die beiden Kreuzschlitzschrauben zur Befestigung der Bremsscheibe mit Schlagschrauber (2) lösen.

Das Innere der rechten Hinterradbremse wird bei ausgebauter Bremstrommel sichtbar:
1 – Radbremszylinder mit integriertem Bremskraftregler (nicht bei GTI/CTI);
2 – Nachstellhebel für automatische Nachstellung;
3 – Auflaufbremsbacke;
4 – Ablaufbremsbacke.

Bremsenversion werden zwei Bremsbacken von den Kolben des Radbremszylinders (er sitzt zwischen den oberen Enden der Bremsbacken) gegen die Bremsfläche der Trommel gepreßt.
Durch die Anordnung der Bremsbacken wirkt bei der Trommelbremse (Simplex-Bremse = ein Bremszylinder mit zwei Kolben) eine der beiden Bremsbacken selbstverstärkend. Das bedeutet, daß sich die Backe durch die Drehung des Rades in gewissen Grenzen selbsttätig an die Bremstrommel zieht, was die Pedalkraft vermindert. Selbstverstärkend wirkt die vordere Bremsbacke, Auflaufbacke genannt. Die hintere nennt sich dementsprechend Sekundärbacke oder Ablaufbacke. Auflauf- und Ablaufbremsbelag sind aus unterschiedlichem Material hergestellt.
Die Trommelbremsen brauchen nicht nachgestellt zu werden. Dafür sorgt eine Nachstellmechanik. Die Druckstange zwischen den Bremsbacken muß mit zunehmendem Belagverschleiß verlängert werden, damit die Beläge wieder zum Anliegen an die Trommel kommen. Das geschieht durch ein unter Federzug stehendes Zahnsegment.

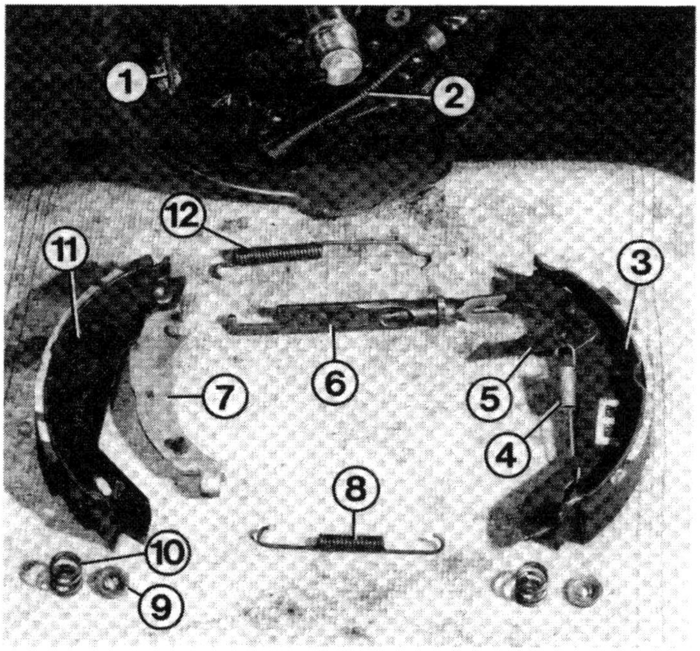

Teile der rechten Hinterradbremse:
1 – Stift für Niederhaltefeder;
2 – Bremsseil;
3 – Auflaufbacke;
4 – Feder für Nachstellhebel;
5 – Nachstellhebel;
6 – Druckstange mit Zahnsegmet für Nachstellung;
7 – Hebel für Handbremse;
8 – untere Feder;
9 – Auflage für Niederhaltefeder, beim Einbau um 90° drehen, damit Stift (1) verriegelt;
10 – Niederhaltefeder;
11 – Ablaufbremsbacke;
12 – obere Feder am Radbremszylinder, auf Einbaurichtung der Ösen achten.

Hintere Scheibenbremse (6) beim GTI/CTI:
1 – Bremsschlauch;
2 – Entlüftungsventil;
3 – Hebel für Handbremse;
4 – Nippel am Ende des Handbremsseils;
5 – Bremssattel.

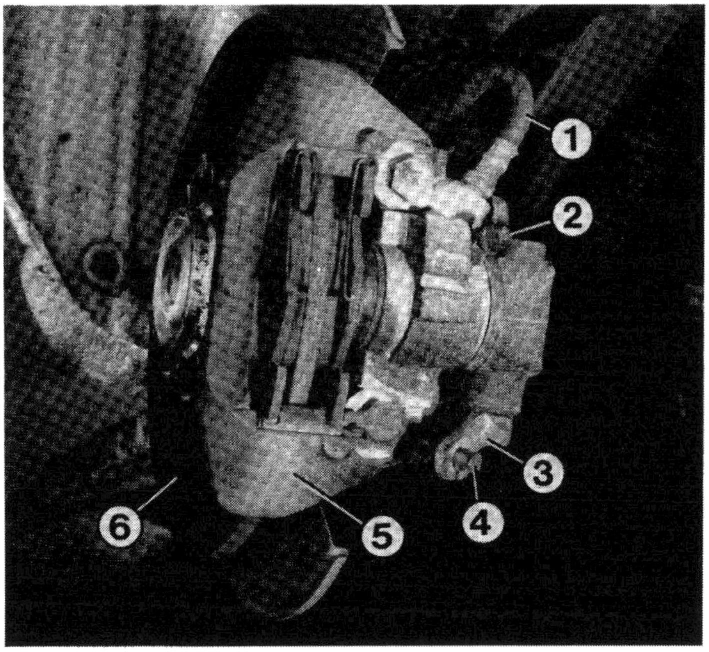

Bremstrommel ausbauen

Die Bremstrommel kann auch mit angeschraubtem Rad abgenommen werden.

- Eine Radschraube herausdrehen.
- Handbremsseilzug entspannen.
- Wagen hinten aufbocken.
- Felge oder Bremstrommel so drehen, daß ein Radschraubenloch in Fahrtrichtung hinten unten steht.
- Durch das Schraubenloch mit einem Schraubendreher das Zahnsegment von der Nachstellvorrichtung abdrücken – dadurch können die Bremsbacken zurückgehen.
- Radlager-Fettkappe abhebeln.
- Achsmutter abschrauben (Anziehdrehmoment 220 Nm). Beim Einbau Mutter sichern.
- Bremstrommel abziehen.
- Nach Einbau durch kräftiges Treten des Bremspedals die Beläge zum Anliegen an der Trommel bringen.

Bremsbacken ausbauen

Hinten sind im Peugeot 205 zwei unterschiedliche Trommelbremsen eingebaut (Bendix oder Girling). Der Austausch der Bremsbeläge ist unterschiedlich. Es ist genau darauf zu achten, daß alle Teile wieder an gleicher Stelle und Lage montiert werden. Im Zweifelsfall Bremstrommel am anderen Hinterrad ausbauen und dort Einbaulage vergleichen. Abbildungen links genau beachten.

- Fahrzeug hinten aufbocken und sichern. Beide Hinterräder sollten frei hängen.
- Bremstrommel ausbauen.
- Feder oben beim Radbremszylinder aushängen.
- Niederhaltefeder der Bremsbacken lösen. Federteller, Feder und Stift abnehmen.
- Bremsbacken auseinanderziehen und Nachstellstange abnehmen. Bremsbacken nach unten klappen, Handbremsseil aushängen. Untere Feder abnehmen. Nachstellhebel und Feder ausbauen.

Die Handbremse

Beim Betätigen des Handbremshebels wird eine kurze Zugstange in Wagenboden-Mitte nach vorn gezogen. An ihrem Ende befindet sich eine Art Wippe – der Ausgleichsbügel. Hier sind auch die Bremsseile eingehängt, die nach hinten zu den Bremstrommeln bzw. -sätteln laufen.

Sinn der Ausgleichswippe ist es, die Kraft, die wir beim Anziehen der Handbremse aufgewendet haben, möglichst gerecht an die beiden Hinterräder zu verteilen. Leichte Schwankungen im Reibwert der beiden Bremszüge gleicht die Wippe dabei aus.

○ An Fahrzeugen mit Trommelbremsen hinten ziehen die Bremsseile an den Bremshebeln der hinteren Bremsbacken und drücken diese an die Trommel. Gleichzeitig stützt sich der Bremshebel über die Druckstange an der vorderen Bremsbacke ab. So wird diese ebenfalls nach außen gedrückt und tritt bremsend in Aktion.

○ Beim GTI mit Scheibenbremsen hinten wirken die Handbremsseile über einen Betätigungshebel auf die Bremsklötze.

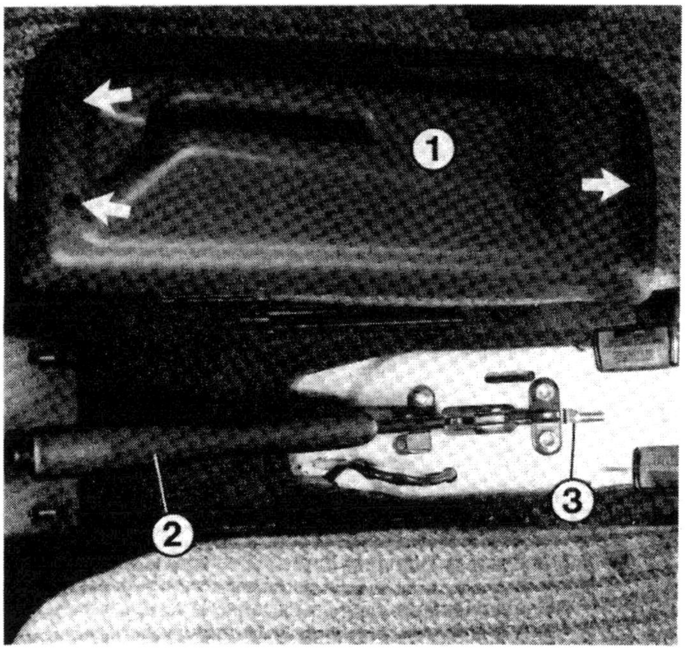

Handbremse einstellen: Abdeckung (1) am Handbremshebel (2) nach Lösen von 3 Schrauben (Pfeile) abnehmen. 3 – Einstellmutter.

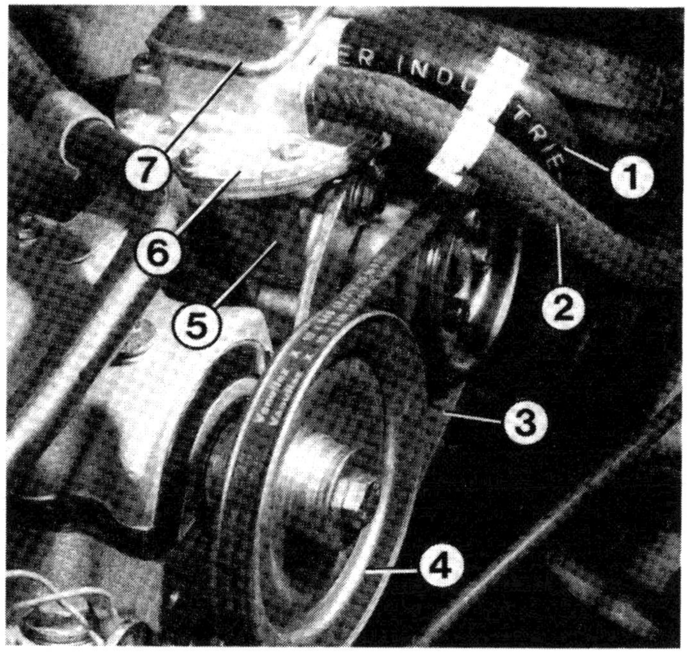

Diesel: 1 – vom Saugrohr; 2 – zum Bremskraftverstärker; 3 – Keilriemen; 4 – Riemenscheibe; 5 – Unterdruckpume; 6 – Membranraum; 7 – Deckel.

Handbremse einstellen

Durch die automatischen Nachstellvorrichtungen sowohl bei Trommel- wie bei Scheibenbremsen (GTI) braucht die Handbremse nur nach Arbeiten an der Handbremsmechanik sowie nach Auswechseln der Bremsbeläge eingestellt zu werden.

● Die Bremsanlage muß entlüftet sein.

● Motor starten und mehrmals Bremspedal kräftig treten.

● Wagen hinten beidseitig hochbocken und sichern. Bei Scheibenbremsen hinten (GTI/CTI) muß das Fahrzeug auf den Rädern stehen.

● Handbremshebelverkleidung ausbauen.

● Handbremshebel 3 Rasten anziehen (beim GTI/CTI Handbremshebel ganz unten lassen).

● Bremsseile an Mutter spannen, bis die Bremsbakken in den Trommeln zu streifen beginnen. Prüfen, ob die Räder nach 4–7 Rasten fest sind.

● Beim GTI/CTI Bremsseile so weit spannen, bis zwischen dem Nippel am Bremsseilende und dem Hebel ein Spiel von ca. 5 mm besteht. Nach 7–9 Rasten muß die Handbremse fest sein.

● Bremse lösen und Freigang der Räder prüfen.

Der Hauptbremszylinder

Der Hauptbremszylinder ist gewissermaßen das Oberhaupt im Bremssystem. Er sitzt hinten links im Motorraum und gibt den Bremssätteln bzw. Radbremszylindern den Befehl, wann sie zu bremsen haben. Es können Hauptbremszlyinder von Bendix und Girling mit 3 oder 4 Bremsleitungsanschlüssen eingebaut sein.

Hauptbremszylinder ausbauen

● Bremsflüssigkeit aus dem Ausgleichsbehälter absaugen.

● Behälter aus dem Hauptbremszylinder herausziehen.

● Sämtliche Bremsleitungen abschrauben.

● Beide Halteschrauben hinten am Hauptbremszylinder herausdrehen.

● Beim Einbau neuen Dichtring zwischen Bremskraftverstärker und Hauptbremszylinder einlegen.

● Haltemuttern mit 25 Nm anziehen.

● Dichtstopfen für die Anschlußstutzen des Ausgleichsbehälters innen mit Bremsflüssigkeit anfeuchten, bevor der Behälter aufgedrückt wird.

● Bremsanlage entlüften.

Der Bremskraftverstärker

Scheibenbremsen wirken nicht, wie Trommelbremsen, selbstverstärkend. Es ist eine wesentlich höhere Bremskraft vonnöten. Deshalb besitzt der Peugeot 205 meist einen pneumatisch arbeitenden Bremskraftverstärker, der ca. 60% der Bremskraft aufbringt.

Unterdruckpumpe (6) beim Peugeot 205 Diesel:
1 – Schraube in Schwenkachse;
2 – Keilriemen;
3 – Riemenscheibe;
4 – Spannbügel;
5 – Schlauch;
7 – Druck- und Saugventil, nach Abnehmen des Deckels zugänglich;
8 – Membrane, zum Ersetzen Schrauben um Membranraum lösen.

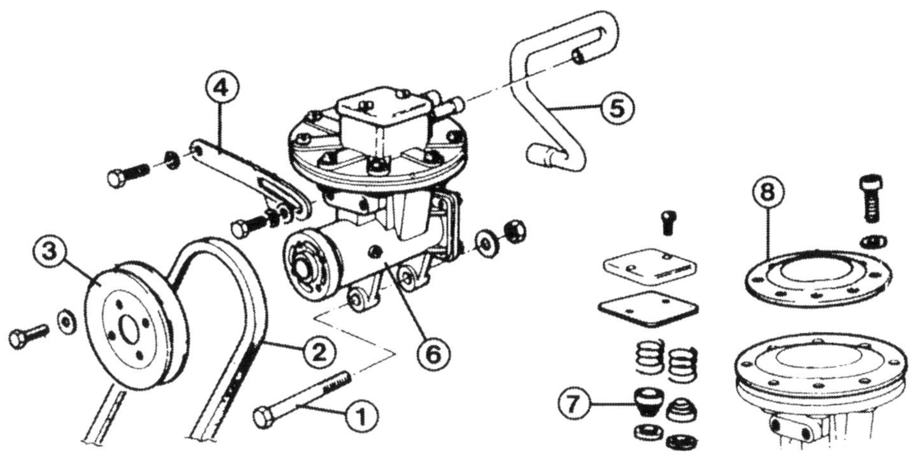

Er hat seinen Platz ganz links im Motorraum hinter dem Hauptbremszylinder.
Das Bremspedal ist jedoch trotzdem direkt mit den Bremskolben im Hauptbremszylinder verbunden, so daß man auch noch bei ausgefallenem Hilfsgerät bremsen kann. Der notwendige Pedaldruck muß dann allerdings vervielfacht werden.
Die Hilfskraft liefert der Unterdruck aus dem Ansaugrohr oder beim Diesel von der Unterdruckpumpe. Der Bremskraftverstärker ist über einen Schlauch mit Saugrohr oder Unterdruckpumpe verbunden. Beim Bremsen verschiebt der Druckunterschied zwischen dem äußeren Luftdruck und dem Unterdruck eine große, elastische Membrane und drückt zusätzlich auf die Kolben im Hauptbremszylinder.
Wenn der Motor nicht läuft, kann der Servo auch keine (zusätzliche) Bremskraft liefern. Bleibt der Motor unterwegs plötzlich stehen, haben Sie noch eine Reserve für einige Bremsungen; aber dann werden die Wadenmuskeln voll beansprucht.

Unterdruckpumpe

Zur Verbesserung der Bremskraftunterstützung besitzt der Diesel eine von der Nockenwelle über Keilriemen angetriebene Unterdruckpumpe, die links am Zylinderkopf montiert ist. In ihrem Oberteil sind Ventile und die Membran so eingebaut, daß diese bei Unterdruckmangel einfach geprüft und ausgetauscht werden können.

Bremskraftverstärker prüfen

- Der Motor muß abgestellt sein.
- Bremspedal 10 Mal durchtreten.
- Pedal jetzt voll durchgetreten halten und Motor starten.
- Bei intaktem Bremskraftverstärker muß das Pedal jetzt ein Stück nachgeben. Senkt sich das Pedal nicht, ist die Bremskraftverstärkung defekt.
- Ein Fehler im Unterdrucksystem ist am wahrscheinlichsten: Unterdruckschlauch vom Ansaugkrümmer zum Bremskraftverstärker undicht, Rückschlagventil im Unterdruckschlauch oder in der Unterdruckpumpe (Diesel), Gummring zwischen Hauptbremszylinder und Servogerät oder Membrane des Bremskraftverstärkers defekt.
- Zur Kontrolle des Rückschlagventils den Unterdruckschlauch am Bremsservo abziehen.
- Durchblasen muß, Ansaugen darf nicht möglich sein.
- Zum Austausch eines schadhaften Gummirings zwischen Hauptbremszylinder und Verstärker muß der Zylinder demontiert werden.
- Bleibt zuletzt noch der Defekt des Bremskraftverstärkers selbst. Eine Reparatur ist hier nicht möglich – austauschen.

Der Bremskraftregler

Je ein Bremskraftregler sitzt beim Peugeot 205 mit diagonaler Bremskreisaufteilung direkt in den Radbremszylindern an der Hinterachse. Nur beim GTI mit einem Bremskreis für die Hinterachse ist ein separater Druckregler links am vorderen Längsholm im Motorraum zu finden. Der Bremskraftregler kann den Flüssigkeitsdruck zu den hinteren Radbremszylindern reduzieren. Durch zu viel Bremsdruck an den Hinterrädern blockieren diese vorzeitig, das Auto stellt sich quer.
Beim GTI ist der Druckregler genau 22° geneigt eingebaut und hat innen eine Stahlkugel mit Feder. Ab einer definierten Verzögerung von ca. 5 m/s² bewegt sich die Kugel und reduziert so den Bremsdruck zur Hinterachse.

Arbeiten an der Bremshydraulik

Arbeitstips

○ Bremsflüssigkeit ist giftig. Nicht mit dem Mund in Berührung bringen.

○ Bremsflüssigkeit greift den Fahrzeuglack an. Deshalb keine bremsflüssigkeitsgetränkten Lappen oder -verschmierten Werkzeuge auf die Lackierung legen. Betroffene Stellen mit viel Wasser reinigen.

○ Beim Lösen eines Bremsschlauchs oder einer Bremsleitung läuft nach und nach der Bremsflüssigkeits-Vorratsbehälter leer. Das verhindern Sie so: Vor dem Lösen der Verschraubung eine Entlüftungsschraube im betreffenden Bremskreis lösen. Entlüftungsschlauch aufstecken und in ein Gefäß leiten. Nun das Bremspedal ganz durchtreten und mittels einer passenden Holzlatte in dieser Stellung halten. Die Zulaufbohrungen im Hauptbremszylinder sind damit verschlossen – es tritt keine Bremsflüssigkeit mehr aus. Man kann auch eine Gummikappe auf das abgeschraubte Bremsleitungsende stecken – meist paßt die Gummikappe von den Entlüftungsventilen.

○ Zum Lösen und Anziehen der Bremsleitungen sollten Sie sich einen Bremsleitungsschlüssel besorgen. Ferner benötigen Sie zum Gegenhalten der Bremsschläuche einen Gabelschlüssel SW14.

○ Nach Arbeiten an der Bremshydraulik muß grundsätzlich entlüftet weden. Oft genügt es, nur den Bremskreis, an dem gearbeitet wurde, zu entlüften.

Bremsschläuche und -leitungen ausbauen

● Beim Losdrehen darauf achten, daß sich der Schlauch nicht verdreht.

● Ist ein Bremsschlauch mit Haltern befestigt, dürfen diese beim Einbau nicht vergessen werden.

● Zum Lösen der Leitungsanschlüsse kann folgender Trick weiterhelfen, wenn das betreffende Leitungsstück ohnehin ausgewechselt werden soll:

● Bremsleitung nahe der Verschraubung absägen, Überwurfmutter mit einer Sechskantnuß losdrehen.

● Muß eine neue Leitung noch etwas zurechtgebogen werden, darf dies nur in einem großen Radius geschehen. Andernfalls knickt das dünne Rohr ab.

● Innenseite des Bogens beim Biegen mit dem Daumen unterstützen. So können Sie sich langsam dem Radius entlang arbeiten.

● Bremsschlauch immer zuerst an der Stelle festdrehen, an der er sein Außengewinde hat.

● Dann die andere Verschraubung anziehen.

● Der Bremsschlauch darf nicht in sich verdreht sein. Zur Kontrolle dient der Farbstreifen oder Gummianguß entlang des Schlauches.

● Bremssystem entlüften.

● Sofort nach der Reparatur kontrolliern, ob der Schlauch bei Federbewegungen irgendwo scheuern kann.

● Diese Kontrolle nach einer längeren Fahrtstrecke wiederholen.

Bremsanlage entlüften

Wenn sich das Bremspedal federnd durchtreten läßt und sich der gewohnte Pedalweg erst nach mehrmaligem »Pumpen« einstellt, ist Luft in die Bremsanlage eingedrungen. Es liegt also eine Undichtigkeit vor. Defekt

Zum Prüfen des Rückschlagventils (2) das Ventil aus dem Bremskraftverstärker (1) ziehen.

suchen und reparieren. Es ist in diesem Fall nicht damit getan, einfach zu entlüften. Entlüftet werden muß ferner nach Reparaturen an der Bremshydraulik, wenn Luft in Bremszylinder und Leitungen eingedrungen ist:

- Bremsflüssigkeits-Vorratsbehälter ganz mit frischer Bremsflüssigkeit auffüllen und auch während des Entlüftens immer dafür sorgen, daß er rechtzeitig vor Absinken des Spiegels mit frischer Flüssigkeit nachgefüllt wird. Sonst wird wieder Luft angesaugt.
- Staubkappe vom Entlüftungsventil nehmen (Arbeitsreihenfolge: hinten rechts; hinten links; vorn recht; vorn links).
- Durchsichtigen Schlauch über das saubergeriebene Ventil schieben und das freie Schlauchende in ein teilweise mit Bremsflüssigkeit gefülltes Gefäß stecken.
- Jeweiliges Entlüftungsventil öffnen.
- Von Helfer das Bremspedal so lange langsam niedertreten und wieder zurückkommen lassen, bis im Schlauch keine Luftbläschen mehr sichtbar sind. (Bei stark entleerter Hydraulik zwei Entlüftungsdurchgänge am Wagen machen.) So wird Bremsflüssigkeit – und natürlich auch Luft – durch das Entlüftungsventil gepumpt.
- Kommen keine Luftbläschen mehr, muß der Helfer das Bremspedal in der tiefsten Stellung halten, während Sie das Entlüftungsventil schließen. Mit Gefühl anziehen, sonst reißt das Ventil ab!
- An den übrigen Radbremsen auf gleiche Weise entlüften.

Störungsbeistand

Bremsen

Die Störung	– ihre Ursache	– ihre Abhilfe
A Bremsen ziehen einseitig	**1 Reifendruck ungleichmäßig**	**Korrigieren bei kalten Reifen**
	2 Reifenprofil ungleichmäßig	**Reifen wechseln**
	3 Beläge verschmiert, verglast oder ungleichmäßig abgenutzt	**Beläge erneuern**
	4 Gleitflächen bzw. Führungsbolzen im Bremssattel verschmutzt oder verrostet	**Reinigen**
	5 Kolben im Bremssattel oder Radbremszylinder festgerostet	**Gängig machen oder erneuern**
	6 Bremsbacken liegen in der Trommel nicht richtig an	**Kontrollieren, evtl. neue Bremsbacken montieren**
	7 Bremsscheiben stark riefig oder zu dünn	**Bremsscheiben ersetzen**
	8 Unrunde Bremstrommeln	**Ausdrehen lassen oder erneuern**
	9 Bremsschläuche gequollen	**Schläuche ersetzen**

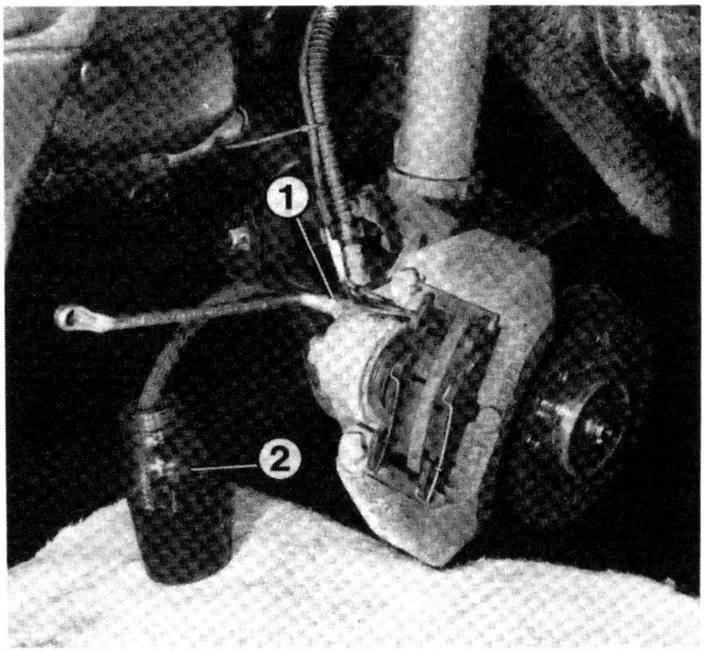

Hier wird das Entlüften an eineer vorderen Radbremse gezeigt. Kunststoffschlauch auf das Entlüftungsventil (1) stecken. Das andere Schlauchende in ein Glasgefäß (2) mit Bremsflüssigkeit hängen. Dann das Entlüftungsventil öffnen. Jede Bremse ist mit einem Entlüftungsventil ausgestattet.

Die Störung	– ihre Ursache	– ihre Abhilfe
B Bremsen quietschen	1 Falsche Beläge	Original-Beläge einbauen
	2 Staub und Schmutz an den Scheibenbremsen oder in den Trommelbremsen	Beläge ausbauen, Staub und Schmutz entfernen
	3 Siehe A 4, 5, 7 und 8	
C Bremsen rattern und blockieren	1 Siehe A 5	
	2 Überstehende Belagnieten	Erneuern
	3 Siehe A 8	
	4 Rückzugfedern der Bremsbacken zu schwach	Erneuern
	5 Bremsscheibe hat Schlag	Erneuern
	6 Bremsscheibe stark riefig	Erneuern
D Eine oder alle Radbremsen werden sehr heiß	1 Ausgleichsbohrung im Hauptbremszylinder verstopft	Säubern
	2 Kein Spiel zwischen Bremspedal (Druckstange) und Hauptbremszylinderkolben	Einstellen
	3 Verrostete Bremssättel	Überholen lassen
	4 Handbremse löst nicht vollständig	Bremsseile und Hinterradbremse kontrollieren
	5 Rückzugfeder gebrochen	Erneuern
E Pedalweg zu groß, Pedal läßt sich weich und federnd durchtreten	1 Luft im Bremssystem	Bremsanlage entlüften
	2 Bremssystem undicht	Dichtheitsprüfung durchführen
	3 Hauptbremszylinder defekt	Austauschen
	4 Bei starker Bremsbelastung Dampfblasenbildung in zu alter Bremsflüssigkeit	Bremsflüssigkeit austauschen
	5 Siehe A 5	
F Schlechte Bremswirkung bei hohem Pedaldruck	1 Pedalweg normal: Beläge verölt oder verglast	Erneuern
	2 Pedalweg kurz: Bremskraftverstärker defekt	Kontrollieren
	3 Pedalweg lang: Ein Bremskreis ausgefallen durch Undichtigkeit	Kontrollieren, schadhafte Teile auswechseln
G Handbremse wirkt einseitig oder nur schwach	1 Siehe Punkte unter A	
	2 Bremsseil eingerostet	Erneuern
	3 Nachstellmechanik defekt	Kontrollieren

Hier geht's rund

Der Peugeot 205 ist mit allerlei Rundungen versehen, die in der Mehrzahl der Aerodynamik und dem guten Aussehen dienen. Vier weitere Rundungen sind für gutes Fahrverhalten zuständig. Sie befinden sich unten am Wagen.

Welche Reifen sind montiert?

Für Ihren speziellen Wagen gelten **nur** diejenigen Reifengrößen, die in Ihrem **Kfz-Schein** eingetragen sind. Achten Sie hier genau auf jeden Buchstaben und jede Ziffer. Reifen mit anderen Bezeichnungen dürfen sich an Ihrem Wagen nicht befinden, sonst kann es Ärger mit der Polizei, dem TÜV oder bei einem Unfall mit der Versicherung geben. Denn die Betriebserlaubnis des Wagens ist dann erloschen. Und das wird teuer! Ebenso ist die zum Reifen passende Felge in die Papiere eingetragen – auch hier sind keinerlei Abweichungen zulässig.

Die Reifenbezeichnungen

Nach international gültigen Vereinbarungen wird die Reifengröße in Millimeter oder, wie in unserem Fall, gemischt in Millimeter und Zoll angegeben. Die Bezeichnungen 145R13S, 165/70R13S, 185/60R14H oder 185/55R15V besagen folgendes:
145, 165, 185: Reifenbreite in unbelastetem Zustand in mm.
55, 60, 70: Verhältnis von Reifenhöhe zu Reifenbreite z.B. 70:100. Standard-Gürtelreifen ohne diese Angabe haben ein Höhen/Breiten-Verhältnis von 80:100. Entsprechend niedriger ist das Höhen/Breiten-Verhältnis bei 70er- und 55er-Reifen.
R: Kennzeichnung der Bauart als Radial- oder Gürtelreifen.
13, 14, 15: Innendurchmesser des Reifens in Zoll.
S, T, H, V: Index für höchstzulässige Geschwindigkeiten (z.B. S = bis 180 km/h, T = bis 190 km/h, H = bis 210 km/h, V = bis 240 km/h, Q = bis 160 km/h bei M+S-Reifen).

Radschrauben und Felgen – eine Einheit

Radschrauben und Felgen stellen eine Konstruktionseinheit dar und dürfen deshalb nicht getrennt werden. Der Kegelsitz an den Befestigungslöchern der Felgen ist genau auf den Kegel der Radschrauben abgestimmt. Andere Kegelformen können den sicheren Sitz der Schraube und damit die Befestigung des Rades nicht garantieren. Außerdem muß die Schraubenlänge stimmen. Besitzen Sie für Ihren Peugeot 205 verschiedene Felgen, die evtl. unterschiedlichen Radbefestigungsteile keinesfalls vertauschen.

Anbau von Sonderfelgen

Sonderfelgen heißen auf Amtsdeutsch solche Räder, die in Form oder Material nicht der serienmäßigen Ausstattung entsprechen. Da es wegen nachträglich montierten Rädern und Reifen immer wieder Schwierigkei-

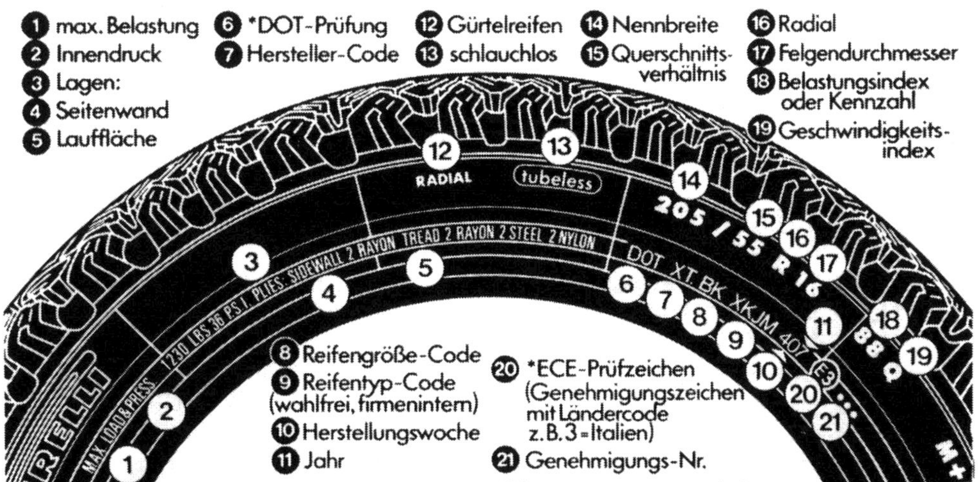

Was so alles an Bezeichnungen auf eine Reifenflanke paßt, finden Sie hier zusammengestellt.

ten bei Polizeikontrollen oder der Hauptuntersuchung bei DEKRA oder TÜV gibt, hier einige Punkte, die Sie beachten müssen:

- Felgen- und Reifengrößen stimmen mit den Angaben in den Fahrzeugpapieren überein und die Felgen sind Original-Peugeot-Teile: Keine Eintragung in die Fahrzeugpapiere erforderlich.
- Felgen- und Reifengröße stimmen mit den Angaben in den Fahrzeugpapieren überein, für das Sonderrad liegt eine ABE vor: Die Zulassungsstelle muß lediglich die ABE-Nr. in die Fahrzeugpapiere eintragen.
- Felgen- und Reifengröße werden gegenüber den Angaben in den Kfz-Papieren verändert und/oder für die Felgen liegt lediglich ein TÜV-Bericht vor: Hier ist ein Gutachten nach § 19 (2) StVZO beim TÜV (Teilgutachten) und die anschließende Berichtigung der Fahrzeugpapiere durch die Zulassungsstelle notwendig.
- Beim Kauf neuer Sonderfelgen muß diesen eine Rad-ABE oder ein TÜV-Bericht beigefügt sein.
- Vor dem Kauf gebrauchter, nicht originaler Felgen ohne entsprechende Papiere sollten Sie anhand der genauen Hersteller- und Typenbezeichnung sowie des Herstellungsdatums (es ist in der Felge eingeschlagen oder eingegossen) aus dem Räderkatalog des TÜV heraussuchen lassen, ob hierfür eine Rad-ABE oder ein TÜV-Bericht vorliegt.
- Räder ohne ABE oder TÜV-Bericht dürfen in Deutschland nicht montiert werden.

Fingerzeig: Von Peugeot gibt es einen Umrüstkatalog, der die Vielzahl der Möglichkeiten auflistet. Wenden Sie sich an Ihre Werkstatt oder direkt an die Peugeot-Kundendienstzentrale, Abteilung Homologation, Postfach 537, 6800 Saarbrücken. Bei Anfragen am besten Kopie des Fahrzeugscheines und vorbereiteten Rückumschlag beilegen. Problematisch ist z.B. die Reifengröße 155R13S, denn hier wäre eine Tachometerangleichung erforderlich. Für andere Reifengrößen werden teilweise Änderungen am Fahrzeug erforderlich.

Das Notrad

Als Reserverad ist dem Peugeot 205 ein sogenanntes Notrad mit auf den Weg gegeben, das neben geringerem Raumbedarf leichter als ein Normalrad ist. Besonders ärgerlich ist jedoch, daß bei montiertem Notrad der Wagen nur noch eingeschränkt fahrfähig ist. Ersetzen Sie das Notrad möglichst bald durch ein normales Rad. Beim Fahren mit Notrad beachten:

- Mit montiertem Notrad **nicht schneller als 80 km/h** fahren.
- Volles Beschleunigen, hartes Bremsen und hohe Kurvengeschwindigkeiten vermeiden.
- Möglichst sofort nach Montage den **Reifendruck** des Notrads kontrollieren. Er beträgt **4,2 bar.**
- Sobald als möglich defekten Reifen reparieren lassen. Das Notrad darf nur für kurze Strecken benutzt werden.
- Keine Schneeketten am Notrad montieren.

Reifendruck prüfen

Ständige Kontrolle

Unter die genannten Druckwerte (in bar Überdruck) sollte der Reifendruck keinesfalls absinken:

- Vorne: 1,9 bis 2,1 bar
- Hinten: 2,0 bis 2,2 bar
- Notrad: 4,2 bar

Achtung: Luftdruck immer bei kalten Reifen messen. Bereits wenige Kilometer zügiger Fahrt lassen den Reifendruck um 0,2–0,4 bar ansteigen. Diese Druckerhöhung durch Erwärmung ist bei den Luftdruckempfehlungen bereits berücksichtigt worden und darf deshalb nicht abgelassen werden. Am günstigsten ist ein eigener Luftdruckprüfer, womit der Reifendruck vor Antritt der Fahrt bei kalten Reifen gemessen werden kann.

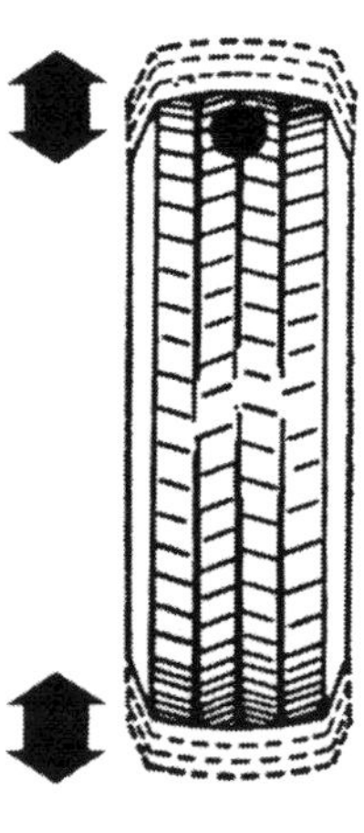

Unsere Skizze erläutert die Auswirkungen der Unwucht:

Die **statische** Unwucht erkennt man, wenn ein freihängendes, drehendes Rad immer mit der gleichen Stelle zu Boden sinkt und sich allmählich auspendelt. Folge: Das Rad hüpft während der Fahrt.

Die **dynamische** Unwucht ist durch Auspendeln des Rades nicht zu erkennen, denn sie liegt irgendwie schräg zur Radachse, so daß das schnellaufende Rad flattert und wackelt. Unausgewuchtete Räder führen zu schnellem Reifenverschleiß, unruhiger Lenkung und vorzeitiger Abnutzung der Radlager.

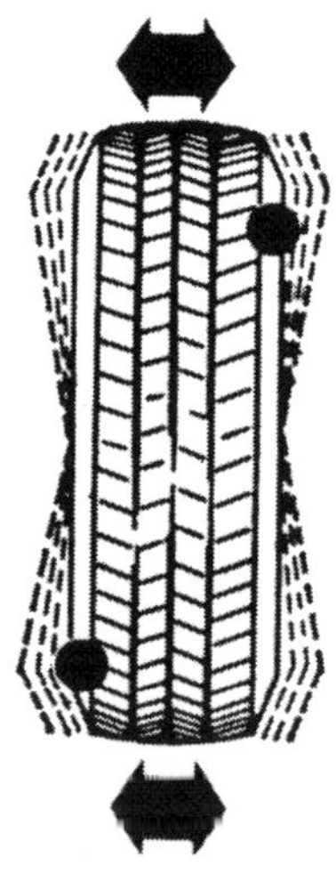

Das Reserverad ist unter dem Gepäckraum angeordnet. Zum Ausbau:
1 – Befestigungsspindel vom Gepäckraum aus losdrehen;
2 – Haken zurückziehen;
3 – Radkorb ablassen.

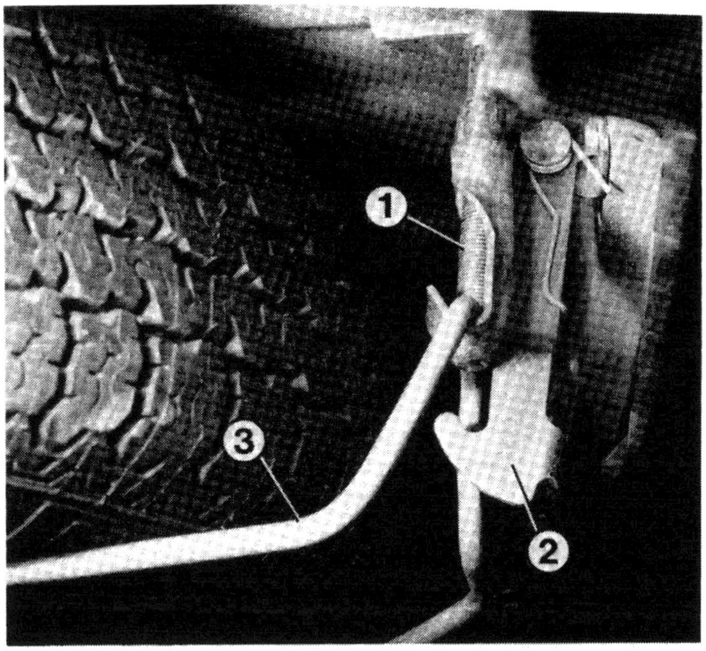

Reifenzustand prüfen

Wartung Nr. 16

Die Kontrolle geht am besten bei aufgebocktem Wagen, etwa beim Ölwechsel an der Tankstelle.

- Drehen Sie jedes Rad einmal komplett durch.
- Fremdkörper, wie kleine Steinchen, hebeln Sie mit einem feinen Schraubendreher aus den Profillamellen, ohne den Reifen dabei zu beschädigen.
- Das Reifenprofil muß laut Gesetzesvorschrift über die gesamte Profilbreite mindestens 1 mm tief sein.
- Aus Sicherheitsgründen sollten Sie jedoch die Reifen schon bei Erreichen der 2-mm-Profilgrenze wechseln lassen. Noch früherer Reifentausch ist bei den breiten 60er- und 55er-Reifen anzuraten, die bei geringer Profiltiefe auf nasser Straße sonst leicht »aufschwimmen«.
- Zur Verschleißkontrolle dienen in regelmäßigen Abständen quer zur Lauffläche verlaufende Erhebungen in den Profilrillen. Sie sind an der Reifenflanke durch die Buchstaben »TWI« (tread wear indicator – Profilabnutzungsanzeiger) gekennzeichnet.
- Wenn diese Erhebungen mit den Profilrippen in gleicher Höhe stehen, sollte der Reifentausch nicht mehr hinausgeschoben werden.
- Aus der Art der Profilabnutzung können Sie einiges herauslesen, wie im folgenden Abschnitt beschrieben.

Das Reifenlaufbild

○ An der Außenseite abgefahrene Vorderreifen sind beim Peugeot 205 nichts Ungewöhnliches. Grund ist die erhöhte Belastung dieses Laufflächenbereichs bei Kurvenfahrt.
○ Einseitig abgefahrenes Profil kann auch auf falsche Radeinstellung hinweisen; vor allem dann, wenn lediglich ein Reifen schräg abgelaufen ist.
○ Starke Abnutzung in der Profilmitte deutet auf wesentlich zu hohen Luftdruck. Dieser Effekt tritt eher an den Hinterrädern auf. Oder es wird häufig mit hoher Geschwindigkeit gefahren, wobei sich die Lauffläche rundet.
○ Sind beide Außenschultern eines Reifens stärker abgefahren als die Profilmitte, wurde lange Zeit mit zu niedrigem Luftdruck gefahren.
○ Gleichmäßige Auswaschungen im Profil deuten auf einen defekten Stoßdämpfer.
○ Tritt die ungleiche Abnutzung nur an bestimmten Stellen auf, ist das Rad unwuchtig, oder der Reifen-Unterbau ist beschädigt.
○ Eine einzelne Stelle im Profil mit starker Abnutzung stammt von einer Bremsung mit blockiertem Rad – eine sogenannte Bremsplatte.

Der Radwechsel

Unterwegs ist der Radwechsel nicht ganz problemlos. Die Radschrauben können festgerostet sein oder sie wurden beim letzten Radwechsel in der Werkstatt mit einem Schlagschrauber »angeknallt«, statt mit den vorgeschriebenen 80 Nm (Stahlfelge) bzw. 90 Nm (Leichtmetallfelge) festgezogen. Dann hilft das Bordwerkzeug nicht mehr weiter, sondern nur ein kräftiger Radschraubenschlüssel oder ein Radkreuz mit aufgestecktem Rohrstück als Verlängerung.

- Handbremse anziehen und 1. oder Rückwärtsgang einlegen.
- Unterwegs Warnblinkanlage einschalten und Warndreieck aufstellen.
- Räder der anderen Wagenseite gegen Wegrollen sichern, z.B. mit Steinen oder Holzstücken.
- Wagenheber und Handkurbel aus dem Motorraum nehmen.
- Heckklappe öffnen, im Boden des Gepäckraumes die Befestigung des Reserverades lösen (ca. 15 Umdrehungen). Unter dem Fahrzeugheck den Radkorb anheben und den Haken aushängen. Reserverad bereitlegen.
- Radschrauben jeweils knapp eine Umdrehung lockern.
- Bordwagenheber an der gekennzeichneten Stelle der Karosserie-Unterkante ansetzen. Der Wagenheber muß dabei in den senkrechten Steg der Karosserie eingreifen.
- Bei weichem Untergrund Brettchen unterlegen.
- Wagen hochkurbeln.
- Radschrauben vollends herausdrehen.
- Rad abnehmen, Reserverad aufstecken.
- Schrauben ansetzen, dabei die evtl. vorhandene Nabenabdeckung mit einbauen. Schrauben über Kreuz gleichmäßig anziehen. Dabei das Rad hin- und herdrehen, damit es sich einwandfrei auf der Radnabe zentriert.
- Wagen ablassen, Schrauben nachziehen (80 bzw. 90 Nm).
- Defektes Rad mit der Außenseite nach oben in den Ersatzkorb legen und befestigen.
- Bei Verwendung des Notrads muß die Fahrweise angepaßt werden (Seite 160).
- Festen Sitz der Schrauben nach kurzer Fahrtstrecke prüfen.

Radschrauben auf festen Sitz prüfen

Wartung Nr. 17

- Nach einigen Kilometern Fahrtstrecke soll nach jeder Radmontage kontrolliert werden, ob die Radschrauben richtig angezogen sind.
- Als Anzugsdrehmoment sind **80 Nm bei Stahlfelgen** und **90 Nm bei Leichtmetallfelgen** vorgeschrieben, also nicht mit einem zusätzlich verlängerten Radschlüssel die Schrauben »anknallen«.
- Zu starkes oder ungleichmäßiges Festschrauben kann dazu führen, daß sich die Bremsscheiben oder -trommeln verziehen. Das ergibt ungleichmäßige Bremswirkung, Bremsenschütteln und punkt- oder flächenförmigen Reifenverschleiß.

Rad-Unwuchten

Unwuchtige Räder spürt man durch Vibrationen im Lenkrad oder Schütteln im Vorderwagen. Beides tritt bei bestimmten Geschwindigkeiten besonders stark auf. Die Ursache liegt an ungleichmäßiger Gewichtsverteilung am Rad. Beim Auswuchten gibt es zwei Methoden:

○ Das Rad wird am Wagen ab- und an einer Auswuchtmaschine angeschraubt. Dort läuft es zur Probe, Unwuchten werden dabei angezeigt und können durch Anbringen von Bleigewichten ausgeglichen werden.

○ Zum Ausschalten letzter Unwuchten ist Feinwuchten erforderlich. Dabei werden auch Unwuchten von Radnabe und Bremsscheibe ausgeglichen. Die am Wagen anmontierten Räder werden mit Motorkraft (vorn) bzw. durch einen Elektromotor mit Reibrad (hinten) in die notwendige schnelle Drehung versetzt und die Restunwucht angezeigt. Das gleicht man wieder durch Bleigewichte aus.

Räder und Reifen im Winter

○ Ist Ihr Wagen mit »normalen« oder mit 70er-Reifen ausgerüstet, können Sie möglicherweise – in schneeärmeren Einsatzgebieten – bei ausreichender Profiltiefe gut durch den Winter kommen.

○ Schlecht sieht es bei den breiteren 60er- und 55er-Reifen aus; zumal bei höherer Motorleistung. Diese neigen – nicht zuletzt wegen der »härteren« H- und V-Ausführung – auf Schnee und Eis schneller zum Durchdrehen. Die Anschaffung spezieller Winterreifen ist dann nicht zu umgehen. Zumal diese Reifen meist auf den teuren Leichtmetallfelgen sitzen. Außerdem können Leichtmetallfelgen unter Streusalzeinwirkung bis zur Verkehrsunsicherheit korrodieren. Schäden im Felgen-Decklack müssen deshalb schnell ausgebessert werden.

○ Bei Winterreifen haben Sie die Wahl zwischen den herkömmlichen M+S-Reifen, die lediglich 160 km/h schnell gefahren werden dürfen, und den teureren Hochgeschwindigkeitsreifen für 190 km/h Höchsttempo.

○ Was die Reifengröße anbetrifft, würden wir – wo immer das lt. Kraftfahrzeugschein bzw. Anfrage bei Peugeot möglich ist – auf die kleinste Winterreifengröße 145 R 13 bzw. 14 zurückgreifen. Besonders zu empfehlen ist das, weil in dieser Reifengröße günstige Reifen angeboten werden und bei dieser Größe auch Schneeketten uneingeschränkt verwendet werden können.

Der Aufbau eines Gürtelreifens: 1 – doppelte Bandage; 2 – Gürtel; 3 – Karkasse (Unterbau); 4 – Wulst; 5 – Lauffläche.

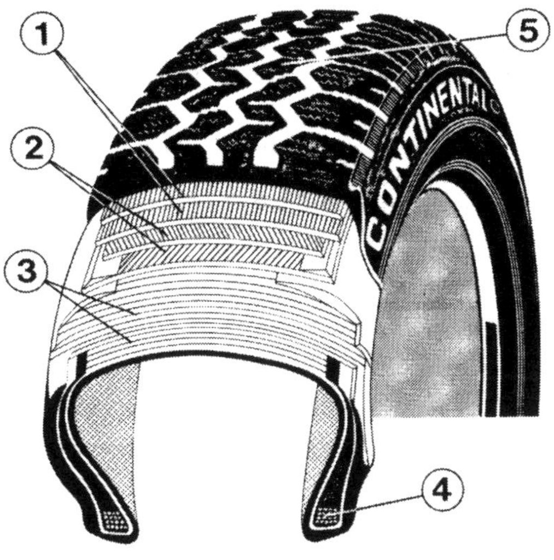

○ Bei Wagen, die schneller laufen können, als es die bauartbedingte Höchstgeschwindigkeit des Winterreifens zuläßt, muß ein Hinweisschild mit der Reifen-Höchstgeschwindigkeit am Armaturenbrett angebracht werden. Die Höchstgeschwindigkeit Ihres Wagens entnehmen Sie bitte dem Kfz-Schein.
○ Ein M+S-Reifen mit weniger als 4 mm Profiltiefe taugt nichts mehr im Winter. Wenn etwa im Gebirge Winterreifen vorgeschrieben sind, werden M+S-Reifen nur dann als solche anerkannt, wenn ihr Profil noch mindestens 4 mm tief ist.
○ Schneeketten können beim Peugeot 205 GTI, CTI und den verschiedenen Diesel-Modellen nicht mit allen Reifengrößen kombiniert werden, weil sonst die Ketten streifen. Beachten Sie dies beim Kettenkauf.

Zeichen der Zeit

Der Einzug der Elektronik in unser Leben hat längst stattgefunden. Auch die Autoelektrik ist davon nicht verschont geblieben. Wir kommen nicht umhin, uns mit der Sache zu beschäftigen.

So einfach ist Elektrik

Elektrizität ist leider unsichtbar. Deshalb ist alles, was mit Strom zusammenhängt, für viele ein Buch mit sieben Siegeln. Verdeutlichen wir uns doch die Zusammenhänge von Strom und Spannung am Beispiel eines Wasserfalls: Seine Höhe stellt die elektrische **Spannung** dar (in Volt gemessen), seine Breite – also die herabfließende Wassermenge – symbolisiert den elektrischen **Strom** (in Ampere gemessen).
Steht am Fuß unseres Wasserfalls ein Mühlrad, so wird dort **Leistung** (in Watt) erzeugt. Und zwar so viel, wie sich aus dem Produkt von Höhe und Breite des Wasserfalls ergibt. Klar also, daß es egal ist, ob der Wasserfall hoch und schmal oder niedrig und dafür breiter ist. Denn erst das Ergebnis der Rechnung »Höhe mal Breite« (oder »Spannung mal Strom«) entscheidet über die abgegebene Leistung. Einleuchtendes Beispiel: Die 40-Watt-Birne zu Hause brennt genau gleich hell wie die 40-Watt-Birne am Auto, obwohl das Bordnetz statt 220 Volt nur 12 Volt aufzuweisen hat.
Bleibt noch der **Widerstand** zu erklären: Er ist mit einer Verengung der Wasserleitung vergleichbar, durch den der Wasser(Strom-)fluß reduziert werden kann.

Grundbegriffe der Elektronik

Schon dem Wort nach basiert die Elektronik auf den Elektronen – jenen immens kleinen Bausteinen, aus denen das ohnehin schon kleine Atom zum Teil besteht. Die Elektronen sorgen in allen elektrisch leitenden Werkstoffen (Leiter) dafür, daß Strom überhaupt fließen kann. Die Elektronen wandern dabei im Leiter von Atom zu Atom.
Nichtleitende Werkstoffe besitzen zwar auch Elektronen, doch sind diese sehr stark an den Atomkern gebunden. Sie können also auch nicht weiterwandern, und somit fließt auch kein Strom. Die dritte Werkstoffgruppe stellen die sogenannten Halbleiter dar. Das sind Kristalle (meist Germanium oder Silizium), die so nachbehandelt wurden, daß ihn ihrem Atomaufbau Elektronen fehlen oder überschüssige Elektronen vorhanden sind.
Dadurch ergibt sich der durchaus erwünschte Effekt, daß durch die Kristallplättchen nur unter bestimmten Bedingungen Strom fließen kann. Werden diese Bedingungen nicht erfüllt, baut sich eine Sperrschicht auf, und der Stromfluß wird gehemmt.
Halbleiterbauelemente findet man natürlich nicht nur einzeln in der Fahrzeugelektrik verwendet. Meist sind sie in größerer Stückzahl zu kompletten Schaltungen zusammengefaßt, wie zum Beispiel im Steuergerät der Einspritzanlage oder dem Schaltgerät der Zündung.

Halbleiter

Transistor: Er läßt nur dann Strom durchfließen, wenn an seinem dritten Anschluß eine Spannung anliegt. Ist diese Spannung hoch, fließt viel Strom durch; bei geringer Spannung entsprechend weniger. Vergleichbar ist das mit einem Wasserhahn. Je weiter das Ventil aufgedreht wird, desto mehr Wasser fließt durch.
Diode: Sie ist nur in einer Richtung für den elektrischen Strom leitend. Kommt der Strom aus der Gegenrichtung, sperrt sie den Durchgang. Das ist wie beim Reifenventil: Luft kann durchgepumpt werden, aber sie kommt nicht mehr heraus.
Leuchtdiode: Der Halbleiterkristall sendet Licht aus, sobald Spannung anliegt. Im Grund genommen ist das wie bei einer Glühlampe, aber es gibt keinen Glühfaden, der allmählich verbrennen kann.

Weitere Bauelemente

In nahezu allen elektronischen Schaltungen kommen Bauteile vor, die nicht zur Sparte der Halbleiter gehören, ohne die aber die Elektronik nicht denkbar wäre. Häufigste Vertreter sind:
Widerstand: Seine Aufgabe ist es, den Stromfluß zu hemmen, wie bereits beschrieben.
Kondensator: Er wirkt wie eine kleine Batterie und kann elektrische Energie für eine gewisse Zeit speichern. Er wird zur Glättung von Spannungsschwankungen und zum Dämpfen von Spannungsspitzen verwendet. Wenn eine Zeitverzögerung in einer Schaltung erwünscht ist (z.B. im Blinkrelais), wird ein Kondensator mit einem Widerstand zu einem »Zeitglied« zusammengeschaltet.

Die elektronischen Steuergeräte (2) der Gemischaufbereitung sind über dem Handschuhfach angeordnet. Die Mehrfachstecker (3) nur bei ausgeschalteter Zündung lösen.

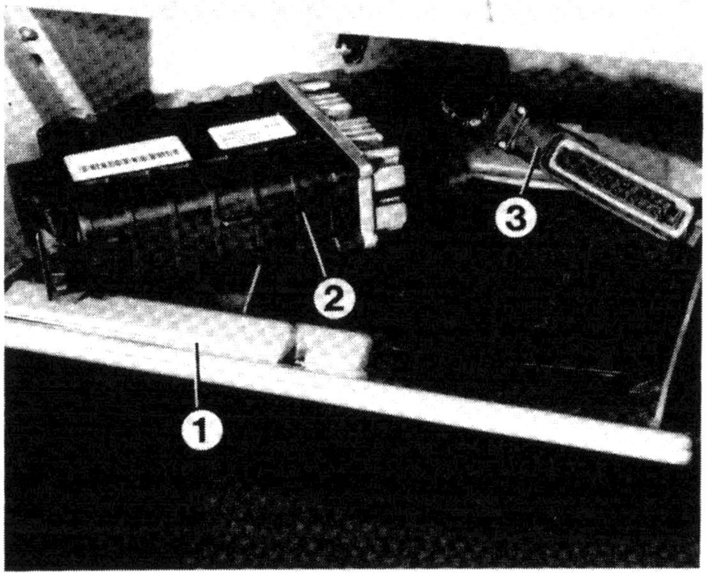

Elektronische Schaltungen

Integrierte Schaltkreise (IC): Eine Vielzahl von elektronischen Bauteilen ist im kleinen Gehäuse eines IC untergebracht. Die meist schwarzen »Käfer« mit 14 und mehr Anschlußfüßen gibt es mit allen erdenklichen Funktionen.

Mikroprozessor: Sie spielen eine wachsende Rolle in der Technik. Es sind weiterentwickelte ICs, aber wesentlich »intelligenter«. Je nach Art des elektrischen Eingangssignals können sie vorher programmierte Schaltungsvorgänge auslösen.

Elektrische Messungen

Beim Prüfen und Reparieren der Fahrzeugelektrik und -elektronik gibt es verschiedene elektrische Größen zu messen. Was im Einzelfall zu tun ist, beschreiben die verschiedenen Kapitel hier im Buch.

Damit der Meßwert richtig abgelesen werden kann, bedarf es zunächst eines genauen Meßgeräts. Welche Geräte sich eignen, sehen Sie auf der folgenden Seite.

Wie man das Meßgerät richtig anschließt und was bei den einzelnen Messungen zu beachten ist, finden Sie in den folgenden Abschnitten erklärt.

Fingerzeig: Schalten Sie vor Abziehen eines Steckers im Bereich der Fahrzeugelektronik immer die Zündung aus. Noch besser ist das Abklemmen der Batterie. Denn beim Trennen eines Steckkontakts können Spannungsspitzen entstehen, die nahegelegenen empfindlichen Steuergeräten (z.B. der Benzineinspritzung) nicht gut bekommen.

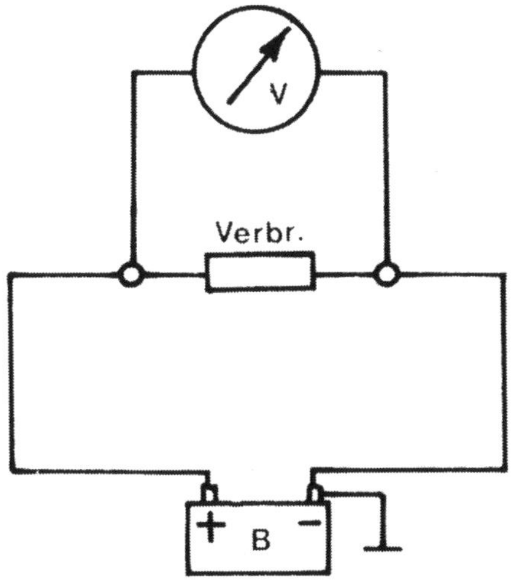

Die Spannung wird parallel zum Verbraucher gemessen. Die Zuleitungen zum Verbraucher können montiert bleiben. Die Meßkabel des Meßgerätes müssen richtig gepolt sein (rot nach Plus).

Zur Strommessung wird das Meßgerät in eine Leitung zum Verbraucher geschaltet. Hier muß die Zuleitung aufgetrennt werden, was nicht immer ganz einfach ist, wenn beispielsweise mehrere Leitungen in einem Mehrfachstekker zusammengefaßt sind. Auch hier auf die Polung des Meßgerätes achten.

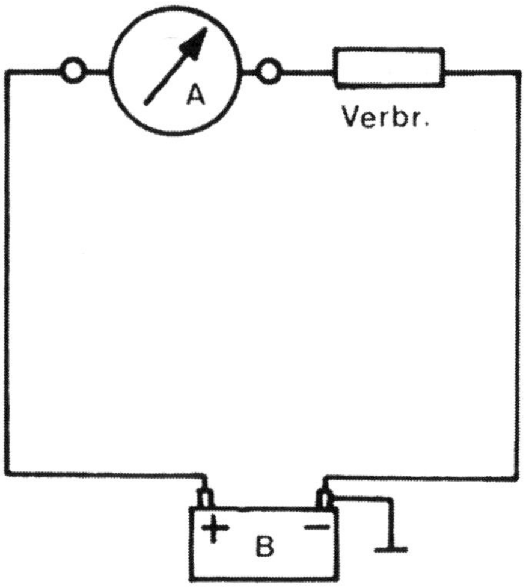

Spannung messen mit Prüflampe

Praktisch ist eine Prüflampe mit Nadelkontakt, mit deren Nadel einfach die Isolierung des zu prüfenden Kabels durchstochen werden kann. Die Klemme am Kabel der Lampe wird irgendwo an blankem Fahrzeugmetall, der sogenannten Masse, angeclipst.
Die Lampe gibt in erster Linie Auskunft darüber, ob überhaupt Spannung anliegt. An ihrer Helligkeit kann man in etwa die Höhe der Spannung abschätzen.

Spannung messen mit Diodenprüfer

An elektronischen Bauteilen darf mit einer herkömmlichen Prüflampe nicht gemessen werden. Sie nimmt zu viel Leistung auf und kann so Bauteile der Elektronik beschädigen. Wer in diesem Bereich Messungen vornehmen will, sollte sich einen Spannungsprüfer mit Leuchtdioden anschaffen.

Spannung messen mit Voltmeter

Exakter ist die Spannungsmessung mit dem Volt-Meßbereich eines Zeiger- oder Digitalmeßgeräts. Durch den sehr geringen Stromverbrauch des Instruments droht auch Elektronikteilen keine Gefahr.
○ Zum Messen der Batteriespannung (als Beispiel) wird das mit »–« gekennzeichnete Meßkabel an den Minuspol der Batterie angeschlossen. Das »+«-Kabel kommt an den Pluspol:
○ Zeigt das Instrument beispielsweise nur 10,4 Volt an, hat eine der Batteriezellen Kurzschluß. Interessant kann es auch sein, die Batteriespannung zu messen, während der Anlasser betätigt wird. Sind dann nur noch 6 Volt abzulesen, steht es mit der Batterie sicher nicht zum besten.
Weitere Methoden, das Volt-Meßgerät einzusetzen:
○ Messen einer Spannung »gegen Masse«: »+«-Kabel des Meßgeräts an einer Klemme anschließen, an der Spannung anliegt, »–«-Kabel an ein blankes Teil der Karosserie oder des Motors anklemmen. Beide sind durch dicke Kabel mit dem Minuspol der Batterie verbunden, wodurch eine exakte Messung möglich ist.
○ Häufig wird die Spannung zwischen zwei bestimmten Kontakten (etwa an einem Steuergerät) gemessen. Wie das Meßgerät anzuschließen ist und welche Spannung anliegen soll, ist in einem solchen Fall Bestandteil der Prüfvorschriften.
○ Mit dem Volt-Meßbereich kann auch geprüft werden, ob ein Massekabel in Ordnung ist: »+«-Kabel des Meßgeräts am Pluspol der Batterie anschließen, »–«-Kabel des Geräts am Ende des Massekabels anklemmen. Ist die Masseversorgung intakt, muß volle Batteriespannung angezeigt werden.

Strom messen

Ob Strom zu einem Verbraucher hin fließt, wird mit dem Amperemeter bzw. dem entsprechenden Meßbereich des Vielfachinstruments gemessen.
○ Dazu muß der Stromkreis aufgetrennt und das Meßgerät zwischen die jetzt freien Pole zwischengeschaltet werden.
○ In der Praxis sieht das so aus: Einen Steckkontakt in der Leitung zu einem Verbraucher abziehen und Meßgerät zwischen Stecker und Kontaktzunge zwischenschalten.
○ Strom wird beispielsweise gemessen, wenn der Verdacht besteht, daß ein heimlicher Stromverbraucher irgendwo im Bordnetz sitzt, der über Nacht die Batterie leersaugt.
Um diese Leckstelle zu lokalisieren, nehmen Sie eine Sicherung nach der anderen heraus, klemmen stattdessen das Amperemeter an den Kontakten im Sicherungskasten an und können so feststellen, in welchem Stromkreis Verluste entstehen.
○ Niemals versuchen, auf diese Weise den Stromverbrauch des Anlassers zu ermitteln! Der Strom ist viel zu hoch für unser kleines Meßgerät.

Zur Widerstandbestimmung eines Verbrauchers werden am besten beide Zuleitungen direkt am Gerät ausgesteckt. Dann zwischen den Anschlüssen messen.

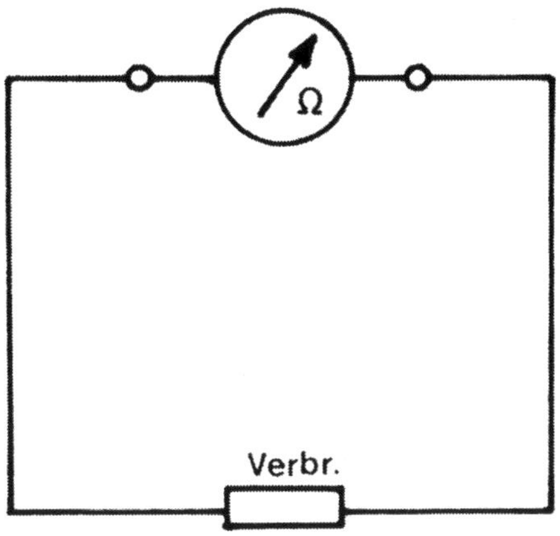

Widerstand messen

Die exakte Widerstandsmessung an einem Bauteil hat nur dann einen Sinn, wenn man ein genau anzeigendes Gerät besitzt. Sonst bleiben letztlich Zweifel an der Messung.

○ Mit dem Widerstandsmeßbereich läßt sich beispielsweise erkennen, welchen Innenwiderstand ein bestimmtes Bauteil hat. Die Angaben finden Sie – wo nötig – in diesem Buch.

○ Die Kabel des Meßgeräts (Polung ist dabei gleichgültig) werden dazu an zwei Anschlüssen des Bauteils angeklemmt.

○ Oder es wird der Widerstand »gegen Masse« gemessen: Ein Kabel am Bauteil, das zweite an Motorblock oder Karosserie anklemmen.

○ Ferner läßt sich mit dem Widerstand-Meßbereich eines Meßinstruments prüfen, ob eine Leitung oder ein Schalter »Durchgang« hat (der Meßwert ist dann 0) oder ob der Stromweg irgendwo unterbrochen ist (dann erhalten Sie den Meßwert unendlich = ∞).

Stromreserve

Die Batterie ist der Mittelpunkt der Bordelektrik im Peugeot 205. Ihr Energievorrat wird von den verschiedenen Stromverbrauchern in Anspruch genommen – wieder aufgeladen wird sie von der Lichtmaschine.

So funktioniert die Batterie

Eine Bleiplatte als Elektrode, die mit verdünnter Schwefelsäure (dem Elektrolyt) in Verbindung kommt, gibt unter dem Einfluß des Lösungsdrucks positive Ionen, also elektrisch geladene Teilchen an den Elektrolyt ab. Dadurch wird zwischen der Bleiplatte und dem Elektrolyten eine elektrische Spannung aufgebaut.
In der Praxis verläßt man sich jedoch nicht auf diesen freiwilligen Übertritt geladener Teilchen, sondern zwingt der Batterie eine Ladespannung auf. Das hat den Effekt, daß sich das Bleisulfat der Platten einer entladenen Batterie an der positiven Elektrode in Bleidioxid und an der negativen Elektrode in Bleischwamm umwandelt. Gleichzeitig wird im Elektrolyten wieder Schwefelsäure gebildet, und als äußeres Zeichen für den fast abgeschlossenen Ladevorgang steigen Gasbläschen auf.
Beim Entladen dreht sich der Vorgang um. Das Bleidioxid der positiven Platte und der Bleischwamm der negativen werden wieder zu Bleisulfat, wobei sich die Schwefelsäure verbraucht und Wasser gebildet wird. Mit der Entladung sinkt deshalb die Säuredichte ab.

Die richtige Batterie

Unser Peugeot 205 hat seine Batterie seitlich links im Motorraum sitzen. Sie hat – je nach Modell – folgende Größe:
- ○ XV8- und XW7-Motor: 12 V/25 Ah
- ○ Andere Benzin-Motoren: 12 V/29 Ah
- ○ Diesel-Motor: 12 V/42 Ah

In der Angabe 12 V/29 Ah gibt die vorangestellte 12 V die Spannung an. Hinter dem Schrägstrich ist die Stromstärke in ihrer »zeitlich lieferbaren Menge« vermerkt – »Ah« steht für Amperestunden. Das ist die Nenn-Batteriekapazität, die nach Normbedingungen gemessen wird. In der Praxis rechnet man allerdings nur mit ⅔ der angegebenen Kapazität; bei einer älteren Batterie lediglich mit der Hälfte.

Wie lange reichen die Reserven?

Wie lange ein Stromverbraucher mit dem Stromvorrat aus der Batterie funktionieren kann, errechnen wir aus folgender Formel:
Betriebszeit = Batteriekapazität × Bordnetzspannung geteilt durch Leistung des Verbrauchers. In der

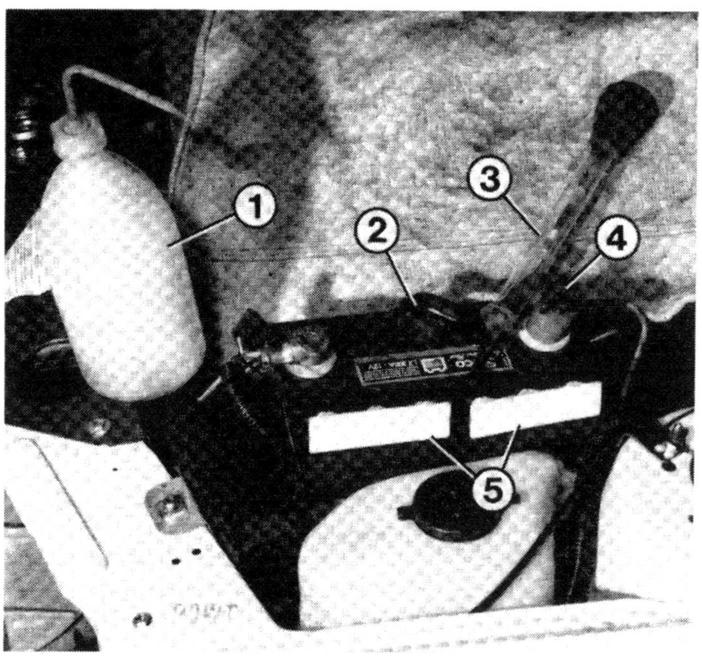

1 – destilliertes Wasser zum Nachfüllen des Batteriesäurestandes;
2 – Pluspol-Abdeckung;
3 – Säuremesser zum Prüfen des Ladezustandes;
4 – Minuspolklemme;
5 – Verschlußstopfen.

Zu vielen Reparaturen, besonders bei Arbeiten an der Kraftstoffanlage oder an der Fahrzeug-Elektrik (natürlich nicht zu Stromprüfungen) soll das Minuskabel (1) vom Minuspol (3) oder Batterie (2) gelöst werden, um Kurzschluß- oder Brandschäden zu vermeiden. Auch bei noch angeschlossenem Pluskabel ist damit das Fahrzeug stromlos.

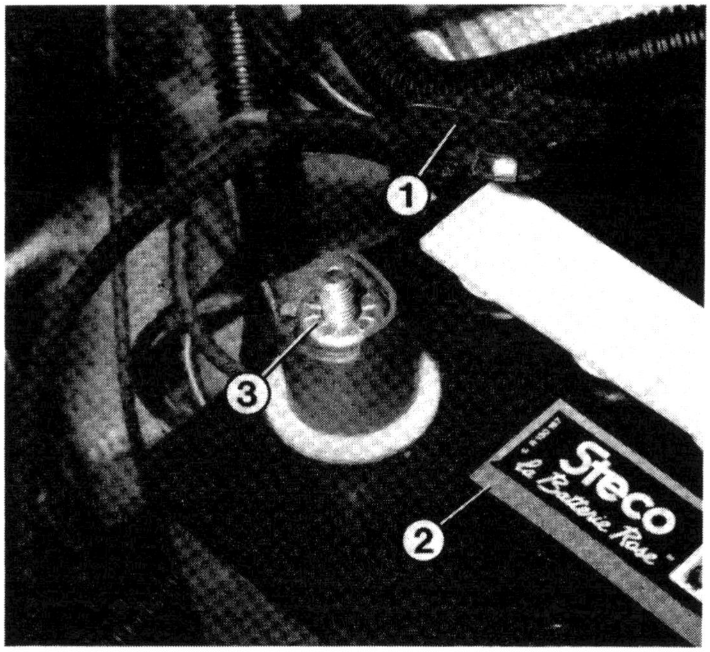

Praxis sollten Sie aber nie mit der vollen Batteriekapazität, sondern nur mit ½ bis ⅔ der Nennkapazität rechnen. Es ergeben sich dann beispielsweise die folgenden Zirka-Betriebszeiten in Stunden:

Batterie	Standlicht	Parklicht	Warnblinker	Fahren (Tag) Vergaser	Fahren (Tag) Einspritzer
42 Ah	13	36	3,5	–	–
29 Ah	9	25	2,5	2,0	1,5
25 Ah	8	21	2,0	1,5	–

Am meisten wird die Batterie natürlich vom Anlasser gestreßt. Mit seiner hohen Leistung setzt er der Batterie vor allem in dem Moment zu, in dem der Motor vom Stillstand in eine Drehbewegung versetzt wird. Der Stromverbrauch steigt dann bis auf ein Vielfaches der normalen Werte an.

Temperatureinfluß auf die Batterie

Batterien haben die Eigenart, um so unwilliger auf Kälte zu reagieren, je weniger Strom sie gespeichert haben. Völlig leere Akkus sind so empfindlich, daß sie bei Frost einfrieren und platzen können. Ist die Batterie dagegen randvoll geladen, verträgt sie die Kälte verhältnismäßig gut. Vor der kalten Jahreszeit empfiehlt sich bei einem älteren Akku die Kontrolle des Ladezustands.

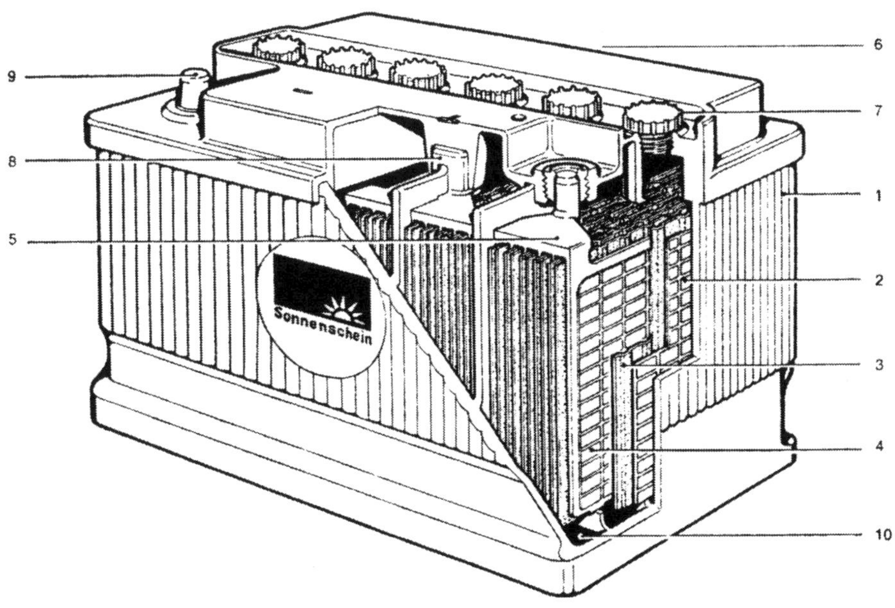

Teilschnitt durch eine Bleibatterie. Plus- und Minusplatten werden durch sogenannte Separatoren voneinander isoliert und stehen zusammen in der verdünnten Schwefelsäure. Es bedeuten:
1 – Blockkasten;
2 – negative Gitterplatte;
3 – Separatoren;
4 – positive Gitterplatte;
5 – Polbrücke;
6 – Blockdeckel;
7 – Verschlußstopfen;
8 – Zellenverbinder;
9 – negativer Endpol;
10 – Prisma und Schlammraum.

Batterie prüfen

Säurestand
Wartung Nr. 4

Bei Akkus sollte regelmäßig nach dem Flüssigkeitsstand gesehen werden. Vielleicht wurde das destillierte Wasser durch einen defekten Lichtmaschinenregler »verkocht«.

- Die Batterieflüssigkeit muß mindestens bis zum unteren der beiden am Gehäuse auflackierten oder eingeprägten Striche reichen, zumindest aber die Plattenoberkanten gut bedecken.
- Bei abgesunkenem Flüssigkeitspegel Verschlußstopfen öffnen.
- Bei einer normal geladenen Batterie bis zum oberen Strich bzw. bis 15 mm über die Plattenoberkante **destilliertes Wasser** auffüllen.
- In eine stark entladene Batterie nur so viel Wasser einfüllen, daß die Platten oben bedeckt sind. Beim Wiederaufladen steigt der Flüssigkeitsstand nämlich erheblich.
- Erst nach dem Laden bis zur oberen Marke nachfüllen.
- Die Wassermenge aus der Einfüllflasche muß gut dosierbar sein, sonst wird der Akku überfüllt.
- Eine überfüllte Batterie »kocht über«, die Säure tritt an den Verschlußstopfen aus.

Ladezustand

Erscheint der Akku trotz richtigem Säurestand kraftlos, muß der Ladezustand kontrolliert werden. Auskunft darüber gibt das spezifische Gewicht der Batteriesäure. Sie brauchen für die Kontrolle einen speziellen Hebe-Säuremesser (Aräometer), den Sie sich bei der Tankstelle ausleihen können.

- Batterie-Verschlußstopfen abnehmen.
- So viel Batteriesäure ansaugen, daß die Meßspindel frei schwimmt.
- Säuregewicht ablesen. Es bedeuten: 1,28 kg/l = Batterie voll geladen; 1,20 kg/l = halb geladen; 1,12 kg/l = entladen.

Batterie ausbauen

- Grundsätzlich **zuerst das Minuskabel** abnehmen, um beim weiteren Hantieren Kurzschlüsse zu vermeiden.
- Flügelschraube an der Klemme des Minuskabels lösen, Klemme vom Batteriepol abheben.
- Pluskabel-Klemme lösen und abnehmen.
- Schrauben am Halteblech abschrauben. Halter abnehmen.
- Batterie herausheben.
- Beim Einbau zuerst das Pluskabel anschließen, dann die Minusklemme.

Kontaktpflege an der Batterie

- Oxidkristalle an den Batterieklemmen mit warmem Sodawasser abwaschen oder mit »Neutralon« von Varta behandeln.
- Batteriepolköpfe und Kabelklemmen mit Säureschutzfett (Bosch Ft 40 v 1) einstreichen.
- Kein Fett erhalten die Polkopfseiten und die Innenseiten der Klemmen, sonst kann es Kontaktschwierigkeiten geben.

Batterie laden

Mit Heimladegerät

- Pluskabel am Batterie-Pluspol, Minuskabel am Batterie-Minuspol anklemmen.
- Die Batterie kann zum Laden im Wagen eingebaut bleiben.
- Die Batteriekabel brauchen beim schwachen Heimladegerät nicht abgenommen zu werden.
- Die Batteriestopfen können eingeschraubt bleiben. Das sich beim Laden bildende Gas kann durch die Entlüftungsbohrungen in den Stopfen entweichen.
- Der Ladestrom soll anfangs etwa 10 % der Batteriekapazität betragen (z. B. 4 A beim 42-Ah-Akku) und sich während der Ladung automatisch verringern.
- Die Batterie ist voll geladen, wenn ihre Säuredichte innerhalb von zwei Stunden nicht mehr ansteigt.
- Beim Batterieladen wird das destillierte Wasser teilweise zersetzt. Es bilden sich Gasblasen aus Wasserstoff und Sauerstoff – das hochexplosive Knallgas.
- Deshalb für gute Durchlüftung des Raumes sorgen; besonders, wenn mit hohem Strom geladen wird.
- Beim Laden der Batterie in deren Nähe nicht rauchen und kein offenes Feuer verwenden.
- Auch Funken beim Ab- oder Anklemmen des Laders bzw. der Batteriekabel können das Knallgas entzünden.

Schnelladen

Wer es eilig hat, kann seine Batterie bei Tankstelle oder Werkstatt schnelladen lassen. Dabei wird mit mindestens 40 Ampere geladen. Nach einer Stunde ist die Batterie wieder fit.
Beachten Sie:

○ Einem älteren Akku kann die Schnelladung das Leben kosten, dann muß eine ohnehin bald fällige neue Batterie her.

○ Beide Batteriekabel müssen abgenommen werden. Durch den hohen Ladestrom können die empfindlichen elektronischen Bauteile im Auto Schaden nehmen.

○ Batterie-Verschlußstopfen abnehmen, da der Akku bei der Schnelladung erheblich gast.

Der Ladezustand der Batterie (3) wird mit dem Säuremesser (Aräometer) an jeder Zelle geprüft. Dazu alle Verschlußstopfen (2) abnehmen. Vorsicht beim Umgang mit der Batteriesäure!
Weiterhin bezeichnet: 4 – Minuspolkabel mit servicefreundlicher Flügelschraube.

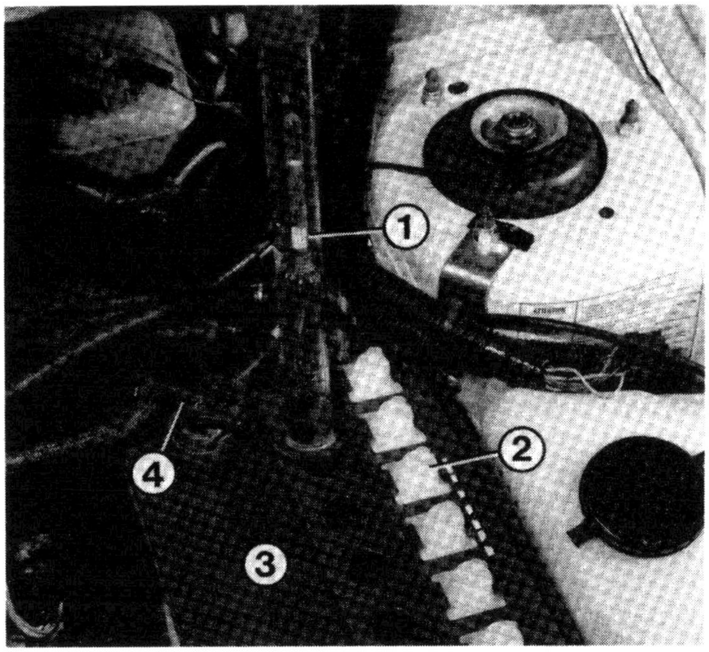

Start mit leerer Batterie

Starthilfekabel

- Fahrzeug mit geladener Batterie so dicht heranfahren, daß die Starthilfekabel von links in den Motorraum des Peugeot gelegt werden können.
- Kontrollieren Sie, ob an Ihrem stromlosen Fahrzeug alle Stromverbraucher abgeschaltet sind.
- Mit dem ersten Kabel die Pluspole beider Batterien verbinden.
- Anderes Starthilfekabel zuerst am Minuspol der geladenen Fremdbatterie und dann im Motorraum des stromlosen Wagens an blanker Masse (z.B. direkt am Motor) anschließen.
- Motor des Hilfswagens starten und mit erhöhter Drehzahl laufen lassen, damit die Lichtmaschine kräftig Spannung liefert.
- Falls der Motor nicht gleich anspringt, zwischendurch eine Abkühlungspause für den Anlasser einlegen. Hilfsmotor weiterlaufen lassen, wodurch die leere Batterie bereits etwas nachgeladen wird.
- Beim Abklemmen der Starthilfekabel zuerst die Klemme vom Minuspol der geladenen Fremdbatterie abnehmen.

Wagen anschieben

Mit zwei Helfern läßt sich der Peugeot 205 mühelos anschieben:

- Zündung einschalten. Beim Diesel warten, bis vorgeglüht ist.
- 1. Gang einlegen. In höheren Gängen wird die Lichtmaschine für kräftige Stromlieferung zu langsam durchgedreht.
- Kupplung durchtreten, Wagen anschieben lassen, bis er in Schwung ist.
- Kupplung schnell kommen lassen. Der Motor wird abrupt durchgedreht und müßte anspringen.
- Sofort Kupplung treten und Gas geben.

Wagen anschleppen

Suchen Sie sich zum Anschleppen einen schlepperfahrenden Helfer aus, damit nicht durch Ungeschick größerer Schaden entsteht. Und denken Sie daran: Bei stehendem Motor arbeiten Servolenkung und Bremskraftverstärker nicht. Am besten, Sie verwenden eine Abschleppstange.

- Zündung einschalten, 2. Gang einlegen und Kupplung treten.
- Der Zugwagen muß langsam anfahren.
- Bei etwa 15 km/h die Kupplung langsam kommen lassen, dabei die rechte Hand an den Handbremshebel legen.
- Ist der Motor angesprungen, Kupplung treten und Gas geben.
- Handbremse sanft anziehen, damit Sie dem Vordermann nicht ins Heck rollen.
- Schleppfahrer Hupsignal geben.
- Gang herausnehmen, Kupplung loslassen.
- Mit der Handbremse zusammen mit dem Schleppwagen sanft abbremsen.

Fingerzeig: Bei Fahrzeugen mit Katalysator wird oft vor dem Anrollenlassen, Anschieben oder Anschleppen gewarnt. Falls der Motor lediglich wegen einer leeren Batterie nicht anspringt, ist das aber ungefährlich. Anders bei einem Defekt an der Zündanlage: Da können unverbrannte Gemischanteile nachgezündet werden und die Temperatur im Katalysator auf gefährliche Höhen treiben.

Kraftwerk mobil

Die Stromherstellung im Auto ist Sache der Lichtmaschine. Natürlich nicht nur fürs Licht, wie die veraltete Bezeichnung für den Generator vermuten läßt, sondern für alle elektrischen Einrichtungen.

Der Drehstrom-Generator

Von Haus aus ist der Peugeot 205 mit einer **55-Ampere-Lichtmaschine** ausgestattet. Um die Leistung der Generatoren zu ermitteln, muß der angegebene Höchststrom mit der Nennspannung von 14 Volt multipliziert werden. Macht also **750 Watt.**
Sie haben es schon bemerkt: Die Lichtmaschine liefert wirklich 14 Volt im 12-Volt-Bordnetz. Denn nur durch diesen kleinen Spannungsunterschied kann Strom zur Batterie fließen, damit diese aufgeladen wird.
Die Übersetzung von Kurbelwellen-Keilriemenscheibe zu Lichtmaschinen-Keilriemenscheibe ist übrigens so gewählt, daß schon bei Leerlaufdrehzahl etwa ⅔ der Lichtmaschinenleistung erzeugt werden können.

Umgang und Vorsichtsmaßnahmen

Die Drehstrom-Lichtmaschine hat neben ihrer insgesamt recht hohen Leistung einen entscheidenden Vorzug: Sie liefert schon bei Leerlaufdrehzahl des Motors Strom. Ferner halten ihre Schleifkohlen weit über 80000 km. Getreu ihres Namens erzeugt sie jedoch Drehstrom, den wir im Auto überhaupt nicht gebrauchen können, denn die Batterie kann natürlich nur Gleichstrom speichern. Deshalb sind im Generator drei Gleichrichter-Dioden eingebaut, die den Drehstrom in einen pulsierenden Gleichstrom umwandeln. Diese Dioden sind allerdings gegen hohe Spannungen empfindlich, und deshalb sollten Sie folgende Punkte beachten:
○ Bei laufendem Generator darf kein Kabel zwischen Akku und Lichtmaschine gelöst bzw. angeschlossen werden. Dadurch kann die Spannung schlagartig ansteigen (Spannungsspitzen) und eine Diode »verheizt« werden.
○ Ohne richtig angeschlossene, intakte Batterie darf die Drehstrom- Lichtmaschine nicht laufen. Denn der Akku dient gewissermaßen als Puffer gegen Überspannungen.
○ Sämtliche Kabelanschlüsse zwischen der Drehstrom-Lichtmaschine, der Batterie und dem Karosserieblech oder dem Triebwerksblock (Masse) müssen ganz fest sitzen. Schon ein Wackelkontakt kann zu gefährlichen Spannungsspitzen führen.
○ Beim Schnelladen der Batterie (nicht zum Aufladen mit dem Heimlader) und beim elektrischen Schweißen an der Karosserie müssen beide Kabel vom Akku abgeklemmt werden, damit die Lichtmaschinen-Dioden und die anderen elektronischen Steuergeräte im Fahrzeug keinen Schaden erleiden.

Die Ladekontrolleuchte

○ Die Kontrolleuchte im Armaturenbrett hat zwei Plus-Anschlüsse, und zwar einerseits von der Klemme D+ des Generators (dünnes Kabel) und andererseits vom Pluspol der Batterie bei eingeschalteter Zündung kommend.
○ Mit Einschalten der Zündung kommt Strom zum Lämpchen. Die Lichtmaschine steht aber noch, so daß der spannungslose D+-Kontakt als »Minus« für das Lämpchen wirkt- Die Kontrollampe leuchtet auf, denn zwischen dem von der Batterie versorgten Bordnetz und dem noch stehenden Generator herrscht eine Spannungsdifferenz.
○ Wird der Motor gestartet und hat die Lichtmaschine ihre Ladedrehzahl erreicht, verbindet der Spannungsregler den Stromerzeuger mit der Bordelektrik. Nun kommt auch von Klemme D+ Plusstrom. Damit besteht keine Spannungsdifferenz mehr, die Ladekontrolle verlöscht.
○ Beim Einschalten der Zündung muß die brennende Ladekontrolle die Drehstrom-Lichtmaschine »vorerregen«. Nur so kann diese schon aus niedrigen Drehzahlen heraus Strom liefern. Allerdings ist diese Vorerregung nur beim ersten Anlaufen des Generators erforderlich.

Nicht immer wird geladen

Ob die Batterie von der Lichtmaschine geladen wird, beweist das Erlöschen der Kontrollampe nicht unbedingt. Es besagt nur, daß zwischen Batterie und Generator keine Spannungsdifferenz mehr besteht. Wenn im Motorleerlauf beispielsweise sämtliche Stromverbraucher eingeschaltet sind, leuchtet die Ladekontrolle nicht auf, obwohl mehr Strom der Batterie entnommen wird, als eine leistungsschwache Lichtmaschine liefern kann: Es besteht dennoch keine Spannungsdifferenz zur Batterie.

Fingerzeig: Vielleicht haben Sie beobachtet, daß manchmal die Ladekontrolle brennen bleibt, wenn Sie

Hier ist die Lichtmaschine am Peugeot 205 Diesel gezeigt:
1 – Spannschraube für Keilriemen, zum Spannen Klemmschraube und Mutter an der Schwenkachse lösen;
2 – Mitsubishi-Lichtmaschine;
3 – Anschluß »D+« zur Vorerregung der Lichtmaschine;
4 – Pluskabel;
5 – Öldruckschalter.

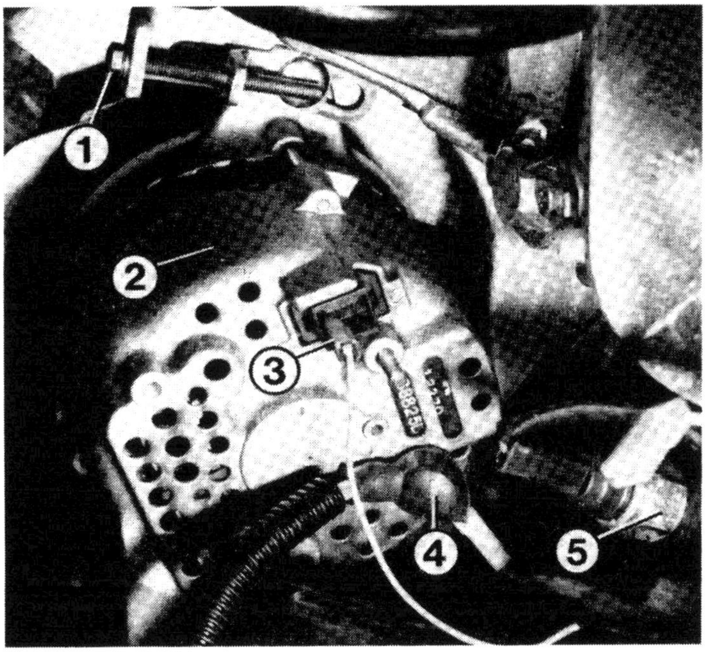

den warmgefahrenen Motor ohne Gas starten und er in niedriger Leerlaufdrehzahl weiterläuft. Hierbei ist die Vorerregung der Drehstrom- Lichtmaschine zu schwach, sie liefert noch keinen Strom. Sobald Sie auf das Gaspedal tippen, verlöscht das rote Licht – alles ist wieder in Ordnung. Diese Erscheinung ist normal und deutet keinen Schaden an.

Der Spannungsregler

Die Lichtmaschine kann man mit einem Fahrraddynamo vergleichen: Je schneller sie dreht, um so höher steigt die Spannung und somit auch der gelieferte Strom. Ein derartiges Auf und Ab würden die Stromverbraucher im Auto nicht lange ertragen, deshalb muß ein besonderer Regler die Lichtmaschinenspannung begrenzen und ein Überladen der Batterie verhindern. Dieser Regler – ein elektronischer Feldregler – ist direkt hinten an der Drehstrom-Lichtmaschine festgeschraubt.

Selbsthilfe an Generator und Regler

Wartungarbeiten an der Drehstrom- Lichtmaschine fallen nicht an, wenn man einmal vom wirklich selten notwendigen Schleifkohlenwechsel absieht. Tiefergehende Schäden sind auch mit Heimwerkermitteln nicht zu beheben. Die Lichtmaschine gibt's als Tauschteil auch von Bosch.

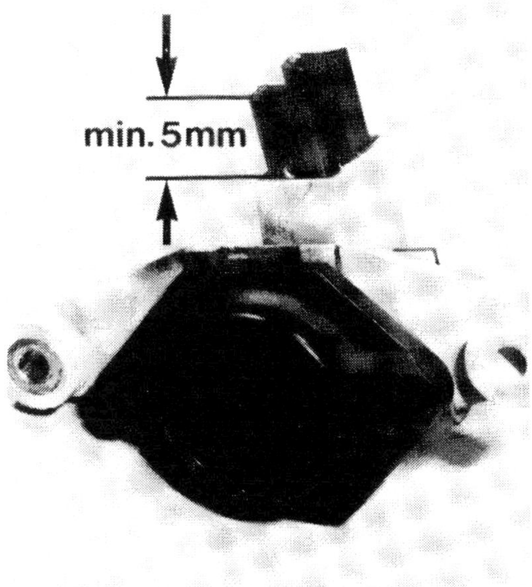

Links: Bei ausgebautem Bosch-Spannungsregler kann die Länge der Schleifkohlen gemessen werden: Kürzer als 5 mm dürfen sie nicht sein.
Rechts: Beim Valeo-Regler werden die Schleifkohlen genauso gemessen wie beim Bosch-Regler.

Ladespannung prüfen

● Voltmeter zwischen dem Anschluß des dicken roten Kabels an der Lichtmaschine und Masse anklemmen.
● Motor mit mittlerer Drehzahl laufen lassen.
● Bei intaktem Regler sind jetzt etwa 13,3 bis 14,6 Volt abzulesen.
● Ist das nicht der Fall, Schleifkohlen kontrollieren bzw. Regler austauschen.
● Ansonsten ist die Lichtmaschine selbst defekt.

Schleifkohlen kontrollieren
Bosch-Lichtmaschine

● Regler von der Lichtmaschine abbauen. Dazu zwei Schlitzschrauben lösen.
● Regler gewissermaßen herausklappen, damit die Kohlebürsten nicht hängenbleiben.
● Überstand der Schleifkohlen messen:
● Neue Schleifkohlen sind 13 mm lang; Verschleißgrenze 5 mm.

Schleifkohlen auswechseln
Bosch-Lichtmaschine

Zu dieser Arbeit wird ein Lötkolben, Elektrolot und außerdem Kenntnis im Löten gebraucht.
● Regler aus der Lichtmaschine ausbauen (bei anderen Lichtmaschinen muß man das Gehäuse auseinanderschrauben).
● Anschlußlitzen auslösen. Schleifkohlen herausziehen.
● Druckfedern von den alten Kohlen abziehen und auf die neuen stecken.
● Anschlußlitzen anlöten.
● Dabei wenig Lötzinn verwenden und schnell arbeiten, damit sich die Anschlußlitzen nicht mit Zinn vollsaugen. Sonst werden sie starr.

Lichtmaschine ausbauen

● Batterie-Massekabel abschrauben, sonst Kurzschlußgefahr.
● Anschlußkabel hinten an der Lichtmaschine abschrauben bzw. ausstecken.
● Wo vorhanden, Massekabel abschrauben.
● Klemmschraube am Lichtmaschinen-Spannbügel herausdrehen.
● Keilriemen entspannen und abnehmen.
● Schwenkbolzen lösen und herausziehen, dabei den Generator festhalten.

Fahren mit defekter Lichtmaschine

Wenn die Lichtmaschine oder ihr Regler streikt, ist die Weiterfahrt noch nicht gefährdet, denn die Batterie kann hilfreich einspringen.
Bei Tag reicht der Batteriestrom noch eine ganze Weile, obwohl die elektronische Zündung zum Aufbau eines brauchbaren Zündfunkens eine Mindestspannung benötigt, ebenso bei den Einspritzmotoren die elektrische Benzinpumpe (siehe Tabelle im Kapitel »Batterie«). Beim Diesel ohne Zündung und elektrische Pumpe ist bei Tag eine Weiterfahrt praktisch unbegrenzt möglich. Nur für den Anlasser, das Vorglühen und die Blinker muß Strom vorhanden sein. Stromsparen heißt also die Devise:
○ Die Fahrt nicht unnötig unterbrechen. Der Anlasser benötigt besonders viel Strom. Wenn möglich, den Wagen anrollen lassen.
○ Heizbare Heckscheibe, Gebläse und Radio sollten Sie nicht einschalten.
○ Mit dem Scheibenwischer möglichst sparsam umgehen.
○ Nachts ohne Fernlicht und Nebelscheinwerfer fahren.
○ Kabel an der Lichtmaschine abschrauben und einzeln isolieren, damit sich die Batterie nicht über den defekten Generator oder Spannungsregler entladen kann.

Keilriemen prüfen

Wartung Nr. 5

Die Pannenstatistik der Automobilclubs beweist es: der gerissene Keilriemen ist immer noch Ursache für viele Pannen. Soll der Keilriemen lange halten, muß die Riemenspannung stimmen.
● Drehen Sie zur Kontrolle des Riemens den Motor einige Male ganz durch.
● Nur so können Sie wirklich alle Flächen des Keilriemens sehen. Oft hat der Riemen nämlich nur einen einzigen, aber tiefen Riß, der bei der Kontrolle möglicherweise genau auf der Riemenscheibe zu liegen kommt.
● Angerissene oder angefranste Riemen umgehend ersetzen.
● Ein zu straff gespannter Riemen wird zu stark auf Dehnung beansprucht, was seine Gewebeeinlage zerstört. Zu schwach gespannt ist der Schlupf auf der Riemenscheibe zu hoch, so daß der Riemen sich zu stark erhitzt.
● Bei mäßigem Daumendruck auf den Keilriemen soll er sich zwischen zwei Riemenscheiben um **ca. 5–10 mm** durchdrücken lassen.
● Wurde ein neuer Keilriemen montiert, sollten Sie die Riemenspannung nach etwa 100 km kontrollieren und gegebenenfalls nachspannen; neue Riemen längen sich anfangs stärker.

Lichtmaschine (3) am Peugeot 205 mit XU-Einspritzmotor:
1 – Pluskabel;
2 – Anschluß »D+« zur Vorerregung der Lichtmaschine;
4 – Klemmschraube am Spannbügel;
5 – Spannschraube für Keilriemen (6), zum Spannen noch die Mutter an der Schwenkachse lösen;
7 – Lichtmaschinen-Lüfter.

Keilriemen spannen

- Klemmschraube am Spannbügel lösen.
- Die Einstellschraube so weit verdrehen, bis die Riemenspannung stimmt. Ist keine Einstellschraube vorhanden, die Lichtmaschine mit einer großen Rohrzange in Spannrichtung bewegen und halten.
- Klemmschraube anziehen.
- Läßt sich die Lichtmaschine nicht bewegen, muß ihre Schwenkachse unten gelockert werden.
- Falls die Schwenkachse gelockert wurde, diese zuletzt wieder anziehen.

Fingerzeig: Sinngemäß gleich müssen auch die Keilriemen zur Unterdruckpumpe beim Diesel und zur Servolenkung gespannt werden.

Keilriemen erneuern

Wartung Nr. 31

Alle 40000 km braucht der Keilriemen zwar nicht immer ausgewechselt zu werden, doch bei den flach

Ansicht am flach liegenden XV-, XW- und XY-Motor:
1 – Ölfilter;
2 – Lichtmaschine;
3 – Klemmschraube am Spannbügel, zum Spannen Schraube leicht lösen und große Rohrzange zwischen Schraube und Spannbügel ansetzen;
4 – Schwenkachse der Lichtmaschine;
5 – Keilriemenscheibe auf Kurbelwelle;
6 – Wasserpumpe.

liegenden XV-, XW- und XY-Vergasermotoren, wo die Keilriemen die Lichtmaschine und die Wasserpumpe zusammen antreibt, wollen wir zum regelmäßigen Austausch raten. Bei den anderen Motoren treibt der Riemen nur die Lichtmaschine. Hier genügt ein Tausch, wenn bei der regelmäßigen Kontrolle Schäden entdeckt werden. In jedem Fahrzeug sollte grundsätzlich immer ein Reserve-Keilriemen mitgeführt werden.
Zum Austausch muß die Lichtmaschine zurückgeschwenkt werden (siehe unter »Spannen«). Keinesfalls darf der neue Keilriemen mit dem Schraubendreher über die Riemenscheiben »gewürgt« werden, denn die so entstehenden Bruchstellen würden den nächsten Riemenschaden schon vorprogrammieren.

Keilriemen gerissen

Leuchtet plötzlich während der Fahrt die rote Ladekontrolle auf und Sie haben vielleicht gehört, daß im Motorraum kurz etwas gegen das Blech schlug, ist sicher der Keilriemen gerissen. Anhalten und nachsehen! Falls ja, herrschen unterschiedliche Alarmstufen:

○ Mit den flach liegenden XV-, XW- und XY-Vergasermotoren dürfen Sie auf keinen Fall weiterfahren! Durch die nun nicht mehr angetriebene Wasserpumpe ist der Kühlmittelkreislauf unterbrochen. Deshalb sofort neuen Keilriemen montieren oder Wagen abschleppen lassen.

○ Mit den anderen Motoren können Sie weiterfahren, wenn die Batterie ausreichend geladen ist. Die Wasserpumpe wird weiterhin vom Zahnriemen angetrieben.

Behelfs-keilriemen

Ein Nylon- bzw. Perlonstrumpf oder -strumpfhosenbein kann bei den flach liegenden XV-, XW- und XY-Vergasermotoren noch vor dem Abschleppen retten.

● Strumpf mit aller Gewalt langziehen – keine Angst, er reißt nicht.

● Gedehnten Strumpf so stramm wie irgend möglich über die drei Keilriemenscheiben legen.

● Nochmals strammziehen und die Enden sorgfältig verknoten.

● Überstehende Enden nicht zu kurz abschneiden, damit sich der Knoten nicht wieder löst.

● Motor starten und beobachten, ob sich die Wasserpumpe und Lichtmaschine einwandfrei mitdrehen.

● Ggf. versuchen, den Strumpf-Keilriemen nachzuspannen.

Störungsbeistand

Batterie und Lichtmaschine

Die Störung	– ihre Ursache	– ihre Abhilfe
A Rote Ladekontrolle brennt nicht beim Einschalten der Zündung	1 Batterie leer	Mit Starthilfekabeln starten oder Wagen anschleppen
	2 Batteriekabel gebrochen, Kabelklemmen lose oder oxidiert	Batteriekabel und -klemmen kontrollieren
	3 Kontrollampe defekt	Ersetzen
	4 Kabelweg zwischen Zündschloß, Kontrollampe und Lichtmaschine unterbrochen	Stromweg mit Prüflampe kontrollieren
	5 Massekabel zwischen Lichtmaschine und Motorblock gebrochen	Kabel kontrollieren
	6 Schleifkohlen abgenutzt	Schleifkohlen erneuern
	7 Spannungsregler defekt	Regler austauschen
	8 Lichtmaschine schadhaft	Lichtmaschine instand setzen lassen
	9 Nach zu heftiger Motorwäsche: Eingedrungene Feuchtigkeit hat einen isolierenden Schmierfilm zwischen den Schleifringen und Kohlen gebildet	Lichtmaschine mit Druckluft ausblasen oder Schleifringe und Kohlen sauberreiben
B Ladekontrolle brennt oder glimmt bei laufendem Motor	1 Keilriemen lose	Riemen spannen
	2 Mangelnder Kontakt an Kabelanschlüssen oder unterbrochene Kabel	Kabelanschlüsse und Kabel prüfen
	3 Siehe A 6, 7 und 8	
C Batterieoberfläche feucht	1 Batterie überfüllt	Zuviel eingefülltes destilliertes Wasser durch Überladen herausgasen. Keine Säure absaugen
	2 Batterieverschlüsse verstopft	Entlüftungslöcher säubern
	3 Siehe A 7	
D Batterie gast stark	Siehe A 7	

Elektrokurbel

Möchten Sie mal ein komisches Wort hören? Hier ist es: »Schub-Schraubtrieb-Starter«. Der ist im Peugeot 205 eingebaut und funktioniert so:

○ Beim Zündschlüsseldreh in Stellung »Start« gelangt Spannung an die Klemme 50 des oben auf dem Anlasser sitzenden Magnetschalters.

○ Dadurch schiebt ein Einrückhebel das Zahnritzel des Anlassers auf einem Steilgewinde in den Zahnkranz des Motor-Schwungrades.

○ Beim Eingreifen des Ritzels schaltet der Magnetschalter den vollen, vom Pluspol der Batterie kommenden Strom ein, so daß der Anlasser den Motor erst nach dem Einspuren des Ritzels kräftig durchdreht.

○ Anlasser-Motor und Zahnritzel sind beim Peugeot 205 teilweise durch ein Untersetzungsgetriebe verbunden. Der Elektromotor dreht deshalb wesentlich schneller als das Ritzel. Dadurch besitzt der Anlasser mehr Schwungenergie.

○ Ist der Motor angesprungen, wird das Ritzel durch den Schub-Schraubtrieb wieder aus dem Schwungrad ausgespurt.

Anlasser ausbauen

● Massekabel an der Batterie abnehmen, sonst Kurzschlußgefahr.

● Beim Diesel und den XW-, XV- und XY-Vergasermotoren ist der Anlasser an der Motorvorderseite vom Motorraum aus leicht zugänglich.

● Bei den TU-Motoren muß schon etwas intensiver gesucht werden, bis man den Anlasser unten an der Motorrückseite beim Lenkgetriebe entdeckt. Hier gelangt man besser von unten an den Anlasser.

● Kabelstecker am Magnetschalter abziehen.

● Dickes Batteriekabel abschrauben.

● Halteschrauben, teilweise Innensechskantschrauben von der Kupplungs- bzw. Getriebeseite her herausschrauben.

● Anlasser herausziehen.

Schleifkohlen auswechseln

Wenn der Anlasser streikt, sind möglicherweise nur seine Schleifkohlen abgenutzt. Diese Kohlebürsten sind bei nahezu allen Anlasserversionen nur komplett mit Halteplatte erhältlich. Da das Anlassergehäuse nach dem Öffnen abgedichtet werden muß, sollten Sie sich Dichtungsmittel besorgen. Ferner wird ggf. ein kräftiger Lötkolben und Elektrolot gebraucht.

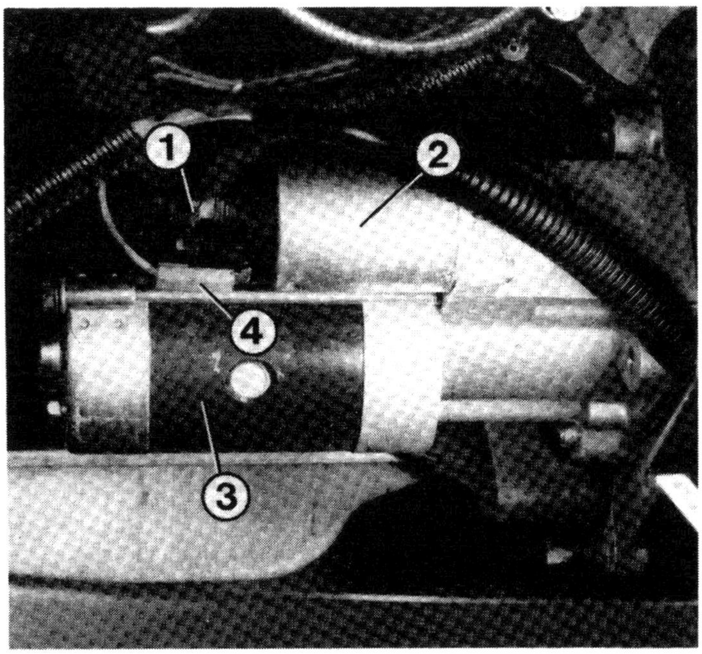

Der Anlasser (2) ist beim Peugeot 205 Diesel vorn am Motor angeflanscht:
1 – Pluskabel von Batterie;
3 – Magnetschalter;
4 – Leitung vom Zündschloß (Klemme 50), stromführend in Start-Stellung des Zündschlüssels.

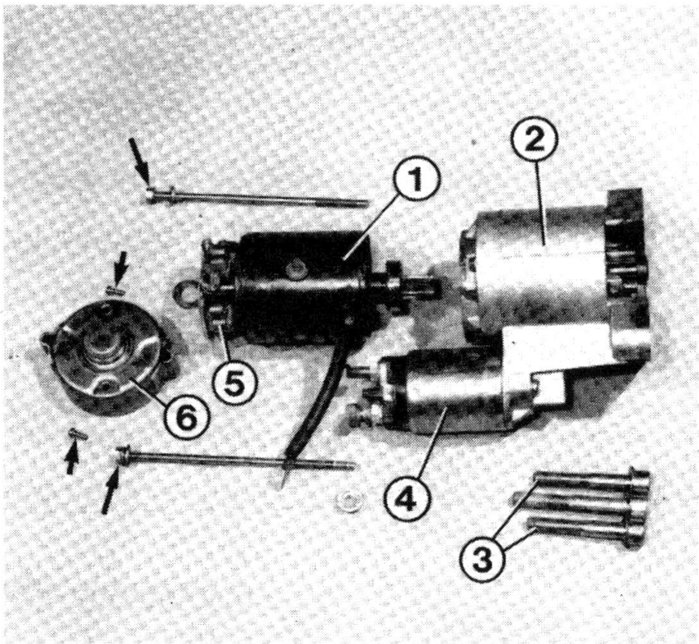

Der Anlasser ist nach Lösen der 4 Schrauben (Pfeile) leicht weiter zu zerlegen. Es bedeuten:
1 – Anlassermotor;
2 – Gehäuseteil mit Planetengetriebesatz;
3 – Befestigungsschrauben;
4 – Magnetschalter;
5 – Schleifkohlen;
6 – Deckel.

- Anlasser ausbauen.
- An der geschlossenen Seite des Anlassers zwei Schlitzschrauben am hinteren Deckel herausdrehen, Deckel abnehmen.
- Sicherungsscheibe und Einstellscheibe vom darunter liegenden Wellenstumpf abnehmen.
- Mindestlänge der Schleifkohlen: 11 mm.
- Zum Auswechseln der Schleifkohlen die Kohlebürsten-Halteplatte am Anschlußkabel auslöten und neue Platte einlöten.
- Anlasser wieder zusammenbauen, dabei Gehäusedeckel, Halteschrauben und Lagerdeckel mit Dichtungsmittel abdichten.

Magnetschalter ausbauen

- Anlasser ausbauen.
- Kabel zum Anlasser losschrauben.
- Schlitzschrauben am Halteflansch des Magnetschalters losschrauben.
- Magnetschalter ein Stück zurückziehen und die Öse aus dem Einrückhebel des Anlassers aushängen.

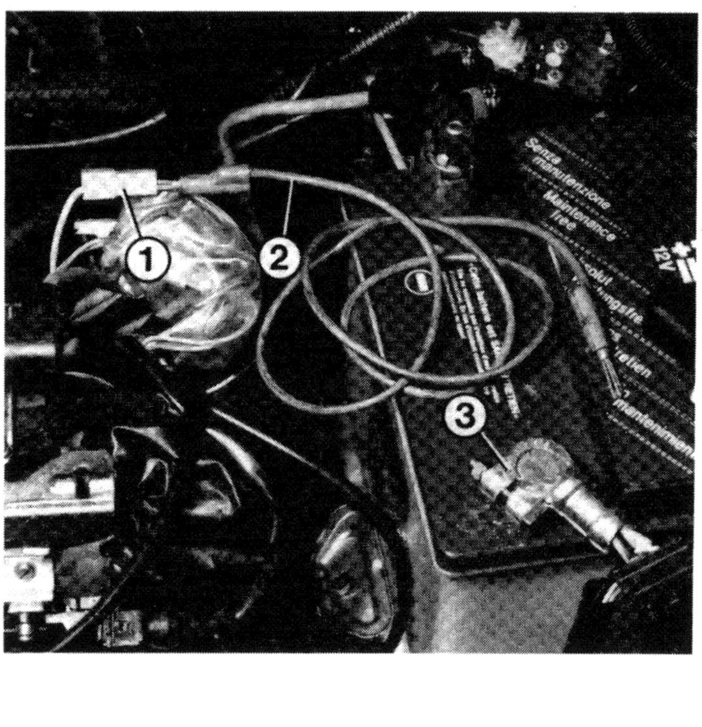

Für manche Arbeiten (z. B. Kompressionstest) ist es vorteilhaft, den Anlasser drehen zu lassen, ohne die Zündung einzuschalten. Hierzu dient die Einfachsteckverbindung (1) beim Zündverteiler (nicht alle Fahrzeuge). Die Leitung führt zur Klemme 50 des Anlassers.
So vorgehen: Handbremse anziehen und Leerlauf einlegen! Steckverbindung (1) mit Hilfskabel (2) mit dem Pluspol (3) der Batterie verbinden – der Anlasser dreht sofort los.

Fingerzeig: In Ihrem Peugeot 205 können Anlasser und auch Lichtmaschinen folgender Hersteller eingebaut sein: Bosch, Ducellier, Valeo, Paris-Rhone und Mitsubishi. Bei Ersatzteilbedarf empfehlen wir, immer zuerst einen Bosch-Dienst aufzusuchen. Oft kann auch bei anderen Herstellern weitergeholfen werden.

Störungsbeistand

Anlasser

Nicht immer wird Ihnen unser Störungsbeistand so weit helfen können, daß der Anlasser anschließend den Motor anwirft. Hat der Peugeot 205 jedoch ein Schaltgetriebe, können Sie ihn immerhin anschieben oder anschleppen lassen.

Die Störung	– ihre Ursache	– ihre Abhilfe
A Beim Drehen des Zündschlüssels in Startstellung dreht der Anlasser zu langsam oder gar nicht	1 Kontrollampen brennen schwach oder verlöschen	
	a) Batterie entladen	Mit Starthilfekabeln starten
	b) Kabelanschlüsse lose oder oxidiert	Kabelanschlüsse kontrollieren
	c) Anlasser hat Masseschluß	Anlasser überholen lassen
	2 Kontrollampen brennen hell, Klicken aus Richtung Anlasser	Kurz auf den Magnetschalter klopfen. Dreht der Anlasser weiterhin nicht:
	a) Kohlebürsten bzw. deren Anschlüsse im Anlasser gelöst	Kohlebürsten überprüfen
	b) Kontakte im Magnetschalter verschmort	Magnetschalter ersetzen
	c) Anlasserwicklung schadhaft	Anlasser überholen lassen
	3 Kontrollampen brennen hell, keinerlei Geräusche	
	a) Flachstecker der dünnen Leitung am Magnetschalter lose	Steckanschluß überprüfen
	b) Klemme-50-Leitung vom Zündschloß zum Magnetschalter unterbrochen	Leitung mit Prüflampe kontrollieren
B Anlasser läuft, ohne den Motor durchzudrehen	1 Einrückvorrichtung klemmt	Anlasser überholen lassen
	2 Verzahnung des Ritzels oder des Motorschwungrads beschädigt	Wagen bei eingelegtem Gang ein Stück vorschieben. Erneut starten. Beschädigte Teile ersetzen lassen
C Anlasser läuft weiter, obwohl Zündschlüssel losgelassen wurde	1 Magnetschalter hängt und schaltet nicht ab	Zündung sofort abschalten, notfalls Batterie abklemmen. Magnetschalter ersetzen
	2 Zünd-/Anlaßschalter defekt	Zünd-/Anlaßschalter ersetzen
D Ritzel spurt nach Anspringen des Motors nicht aus	1 Rückstellfeder des Einrückhebels lahm oder gebrochen	Zündung sofort abschalten. Reparieren lassen
	2 Verzahnung des Ritzels bzw. des Motorschwungrads verschmutzt oder beschädigt	Reinigen bzw. schadhafte Teile ersetzen lassen

Knall auf Fall

Die Zündanlage sorgt beim Benzinmotor durch gezielt abgefeuerte Zündfunken für den richtigen Verbrennungsablauf im Motor. Und das gaht Knall auf Fall, denn bei gemütlichen 3000/min Motordrehzahl fordert jeder Motorzylinder 25 Funken pro Sekunde. Macht beim Vierzylinder 100 in der Sekunde, 6000 in der Minute, 360000 in der Stunde usw.

Was die Zündung leistet

Damit an der Zündkerze im Verbrennungsraum überhaupt ein Funke überspringen kann, muß zwischen den Zündkerzenelektroden eine Spannung von ca. 30000 Volt vorhanden sein. Die Batterie liefert aber nur eine Spannung von 12 Volt. Die Batteriespannung muß also gewaltig hochtransformiert werden. Ferner geht es beim Funkenüberschlag nicht um Zehntel- oder Hundertstel-, sondern um Tausendstelsekunden. Nur ein Minimales zu spät oder zu früh, und die Zündung und damit die Leistung des Motors ist mangelhaft. Außerdem können Schäden am Motor oder am Katalysator entstehen.

Wann wird gezündet?

Der Funke muß im richtigen Augenblick überspringen. Diesen Augenblick herauszufinden, ist allerdings nicht ganz einfach.
Am wirkungsvollsten ist die Verbrennung, wenn das Kraftstoff/Luft-Gemisch im Moment der höchsten Verdichtung entzündet wird. Diese höchste Verdichtung herrscht beim Viertaktmotor in jenem Augenblick, in dem der Kolben bei Beendigung des Kompressionshubs von der Aufwärtsbewegung in die Abwärtsbewegung übergehen will. Bevor sich die Bewegungsrichtung des Kolbens umkehrt, steht er einen winzigen Sekundenbruchteil lang im höchsten Punkt in seiner Bewegungsbahn still. Diesen Punkt nennt man den »Oberen Totpunkt« (OT). Das entsprechende Gegenstück dazu – der untere Umkehrpunkt – ist der »Untere Totpunkt« (UT), der uns jedoch hier nicht interessiert.
Zurück zum richtigen Zeitpunkt für den Zündfunken: Idealer Zündzeitpunkt ist also der Moment, in dem der Kolben gerade seine Abwärtsbewegung beginnt. Die Verdichtung ist am höchsten, und der Kolben kann mit Kraft und Schwung zum Motorblock hinuntergedrückt werden.
Trotzdem wäre es falsch, den Zündzeitpunkt genau auf OT zu legen. Denn das Kraftstoff/Luft-Gemisch braucht eine gewisse Zeit (rund 1/3000 Sekunde), bis es sich entzündet hat und den vollen Verbrennungsdruck entwickelt. Also wird der Zündzeitpunkt vorverlegt. Wir haben »Frühzündung«. Der Startschuß für den Funken erfolgt deshalb noch während der Aufwärtsbewegung des Kolbens, der maximale Verbrennungsdruck setzt jedoch erst knapp nach dem OT ein.

Oberer Totpunkt und Frühzündung

Mit steigender Motordrehzahl muß der Zündfunke immer früher überspringen, denn – wir haben das im letzten Abschnitt schon angesprochen – das Kraftstoff/Luft-Gemisch braucht ja immer die gleiche Zeit zur Entzündung. Nur so erfolgt die Verbrennung wieder genau zur richtigen Zeit, nämlich dann, wenn der Kolben gerade wieder beginnt abwärts zu laufen.
Das Verbrennen des Kraftstoff/Luft-Gemisches hängt aber auch von dessen Zusammensetzung ab. Bei nur gering durchgetretenem Gaspedal (bei »Teillast«) ist das Gemisch in den Brennräumen weniger zündfähig; es verbrennt daher langsamer und muß auch aus diesem Grund früher gezündet werden.

Zündverstellung in Richtung »spät«

Andere Situationen erfordern es, den Zündzeitpunkt in Richtung »spät« zu verschieben. Die Zündung erfolgt dann erst, wenn der Kolben den OT längst passiert hat. Es wird also fast in den Auspufftakt hinein gezündet, was die Abgaszusammensetzung verbessert, die Motorleistung aber verschlechtert. Demzufolge ist Spätzündung genau richtig, wenn der Motor ohne Last im Schiebebetrieb (z. B. bergab ohne Gas) läuft.

Verschiedene Zündsysteme

In unserem Peugeot 205-Benzinermodellen kommen zwei Zündsysteme zum Einsatz:
○ **Transistorzündung (TSZ)** besitzen alle Peugeot-205-Motorisierungen mit einer Ausnahme (siehe rechts). Bei dieser Zündung erfolgt die Zündverstellung – also sie Anpassung des Zündzeitpunkts an die jeweilige Motorsituation – mittels Fliehkraft oder Unterdruck im Verteiler. Die Auslösung der Zündfunken erfolgt über den Geber unten im Zündverteiler. Der Zündzeitpunkt wird durch Verdrehen des Zündverteilers eingestellt.

Bei den meisten Benzinmotoren (außer TU-Motoren) sind folgende Teile der Zündanlage am Radlaufblech beim linken Federbein (3) zu finden:
1 – Zündschaltgerät;
2 – Kühl-/Montageplatte;
4 – Zündspule.

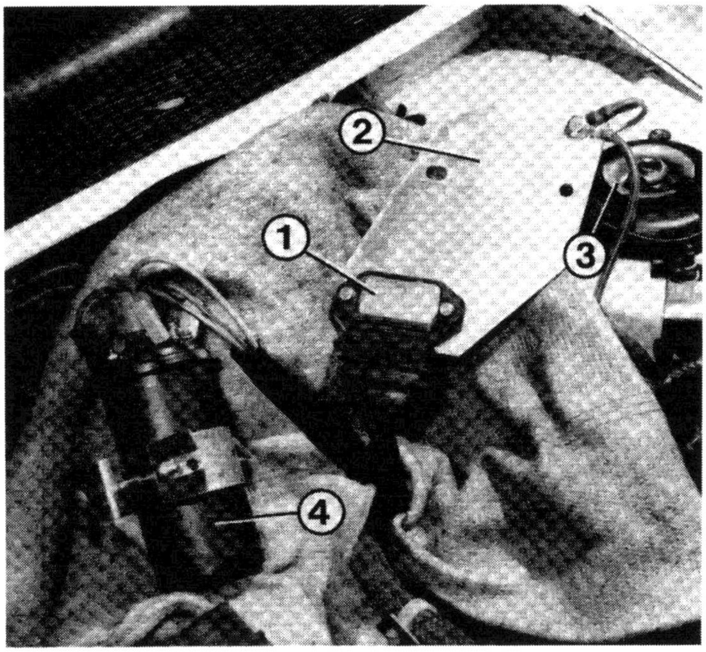

○ Beim Peugeot 205 GTI mit 88 kW ist eine sogenannte L-Motronic eingebaut. Hier wird die Motorstellung über einen Geber am Anlasserzahnkranz erfaßt und zum gemeinsamen Steuergerät für Einspritzung und Zündung gemeldet. Der Zündzeitpunkt wird nur vom Steuergerät bestimmt. Hierzu sind eine Vielzahl von Kennlinien gespeichert. Das Steuergerät sucht schnell den jeweils besten Zündzeitpunkt aus und gibt der Endstufe den Befehl zum Zünden weiter. Fliehkraft- oder Unterdruckverstellung sind überflüssig. Der Zündzeitpunkt kann nicht durch Verdrehen des Verteilers eingestellt werden. Der Verteiler muß aber trotzdem richtig eingebaut sein. Damit es in den folgenden Abschnitten dieses Kapitels zu keinen Verwechslungen kommt, finden Sie an den Überschriften ggf. den Zusatzvermerk »L-Motronic«.
Die Zündanlagen haben sehr viele Gemeinsamkeiten. Gerade der Hochspannungsteil – Zündspule, Zündkabel, Zündkerzenstecker – ist bei beiden Anlagen so gut wie gleich. Gravierende Unterschiede bestehen im Bereich der Zündverstellung.

So entsteht der Zündfunke

Kernpunkte aller Zündanlagen sind die Zündspule, die für die notwendige Hochspannung sorgt, und der Verteiler, der diese Hochspannung reihum auf die Zündkerzen verteilt.
○ Das Grundprinzip der Zündung besteht darin, daß zunächst der Batteriestrom durch die Primärwicklung der Zündspule fließt.
○ Diese Wicklung besteht aus wenigen Windungen eines dicken Drahtes. Unter der Wirkung des Stromes baut sich um den Eisenkern in der Zündspule ein kräftiges Magnetfeld auf – unsere Zündenergie.
○ Nähert sich der Kolben in seinem Zylinder dem Punkt, da die angesaugte und verdichtete Ladung gezündet werden soll – dem Zündzeitpunkt –, wird der Strom zur Zündspule unterbrochen. Das geschieht je nach Zündsystem im TSZ-Schaltgerät bzw. bei L-Motronic in der »Endstufe« auf Veranlassung des Steuergeräts.
○ Mit dem Ausschalten des Stromes bricht das Magnetfeld in der Zündspule zusammen. Dabei passiert folgendes: In der Sekundärwicklung aus sehr vielen Windungen eines dünnen Drahtes entsteht ein Hochspannungs-Stromstoß von einigen zigtausend Volt.
○ Diese Zündspannung wird über den Verteiler derjenigen Zündkerze zugeleitet, die in der Zündfolge des Motors gerade an der Reihe ist. Das Gemisch wird entzündet, der Motor dreht weiter. Der Stromkreis wird wieder geschlossen, und das Spiel läuft von neuem ab.

Arbeiten an der Zündanlage

Manche der beschriebenen Arbeiten an der Zündanlage sind nicht jedermanns Sache, denn Prüfgeräte werden gebraucht und elektrische Grundkenntnisse sind Voraussetzung. Doch selbst dann kann eine Fehlersuche erfolglos oder zeitraubend sein. Hier ein Tip für alle, die nicht selbst Hand anlegen wollen und nicht durch eine

Störung fern der Werkstatt dazu gezwungen werden, sich selbst zu helfen: Recht günstig wird in den Peugeot-Werkstätten oder bei Bosch-Diensten eine Prüfung durchgeführt. Ein Motortestgerät wird an die Diagnosedose im Motorraum angeschlossen. Der geübte Fachmann erkennt in wenigen Minuten, auch durch die Oszilloskop-Bilder, wo ein Fehler steckt. Für umfangreiche Arbeiten werden ein Spannungs-, Widerstands-, Schließwinkel- und Drehzahlmeßgerät sowie eine Stroboskoplampe gebraucht. Wenn möglich, wird an den Anschlüssen der Diagnosedose gemessen.
Die folgenden Sicherheitsvorschriften müssen berücksichtigt werden.

Sicherheitsvorschriften

Elektronische Zündanlagen sind zuverlässig, leistungsstark und wartungsarm. Deshalb lösen sie in zunehmendem Maße die althergebrachten Unterbrecher-Anlagen ab. Doch wegen der hohen Spannungen an der Zündspule, an den Zündkerzen und am Geber müssen die Sicherheitsvorschriften unbedingt beachtet werden. Eine Berührung spannungsführender Teile **kann lebensgefährlich sein!**

○ Läuft der Motor oder der Anlasser, Finger weg von den Teilen der Zündanlage.

○ Ein- oder Ausstecken von Zündkabeln, Abziehen von Kerzensteckern und das An- und Abschließen von Prüf- und Meßgeräten nur bei stehendem Motor und ausgeschalteter Zündung durchführen.

○ Vor Arbeiten mit Anlasserdrehzahl, z. B. Kompressionsdruck prüfen oder beim Weiterdrehen des Motors mit dem Anlasser, muß die Zündanlage stillgelegt werden (siehe Abschnitt »Zündanlage lahmlegen«).

○ Besser nicht an der Zündanlage arbeiten, wenn Sie einen Herzschrittmacher tragen.

Zündanlage vor Schäden schützen

Um das empfindliche Schaltgerät und die leistungsstarke Zündspule nicht zu gefährden, müssen nachstehende Punkte berücksichtigt werden:

○ An Klemme »–« oder RUP der Zündspule darf weder ein Entstörkondensator noch eine Prüflampe angeschlossen werden.

○ Klemme »–« oder RUP und »+« der Zündspule nicht gegen Masse kurzschließen (z. B. zum Prüfen der Zündspule oder zur Diebstahlsicherung).

○ Den Anlasser nicht bei abgezogenen Kerzensteckern oder bei ausgestecktem Hauptzündkabel drehen lassen, wenn die Zündanlage nicht stillgelegt ist. Die Spannung in der Zündspule kann bis zur Selbstzerstörung ansteigen, wenn die Hochspannungsseite der Zündspule nicht mit mindestens 2 kΩ belastet ist. Zur Radioentstörung keinesfalls einen 5-kΩ-Verteilerläufer einbauen.

○ Das Zündschaltgerät muß bei Betrieb zur Wärmeabfuhr mit Wärmeleitpaste am Radlauf montiert sein (nur L-Motronic).

○ Bei der Funkenprobe mit einer Zündkerze darf nur an einem Zylinderzündkabel getestet werden, ob es funkt. Dabei guten Massekontakt der Zündkerze sicherstellen. Elektrisierungsgefahr beachten!

○ Ersatzteile nur von Bosch oder Peugeot beziehen. Genau auf die Teilenummern achten.

○ Bei Elektro-Schweißarbeiten beide Batteriekabel lösen und mit einem Starthilfekabel verbinden.

○ Zur Motorwäsche die Zündung ausschalten.

Zündung lahmlegen

Das Schaltgerät bzw. die Endstufe der Zündanlage erleidet unweigerlich Schaden, wenn der Motor mit abgezogenem Hauptzündkabel vom Anlasser durchgedreht wird. Deshalb:

● Hauptzündkabel – bei ausgeschalteter Zündung – aus dem Zündverteilerdeckel ziehen.

● An der Messingklemme des Zündkabels die Polzange eines Starthilfekabels anklemmen.

● Andere Polzange des Starthilfekabels fest am Motorblock (»Masse«) anklemmen.

Das TSZ-Zündschaltgerät

Das Schaltgerät ist in Hybridtechnik gebaut und deshalb klein und leicht. Herkömmliche elektronische Bauteile, wie Transistoren, Widerstände usw., sind entfallen. Die Grundplatte des Schaltgerätes dient der Wärmeabfuhr. Das Schaltgerät ist seitlich am Verteiler (TU-Motor) oder unter der Zündspule eingebaut.
Die Spannung vom Geber gelangt zum Schaltgerät. Sie wird dort von einem Impulsumformer in Rechtecksignale umgewandelt. Diese wiederum steuern das Schalten des Leistungstransistors. Dieser sperrt den Stromdurchgang genau im Zündzeitpunkt – es zündet. Danach bleibt der Stromfluß allerdings noch kurz gesperrt, obwohl die Zündung erfolgt ist und der Motor schon etwas weitergedreht hat.
Das Schaltgerät kann diese Dauer (Schließwinkel) etwas verändern, so daß trotz unterschiedlicher Drehzahl

Eine Funkenprobe darf nur an einem Zylinderzündkabel durchgeführt werden, keinesfalls am Hauptzündkabel. Dazu Zündkerze in abgezogenen Zündkerzenstecker stecken und für sicheren (!) Massekontakt der Zündkerze mit einem Starthilfekabel (2) sorgen. Wird der Zündschlüssel dann in Startstellung gedreht, muß es funken (Pfeil).

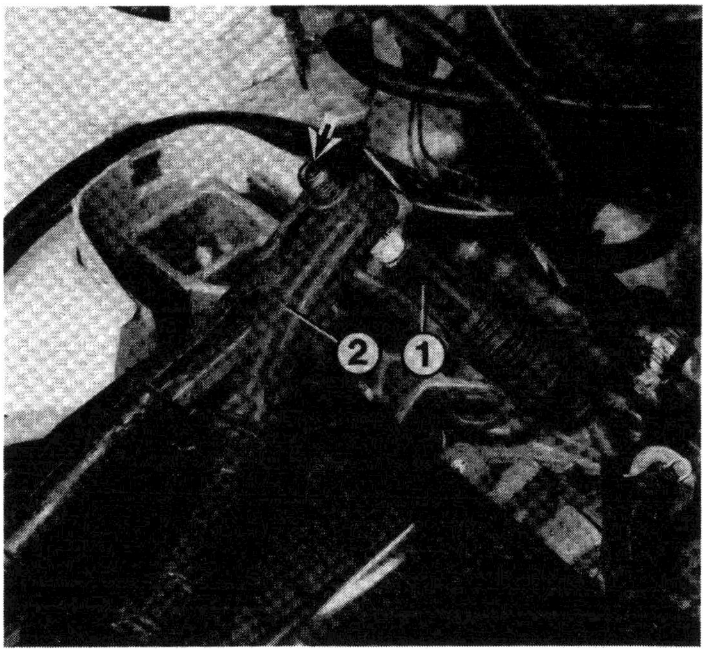

und Batteriespannung das Magnetfeld in der Zündspule immer gleich stark ist (Schließwinkelregelung). Noch etwas kann das Schaltgerät: Bei stehendem Motor wird der Stromfluß durch die Zündspule abgeschaltet, wenn der Anlasser den Motor und damit den Geber dreht (Ruhestromabschaltung).
Drehzahlabhängige Impulse führen von der Zündanlage zu allen elektronischen Geräten im Fahrzeug, welche die Motordrehzahl »wissen« müssen (Drehzahlmesser, Einspritzung).

Der Geber

Das entscheidende Bauteil der Zündanlage ist der Induktionsgeber unten im Zündverteiler. Ein Dauermagnet und eine Spule bilden das feststehende Teil, den Stator. Darüber dreht sich das vierflügelige Impulsgeberrad, der Rotor. Dieser ist mit der Verteilerwelle verbunden. Beim Drehen (ab ca. 80/min) wird Wechselspannung erzeugt. Aber immer wenn die Zacken des Rotors an den feststehenden Zacken des Stators vorbeidrehen, ändert sich der Magnetismus des Systems. Dabei entsteht in der Spule eine höhere Wechselspannungsschwingung. Diese benützt man zum Auslösen der Zündfunken. Ihre Frequenz ist von der Motordrehzahl abhängig.

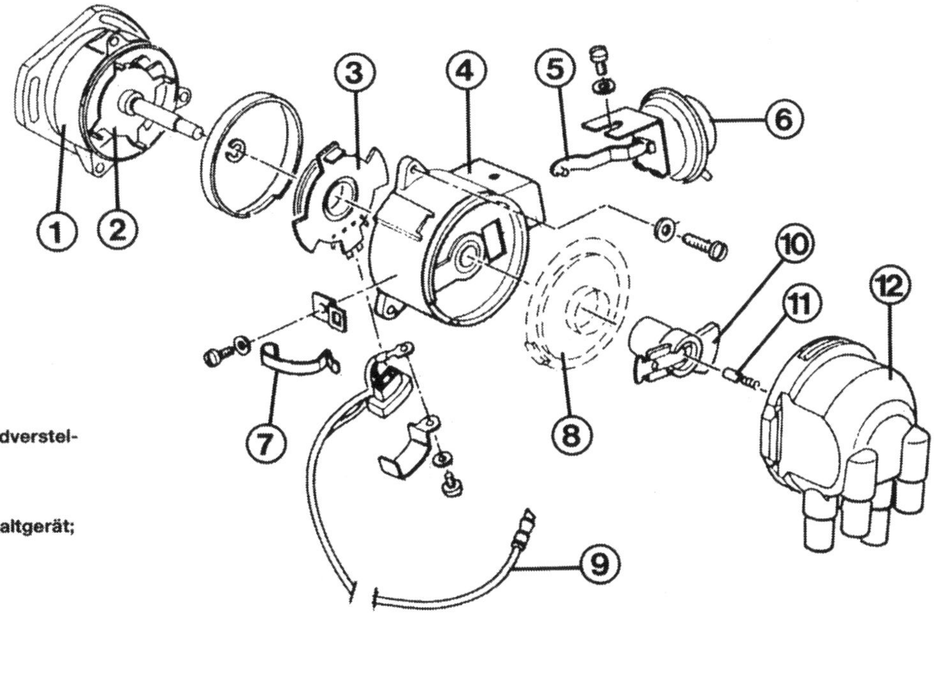

Teile am Zündverteiler:
1 – Zündverteilerfuß;
2 – Impulsgeber, Rotor;
3 – Impulsgeber, Stator;
4 – Verteilergehäuse;
5 – Zugstange;
6 – Unterdruckdose für Zündverstellung;
7 – Spange;
8 – Schutzdeckel;
9 – Kabelsatz zum Zündschaltgerät;
10 – Verteilerläufer;
11 – Kontaktkohle;
12 – Verteilerkappe.

Der Zündverteiler

Dieses Teil der Zündanlage erfüllt mehr Funktionen, als man zunächst annimmt.

○ Im Oberteil verteilt der sich drehende Verteilerfinger die Zündspannung zu den Zündkerzen. Dies geschieht entsprechend der Zündfolge 1–4–3––2 nacheinander.

○ Die Verteilerwelle ist zweiteilig (nicht bei L-Motronic). Die beiden Wellenteile sind gegeneinander verdrehbar. Das Verdrehen besorgt die mechanische Fliehkraft-Zündverstellung.

○ Durch Verdrehen des gesamten Verteilers wird der Zündzeitpunkt eingestellt (nicht bei L-Motronic).

○ Seitlich am Verteiler sitzt eine Unterdruckdose. Sie steuert die Unterdruck-Zündverstellung (nicht bei L-Motronic).

Die Zündspule

In der Zündspule sind zwei Wicklungen untergebracht. Die Primärwicklung zwischen den Klemmen »–« oder RUP und »+« besteht aus wenigen Windungen mit dickem Kupferdraht. Der Wicklungswiderstand ist kleiner 1 Ω). Die Sekundärwicklung zwischen den Klemmen »–« oder RUP und 4 (Hauptzündkabel) ist aus vielen Windungen mit dünnem Kupferdraht gefertigt. Der Wicklungswiderstand ist groß (ca. 10 kΩ). Der Eisenkern der Zündspule ist vormagnetisiert. Dadurch wird das Magnetfeld stärker, und die Energie des Zündfunkens steigt. Ist der Primärstromkreis über das Schaltgerät zur Masse geschlossen, fließt ein großer Strom in der Primärwicklung. Im Eisenkern der Zündspule entsteht ein kräftiges Magnetfeld. Wird im Zündmoment der Primärstrom durch das Schaltgerät abgeschaltet, bricht das Magnetfeld schlagartig zusammen. Dabei entsteht durch Induktion in der Sekundärwicklung die hohe Zündspannung.

Je größer der Primärstrom ist, desto kräftiger ist das Magnetfeld und damit die durch Induktion erzeugte Zündspannung. Nur mit einer hohen Zündspannung können energiereiche Zündfunken erzeugt werden. Um die hohen Primärströme zu ermöglichen, ist die Zündspule an das Zündschaltgerät angepaßt. Ersatzteil-Nummer beim Einkauf genau beachten! Wegen der Ruhestromabschaltung und Primärstrombegrenzung im Schaltgerät kann der Vorwiderstand im Primärstromkreis entfallen und der Primärwicklungswiderstand sehr klein gewählt werden.

Fließt in der Zündspule längere Zeit der maximale Primärstrom (z. B. wenn die Ruhestromabschaltung im Schaltgerät defekt ist), wird die Zündspule durch starke Wärmeentwicklung beschädigt.

Die Zündspule muß auf der Hochspannungsseite stets mit mindestens 2 kΩ belastet sein. Ansonsten kann die Hochspannung so weit ansteigen, daß es zu Schäden an den Zündspulenwicklungen bzw. am Schaltgerät kommt. Im Fahrzeug bilden diese Belastung der Verteilerläufer (1 kΩ), die Verteilerkappe (1 kΩ pro Anschluß) und die Zündkerzenstecker (1 kΩ).

Die Masseverbindung der Zündspule dient der Entstörung. Die Sicherheitsvorschriften unbedingt beachten.

Zündkabel und Zündkerzenstecker

Die Zündkabel verlaufen von der Zündspule zum Verteiler und weiter zu den Zündkerzen. Das Zündkabel von Klemme 4 der Zündspule (sogenanntes Hauptzündkabel) ist in der Mitte der Verteilerkappe eingesteckt. Die Zylinderzündkabel sind entsprechend der Zündfolge nacheinander außen am Verteiler eingesteckt.

Die Zündkabel müssen ersetzt werden, wenn ihre Isolation brüchig oder angescheuert ist. Bisweilen werden Zündkabel von Mardern durchgebissen. Die Tiere kommen gern in den warmen abgeschlossenen Motorraum und »spielen« dort mit Gummi- und Schaumstoffteilen. Bei schadhaften Zündkabeln wird der Zündfunke schwächer bzw. es funkt nicht mehr. Die Stecker an der Verteilerkappe müssen fest sitzen.

Vor dem Abziehen die Zündkerzenstecker hin- und herdrehen, dann geht's leichter.

Keinesfalls an den Zündkabeln zerren. Wackeln die Kerzenstecker auf den Zündkerzen herum, müssen sie ersetzt werden.

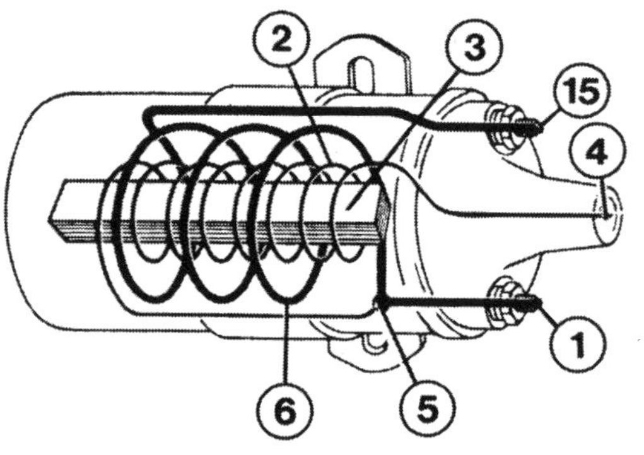

Diese schematische Darstellung der Zündspule zeigt deren Verbindung zum Zündschloß über Klemme 15, den Kontakt zum Zündverteiler über Klemme 1 und den Hochspannungsanschluß Klemme 4. Weiter sieht man:
2 – Sekundärwicklung;
3 – lamellierter Eisenkern;
5 – gemeinsamer Wicklungsanschluß;
6 – Primärwicklung.

Der Zündverteiler des Peugeot 205 GTI 1.9 mit Motronic:
1 – Klemmschraube in Mittellage, hier kann der Zündzeitpunkt nicht mehr eingestellt werden – er wird vom Zündschaltgerät bestimmt;
2 – Gehäuseteil, ohne Unterdruckverstellung;
3 – Verteilerkappe;
4 – Zylinderzündkabel (von insgesamt vier);
5 – Hauptzündkabel von Zündspule;
6 – Zylinderzündkabel.

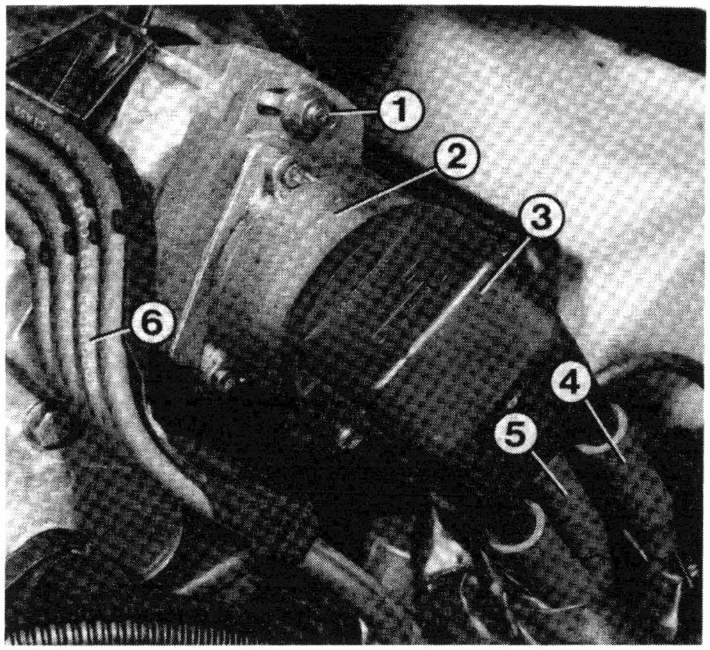

Zündkerzen

Je nach Verdichtung und Leistungsausbeute entwickeln Benzinmotoren recht unterschiedliche Temperaturen in ihren Verbrennungsräumen. Darauf müssen die Zündkerzen abgestimmt sein. Diese Eigenschaft wird durch den sogenanten Wärmewert angegeben. Dessen Kennzahl besagt, wieviel Hitze die Zündkerze ertragen, d. h. ableiten kann, ohne selbst zu heiß zu werden. Leitet die Kerze zu viel Wärme ab, erreicht sie nicht ihre Selbstreinigungs-Temperatur.
Das Einschraubgewinde muß 19 mm lang sein, das ist die größte handelsübliche Gewindelänge. Der Gewindedurchmesser beträgt 14 mm. Folgende Mehrbereichswärmewert-Zündkerzen können beispielsweise eingebaut werden:

Motor	XV 8 XW 7 XY 7	XY 8	TU 1	TU 3 CP TU 3 A XU 5 1C	TU 3 S	TU 3 M	XU 5 J	XU 9 J1	XU 9 JA	XU 9 JAZ
Bosch	H 7 DC	H 6 DC		H 7 DC			H 6 DC	H 7 DC		H 7 DC
Champion	S 281 YC	S 279 YC		C 9 YCX		C 10 YCX	S 279 YC	C 9 YCX		C 9 YCX
Eyquem			FC 52 LS	FC 52 LS	FC 62 LS	FC 42 LS	FC 72 LS	FC 52 LS	FC 62 LS	FC 52 LS
Elektrodenabstand	0,6 mm		0,8 mm							

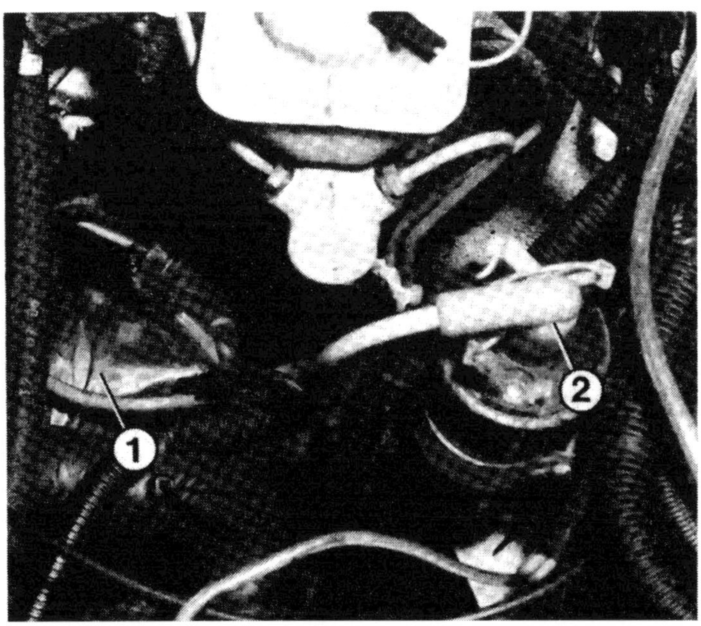

Bei den flach liegenden XV-, XW- und XY-Motoren ist der Zündverteiler (1) schwer zugänglich. Weiterhin: 2 – Zündspule.

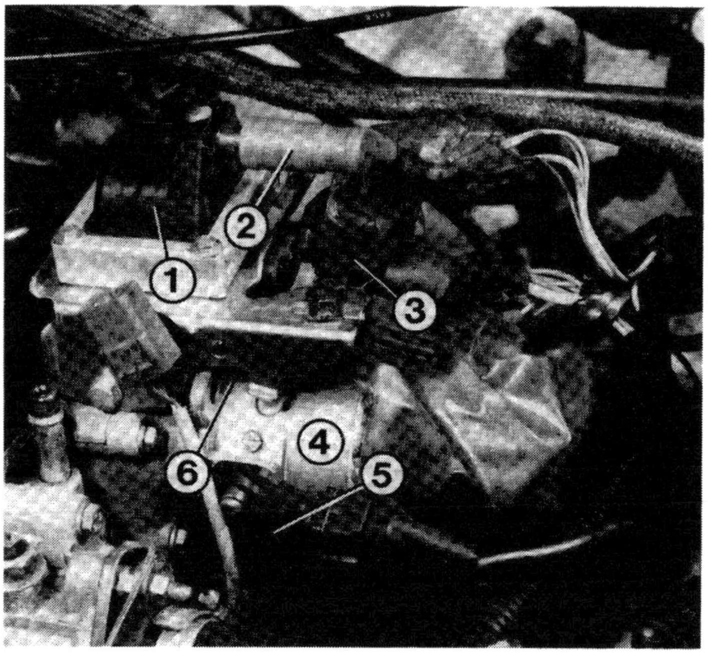

Hier ist die kompakte Zündanlage der TU-Motoren gezeigt:
1 – Zündspule;
2 – Hauptzündkabel zum Zündverteiler;
3 – Zündspulenanschluß;
4 – Zündverteiler;
5 – Zündschaltgerät;
6 – Klemmschraube für Zündzeitpunkt-Einstellung durch Verdrehen des Verteilers.

Zündkerzen erneuern

Wartung Nr. 24

Die Zündkerzen dürfen nur mit 20 Nm festgedreht werden. Sonst besteht die Gefahr, daß die Zündkerzen beim Herausschrauben abreißen oder das Gewinde im Zylinderkopf ausreißt. Die Zündkerzen stecken in Nischen im Zylinderkopf.
Die Zündkerzen sollen laut Wartungsplan alle 20000 km erneuert werden. Meist erreichen sie auch eine Lebensdauer von 30000 km, wenn der Elektrodenabstand regelmäßig kontrolliert und nachgestellt wird. Bei ausgebauten Zündkerzen das Aussehen von Isolator und Elektrode beurteilen.
Dabei auch die Zündkerzen untereinander vergleichen, um festzustellen, ob vielleicht nur an einem Zylinder etwas nicht stimmt.

● Zündkerzenstecker fassen, hin- und herdrehen, dann abziehen. Keinesfalls an den Zündkabeln zerren.
● Zündkerzen herausdrehen und zunächst in der Zylinderreihenfolge ablegen.
● Die Zündkerzengesichter vergleichen. Vielleicht ist die Kompression, das Zündkabel, der Kerzenstekker, das Einspritzventil usw. an einem Zylinder schadhaft.
● Zum Einbau dürfen die Zündkerzengewinde keinesfalls eingeölt werden.
● Alle Zündkerzen mit Vorsicht ansetzen und so weit von Hand eindrehen, bis sie fest am Zylinderkopf aufsitzt.
● Mit einem Drehmomentschlüssel mit 20 Nm festdrehen.
● Ohne Drehmomentschlüssel die Zündkerze um 15° weiter festdrehen, das entspricht etwa dem vorgeschriebenen Drehmoment.

Fingerzeig: Wurde versehentlich ein Zündkerzengewinde beschädigt oder abgerissen, kann die Werkstatt mit einem Gewindeeinsatz (Helicoil-Ersatz) weiterhelfen.

Das »Zündkerzengesicht«

Die Zündkerzen sind gewissermaßen Augenzeugen der Verbrennung im Motorraum. Das Aussehen der Kerzenspitze läßt erkennen, ob der Motor optimal arbeitet.
○ **Isolatorspitze hellgrau bis bräunlich gefärbt:** Gute Einstellung von Vergaser bzw. Einspritzanlage, der Motor läuft wirtschaftlich.
○ **Starke Ablagerungen:** Ursache können Zusätze im Motoröl oder Kraftstoff sein oder erhöhter Ölverbrauch durch schadhafte Ventilschaftabdichtungen. Evtl. Öl- bzw. Kraftstoffmarke wechseln.
○ **Schwarze rußartige Ablagerungen:** Zündkerze erreicht durch häufigen Kurzstreckenverkehr ihre Selbstreinigungs-Temperatur nicht, falscher Wärmewert, CO-Gehalt zu hoch.
○ **Isolatorspitze weißlich gefärbt:** Zündzeitpunkt zu stark in Richtung »früh« eingestellt oder CO-Gehalt zu niedrig.

1 – Klemmschraube für Zündzeitpunkt-Einstellung durch Verdrehen des Verteilers (nicht bei Motronic);
2 – Zündverteiler;
3 – Schutzdeckel;
4 – Verteilerläufer (dreht gegen Uhrzeigersinn);
5 – Zylinderzündkabel;
6 – Kontaktkohle;
7 – Verteilerkappe;
8 – Außenkontakt.

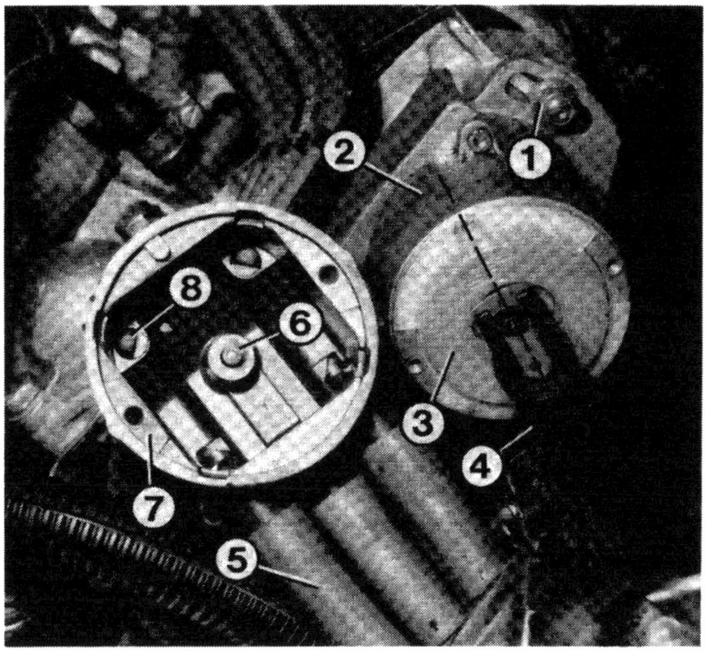

○ **Schmelzerscheinungen an Mittel- und Seitenelektrode:** Glühzündungen durch Ablagerungen im Verbrennungsraum, überhitzte Ventile, falschen Zündzeitpunkt oder Hitzestau durch mangelhafte Kühlung.
○ **Bruch der Isolatorspitze**, im Anfangsstadium als Haarrisse erkennbar: Klopfende Verbrennung durch minderwertigen Kraftstoff, falsche Zündeinstellung, ungenügende Motorkühlung oder Gemischabmagerung durch Nebenluft.
○ **Gelblich glänzende Schicht auf der Isolatorspitze:** Benzin- und Motorölzusätze haben Ablagerungen gebildet, die bei abrupter voller Belastung des Motors sich verflüssigt haben und elektrisch leitfähig wurden – als Folge Zündaussetzer. Motor nach langem Kurzstreckenbetrieb nicht sofort voll belasten.
○ **Ölschicht über Elektroden und Innenraum der Kerze:** Kolbenringe, Ventilführungen oder Ventilschaftabdichtungen schadhaft.

Der Elektrodenabstand

Das Kraftstoff/Luft-Gemisch bzw. das Abgas wirken korrosiv auf die metallischen Zündkerzenelektroden. Und die hohe Spannung beim Funkenüberschlag sprengt kleine Metallpartikel ab, wodurch der Funkenspalt mit zunehmender Laufzeit der Zündkerze vergrößert wird.

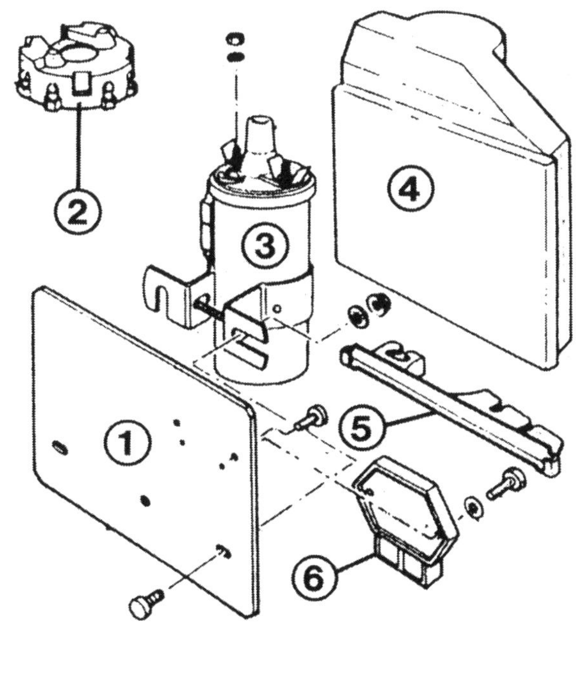

1 – Kühl-/Montageplatte;
2 – Schutzkappe für Zündspule (3);
4, 5 – Abdeckung;
6 – Zündschaltgerät.

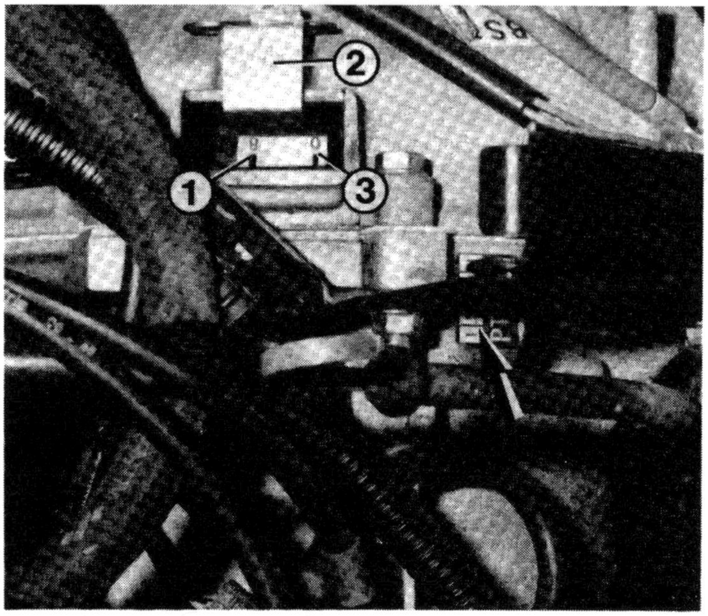

Zündzeitpunkt einstellen bei den flach liegenden XV-, XW- und XY-Motoren:
1 – Marke für richtige Grund-Einstellung;
2 – Einstellblech in Öffnung zum Schwungrad;
3 – OT-Marke.

Der Elektrodenabstand muß **0,8 mm oder 0,6 mm** betragen (siehe Tabelle). Bei größerem Abstand wird eine höhere Zündspannung benötigt, und es kann zu Zündaussetzern kommen. Evtl. springt der Motor überhaupt nicht an. Deshalb die Elektroden rechtzeitig nachbiegen.

Zündzeitpunkt prüfen

Wartung Nr. 32

Der Zündzeitpunkt ist für den Motorlauf von ganz entscheidender Bedeutung. Er muß deshalb alle 40000 km überprüft und ggf. eingestellt werden, um z.B. die Längung der Steuerkette auszugleichen.
Bei Störungen im Motorlauf ist der Zündzeitpunkt als erstes zu kontrollieren, bevor man die Gemischaufbereitung (Vergaser oder Einspritzung) überprüft. Voraussetzung ist aber, daß Zündkerzen, Zündkabel und Stecker, Verteilerkappe und -läufer sowie die Zündspule in Ordnung ist.

- Zur Überprüfung bzw. Einstellung des Zündzeitpunktes den Motor warmfahren (ca. 80°C Kühlmitteltemperatur).
- Stroboskoplampe anschließen, den Auslöser um das Zündkabel des 1. Zylinders.
- Drehzahlmesser anschließen.
- Unterdruckleitung am Verteiler abziehen.
- Abdeckung am Schauloch zum Schwungrad abnehmen.
- Motor starten.
- Zündzeitpunkt im Leerlauf prüfen. Dazu den Lichtblitz der Stroboskoplampe auf Schwungrad und Skalenblech richten. Die Markierungen müssen sich gegenüberstehen bzw. die Marke muß zwischen beiden Kerben stehen.

Motor	XV 8 (108 C)	XW 7 (109 F)	XY 7 (150 D)	XY 8 (150 B)	TU 3 M (KDZ)	XU 5 J (180 A)	XU 9 J1 (DFZ)	TU 3 CP (KAY)	TU 1 (H1A)
Zündzeitpunkt Grundeinstellung	6°	6°	8°	0°	8°	6°*	10°	4°	8°

* oder 30° bei 3500/min mit Unterdruck

○ Bei Motronic (GTI 1,9 Kat) kann der Zündzeitpunkt nicht durch Verdrehen des Zündverteilers eingestellt werden.
○ Nicht genannte Motoren nach den Marken/Kerbe am Schauloch einstellen.
○ In der Werkstatt kann der Zündzeitpunkt schnell über Diagnoseanschlüsse geprüft werden. Auch Fliehkraft- und Unterdruckverstellung sind schnell kontrolliert. Die Prüfung wird z.B. bei der jährlichen ASU (ohne Kat, Stand Ende 1990) durchgeführt.

Automatische Zündzeitpunktverstellung

Ihr Peugeot hat zwei verschiedene Systeme, die abhängig vom Betriebszustand gemeinsam wirken.
○ Zum Entflammen braucht das Kraftstoff/Luft-Gemisch stets die gleiche Zeit (1/3000 Sekunde). Dies macht erforderlich, daß der Zündzeitpunkt mit steigender Motordrehzahl immer früher gelegt werden muß. Dies übernimmt die Fliehkraft- Zündverstellung.
○ Der Verbrennungsablauf des Kraftstoff/Luft-Gemisches hängt auch vom Belastungszustand des Motors ab. Dieser ist am Unterdruck auf der Ansaugseite des Motors erkennbar. Besonders schlecht entflammbar ist das

Zündzeitpunkt mit Stroboskoplampe (3) z. B. am TU-Motor einstellen:
1 – Masseanschluß für Blitzlampe;
2 – Plusanschluß für Blitzlampe;
4 – Zündspule;
Pfeil – Öffnung zur Schwungscheibe mit Einstellmarken.

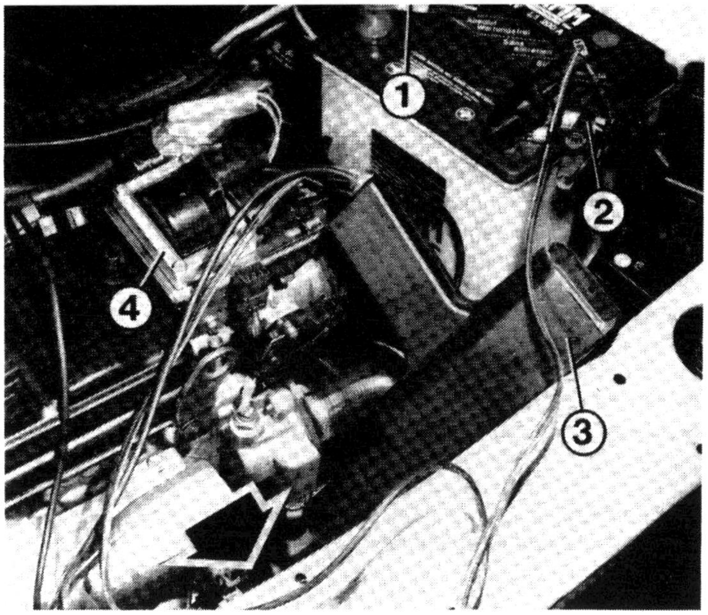

Kraftstoff/Luft-Gemisch bei kaltem Motor. Deshalb sorgt die Unterdruck-Zündverstellung für entsprechendes Vorverlegen des Zündzeitpunktes.

Fliehkraft-Zündverstellung

Die Fliehkraft-Zündverstellung wirkt »innerlich« auf die zweigeteilte Verteilerwelle. Die Trägerplatte des Fliehkraftverstellers sitzt im Verteiler unter dem Geber fest an der unteren Verteilerwelle. Je schneller sie sich dreht, um so stärker drücken Fliehgewichte gegen einen Mitnehmer, der seinerseits die obere Verteilerwelle mit dem Rotor in Drehrichtung verstellt. Dadurch wird früher gezündet. Bei einer Motordrehzahl von 2500/min beträgt die zusätzliche Frühzündung etwa 10–18°.
Bei abnehmender Drehzahl werden die Fliehgewichte durch kleine Federn wieder zurückgedrückt und die Frühzündung nach und nach aufgehoben.

Unterdruck-Zündverstellung

Der Unterdruck gelangt durch eine dünne Schlauchleitung und über ein Rückschlagventil, beim Einspritzer noch über eine Drossel, zur Unterdruckdose am Verteiler. In dieser Dose wird eine Membran angezogen, die mit einer kleinen Zugstange mit der Grundplatte des Gebers verbunden ist. Durch das Anziehen der Membran erfolgt eine Verdrehung des Stators entgegen der Drehrichtung des Verteilers. Der Zündzeitpunkt wird zusätzlich zur Fliehkraft-Verstellung um weitere 8–12° vorverlegt.

Verteilerkappe, -finger und Schutzdeckel abnehmen

- Batterie ausbauen.
- Hauptzündkabel von der Zündspule am Verteilerdeckel abziehen.
- Zum Lösen der Kappe die beiden seitlichen Befestigungshaken mit einem Schraubendreher abhebeln oder losschrauben.
- Verteilerkappe abnehmen, die Zündkabel bleiben eingesteckt.
- Verteilerfinger abziehen.
- Schutzdeckel abnehmen.
- Beim Einbau den Schutzdeckel, den Verteilerfinger so aufsetzen, daß die jeweilige Verdrehsicherung rastet.

Verteilerkappe und -finger prüfen

Verteilerkappe abnehmen, sie muß innen und außen sauber sein. Schmutz oder Feuchtigkeit können die Zündspannung ganz oder teilweise ableiten.
- Die Kontaktkohle in der Mitte innen muß sich federnd bewegen lassen. Die Kontaktflächen müssen glatt glänzend sein.
- Die Kontakte in der Verteilerkappe und der Kontakt am Verteilerfinger dürfen nicht übermäßig verschmort und abgebrannt sein.
- Bleistiftartige Striche an der Verteilerkappe sind Brandspuren von Kriechströmen. Im Notfall kann man diese Striche tief mit einem Messer auskratzen und z. B. Nagellack darüberstreichen.

Zündverteiler ausbauen

- Verteilerkappe abnehmen.
- Unterdruckleitung ausstecken.
- Motor auf Zünd-OT des 1. Zylinders drehen (beide Ventile am 1. Zylinder geschlossen).
- Befestigungsschraube lösen und den Verteiler herausziehen.
- Zum Einbau muß der Motor auf Zünd-OT des 1. Zylinders stehen.
- Verteilerfinger zur Markierung am Gehäuse ausrichten.
- Zündverteiler einschieben und Zündzeitpunkt einstellen.

Störungsbeistand

Zündanlage

Zündet es nicht (Funkenprobe mit Zündkerze durchgeführt), werden die Spannungen gegen Masse in der Zündanlage mit einem Voltmeter (!) überprüft. Die folgende Prüfung ist beispielhaft am TU3M-Motor durchgeführt, sinngemäß ist die Prüfung bei allen Motoren gleich. Geprüft wird bei eingeschalteter Zündung.

● Spannung (U1) an der Minusklemme (RUP) der Zündspule ca. 12 V.

● Spannung (U2) am Zündspannungsanschluß der Zündspule ca. 12 V. Wenn nicht, Zündspule erneuern (Wicklung unterbrochen).

● Stecker am Zündschaltgerät (M598) abziehen. Spannung (U1) nochmal messen. Wenn jetzt 12 V anliegen, Zündschaltgerät erneuern.

● Spannungen (U3) + (U4) ca. 12 V. Wenn nicht, Stromversorgung über Zündschloß prüfen.

● Zündschaltgerät ausbauen (nur erforderlich, wenn mit Zündspule verschraubt), Spannung (U7) vom Geber prüfen (Elektrisierungsgefahr beachten!). Voltmeter auf Wechselspannung umschalten und Anlasser betätigen. Die Spannung muß größer als 0 V (Wechselspannung) sein. Wenn ja. Zündschaltgerät ersetzen.

● Spulenwiderstand des Gebers prüfen. Dazu Meßgerät auf Ohm umschalten, es muß mehr als 100 Ω gemessen werden. Sonst Geber erneuern.

Schaltplan der Zündanlage (an einem TU-Motor dargestellt) mit Prüfstellen. Folgende Bauteile sind bezeichnet:
P58 – Steuergerät der Gemischaufbereitung
P229 – Zündschloß
P290 – Drehzahlmesser
M45 – Batterie
M50 – Zündspule
M598 – Zündschaltgerät

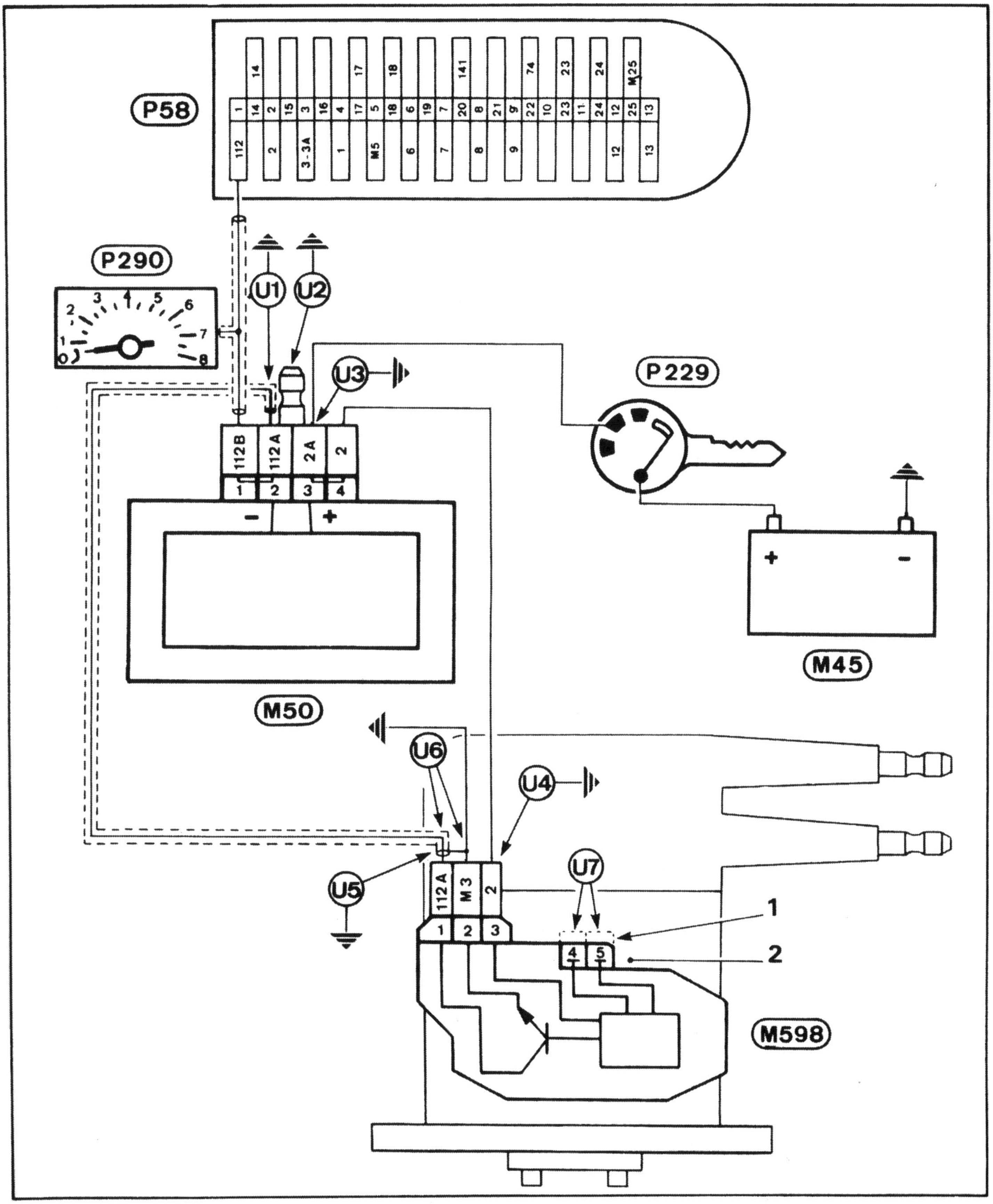
P58
P290
U1
U2
U3
P229
M45
M50
U6
U4
U5
U7
1
2
M598

Helle Nächte

Unser Peugeot 205 besitzt durch seine großen Scheinwerferreflektoren ein ausgezeichnetes Fern- und Abblendlicht. Ein Vorzug, den der Fahrer zu schätzen weiß. Weitere Sicherheitsaufgabe des Lichts ist es, den Wagen für andere Verkehrsteilnehmer gut erkennbar zu machen.

Beleuchtung überprüfen

Ständige Kontrolle

- Zündung einschalten und nacheinander sämtliche Beleuchtungseinrichtungen betätigen:
- Standlicht, Abblendlicht, evtl. eingebaute Nebelscheinwerfer, Fernlicht.
- Blinker vorn rechts und links sowie Warnblinker.
- Rücklichter und Kennzeichenleuchten und Nebelschlußleuchte.
- Blinker hinten rechts und links, Warnblinker, Rückfahrleuchten.
- Bremslicht, wozu allerdings ein Helfer notwendig ist.

Fingerzeig: Aufmerksame Fahrer kontrollieren die Beleuchtungsanlage praktisch bei jeder Nachtfahrt. Eine ausgefallene Scheinwerfer-Glühlampe bemerkt man an dem schmalen »Lichtfinger« vor dem Wagen. In einer Kolonne reflektiert die Stoßstange oder Lackierung des Vorderwagens oft das Licht der Scheinwerfer und vorderen Blinker. Vor einer hellen Wand können Sie ebenfalls im Sitzen prüfen, ob jeweils zwei Lichtpunkte zu sehen sind und ob es beim Blinken orangefarben leuchtet. Zur Kontrolle der hinteren Leuchten eignet sich wieder am besten eine helle Wand.

Ersatzlampen

- ○ Halogen-Zweifadenlampe H4, 60/55 Watt, DIN-Form YD oder Zweifadenlampe 45/40 Watt (Hauptscheinwerfer).
- ○ Halogen-Einfadenlampe H3, 55 Watt, DIN-Form YC (Nebel/Fernscheinwerfer).
- ○ Kugellampe, 21 Watt, DIN-Form RL (Blinker vorn und hinten, Rückfahrleuchten, Nebelschlußleuchte).
- ○ Zweifaden-Kugellampe, 21/5 Watt, DIN-Form SL (Brems- und Schlußlicht).
- ○ Röhrenlampe, 4 Watt, DIN-Form HL (Standlicht).
- ○ Kugellampe, 4 Watt (Kennzeichenleuchten).

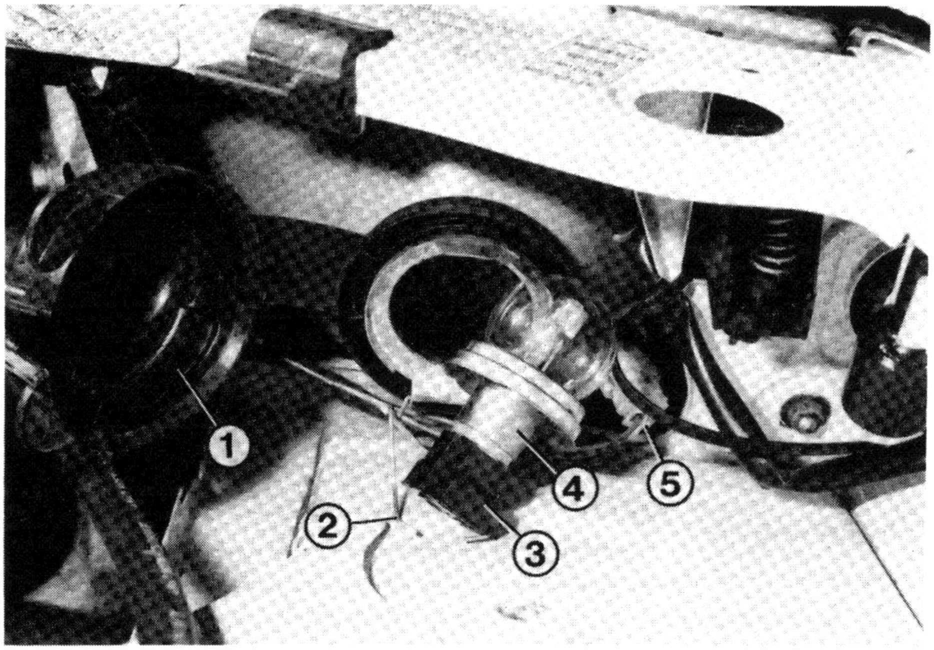

Der rechte Scheinwerfer bei ausgebautem Wagenheber von hinten gesehen: 1 – Abdeckung, 2 – Federbügel; 3 – Lampenstecker; 4 – Lampe; 5 – Standlichtlampe.

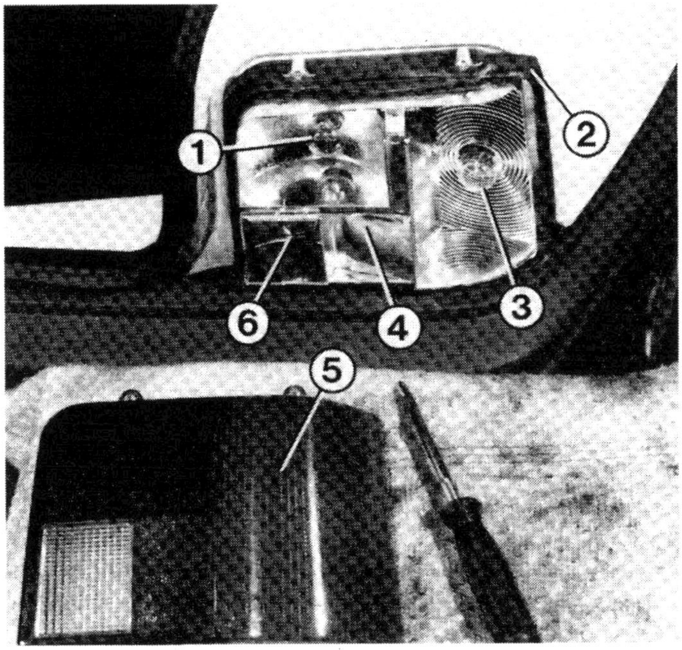

Rechte Heckleuchte: 1 – Stand- und Bremslicht (21/5 W); 2 – Dichtung; 3 – Blinkleuchte (21 W); 4 – Rückstrahler; 5 – angeschraubte Abdeckung; 6 – Rückfahrleuchte (21 W).

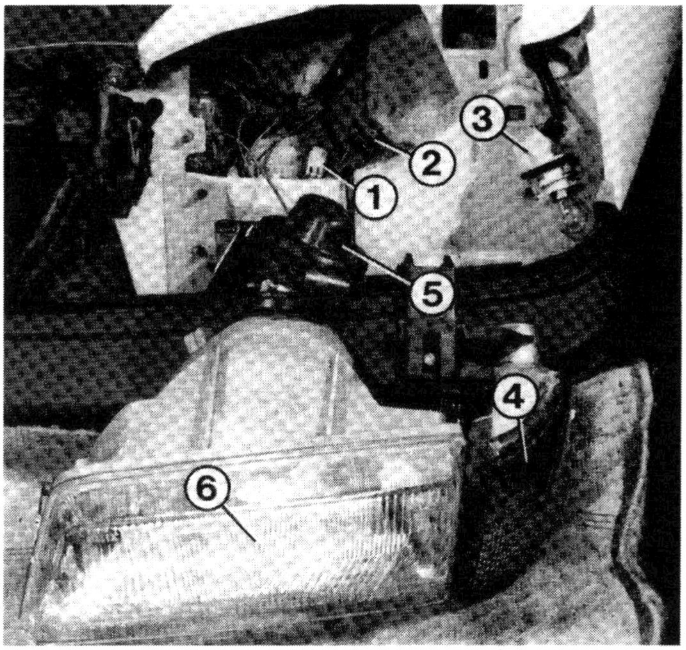

Rechter Scheinwerfer ausgebaut: 1 – Standlichtstecker; 2 – Stecker für Scheinwerferlampe; 3 – Blinkerlampe (21 W); 4 – Blinkleuchte; 5 – Abdeckung; 6 – Scheinwerfer.

- **Hauptscheinwerfer:** Alle Glühlampen in den Scheinwerfern werden vom Motorraum her ausgebaut.
- An der rechten Scheinwerfereinheit zuerst den Wagenheber ausbauen.
- An der linken Scheinwerfereinheit zuerst den Sicherungs-/Relaiskasten ausbauen. TORX-Schraube ersetzen.
- Gummikappe abnehmen.
- Stecker abziehen.
- Nach dem Auswechseln einer Scheinwerfer-Glühlampe (nicht Standlicht) sollte die Einstellung des betreffenden Scheinwerfers kontrolliert werden.
- Federbügel der Lampenhalterung zusammendrücken und nach hinten klappen.
- Glühbirne herausziehen.
- Die neue Hauptscheinwerferlampe muß so eingesetzt werden, daß ihre drei Stecker-Kontaktzungen ein nach unten offenes »U« bilden.
- **Zusatzscheinwerfer:** Zuerst Scheinwerfer aus Stoßfänger ausbauen.

Scheinwerferlampen vorn auswechseln

- Beide Schrauben herausdrehen.
- Scheinwerfer herausziehen.
- Stecker lösen.
- Federn lösen und Lampe (H3) erneuern.
- **Standlichtlampe:** Glühlampen werden vom Motorraum her ausgebaut. Rechts Wagenheber und links Sicherungs-/Relaiskasten ausbauen.
- Fassung der Standlichtlampe nach hinten aus dem Reflektor ziehen.
- Röhrenlampe leicht in die Fassung drücken, linksdrehen und herausziehen.
- Neues Lämpchen in die Fassung einsetzen und Fassung bis zum Anschlag in den Reflektor schieben.
- **Blinkleuchte:** Glühlampen werden vom Motorraum her ausgebaut. Rechts Wagenheber und links Sicherungs-/Relaiskasten ausbauen.
- Fassung der Blinklichtlampe gegen den Uhrzeigersinn drehen und abziehen.
- Lampe austauschen.

Lampenwechsel hinten

- **Heckleuchte:** Abdeckung von außen abschrauben.
- Lampe auswechseln. Dazu defekte Lampe etwas hineindrücken, verdrehen und abnehmen.
- Neue Lampe mit gleicher Leistung umgekehrt einbauen.
- Abdeckung montieren dabei auf richtigen Sitz der Gummidichtung achten.
- **Nebelschlußleuchte:** Abdeckung abschrauben. Lampe durch Verdrehen wechseln. Dichtung richtig einbauen.
- **Kennzeichenleuchten:** Kunststoffabdeckung durch Verdrehen ausbauen. Lampe wechseln. Dichtung richtig einbauen.

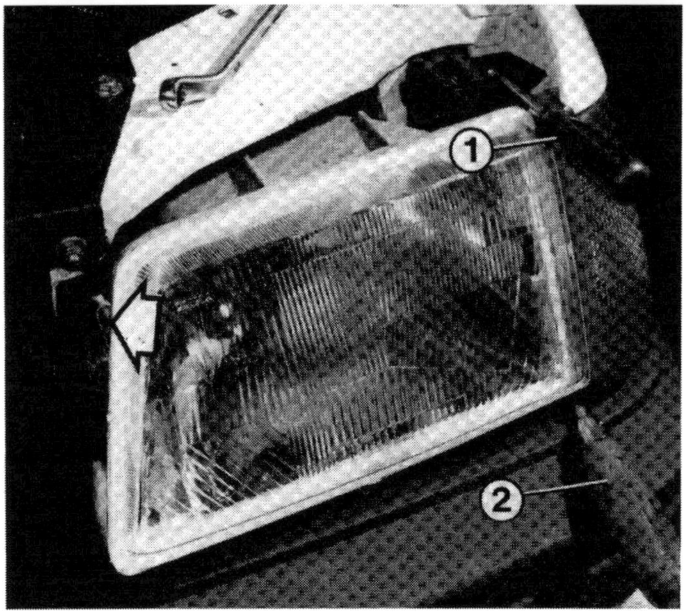

Scheinwerferbefestigung: 1 – Kreuzschlitzschraube oben; 2 – Kreuzschlitzschraube unten (Werkzeugschaft ca. 30 cm); Pfeil – Feder.

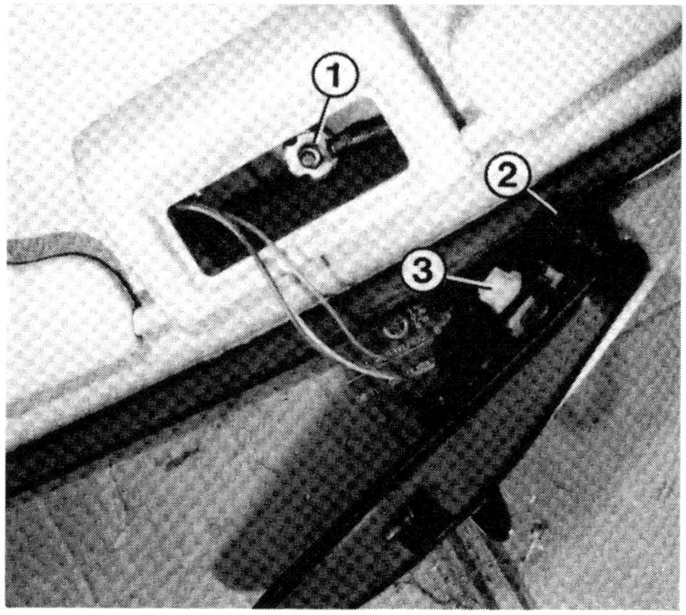

Die Innenleuchte ist hier aus dem Dachausschnitt gehebelt. 1 – Antennenanschluß; 2 – Zeitelektronik; 3 – Lämpchen.

Scheinwerfer ausbauen

- Motorhaube öffnen.
- Am rechten Scheinwerfer zuerst den Wagenheber ausbauen.
- An der linken Scheinwerfereinheit zuerst den Sicherungs-/Relaiskasten ausbauen. TORX-Schraube ersetzen.
- Hinten am Scheinwerfer die Abdeckung lösen, Mehrfachstecker und Standlichtfassung abziehen.
- Fassung der Blinklichtlampe gegen den Uhrzeigersinn drehen und abziehen.
- Kreuzschlitzschraube oben am Scheinwerfer zwischen Scheinwerfer und Blinkleuchte herausdrehen.
- Kreuzschlitzschraube unten am Scheinwerfer zwischen Scheinwerfer und Blinkleuchte herausdrehen. Dazu wird ein besonders langer Schraubendreher benötigt.
- Scheinwerfereinheit aus seitlicher Spannfeder ziehen.

Scheinwerfereinstellung prüfen

Wartung Nr. 13

Von selbst wird sich ein Scheinwerfer kaum verstellen. Wenn jedoch der Reflektor oder gleich der ganze Scheinwerfer ausgewechselt wurde, muß die Einstellung des Scheinwerferstrahls komtrolliert werden. In manchen Fällen kann sogar schon das Auswechseln der Glühlampe die Einstellung durcheinanderbringen.
Unbedingt erforderlich ist ein Justieren natürlich auch, wenn bei einem Unfall die Wagenfront in Mitleidenschaft gezogen wurde oder nach dem Einsetzen neuer Federungsteile. So wird eingestellt (Lage der Einstellschrauben, siehe Zeichnungen rechts unten):

○ Wurde nur einer der Scheinwerfer beschädigt oder ausgewechselt, genügt es fürs erste, wenn Sie in einigem Abstand vor eine helle Wand fahren, das Licht einschalten und dann die Höhe des Lichtstrahls am neu bestückten Scheinwerfer dem Strahl des unveränderten Scheinwerfers angleichen.

○ Wurden die Scheinwerfer gerade mit einem Werkstattgerät neu eingestellt, können Sie die Höhe der Lichtpunkte beispielsweise an der Garagenwand markieren. Wichtig ist natürlich auch der Abstand, in dem der Peugeot 205 zur Wand steht. Also anzeichnen. Mit Hilfe dieser Markierung kann dann, wann immer nötig, die Scheinwerfereinstellung in Eigenregie kontrolliert werden.

○ Sie können sich natürlich auch die Mühe machen und die Einstellung nach der Skizze von Grund auf selbst durchführen.

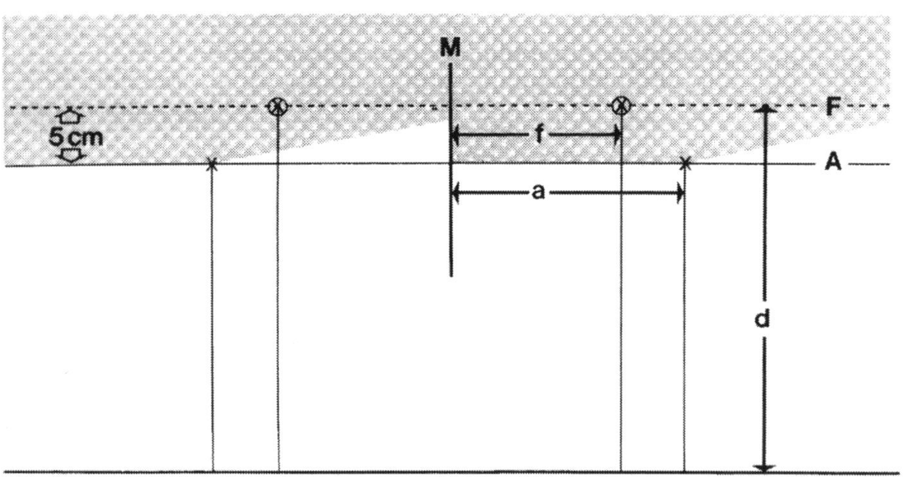

Maße für die Scheinwerfer-Einstellung:
D – Höhe der Scheinwerfer-Mittelpunkte;
F – Einstellhöhe für Zusatz-Fernscheinwerfer;
A – Einstellhöhe für die Hauptscheinwerfer;
M – Fahrzeugmitte;
a – Abstand der Scheinwerfer von der Fahrzeugmitte;
f – Abstand von Zusatz-Fernscheinwerfern von der Fahrzeugmitte.

Die Kennzeichenleuchten halten je 2 Schrauben (Pfeile). Zum Austausch des Lämpchens (3) nur die Abdeckung (1) abschrauben.

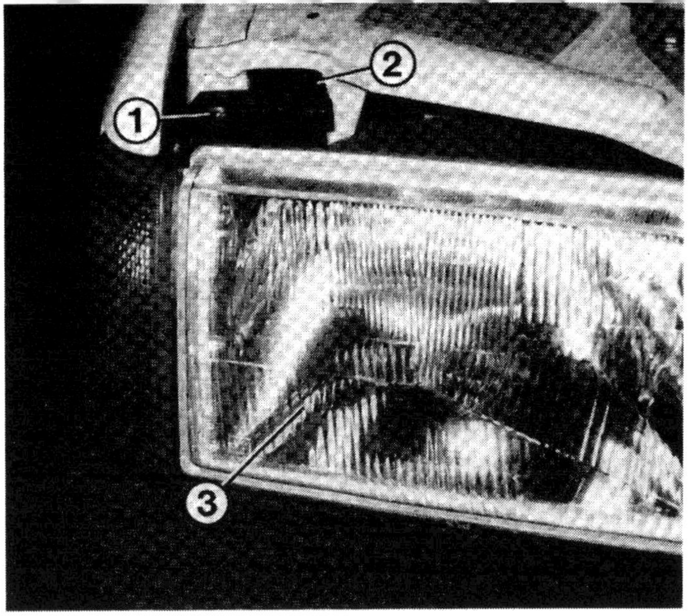

Die Abbildung zeigt den linken Scheinwerfer (3): 1 – Kreuzschlitzschraube; 2 – Leuchtweiten-Verstellung.

○ Die genaueste Methode, die Scheinwerfer einzustellen, ist nach wie vor die Justierung mit einem Einstellgerät, wie es Tankstellen, Bosch-Dienste und Werkstätten besitzen.
○ Lichtstrahl der **Nebelscheinwerfer** einstellen: Bei fünf Meter Abstand vor der Einstellwand müssen die breit gestreuten Scheinwerferstrahlen 100 mm unterhalb des jeweiligen Scheinwerfermittelpunktes liegen.

Sonstige Leuchten

● **Innenleuchte:** Innenleuchte bzw. Leseleuchte vorsichtig mit Schraubendreher aus Dachausschnitt hebeln.
● Die Innenleuchte muß bei geöffneten Türen und entsprechender Schalterstellung brennen. Sie erhält dauernd Strom.
● Massekabel der Batterie abklemmen oder Sicherung der Innenleuchte herausnehmen, sonst Kurzschlußgefahr.
● Jeweilige Lampe ersetzen.
● Ggf. Türkontaktschalter prüfen.
● **Instrumentenbeleuchtung:** Zuerst Kombi-Instrument ausbauen.
● Hinten am Kombi-Instrument sind verschieden große Lampenfassungen zu finden. Die Lampenfassungen linksdrehen und herausziehen.
● Die Glassockellämpchen aus der Fassung ziehen.
● Fassung mit Lampe wieder ins Kombi-Instrument einsetzen und bis zum Anschlag rechtsdrehen.
● **Heizungsbeleuchtung:** Verkleidung hinter den Heizungsreglern ausbauen. Dazu die Drehknöpfe abziehen und Schrauben herausdrehen.
● **Ascher-/Anzünder-Beleuchtung:** Aschenbechereinsatz herausnehmen.
● Ascher ausbauen.
● Mittelverkleidung ausbauen, siehe »Uhr ausbauen«.
● Lampenträger/Lampe auswechseln.
● **Handschuhfachleuchte:** Leuchte aus dem Ausschnitt oben im Handschuhfach heraushebeln. Lampe tauschen.
● **Fahrstufenbeleuchtung (Automatik):** Mittelkonsole/Abdeckung am Wählhebel ausbauen.
● Lampenfassung aus der Wählhebelkonsole herausdrehen.
● Glassockellampe aus der Fassung herausnehmen.
● **Schalterbeleuchtung:** Die Lämpchen sind von hinten in die Schalter eingebaut.
● Jeweiligen Schalter aus Armaturenbrett ausbauen.
● Stecker abziehen.
● Glassockellampe mit Fassung herausnehmen und erneuern.

Scheinwerfer einstellen:
6 – Seiteneinstellung;
7 – Höheneinstellung.
Leuchtweiten-Verstellung:
V – Gepäckraum leer;
O – mittlere Last,
C – hohe Last.

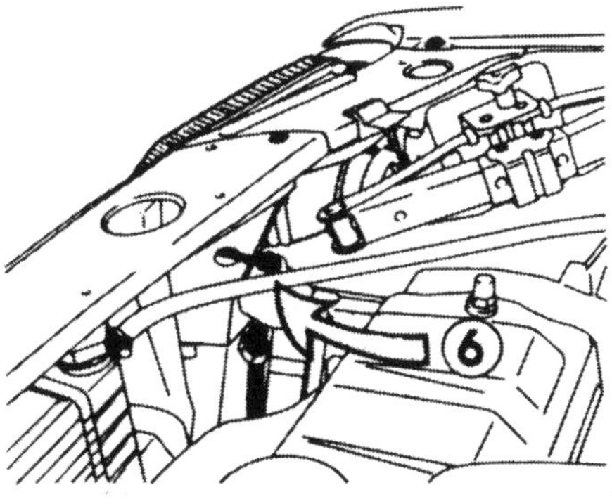

Zeichen setzen

Die Verständigung von Auto zu Auto mit Signaleinrichtungen wie Bremslicht, Blinker und Hupe klappt bestens. Grund genug, den eigenen Wagen stets »auf Sendung« zu halten.

Blink- und Warnblinkanlage prüfen

Ständige Kontrolle

Die Warnblinkanlage muß ständig funktionieren, deshalb wird ihr Schalter direkt von Batterie-Plus über eine Sicherung versorgt. Die Richtungsblinker erhalten dagegen nur bei eingeschalteter Zündung Strom.

● Betätigen Sie bei ausgeschalteter Zündung den Schalter für die Warnblinkanlage.

● Alle vier Blinkleuchten, die Warnblink-Kontrollleuchte und beide Kontrolleuchten der Richtungsblinker leuchten im gleichen Rhythmus auf.

● Warnblinker ausschalten, Zündung einschalten.

● Bei gedrücktem Blinkerhebel müssen eine Blinkerseite sowie die jeweils zuständige grüne Kontrollleuchte regelmäßig aufleuchten.

Blinker-Störungen

○ Blitzt bei eingeschalteten Richtungsblinkern die grüne Kontrolleuchte nur kurz auf, ist eine Glühlampe ausgefallen. Beim Warnblinken macht sich der Lampenausfall im Blinker-Rhythmus nicht bemerkbar. Defekte Lampe ersetzen bzw. Wackelkontakt z. B. in Lampenfassung beseitigen.

○ Brennen bei eingeschalteten Richtungs- oder Warnblinkern die Leuchten dauernd, ist das Blinkrelais defekt.

○ Leuchten die Blinker mal in langsamer Folge, mal schnell und sind alle Steckverbindungen einschließlich Massekabel zu den Leuchten in Ordnung, muß das Relais erneuert werden. Das Blinkrelais ist an der Zentralelektrik links unten am Armaturenbrett eingesteckt.

○ Funktioniert nur Warnblinken ohne Richtungsblinken oder umgekehrt, fehlt es an der Spannungsversorgung durch die betreffende Sicherung, oder es liegt am Schalter.

Behelf bei defektem Blinkrelais

Mit einem ausgefallenen Blinkrelais ist die Weiterfahrt nicht ganz ungefährlich, denn im dichten Verkehr und vor allem bei Dunkelheit wird Ihre Abbiegeabsicht den anderen Autofahrern nicht ersichtlich. In diesem Fall:

● Blinkrelais ausbauen.

● Kurzschlußbrücke zwischen den Anschlüssen an der Zentralelektrik herstellen.

● Bei gedrücktem Blinkerhebel leuchtet jetzt eine Blinkerseite dauernd.

● Durch Ein- und Ausschalten mit dem Blinkerhebel erhalten Sie einen Blinker-Rhythmus.

Bremsleuchten prüfen

Ständige Kontrolle

Die Kontrolle der Bremslichter sollten Sie zu Ihrer eigenen Sicherheit so oft wie möglich durchführen.

● Die Garagenwand hinter dem Wagen muß rechts und links hell rot aufleuchten, wenn Sie auf das Bremspedal treten.

● Oder in einer Kolonne prüfen Sie mit dem Rückspiegel, ob sich in den Scheinwerfer-Reflektoren oder in der Lackierung des Hintermannes beide Bremslichter spiegeln.

Der Bremslichtschalter

Der Bremslichtschalter sitzt beim Peugeot 205 oberhalb des Bremspedals. Wird das Pedal niedergedrückt, wandert der Schalterstift heraus und schließt den Kontakt zu den Bremsleuchten.

○ **Bremslichtschalter einstellen:** Dazu Bremspedal von Hand niederdrücken. Der Bremslichtschalter muß schalten, wenn das Pedalspiel aufgehoben ist und Bremsdruck aufgebaut wird. Sonst Einbaulage durch Verdrehen der Muttern entsprechend korrigieren.

Störungen Bremsleuchten

● Sind beide Bremslichter ausgefallen, kontrolliert man, ob es an der Sicherung oder am Bremslichtschalter liegt:

● Kabelstecker abziehen.

● Kabelanschlüsse im Stecker mit einer Büroklammer oder einem Drahtstück überbrücken.

● Brennen jetzt die Bremslichter, ist der Bremslichtschalter defekt.

● Leuchtet nur eine Bremsleuchte nicht, ist meist die Glühlampe durchgebrannt.

Hier sind die Einbauverhältnisse über den Pedalen gezeigt:
1 – Lenksäule;
2 – Kühlmittelleitungen zur Heizung;
3 – Druckstange zum Hauptbremszylinder;
4 – Bremslichtschalter.

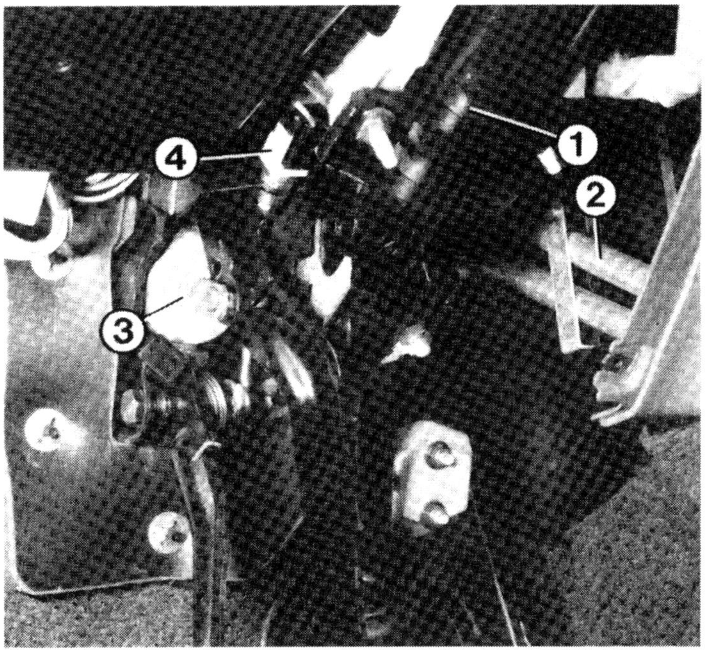

Hupe prüfen

Ein Druck auf den Blinkerhebel links am Lenkrad, und bei eingeschalteter Zündung müssen die Hupen tönen. Der Schalter schafft die Masseverbindung für die Hupen.

- **Hupen prüfen:** Dazu Kabelstecker abziehen.
- An jedem Steckanschluß ein Hilfskabel aufstekken und diese mit dem Plus- bzw. Minuspol der Batterie verbinden.
- Bleibt es ruhig, ist das Signalhorn defekt.
- Ein krächzendes oder völlig stummes Horn läßt sich bisweilen durch Drehen der Einstellschraube an der Hupenrückseite wieder stimmen oder zu neuem Leben erwecken.
- Schraube unter der Vergußmasse freilegen.
- Nach dem Einstellen die Schraube mit Karosseriedichtmasse wieder feuchtigkeitsdicht verschließen.

Die Lichthupe

Gleichgültig, ob die Zündung oder die Scheinwerfer eingeschaltet sind oder nicht, die Fernlicht-Glühfäden und die Fernlichtkontrolle leuchten immer auf, wenn Sie den Blinkerhebel zum Lenkrad hin ziehen. Falls die Lichthupe nicht funktioniert, obwohl die Scheinwerfer bei eingeschalteter Beleuchtung brennen:

- Lenkradschalter ausbauen.
- Mit Prüflampe kontrollieren, ob Spannung anliegt.
- Falls ja, dürfte der Lichthupen-Kontakt defekt sein. Komplettes Schalterelement auswechseln.

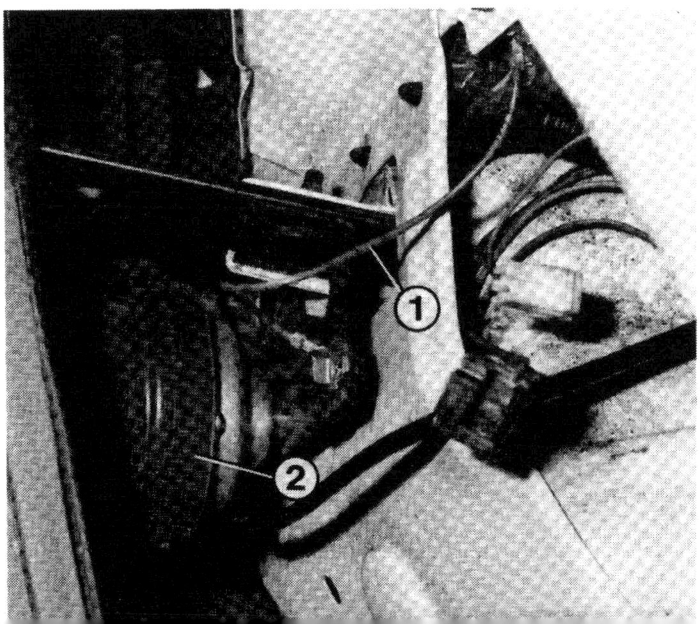

Die Hupen (2) erreicht man erst, wenn Stoßfänger oder linker Scheinwerfer ausgebaut sind. Die Masseleitung (1) sorgt für besseren Kontakt.

Kleine Helfer

Im Peugeot 205 tummelt sich ein Zwergenstaat voller dienstbarer Geister: Anzeigeinstrumente und Kontrollleuchten informieren über Fahrzeug- und Motorzustände; Scheibenwischer und heizbare Heckscheibe sorgen für gute Sicht. Von diesen und weiteren kleinen Helfern handelt das folgende Kapitel.

Kontrollinstrumente und -leuchten prüfen

Setzen Sie sich hinter das Lenkrad und kontrollieren Sie nacheinander alle Kontrollen. Beim Einschalten der Zündung müssen alle Lämpchen aufleuchten, andernfalls ist das Lämpchen durchgebrannt. Beim Aufleuchten einer roten Leuchte während der Fahrt sofort anhalten und Ursache klären.

○ **Kontrolleuchte für Kühlflüssigkeitsstand:** Aufleuchten bedeutet zu niedrigen Kühlflüssigkeitsstand im Kühlsystem. Während der Fahrt sofort anhalten. Motor abkühlen lassen und langsam Wasser zugeben. Ursache für Verluste klären.

○ **Warnleuchte für Kühlflüssigkeitstemperatur:** Gleichzeitiges Aufleuchten mit der Warnleuchte »STOP« bedeutet »Temperatur zu hoch« (ggf. Zeiger im roten Bereich). Mögliche Ursachen sind Wasserpumpe defekt, Keilriemen gerissen (je nach Motor), es fehlt Kühlflüssigkeit, Normalbenzin statt Super getankt, falscher Zündzeitpunkt oder Motor überlastet (z. B. durch Anhängerbetrieb).

○ **Ladekontrolleuchte für Batterie:** Verlöscht die Lampe bei laufendem Motor nicht, ist der Keilriemen zur Lichtmaschine gerissen oder locker, die Leitungen zur Lichtmaschine oder am Anlasser abgefallen oder locker, die Lichtmaschine bzw. ihr Regler defekt.

○ **Kontrolleuchte für Bremsflüssigkeitsstand und Handbremse:** Aufleuchten kann folgendes bedeuten: Handbremse gezogen oder Bremsflüssigkeitsstand im Behälter zu niedrig. Bei Verlusten die Bremsanlage am besten in der Werkstatt mit einem Druckprüfgerät kontrollieren lassen.

○ **Warnleuchte »STOP«:** Beim Aufleuchten während der Fahrt **sofort anhalten (!)** Kühlflüssigkeitstemperatur zu hoch oder es fehlt am Öldruck. Ursache klären.

○ **Warnleuchte für Öldruck:** Gleichzeitiges Aufleuchten mit der »STOP«-Warnleuchte zeigt zu niedrigen Öldruck evtl. wegen Ölmangel an. Ölstand sofort überprüfen und auffüllen.

○ **Kontrolleuchte für Katalysator bzw. Diagnose:** Das Aufleuchten des Transistor-Symboles zeigt eine Störung in der Abgasentgiftungsanlage. In der Werkstatt kann eine Selbstdiagnose der Anlage durchgeführt werden. Über Blinkcodes erfolgen Hinweise auf den Fehler.

○ **Warnleuchte für Kraftstoffreserve:** Blinkt die Leuchte während der Fahrt, sind weniger als ca. 11 Liter Kraftstoff im Tank. Bei Dauerlicht weniger als 3 Liter.

○ **Kontrolleuchte für Bremsbelagverschleiß vorn:** Beim Aufleuchten die vorderen Bremsbeläge erneuern.

○ **Anzeige für Kraftstoffstand:** Nach Einschalten der Zündung muß der Zeiger entsprechend dem Tankinhalt nach rechts wandern.

○ **Anzeige für Kühlflüssigkeitstemperatur:** Bei normaler Betriebstemperatur (ca. 90° C) steht der Zeiger ca. in der Mitte.

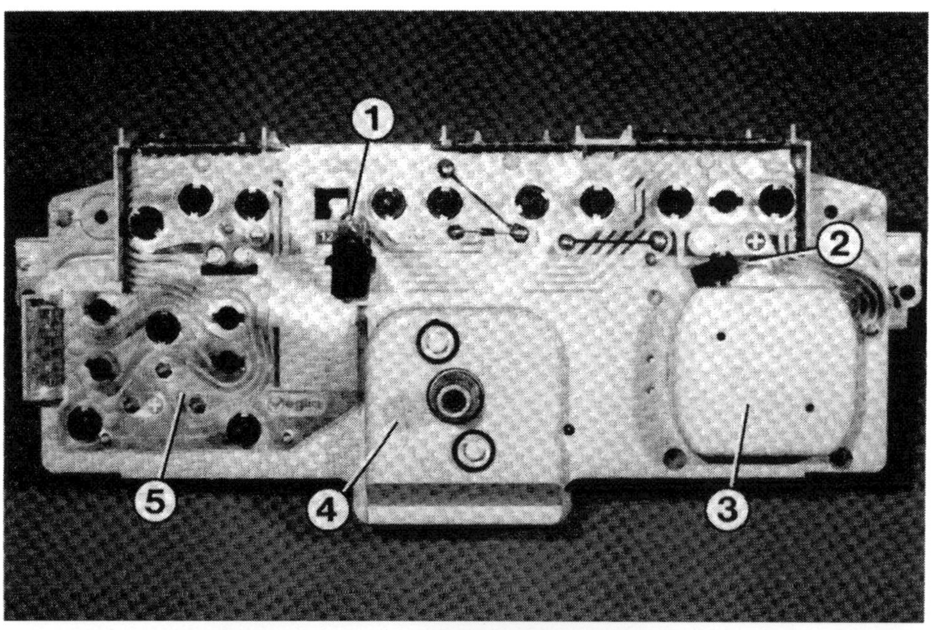

Das Kombi-Instrument von hinten: 1 – Glassockellämpchen zur Beleuchtung; 2 – Glassockellämpchen für Kontrollleuchte; 3 – Uhr; 4 – Tachometer; 5 – Tankanzeige.

1 – Kombi-Instrument;
2 – Hebelschalter für Scheibenwischer;
3 – Hebelschalter für Scheinwerfer und Hupe;
Pfeile – Befestigungspunkte des Kombi-Instruments.

○ **Anzeige für Öltemperatur:** Steht der Zeiger im roten Bereich, Motor nicht mehr voll belasten, bis der Zeiger wieder in den mittleren Normalbereich zurückgeht.
○ **Anzeige für Öldruck:** Im Normalfall muß der Zeiger im mittleren Bereich (ca. 4 bar) stehen. Bei heißem Motor kann er im Leerlauf etwas absinken, muß aber beim Gasgeben sofort ansteigen.
○ **Fahrlichtkontrolle:** Abblendlicht einschalten, die Lampe muß aufleuchten.
○ **Fernlichtkontrolle:** Blinkerhebel zum Lenkrad ziehen: Die Fernlichtkontrolle muß leuchten.
○ **Tachometer:** Bei einer Probefahrt die Funktion überprüfen.
○ **Blinkerkontrolle:** Blinker einschalten, je nach gewählter Richtung muß eine der grünen Blinkerkontrolleuchten rhythmisch aufleuchten. Warnblinkschalter drücken: Die Warnblink-Kontrolleuchte und beide Blinkerkontrolleuchten blinken.
○ **Kontrolleuchten der Schalter:** Brennen bei gedrücktem Schalter die Kontrolleuchten von heizbarer Heckscheibe und Nebelschlußleuchte (nur in Verbindung mit Abblend- oder Fernlicht)?
○ **Uhr:** Läuft der Zeiger- bzw. Digitaluhr?
○ **Drehzahlmesser:** Arbeitet der Drehzahlmesser?

Kombi-Instrument ausbauen

● Oben in der Mitte des Armaturenbretts das Geldfach bzw. die Abdeckung nach hinten kippen, aushaken und ausbauen.
● Drehknöpfe von Heizung/Lüftung abziehen. Schrauben hinter linkem und rechtem Drehknopf herausdrehen und Verkleidung abnehmen.
● 3 Schrauben herausdrehen, eine Schraube oben am Geldfach und zwei Schrauben bei der Heizungsregelung.
● Blende über dem Kombi-Instrument ausbauen. Dazu seitliche Schrauben und Schrauben von der Unterseite der Lenksäule ausschrauben.
● Seitlich Befestigungsschrauben des Kombi-Instrumentes ausbauen.
● Kombi-Instrument vorsichtig aus dem Armaturenbrett ziehen.
● Mehrfachstecker und Tachowelle lösen.
● Das Kombi-Instrument kann weiter zerlegt werden. Seine Teile sind einzeln austauschbar.

1 – Verkleidung an Heizungsreglern;
2 – Abdeckung bzw. Kleingeldablage;
3 – Heizungsregelung;
4 – Sicherungen in Zentralelektrik;
5 – Relais.

Die Zeituhr

In älteren Peugeot-205-Versionen ist meist eine große Zeigeruhr im Kombi-Instrument eingebaut. Neuere Modelle besitzen eine kleine Digitaluhr in der Mittelverkleidung.

Läuft die Digital- oder Zeigeruhr überhaupt nicht, beschränkt sich die Fehlersuche auf die zuständige Sicherung oder das stromzuführende Kabel. Eine Reparatur ist bei der Digitaluhr überhaupt nicht und bei der Zeigeruhr nur in der Spezialwerkstatt möglich. Zum Ausbau der Zeigeruhr müssen Sie das Kombi-Instrument ausbauen und zerlegen.

Uhr ausbauen

Die Digitaluhr in der Mittelverkleidung wird so ausgebaut:

- Blende um Kombi-Instrument ausbauen (siehe »Kombi-Instrument« ausbauen).
- Aschenbecher ausbauen.
- Blende um Uhr abhebeln.
- Ablagefach oder das Radio ausbauen.
- 4 Schrauben im Ascherausschnitt und bei Uhr herausdrehen.
- Unteres Teil der Mittelverkleidung lösen.
- Steckverbindungen zur Uhr lösen.
- Uhr abziehen.

Die Tankanzeige

Der Kraftstoffstand wird am Armaturenbrett elektrisch angezeigt. Die Tankuhr ist also nichts anderes als ein Voltmeter, an dem bei eingeschalteter Zündung volle Spannung anliegt. Damit die Spannung am Instrument immer gleich hoch ist, wurde in die Stromzuleitung ein Spannungskonstanter vorgeschaltet.

Der Zeigerausschlag der Tankuhr wird über den Massekontakt variiert. Das besorgt der Tankgeber, der je nach Tankfüllung einen höheren oder niedrigeren Widerstand hat. Den Tankgeberausbau finden Sie im Kapitel »Vom Tank zur Kraftstoffpumpe« beschrieben.

Störungen

○ Zu hoher oder zu niedriger Stand: Spannungskonstanter defekt.

○ Keine Anzeige: Spannungs-Konstanter bzw. Tankgeber oder Anzeigeinstrument defekt.

- Tankgeber prüfen: Hintere Sitzbank hochklappen, Gummiabdeckung abnehmen und Stecker am Tankgeber abziehen.
- Hilfskabel in den mittleren Steckanschluß der Dreifach-Steckverbindung stecken und direkt an Masse halten.
- Zündung kurz einschalten:
- Schlägt der Zeiger der Tankuhr voll aus, sind Zuleitung und Tankanzeige selbst in Ordnung. Der Tankgeber dürfte dann defekt sein.
- Bleibt der Zeiger in »Leer«-Stellung, liegt der Fehler in der Zuleitung, am Spannungskonstanter oder am Instrument. Der Tankgeber ist wahrscheinlich in Ordnung.

Kühlmittel-Temperaturanzeige

Die Anzeige für die Kühlmitteltemperatur funktioniert ähnlich wie die Tankanzeige. Plusstrom erhält das Instrument bei eingeschalteter Zündung, die Masseverbindung stellt der Temperaturfühler am Motor her. Dieser Fühler ist ein veränderlicher Widerstand, der mit zunehmender Erwärmung mehr Stromzufluß zuläßt, so daß das Bimetall im Instrument stärker beheizt wird und die Nadel weiter ausschlägt. Bei zu hoher Kühlmitteltemperatur wird zusätzlich eine rote Warnleuchte eingeschaltet.

Hier ist das Kombi-Instrument ausgebaut: 1 – Hebelschalter für Scheinwerfer und Hupe; 2 – Mehrfachstecker zum Kombi-Instrument; 3 – Tachowelle; 4 – Hebelschalter für Scheibenwischer.

Zerlegtes Kombi-Instrument:
1 – Uhr;
2 – Gehäuse;
3 – Glassockellämpchen zur Beleuchtung;
4 – Glassockellämpchen für Kontrollleuchte;
5 – Beschriftung;
6 – Tankanzeige;
7 – Tachometer;
8 – Abdeckung.

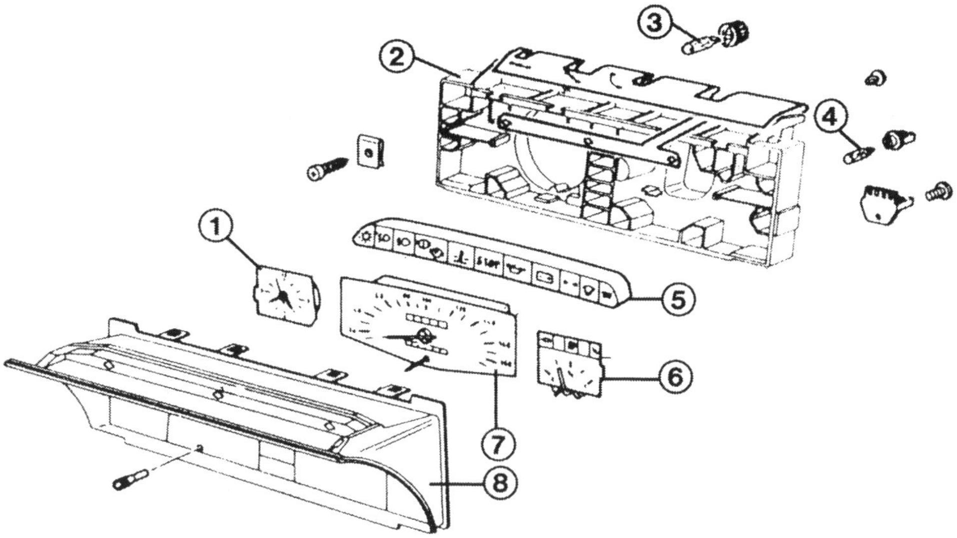

Kühlmittel-Temperaturanzeige prüfen

- Kabel am Geber im Motorraum mit einem Drahtstück verlängern und an blankes Metall (Masse) halten.
- Zündung kurz einschalten:
- Wandert die vorher regungslose Anzeigenadel nun zügig über die Skala, war der Temperaturgeber defekt – auswechseln.
- Rührt sich nichts im Anzeigeinstrument, ist die Zuleitung oder das Instrument selbst defekt. Der Ausbau des Kombi-Instrumentes wird erforderlich.

Die Schalter

Hebelschalter am Lenkrad

Die Hebelschalter hinter dem Lenkrad können einzeln gewechselt werden. Hier der Ausbau:

- Lenkrad ausbauen.
- Verkleidung um Kombi-Instrument und Lenksäulenverkleidung ausbauen.
- Hebelschalter von Konsole abschrauben.
- Kabelbinder lösen.
- Jeweiligen Mehrfachstecker an der Zentralelektrik abziehen.

Drucktastenschalter

Drei Drucktastenschalter sitzen beim Peugeot 205 in der Mittelverkleidung der Heizungsregelung. Sie werden so ausgebaut:

- Aschenbecher öffnen. Schraube oben im Ausschnitt herausdrehen.
- Verkleidung um die Uhr ausbauen, dazu unteres Teil lösen.
- Zweite Schraube an der Schalterverkleidung herausdrehen.
- Schalterverkleidung vollends ausbauen, dazu zwei Nägel (∅ ca. 2 mm) in die beiden Bohrungen an der Oberkante einsetzen.
- Zwei dünne Schraubendreher seitlich am Schalter einsetzen und Schalter ausrasten.
- **Schalterbeleuchtung auswechseln:** In den Drucktastenschaltern befinden sich kleine Glassockellämpchen für die Symbolbeleuchtung.
- Ist das Lämpchen nicht von hinten eingesetzt, Schaltertaste vorsichtig mit einem kleinen Schraubendreher abhebeln.
- Glassockellämpchen mit einer spitzen Telefonzange oder einer kräftigen Pinzette herausziehen.
- Neues Glassockellämpchen einsetzen.

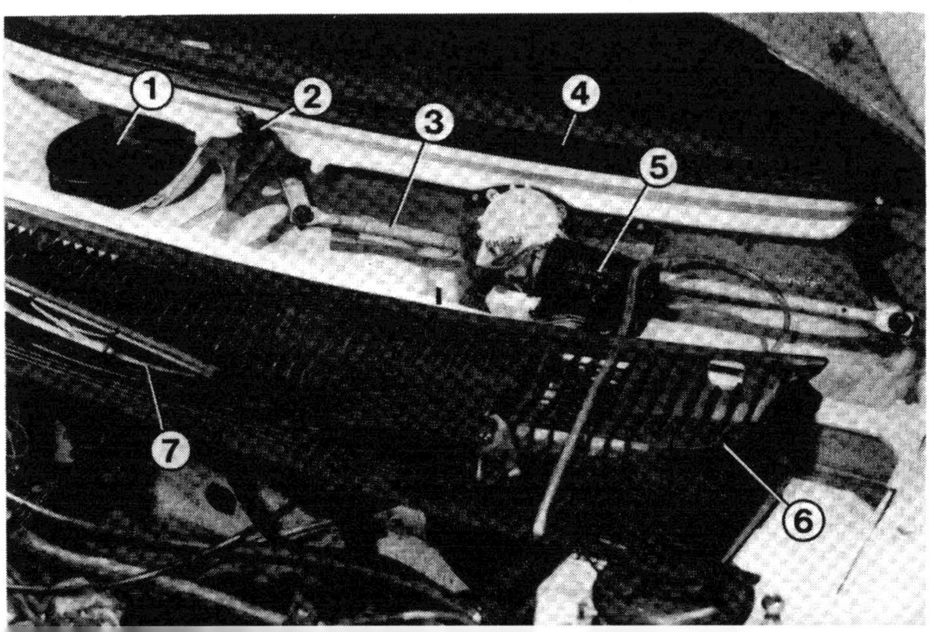

1 – Lufteintritt zum Gebläse;
2 – Wischerlagerung;
3 – Gestänge;
4 – Scheibendichtung;
5 – Wischermotor;
6 – Abdeckgitter;
7 – Wischerarm.

Das Zündschloß

An dieser Stelle wollen wir uns nur mit dem elektrischen Teil des Zündschlosses befassen. Die Reparatur des Schließzylinders muß dagegen die Werkstatt vornehmen, denn zum Ausbau muß an einer bestimmten Stelle des Gehäuses gebohrt werden.

Zündschloß-Schalterteil prüfen

- Mit einer Prüflampe mit Nadelkontakt können Sie die Kabelisolierung durchstechen und feststellen, welche Kabel Spannung (gegen Masse) führen. Eine andere Möglichkeit: Stecker an Zentralelektrik abziehen und mit Ohmmeter auf Durchgang prüfen.
- Untere Lenksäulenverkleidung ausbauen.
- Zentralelektrik ausklappen, Kabel und die beiden Mehrfachstecker zum Lenkschloß heraussuchen.
- Zuerst wird geprüft, ob der Schalter überhaupt Spannung geliefert bekommt; Zündung ausschalten, die dicken weißen Leitungen müssen ständig Batteriestrom führen.
- Dann wird kontrolliert, ob der Schalter in entsprechender Stellung die Spannung weiterleitet.
- Zündschlüssel in Stellung »A«: Das weiße Kabel am zweiten Stecker muß Strom führen.
- Zündschlüssel in Stellung »M« (Zündung eingeschaltet): Zusätzlich muß jetzt auch das gelbe Kabel Strom führen.
- Zündschlüssel in Stellung »D« (Anlasser läuft): Zusätzlich muß jetzt auch das orangefarbene Kabel Strom führen.
- Bei Störungen das Schalterteil hinten am Zündschloß erneuern.

Zigarettenanzünder

Der elektrische Anzünder erhält Dauerstrom über die zuständige Sicherung. Falls der Anzünder trotz intakter Sicherung nicht funktioniert, ist der Heizwendeleinsatz locker oder durchgebrannt.

Heizbare Heckscheibe

Die heizbare Heckscheibe wird über den Schalter am Armaturenbrett aus- und eingeschaltet. Strom gelangt bei eingeschalteter Zündung zum Heckscheibenrelais in der Zentralelektrik. Von dort wird über eine Sicherung und diverse Steckverbinder die Verbindung zur Heckscheibe hergestellt. Mögliche Störungen:

- Sicherung defekt.
- Schalter defekt. Ausbauen und mit Elektrik-Prüflampe kontrollieren, ob bei eingeschalteter Zündung und gedrücktem Schalter Strom durchgeschaltet wird.
- Zuleitung zu Heckscheibe defekt. Mit Elektrik-Prüflampe kontrollieren, ob hinten am Anschlußkabel der Scheibe Spannung anliegt.
- Sind Heizfäden beschädigt und dadurch unterbrochen, hilft Leitsilberlack. Dieser wird z. B. von Doduco, Postfach 480, 7530 Pforzheim hergestellt und ist im Autozubehörhandel erhältlich.

Scheibenwischer und -wascher prüfen

Wartung Nr. 15

- Zündung einschalten. Laufen die Scheibenwischer in beiden Geschwindigkeiten und gehen sie beim Ausschalten in die Parkstellung zurück?
- Funktioniert die Wischintervallschaltung und die Wisch/Wasch-Automatik?
- Spritzt Wasser aus den Wascherdüsen?

1 – Zentralelektrik; 2 – Verschluß; 3 – Chokezug. Die Pfeile zeigen auf Befestigungspunkte von Lenksäulen- und Fußraumverkleidung.

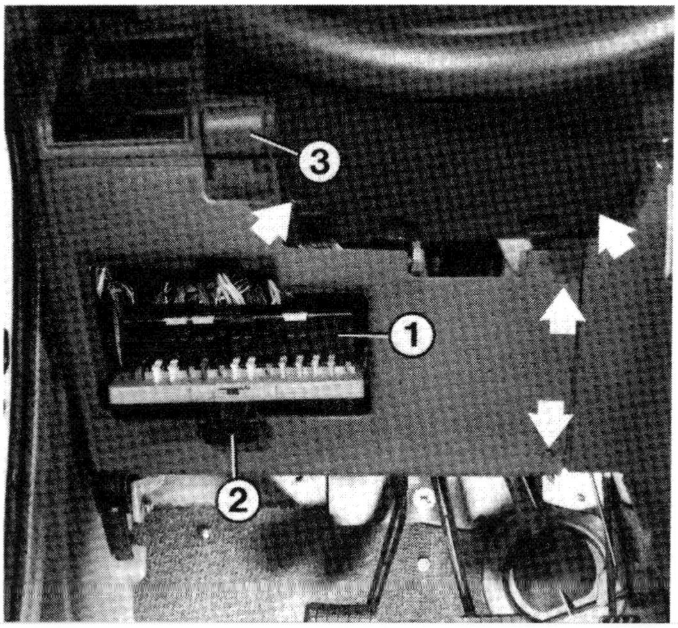

1 – Drehknöpfe; 2 – Abdeckung; 3 – Ascher. Die Pfeile zeigen auf Befestigungspunkte der mittleren Abdeckungen im Armaturenbrett.

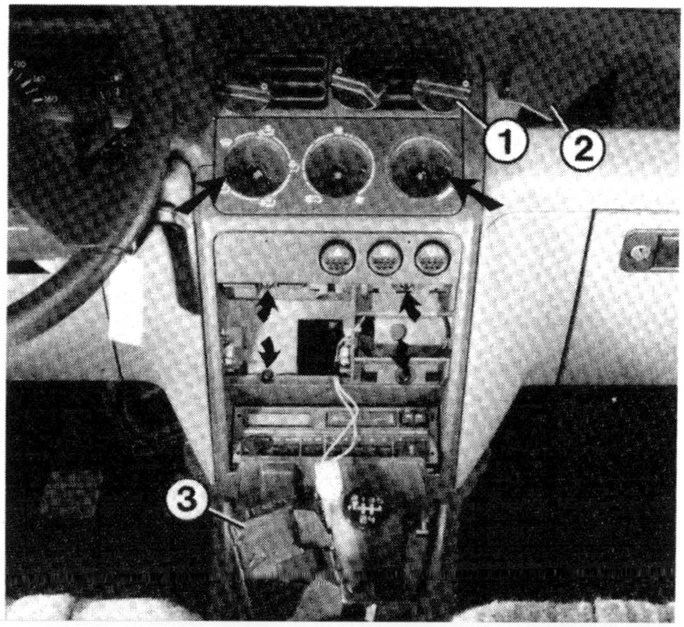

Ständige Kontrolle

Abgasrückstände, Öldunst und Silikon aus Lackpflegemitteln setzen sich hartnäckig aufs Glas. In der warmen Jahreszeit empfiehlt sich deshalb ein Reinigungszusatz zum Waschwasser; im Winter eignet sich Gefrierschutz mit Reinigungszusatz.

● Erst Zusatzmittel und anschließend Wasser einfüllen, damit sich die Flüssigkeiten im Wascherbehälter gut vermischen. Der Waschwasserbehälter befindet sich vorn bei der Batterie und hinten rechts im Gepäckraum.

● Bei tiefem Frost reicht die Frostschutzwirkung der Waschwasserzusätze nicht mehr aus, und die Wascherdüsen können doch einfrieren. Vorbeugend kann bis zu 30 % Brennspiritus zugegeben werden, der allerdings aufdringlich riecht.

● Um Verstopfungen der Scheinbenwaschwasserdüsen vorzubeugen, empfiehlt sich der Einbau eines handelsüblichen Benzinfilters in der Waschwasserleitung.

Fingerzeige: Waschwasser sollten Sie nicht aus den häufig an Tankstellen bereitgestellten Wasserkannen einfüllen. Denn oft finden sich darin Öl- oder Fettrückstände, die sich anschließend auf Ihrer Windschutzscheibe niederschlagen und bei Regen einen störenden Schmierfilm auf das Wischerfeld zaubern.

Wenn das Sichtfeld auf der Windschutzscheibe trotz Reinigungszusatz im Waschwasser schlierig bleibt, hilft das altbekannte Messingputzmittel »Sidol« (nicht Sidol Spezial) weiter. Es wird mit einem Lappen aufgetragen und muß antrocknen, ehe der weiße Staub mit einem sauberen Lappen abgerieben wird. Damit werden Öl, Lackpflegemittel und sonstige Rückstände zuverlässig entfernt. Eine weitere gute Methode ist das Reinigen mit Haushaltsfensterreiniger und Zeitungspapierknäuel. Das eher harte Papier schabt die Ablagerungen regelrecht ab. Weiche Lappen oder Fensterleder sind zum Reinigen weniger geeignet.

Scheibenwischer auswechseln

Die Gummis der Scheibenwischer halten etwa ein halbes Jahr. Danach können Sie sich entscheiden, ob Sie ein komplettes Wischerblatt oder – billiger – nur ein Wischergummi erneuern wollen. In jedem Fall muß das Wischerblatt vom Wischerarm abgebaut werden:

● Wischerarm hochklappen.

● Kunststoffhebel an der Mittelachse des Wischerblatts nach unten drücken.

● Gleichzeitig das Wischerblatt vom Wischerarm ziehen.

● Beim Einbau Wischerblatt bis zum Einrasten der Haltenocke auf den Wischerarm drücken.

Scheibenwaschwasser auffüllen

Wischergummi auswechseln

Ist das Metallgestänge des Wischerblatts noch in Ordnung, braucht nur das Wischergummi ausgewechselt zu werden:

● Wischergummi nach Muster im Zubehörladen kaufen (Werkstätten haben sie selten vorrätig).

● Halteklammer um das Wischergummi an einem Ende des Wischerblatts aufbiegen.

● Altes Gummi herausziehen und die beidseits eingelegten Metallstreifen am neuen Gummi einsetzen. Darauf achten, daß die Krümmung nach unten (zur Scheibe hin) zeigt.

● Neues Wischergummi einschieben und Halteklammer wieder zusammenquetschen.

Frontwischer: 1 – Wischerarm; 2 – Wischerblatt, zum Ausbau Arretierung (Pfeil) drücken; 3 – Wischerarmbefestigung (hinter Abdeckung).

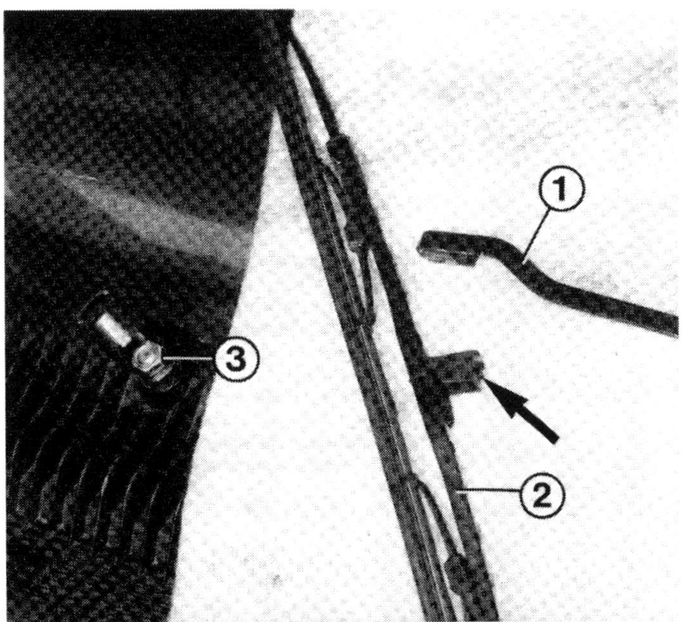

Heckenscheibenwischer: 1 – Mutter; 2 – Lagerung der Wischerachse; 3 – Wischerarm; 4 – Spritzdüse für Scheibenwaschwasser.

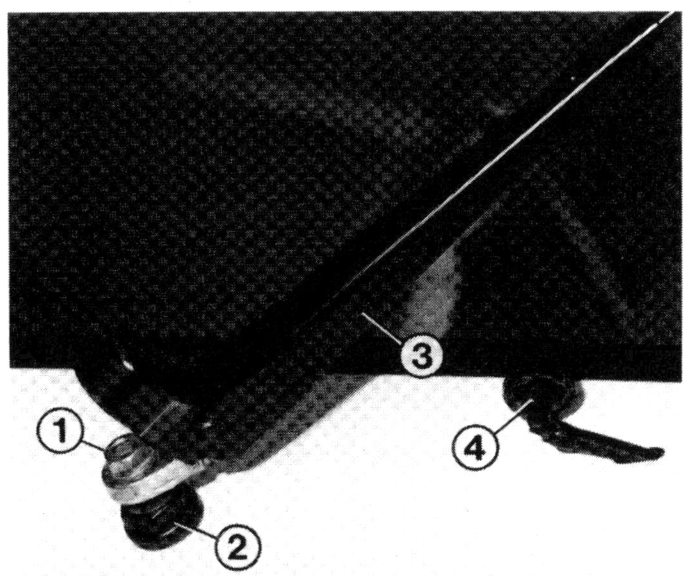

Fingerzeig: Besonders Sparsame montieren lediglich auf der Fahrerseite einen neuen Scheibenwischer, der Beifahrer erhält den bisherigen linken Wischer. Beim nächsten Mal wiederholt sich das Spiel: links der neue, rechts der seitherige linke Wischer.

Wischerarme ausbauen

● Zündung kurz einschalten, um sicherzustellen, daß sich die Wischerarme in ihrer »Parkstellung« befinden. Stellung mit Klebestreifen markieren.
● Minuspolklemme der Batterie abschrauben. Läuft der Wischerarm während des Ausbaues los, weil er z. B. aus seiner »Parkstellung« gedrückt wurde, kann dies zu Verletzungen führen.
● Schwarze Schutzkappe vorn auf der Wischerachse abhebeln und die Sechskantmutter darunter herausdrehen.
● Wischerarm jetzt mit ruckelnden Bewegungen von der Kerbverzahnung der Wischerachse abziehen.
● Wischerarme beim Einbau so festschrauben, daß der linke Wischer 6 cm von der Scheibenunterkante entfernt steht.
● Wischer so festschrauben, daß sie wieder an der Markierung zu liegen kommen.
● Sechskantmuttern mit 15–20 Nm festziehen.

Scheibenwischermotor

Der Scheibenwischermotor wird bei eingeschalteter Zündung über eine Sicherung mit Strom versorgt. Die Kabelklemmen am Wischermotor haben folgende Bedeutung:
○ Eine Klemme erhält Spannung für die erste Wischergeschwindigkeit.
○ Eine Klemme liefert Plusstrom für die Wischer-Endabstellung. D. h. der Wischermotor bekommt über diese Klemme so lange Plusstrom, bis der Motor in die Parkstellung gelaufen ist.
○ Eine Klemme führt die Spannung für die zweite Wischergeschwindigkeit.
○ Über eine Klemme wird der Wischermotor beim Zurücklaufen der Scheibenwischer nach dem Abschalten abgebremst, damit die Wischer nicht über ihre Parkstellung hinauslaufen.

Fingerzeig: Bei eingeschalteter Zündung dürfen die Wischerblätter nicht außerhalb ihrer Parkstellung blockiert sein, etwa durch dicken Schnee oder weil sie angefroren sind. Eine Klemme liefert dann nämlich ununterbrochen Spannung.
Da der Wischermotor durch die festhängenden Scheibenwischerblätter nicht drehen kann, brennt er nach einer gewissen Zeit durch. In einem solchen Fall die Behinderung unbedingt beseitigen, damit die Wischer in ihre Endstellung laufen können.

Wischermotor ausbauen

● Wischerarme ausbauen.
● Vorn Abdeckgitter des Wasserfangkastens ausbauen. Gitter unter Frontscheibendichtung vorziehen. Hinten Innenverkleidung an der Heckklappe mit breitem Schraubendreher abhebeln.
● Mehrfachstecker am Wischermotor abziehen.
● Sechskantschrauben an den Wischerachsen und Schrauben am Wischermotor herausdrehen.
● Mehrfachstecker am Wischermotor abziehen.
● Wischergestänge komplett mit Wischermotor ausbauen.
● Betätigungsstangen zu den Wischerachsen abhebeln.
● Schrauben am Wischermotor herausdrehen. Um an alle Schrauben heranzukommen, muß die Kurbel des Wischermotors ein Stück weitergedreht werden.
● Bevor die Kurbel am Motorgetriebe abgeschraubt wird, die Stellung genau kennzeichnen.

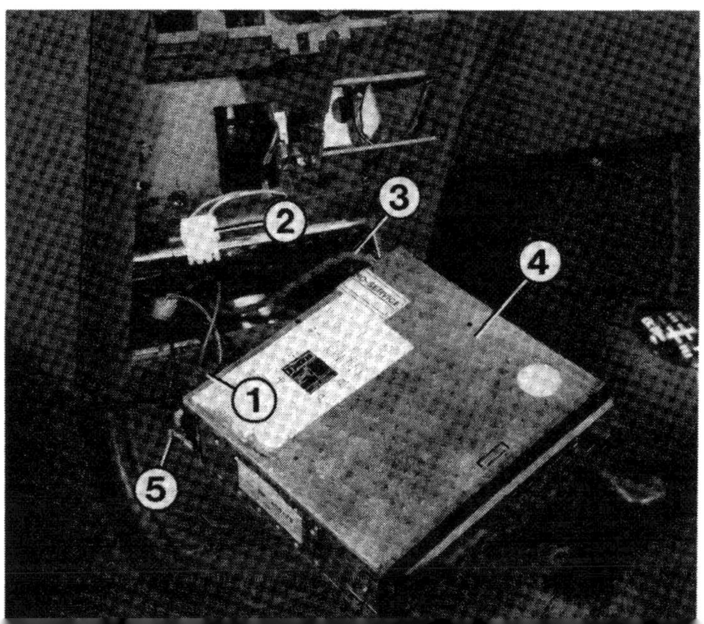

Auf der Rückseite des Radios (4) sind eingesteckt:
1 – Lautsprecherleitungen;
2 – Spannungsversorgung;
3 – Antennenleitung;
5 – Masseleitung.
Teilweise finden Sie im Peugeot 205 einen 13poligen-Mehrfachstecker mit sämtlichen Radioanschlüssen. Für viele Autoradios müssen jedoch Zwischenkabel angefertigt oder gekauft werden.

Neuen Wischermotor einbauen

Soll ein neuer Wischermotor eingebaut werden oder wurde der alte Motor zur Reparatur von der Haltekonsole getrennt, gilt es folgendes zu beachten:

- Motor elektrisch anschließen und kurze Zeit laufen lassen. Ausschalten und warten, bis er in Parkstellung gelaufen ist.
- Motor in die Konsole einbauen, Antriebskurbel und Wischerstangen aufsetzen.
- Antriebskurbel jetzt so festschrauben, daß sie zur vorher angebrachten Markierung fluchtet.
- Wird die Antriebskurbel nicht in dieser definierten Stellung befestigt, läuft der Wischerarm beim Anlaufen zuerst nach unten.
- Wischergestänge und Wischeranlage vollends einbauen. Vor Einbau der Wischerarme kontrollieren, ob die Laufrichtung der Achsen stimmt.

Radio ausbauen

- Bei Radios mit Anti-Diebstahl-Codierung sicherstellen, daß die Code-Nummer vorliegt.
- Batterie abklemmen.
- Entriegelungsbügel (bisweilen bei Radio-Einbausätzen mit dabei) in die vier Bohrungen seitlich an der Frontblende stecken und Radio aus der Mittelkonsole ziehen.
- Oder vier passende Nägel oder Drahtstifte in die Bohrungen schieben und damit die Haltefedern entriegeln (∅ ca. 2,5 mm).
- Radio nach vorn herausziehen, evtl. zusätzlich mit einem Schraubendreher vorsichtig heraushebeln.
- Kabel- und Antennenstecker abziehen.
- Beim Einbau darauf achten, daß der Haltestift hinten am Radio in die dafür vorgesehene Öse eingeführt wird. Radio dazu im richtigen Winkel einschieben.
- Radio jetzt ein wenig in die Montagöffnung drükken, damit die Haltefedern einrasten können.
- Bei Radios mit Anti-Diebstahl-Codierung Code-Nummer nach Bedienungsanleitung eingeben.

Fingerzeige: Der Anti-Diebstahl-Code muß auch nach Abklemmen der Batterie, Auswechseln der Radiosicherung oder Ausstecken der Radio-Stromversorgung neu eingegeben werden.
Ein Autoradio kann einfach nachträglich eingebaut werden, denn Antenne, Entstörung und der Mehrfachstecker für alle Anschlüsse sind bereits eingebaut. Aussparungen für die Lautsprecher vorn in den Türen und hinten seitlich in der Dachsäule sind ebenfalls vorhanden.

Heizung und Lüftung

Frische Luft tritt zwischen Motorhaube und Frontscheibe ein und wird vom Fahrtwind oder zusätzlich vom Gebläse in den Innenraum gedrückt. Bei eingeschalteter Heizung verläuft der Luftstrom durch den Wärmetauscher, einen kleinen Heizkörper, durch den aufgeheiztes Motorkühlmittel fließt. Ist die Heizung abgestellt, strömt die Luft unter Umgehung des Wärmetauschers über einen anderen Kanal in den Innenraum. Ein Heizventil, das die Wasserzufuhr zum Wärmetauscher reduziert oder abstellt, wird bei dieser luftseitig gesteuerten Heizungsversion nicht gebraucht.
Die verschiedenen Steuerungsklappen der Luftströme befinden sich im Heizungs- und Lüftungsgehäuse in der Mitte des Armaturenbrettes. Die Klappen werden über Bowdenzüge von den Reglern betätigt. Die anfangs eingebauten vier Schieberegler wurden später durch drei Drehknöpfe ersetzt.
Störungen an der Heizung und Lüftung kommen von losen oder verrutschten Bowdenzügen. In diesen Fällen Verkleidung an den Reglern ausbauen und kontrollieren, ob die MIN- und MAX-Stellung erreicht werden.

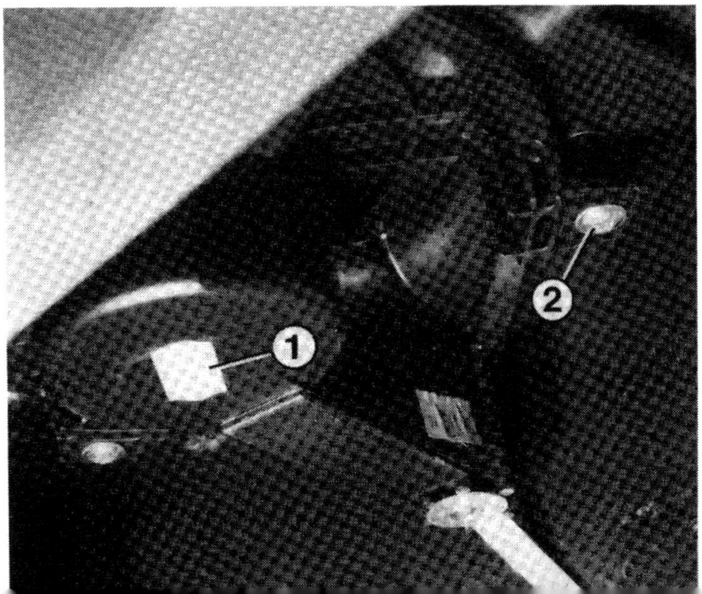

Über dem Beifahrerfußraum ist das Heizungs- und Lüftungsgebläse (1) zu finden. Es ist an drei Stellen verschraubt.

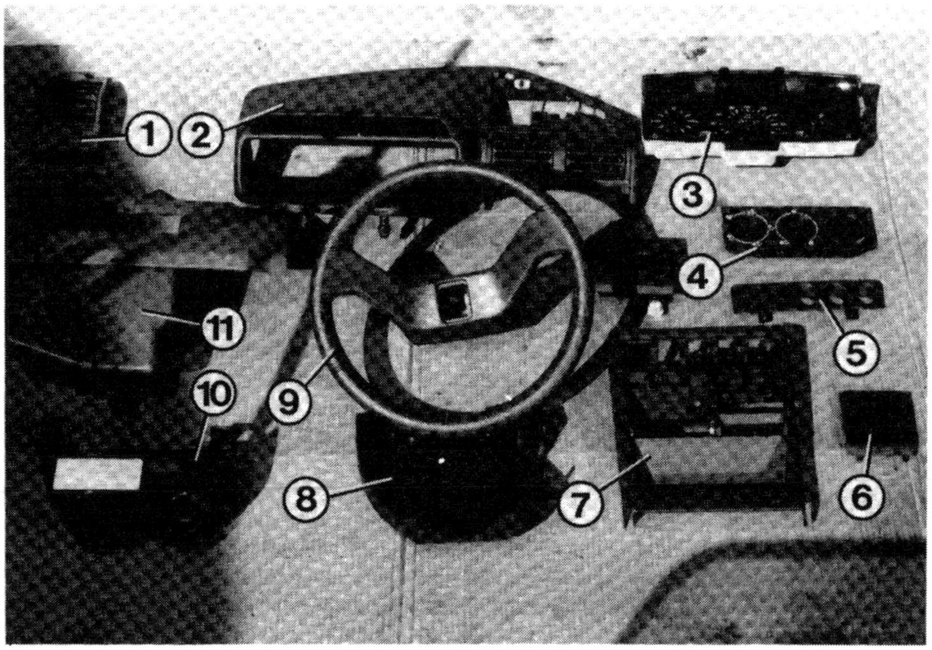

Armaturenbrettverkleidungen im Peugeot 205:
1 – Luftdüse;
2 – Verkleidung um Kombi-Instrument (3);
4 – Verkleidung an Heizungsreglern;
5 – Schalterverkleidung;
6 – Abdeckung neben Ascher;
7 – Mittelverkleidung;
8, 10 – Lenksäulenverkleidungen;
9 – Lenkrad;
11 – linksseitige Ablage.

Das Luftgebläse

Der Gebläsemotor läuft in vielen Geschwindigkeiten, denn er kann mit seinem Regler stufenlos eingeschaltet werden. Die Geschwindigkeitsstufen werden durch einen Leistungstransistor erreicht, der über den Regler im Armaturenbrett angesteuert wird. Das Modul mit dem Leistungstransistor war schon öfters daran schuld, daß das Gebläse steht.

● Wenn das Gebläse in keiner Schalterstellung rauscht, kontrollieren Sie zuerst die zuständige Sicherung.

● Gebläsemotor prüfen: Motor unten aus dem Armaturenbrett ausbauen.

● Zweipoligen Stecker am Gebläsemotor abziehen, zwei Hilfskabel zu den jetzt freien Anschlußkontakten legen und mit den Polen der Batterie verbinden.

● Ist der Gebläsemotor intakt, muß er sich jetzt mit voller Geschwindigkeit drehen. Wenn nicht, auswechseln.

● Läuft das Gebläse nicht in allen Geschwindigkeiten, ist der Regler im Armaturenbrett oder das Modul mit dem Leistungstransistor defekt.

Armaturenbrett ausbauen

● Batterie abklemmen.

● Wischerarme ausbauen.

● Motorhaube öffnen. Abdeckgitter am Lufteintritt ausbauen.

● Beide Schrauben hinten im Wasserfangkasten zur Armaturenbrettbefestigung abschrauben.

● Im Innenraum kleine Abdeckung links der Lenksäule (statt Chokezug) ausbauen.

● Ablagefach links der Lenksäule ausbauen (6 Schrauben).

● Lenksäule losschrauben (4 Sechskantmuttern) und absenken.

● In der Mitte des Armaturenbrettes oben das Geldfach bzw. die Abdeckung nach hinten kippen und ausbauen.

● Heizungsregler abziehen.

● Verkleidung an Heizungsregler ausbauen (2 Schrauben).

● Ablagefach oder Radio ausbauen.

● Beidseitig der Mittelkonsole die kleine Luftdüse im Fußraum lösen und dahinterliegende Schrauben lösen.

● Handschuhfach ausbauen.

● Ggf. Steuergerät über Handschuhfach abschrauben.

● Sämtliche Befestigungsschrauben (11) im Bereich des Armaturenbretts herausdrehen. Teile des Armaturenbretts nach hinten abnehmen.

● Mehrfachstecker abziehen.

● Nach Wiedereinbau in umgekehrter Reihenfolge die elektrischen Funktionen prüfen.

Die Masse strömt

Nur keine Angst vor der Vielzahl an Leitungen, Steckern und Sicherungen im Peugeot 205! Unter Zuhilfenahme der Sicherungstabelle und der verschiedenen Schaltpläne in diesem Kapitel werden Sie sich bald zurechtfinden. Beim Lesen der in Frankreich üblichen Schaltpläne werden Sie jedoch einige Geduld aufbringen müssen, um das jeweils andere Leitungsende zu finden. Wer hier Grundkenntnisse in der Fahrzeugelektrik besitzt, tut sich wesentlich leichter.

Minus an Masse

Die Stromzuführung zum Verbraucher erfolgt durch ein Kabel, das sich auf mehr oder weniger komplizierte Art immer zur Batterie zurückverfolgen läßt.
Die Rückleitung besorgen die elektrisch leitenden Metallteile von Karosserie oder Motor. Auf diese Weise wird eine Menge teures Kupferkabel gespart. In manchen Fällen ist jedoch trotzdem ein kurzes Stück Kabel für die Rückleitung unumgänglich – nämlich dann, wenn der Stromverbraucher nicht direkt auf Metall sitzt. Allerdings wird dann der kürzestmögliche Weg zu einem Metallteil gewählt, wo dann das Kabel auf eine Steckerzunge gesteckt oder mit einer kleinen Kreuzschlitzschraube an der Karosserie befestigt ist.
Auch der Minuspol der Batterie ist natürlich mit der Karosserie – der »Masse«, wie die Autoelektriker sagt – verbunden. Da das bei allen anderen elektrischen Einrichtungen im Wagen genauso ist, lautet der Merksatz »Minus an Masse«.

Die Zentralelektrik

Fast alle Leitungen im Peugeot 205 sind zu verschiedenen Kabelsträngen zusammengefaßt. Viele enden in der sogenannten Zentralelektrik (Sicherungskasten), die sich links unten im Armaturenbrett befindet. Dort ist der Platz für 12 bzw. 14 Sicherungen und eine ganze Reihe Relais.

Die Sicherungen

Jedes elektrische Gerät im Auto braucht nur eine bestimmte, festgelegte Menge an Strom. Entsprechend dieses Stromverbrauchs wurde natürlich auch der Querschnitt des zugehörigen Kabels bemessen.
Steigt der Stromverbrauch in diesem Stromkreis – etwa durch zusätzlich eingebaute Verbraucher oder gar durch einen Kurzschluß –, so wird dieses Kabel überlastet. Dabei kann es warm werden oder gar zu glühen beginnen, wenn nicht rechtzeitig der Stromfluß unterbrochen wird. Und genau das erledigen die Sicherungen.
Damit der Peugeot 205 bei einem Defekt nicht gleich völlig ohne Strom dasteht, sind die Sicherungen auf verschiedene Stromkreise verteilt, wie bereits angedeutet. Allerdings sind die Schaltungen zwischen Batterie, Generator, Anlasser und Zündschloß nicht von Sicherungen überwacht. Bei einer Störung dieser Teile nützt der Blick in den Sicherungskasten also nichts.

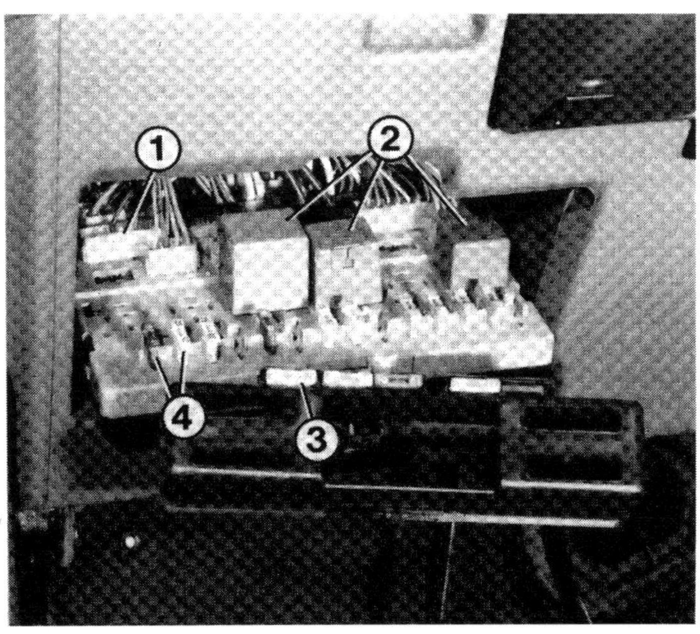

Hier ist die Zentralelektrik links der Lenksäule aufgeklappt:
1 – Mehrfachstecker für Leitungssätze;
2 – Relais;
3 – Reservesicherungen;
4 – Sicherungen.

Sicherungen auswechseln

● Soll eine der Stecksicherungen ausgewechselt werden, können Sie sich der verschiedenen Reservesicherungen bedienen. Amperestärke beachten und rechtzeitig für neue Reservesicherungen sorgen.
● Brennt die neue Sicherung sofort wieder durch, klären, ob eine zu schwache Sicherung eingesetzt wurde (siehe Sicherungstabelle).
● War das nicht der Fall, anhand der Sicherungstabelle die angeschlossenen Verbraucher ermitteln und einzeln prüfen. Dabei hilft auch der zuständige Schaltplan und die Sicherungstabelle. Je nach Baujahr und Typ sind die Sicherungen unterschiedlich belegt.
● Im Zweifelsfall alle Verbraucher ausstecken und nacheinander wieder anschließen. Derjenige Verbraucher, bei dem die Sicherung durchbrennt, war defekt.

Zusatz-Sicherungen

○ Bei bestimmten Fahrzeugen sitzen weitere Sicherungen im schwarzen Kasten vor der Batterie. Dort ist bei geregeltem Kat die Sicherung für die Lambda-Sondenheizung eingebaut.
○ Bei älteren Einspritzern (Sicherungskasten hat nur 12 Steckplätze) ist die Sicherung für die elektrische Kraftstoffpumpe als »fliegende« Sicherung ausgeführt. Sie ist oben quer über den Reservesicherungen angeordnet.

Sicherungstabelle

Nr.	Fahrzeuge mit 12 Sicherungen		Fahrzeuge mit 14 Sicherungen (ab 1986)	
	Ampere		Ampere	
F 1	10	Rückfahrscheinwerfer Relais Kühlerventilator	10	Rückfahrscheinwerfer, Drehzahlmesser, Kraftstoffanzeige, Kontrolleuchten (Batterie, Temperatur, Öldruck, Bremsen, Choke, Kühlmittelstand), Heizung/Belüftung
F 2	25	Blinker, Kraftstoffanzeige, Kontrolleuchten (Batterie, Temperatur, Öldruck, Bremsen, Choke, Kühlmittelstand), Heizung/Belüftung	25	Blinker, Kraftstoffanzeige, Kontrolleuchten (Batterie, Temperatur, Öldruck, Bremsen, Choke, Kühlmittelstand), Heizung/Belüftung
F 3	25	Scheibenwischer, Bremslicht, Drehzahlmesser, Radio, Relais Heckscheibenheizung, Relais Scheibenheber	25	Scheibenwischer, Bremslicht, Drehzahlmesser, Radio, Relais Heckscheibenheizung, Relais Scheibenheber
F 4	10	Zentralverriegelung	15	Zusatzfernscheinwerfer
F 5	25	Kühlerventilator	10	Warnblinker
F 6	10	Warnblinker	–	frei
F 7	10	frei	25	Zigarettenanzünder, Uhr, Innenbeleuchtung, Radio (Dauer-+), Zentralverriegelung
F 8	20	Zigarettenanzünder, Uhr, Innenbeleuchtung, Radio (Dauer+)	25	Hupe, Heckscheibenheizung
F 9	25	Scheibenheber vorn	25	Scheibenheber vorn
F 10	20	Hupe, Heckscheibenheizung	5	Nebelschlußlicht
F 11	5	Nebelschlußlicht	5	Schlußlicht, Kennzeichenbeleuchtung
F 12	5	Stand- und Schlußlicht, Kennzeichenbeleuchtung, Armaturenbrettbleuchtung	–	frei
F 13	–	–	5	Standlicht, Armaturenbrettbeleuchtung
F 14	–	–	15	Elektrische Benzinpumpe

Relais

In der Zentralelektrik (Sicherungskasten) sind unter der Abdeckung hinter den Sicherungen bis zu fünf Relais eingebaut. Weitere Relais finden sich im schwarzen Kasten vor der Batterie und an der Motorraumwand neben dem Bremskraftverstärker. Das Vorglühzeitrelais ist beim Diesel am linken Radlauf angeschraubt. Die Relais im Sicherungskasten sind für (von links nach rechts):
○ Relais für Kühlerventilator oder Nebelscheinwerfer (750)
○ frei

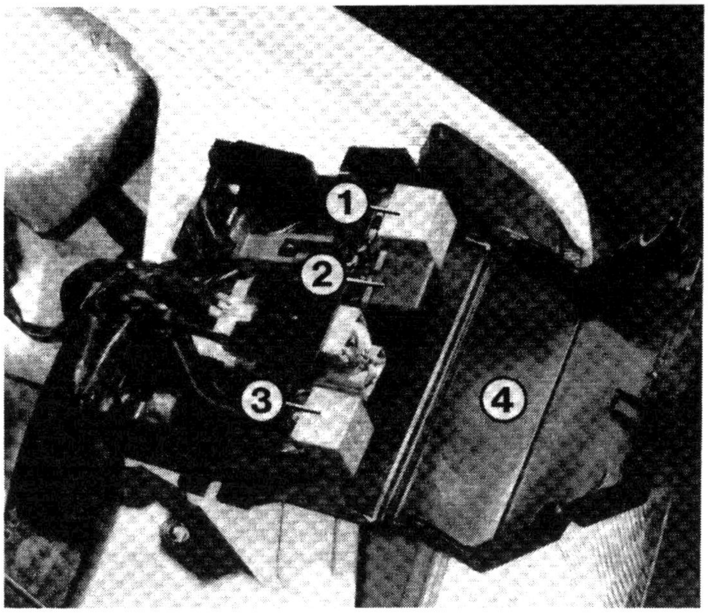

Hier ist beim Peugeot 205 Diesel das schwarze Kästchen (4) hinter dem linken Scheinwerfer losgeschraubt und aufgeklappt. Die Relais »1«, »2« und »3« dienen zur Steuerung der beiden Kühlerventilatoren.

- ○ Zeitrelais für Scheibenwischer-Intervall (893 A)
- ○ Blinkrelais (145)
- ○ Relais für elektrische Scheibenheber (761)
- ○ Relais für Heckscheibenheizung (760)

Aufbau der Schaltpläne

○ Alle elektrischen Geräte und Bauteile sind von 1 bis 999 durchnumeriert, siehe Liste.

○ Eine Unterteilung erfolgt durch die Buchstaben M, P, H, C welche die Lage des Bauteiles bezeichnen: M = Motor, P = Armaturenbrett, H = Innenraum, C= Gepäckraum.

Beispiel: Signalhorn, numerisches Kennzeichen 25, Lage im Motorraum, das Bauteil heißt M25.

○ Für die Verbindungen zwischen den einzelnen Kabelsträngen werden ebenfalls die Buchstaben M, P, H, C zur Bezeichnung der Lage verwendet, dann wird der fortlaufenden Anschlußnummer der Buchstabe C vorangestellt.

Beispiel: Verbindung zwischen Instrumententafel- und Motorkabelstrang im Motorraum: MC1.

○ Für Masseanschlüsse gilt ebenfalls das beschriebene Prinzip, doch wird der fortlaufenden Nummer des Masseanschlusses der Buchstabe M vorangestellt.

Beispiel: Masseanschluß im Kofferraum CM1.

○ FSC steht für einen Kabelstrang (z. B FSC 120 PRSP: Hauptkabelstrang).

○ W, gefolgt von einer laufenden Nummer, steht für die in den allgemeinen Schaltplänen aufgeführten Export-Besonderheiten (W6 = Deutschland, W11 = Österreich, W3 = Schweiz).

○ Je nach Baujahr, Exportland und Ausstattung sind geringe Abweichungen an den Schaltplänen möglich.

○ Z, gefolgt von einer laufenden Nummer, steht für Sonderausstattung. Es bedeuten:

Z1 Klimaanlage
Z4 Diesel
Z5 Automatik-Getriebe
Z6 Zentrale Türverriegelung
Z7 Scheinwerferwaschanlage
Z9 Ölstand
Z10 Wasserstand
Z11 Elektrisches Schiebedach
Z14 Elektrische Scheibenheber
Z16 Skalenbeleuchtung Wählhebel Automatikgetriebe
Z17 Zigarettenanzünder
Z23 Schaltgetriebe
Z24 Limousine
Z25 Benziner
Z26 Lautsprecher hinten
Z27 Beheizbare Sitze
Z28 Einspritzung
Z29 Elektronisch gesteuerter Vergaser
Z30 Strengere Abgasentgiftung
Z34 Transistorzündung
Z35 Zündspule
Z36 Einstufiger Kühlerventilator
Z38 Abgasentgiftung Diesel
Z42 Scheinwerferwaschanlage
Z45 Nebelscheinwerfer
Z46 Nebelrückleuchte
Z48 Deckenleuchte

○ Abkürzung der verwendeten Kabelfarben:

BA Weiß	MR Braun	JN Gelb	VI Violett
GR Grau	RS Rosa	RG Rot	NR Schwarz
BE Blau	VE Grün	OR Orange	AZ Hellblau

Bei zweifarbigen Kabeln steht die übergeordnete Farbe vor der untergeordneten Farbe.

Beispiel: NR/VE (Schwarz/Grün) übergeordnete Farbe ist Schwarz, mit grünem Ring oder Rand.

Fingerzeig: **Neben den Schaltplänen auf den nächsten Seiten finden Sie weitere Pläne in den Kapiteln über Einspritzung, Vergaser und Zündung.**

Bezeichnung der elektrischen Geräte

1 Zigarettenanzünder vorn
3 Zigarettenanzünder hinten
5 Zündverteiler
9 Leerlaufelektroventil
10 Generator
11 Heizgebläsewiderstand
13 Stoßdämpfer, Masse
14 Amperemeter, Batterieladung
25 Signalhorn
27 Anhängerkupplung
28 Standlichtumschaltung
30 Autoradio
40 Überblendregler vorn links/vorn rechts
41 Überblendregler vorn/hinten
45 Batterie
46 Gehäuse plus Batterie
48 Einheit Elektropumpe
49 Sicherungsträger
50 Zündspule
53 Abgassteuergerät für elektronisch gesteuerten Vergaser
54 Abgasentgiftung/Frühverstellungsverzögerung
55 Abgasentgiftung/Leerlaufverzögerung
56 Leerlaufsteuergerät (Automatikgetriebe)
58 Einspritzsteuergerät
65 Scheibenwischerbetätigung
75 Zündsteuergerät bzw. Zündschaltgerät
85 Ölstandsgeber
86 Kühlwasserstandsgeber
90 Türverriegelungsbetätigung
110 Vorglühgerät
111 Schubabschaltung
112 Elektronisches Steuergerät für Dieselkraftstoff-Fördermenge (für Computer)
115 Glühkerzen
120 Anschlußklemmen
128 Warnsignalgeber (Licht eingeschaltet, Türöffnungs- oder STOP-Warnleuchte brennt)
129 Entstörkondensator
130 OT-Geber
133 Motordrehzahlgeber
134 Absolutdruckgeber (Diesel)
137 Druckgeber im Ansaugrohr
140 Drehzahlgeber
142 Öldruckgeber
143 Geber Zylinder Nr. 1
144 Geber Förderbeginn Einspritzdüsen (Diesel)
145 Blinkgeber
155 Elektronisch gesteuerter Vergaser
157 Kabelstrang Sitzhöhenverstellung
158 Kabelstrang Sitzeinstellung
160 Batterie-Hauptabschaltung
165 Kombi-Instrument
166 Steckverbinder TEGT (Motorventilator)
167 Abgaseinstellungs-Prüfstecker
169 Anlaß-/Vorglühschalter
170 Gepäckraumleuchtenschalter
171 Anreicherungsschalter (LPG)
175 Zentralverriegelungsschalter
185 Bremslichtschalter
190 Handbremshebelschalter
191 Leerlauf-Kontaktschalter (auf Vergaser)
205 Handschuhkastenbeleuchtungsschalter
210 Sicherheitsgurtschalter
215 Rückfahrscheinwerferschalter
217 Rückfahrscheinwerfer- und Anlaßsperrschalter
220 Gebläseschalter
221 Gebläseschalter hinten
225 Starterzugschalter
229 Zündschalter
230 Türkontaktschalter vorn links
231 Türkontaktschalter vorn rechts
232 Türkontaktschalter hinten links
233 Türkontaktschalter hinten rechts
234 Signalton-Betätigungsschalter (Warnleuchte für steckenden Zündschlüssel)
235 Bremsflüssigkeitsdruckschalter
236 Bremsflüssigkeitsstandschalter
237 Kühlwasserstandsschalter
238 Kraftstoffilter-Wassermelder
239 Schalter Flüssigkeitsstand (Scheibenwaschbehälter)
240 Schiebedach-Endschalter
241 Gaspedalschalter (Leerlaufregelung)
242 Leerlaufschalter
260 Kombischalter Beleuchtung/Blinker/Signalhorn
261 Kombischalter Beleuchtung/Scheibenwischer/Scheibenwaschanlage
262 Kombischalter Beleuchtung/Scheibenwischer/Blinker/Signalhorn
263 Kombischalter Scheibenwischer/Scheibenwaschanlage
264 Kombischalter Beleuchtung/Signalhorn
265 Kombischalter Blinker/Signalhorn
268 Schalter Blinker
281 Zusatzluftsteuerung (Kaltstart)
281 Korrektur für Dieselkraftstoffvorwärmung
285 Zündspulen-Kondensator
290 Drehzahlmesser
295 Kompressor
300 Anlasser
302 Relais-Schutzdiode
303 Diode Nebelschlußleuchten
304 Schutzdiode Elektronikgeräte
305 Kontrolldiode Wassertemperaturwarnleuchte
306 Kontrolldiode Bremswarnleuchte
309 Diode Elektrolüfter
311 Diode Innenleuchtenschalter
313 Luftmengenmesser
315 Diode Fensterheber
316 Diode Bremskontrolleuchte
331 Elektroventil Abgasrückführung (elektronisch gesteuerter Vergaser)
332 Elektroventil Drosselklappenöffnung
333 Elektroventil Schubabschaltung
334 Magnetventil Frühverstellungsverzögerung
335 Magnetventil Abgasentgiftung
336 Elektroventil der Vergaserentlüftung
340 Magnetventil Pumpenabschaltung (Diesel)
345 Elektroventil
346 Magnetventil Kraftstoffdampfrückführung
350 Schalterbeleuchtung
351 Instrumentenbeleuchtung
355 Beleuchtung Heizungs- und Lüftungsbetätigung
360 Konsolenbeleuchtung
364 Zigarettenanzünderbeleuchtung
365 Ascherbeleuchtung
370 Gepäckraumbeleuchtung
375 Handschuhkastenbeleuchtung
385 Kennzeichenbeleuchtung links
386 Kennzeichenbeleuchtung rechts
390 Lenkschloßbeleuchtung
400 Wählhebelbeleuchtung
420 Abstellventil
440 Standlicht links
441 Standlicht rechts
445 Heckleuchte links/Nebelschlußleuchte
446 Heckleuchte rechts/Blinkleuchte
457 Nebelleuchte vorne rechts
458 Nebelleuchte vorne links
459 Sicherungsträger (Nebelscheinwerfer vorne)
460 Nebelschlußleuchte links
461 Nebelschlußleuchte rechts
462 Rückfahrscheinwerfer
463 Bremsleuchte
464 Rückfahrscheinwerfer + Nebelrückleuchte
465 Entstörfilter Drehzahlmesser
469 Sicherungsträger für Beheizung der Lambda-Sonde
470 Sicherungen (Sicherungskasten)
471 Sicherungshalter (Schlösser)
473 Sicherungshalter (Abblendlicht)
475 Sicherungshalter (Vergaserbeheizung)
477 Sicherungsträger der Kraftstoffpumpe
477 A Sicherungsträger (Stromversorgung Einspritzsteuergerät und Zündung)
477 B Sicherungshalter
480 Blinkleuchte vorn links
481 Blinkleuchte vorn rechts
482 Blinkleuchte hinten links
483 Blinkleuchte hinten rechts
484 Blinkleuchte vorn links + Standlicht vorn links
485 Blinkleuchte vorn rechts + Standlicht vorn rechts
500 Lautsprecher vorn links
501 Lautsprecher vorn rechts
502 Lautsprecher hinten links
503 Lautsprecher hinten rechts
510 Schalter Nebelscheinwerfer
511 Schalter Nebelschlußleuchten
512 Schalter Zusatzfernscheinwerfer
515 Helligkeitsregulierung Armaturenbrett
516 Parkleuchtenschalter
520 Schalter Fensterheber Fahrerseite
521 Schalter Fensterheber Beifahrerseite
521 A Schalter (Fahrer) Fensterheber Beifahrerseite
527 Umschalter Fern/Abblendlicht
532 Schalter Heckscheibenbeheizung
540 Vorglühschalter
545 Schalter Innenleuchte Mitte
548 Prüfschalter Bremswarnleuchte
550 Schalter Heckscheibenwischer
555 Schalter Stromversorgungskontrolleuchte
558 Schalter Ventilator
570 Schalter Warnblinkanlage
574 Einspritzventile
575 Kaltstartventil
580 Kraftstoffstandsgeber
590 Kartenleseleuchte
591 Wassertemperaturanzeiger (Kühlflüssigkeit)
593 Kraftstoffstandsanzeiger
594 Öltemperaturanzeiger (Motoröl)
595 Öldruck-Anzeiger
598 Zündmodul
600 Frontscheibenwischermotor
601 Heckscheibenwischermotor
615 Fensterhebermotor vorn links
616 Fensterhebermotor vorn rechts

620 Gebläsemotor
625 Türverriegelungsmotor vorn links
626 Türverriegelungsmotor vorn rechts
627 Türverriegelungsmotor hinten links
628 Türverriegelungsmotor hinten rechts
629 Gepäckraumdeckel-Verriegelungsmotor
630 Motor Tankklappenverriegelung
635 Elektrolüfter Motorkühlung
640 Zeituhr
645 Bremskraftverstärkungsdruckschalter
646 Servolenkungsdruckschalter
650 Öldruckschalter
654 Druckschalter Vorzündungskurve
668 Temperaturfühler
669 Drosselklappen-Potentiometer
670 Scheinwerfer links
671 Scheinwerfer rechts
673 Zusatzscheinwerfer links
674 Zusatzscheinwerfer rechts
675 Bremsklotzkontakt vorn links
676 Bremsklotzkontakt vorn rechts
680 Frontscheibenwaschpumpe
681 Heckscheibenwaschpumpe
683 Kraftstoffpumpe
688 Innenleuchte vorn
689 Innenleuchte hinten
705 Anschlußplatine
706 Schaltungsplatine
710 Stromanschluß
720 Diagnoseanschluß
721 Testanschluß (Einspritzung)
723 Nebelscheinwerfer links
724 Nebelscheinwerfer rechts
727 Relais für Beheizung der Lambda-Sonde
729 Relais Abgasentgiftung
730 Anlasserrelais
731 Vorglührelais
732 Relais Lüfter-Magnetkupplung
733 Relais Elektrolüfter
735 Fernlichtrelais
736 Relais Zusatzscheinwerfer
737 Abblendlichtrelais
738 Relais für hohe Gebläsedrehzahl
740 Relais Zündspule
741 Relais Zündspulenwiderstand
744 Drehzahlrelais oder Steuerrelais der Pumpe
746 Drehzahlrelais (Schubabschaltung)
748 Versorgungsrelais für Abgassteuergerät
750 Relais Nebelscheinwerfer
760 Relais Heckscheibenbeheizung
761 Relais Fensterheber vorn
762 Relais Fensterheber hinten
765 Relais Frontscheibenwischer
766 Relais Heckscheibenwischer
770 Relais Zubehör
771 Relais Lichthupe
772 Zweistufenrelais (Gemischregulierung)
773 Relais Vergaserbeheizung
775 Anlaßsperrelais
777 Relais Versorgung Vergaser
781 Überdrehzahlrelais
782 Relais Versorgung Zündung
783 Relais Versorgung Einspritzung
786 Widerstand Zündspule
787 Widerstand Gebläse
788 Widerstand 2. Stufe Elektrolüfter
791 Vergaserbeheizung
800 Spannungsregler
835 Ölstandsfühler
837 Kühlwasserstandsfühler
838 Sonde für Gemischregelung
848 Lambda-Sonde
850 Lüfter-Temperaturschalter am Kühlsystem
855 Wassertemperaturschalter
861 Thermokontakt 40° (Wassertemperatur)
862 Thermokontakt 60° (Wassertemperatur)
863 Thermokontakt 69° (Außentemperatur)
870 Thermozeitschalter (Kaltstartventil)
886 Zeitrelais Innenbeleuchtung
888 Öltemperaturgeber
889 Motortemperaturfühler
890 Wassertemperaturgeber
892 Thermokontakt Motoröl
893 Zeitrelais Heckscheibenwischer
893A Zeitrelais Frontscheibenwischer
894 Thermokontakt Steuerung des Elektrolüfters durch elektronisches Steuergerät (über Kühlflüssigkeit)
895 Thermokontakt Abgasentgiftungsanlage
898 Öldruckgeber
930 Lüfter-Magnetkupplung
935 Gebläse Heizung/Lüftung
945 Heckscheibenbeheizung
950 Ventilator
965 Startautomatik
970 Voltmeter
L 1 Sicherheitsgurt-Warnleuchte
L 2 Blinkerkontrolleuchte
L 3 Kraftstoffreservewarnleuchte
L 4 Fernlichtkontrolle
L 5 Warnblinkkontrolleuchte
L 6 Standlichtkontrolleuchte
L 7 Ladewarnleuchte
L 8 Vorglühkontrolleuchte
L 9 Starterkontrolleuchte
L 10 Öldruckwarnleuchte
L 11 Öl- und Wasserwarnleuchte
L 12 Wassertemperaturwarnleuchte
L 13 Kontrolleuchte Handbremse
L 14 Kontrolleuchte für Nebelschlußleuchten
L 15 Kontrolleuchte für Stromversorgung
L 16 STOP-Warnleuchte
L 17 Warnleuchte für Bremsflüssigkeitsstand und Bremsleuchten
L 21 Warnleuchte für Kühlflüssigkeitsstand
L 22 Ölstandswarnleuchte
L 23 Warnleuchte für Bremsklotzabnützung
L 24 Prüfschalter (Kombi-Instrument)
L 25 Öltemperaturwarnleuchte
L 26 Türöffnungswarnleuchte
L 33 Diagnosekontrolleuchte
L 34 Warnleuchte für Kraftstoff-Wassergehalt
L 35 Fahrlichtkontrolleuchte
L 36 Kontrolleuchte für Anhängerblinkanlage
L 38 Kontrolleuchte Katalysator
L 40 Kontrolleuchte Abblendlicht
+AA Versorgung Zubehör
+P Dauerplus
+D Versorgung Anlasser
+AC Kontakt nach Zündung
+V Sromversorgung Standlicht
M Masse
BL Abgeschirmtes Kabel

1 – Batterie; 2 – Stecker für Diagnoseabruf bei manchen Einspritzern; 3 – linker Scheinwerfer; 4 – Sicherung für Lambda-Sondenheizung; 5 – Steckverbindung zum Ansteuern der Kühlerlüfter.

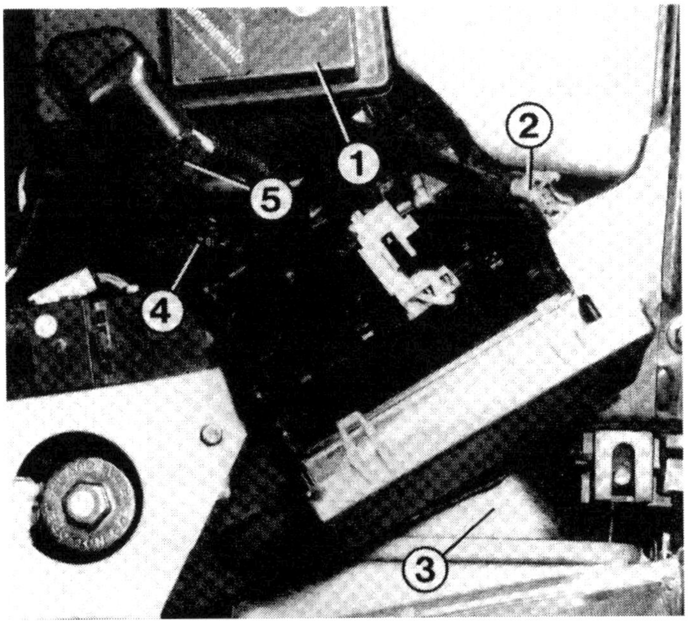

1 – Verbinder mit Hauptsicherungen für Dauerplusleitungen (MC 45 im Schaltplan), teilweise am Träger unter linkem Scheinwerfer eingebaut;
2 – Sicherung für Lambda-Sondenheizung;
3 – Relais für Lüftersteuerung, hier beim GTI 1.9;
4 – TORX-Schraube ersetzen, finden Sie unterwegs kein Werkzeug, können Sie die Scheinwerferlampe nicht ersetzen.

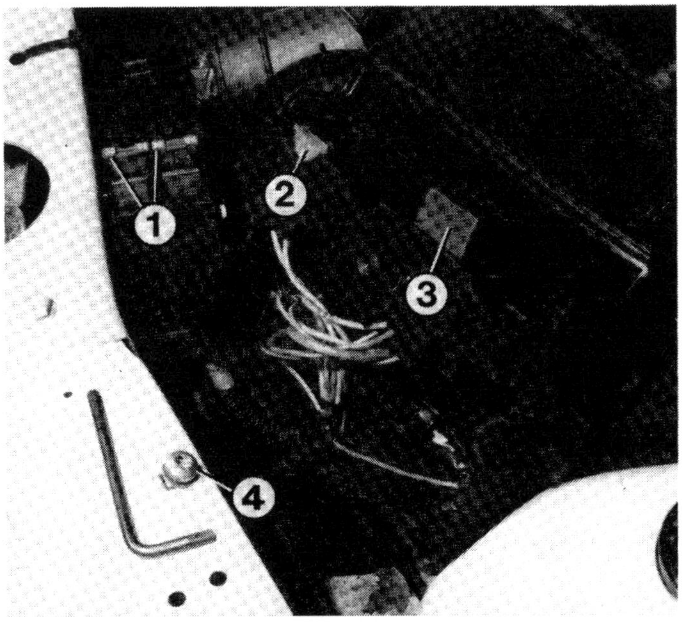

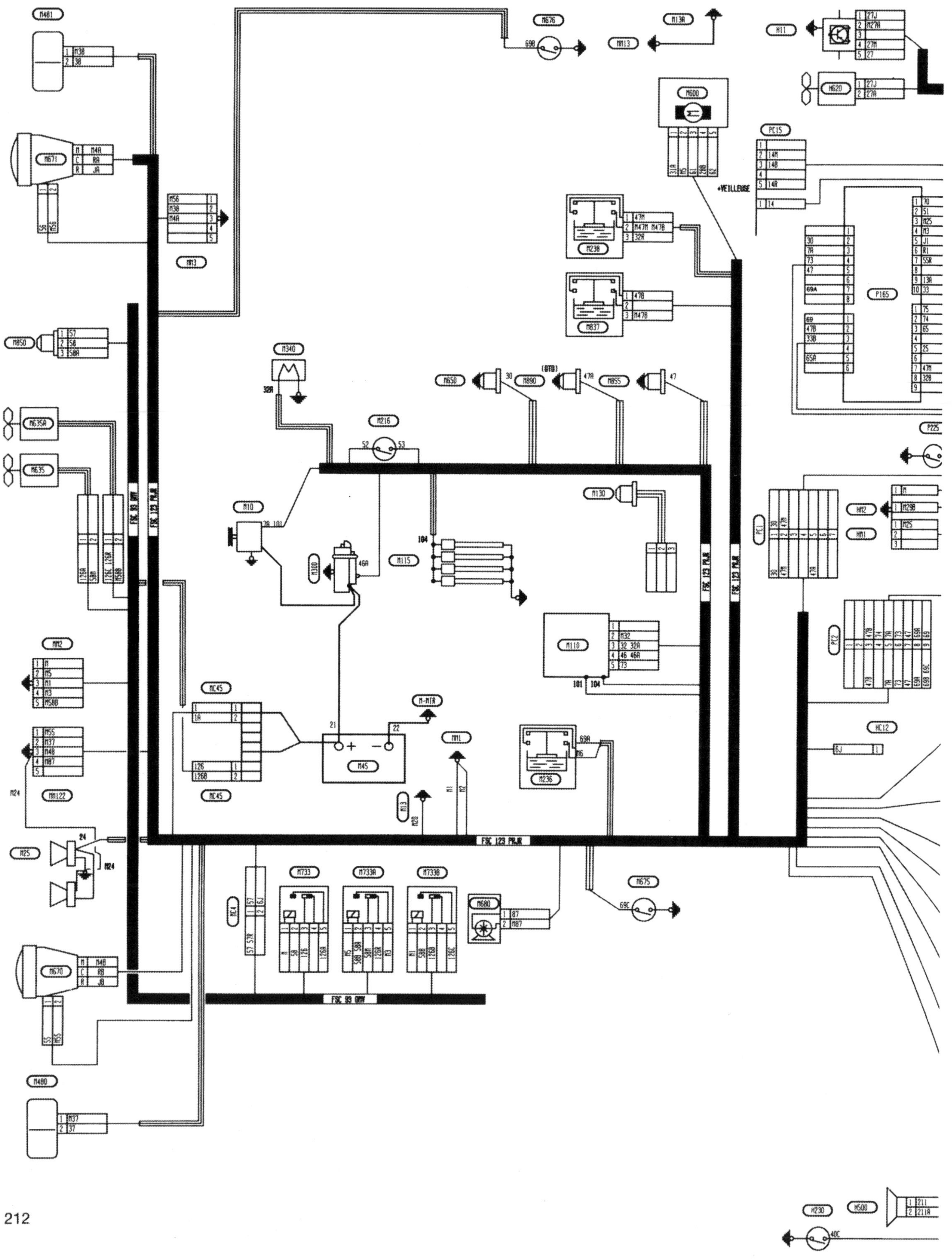
M481
M676
M13A
MM13
M11
M620
M600
PC15
+VEILLEUSE
M671
MM3
M238
M837
P165
M850
M340
M216
M650
M890
M855
(GTD)
M635A
M635
M10
M300
M115
M130
PC1
MM2
MM1
P225
FSC 99 AMV
FSC 123 PRJR
M110
PC2
MC45
M-MTR
M45
M236
HC12
MM122
M25
M733
M733A
M733B
M680
M675
MC4
M670
M480
M230
M500

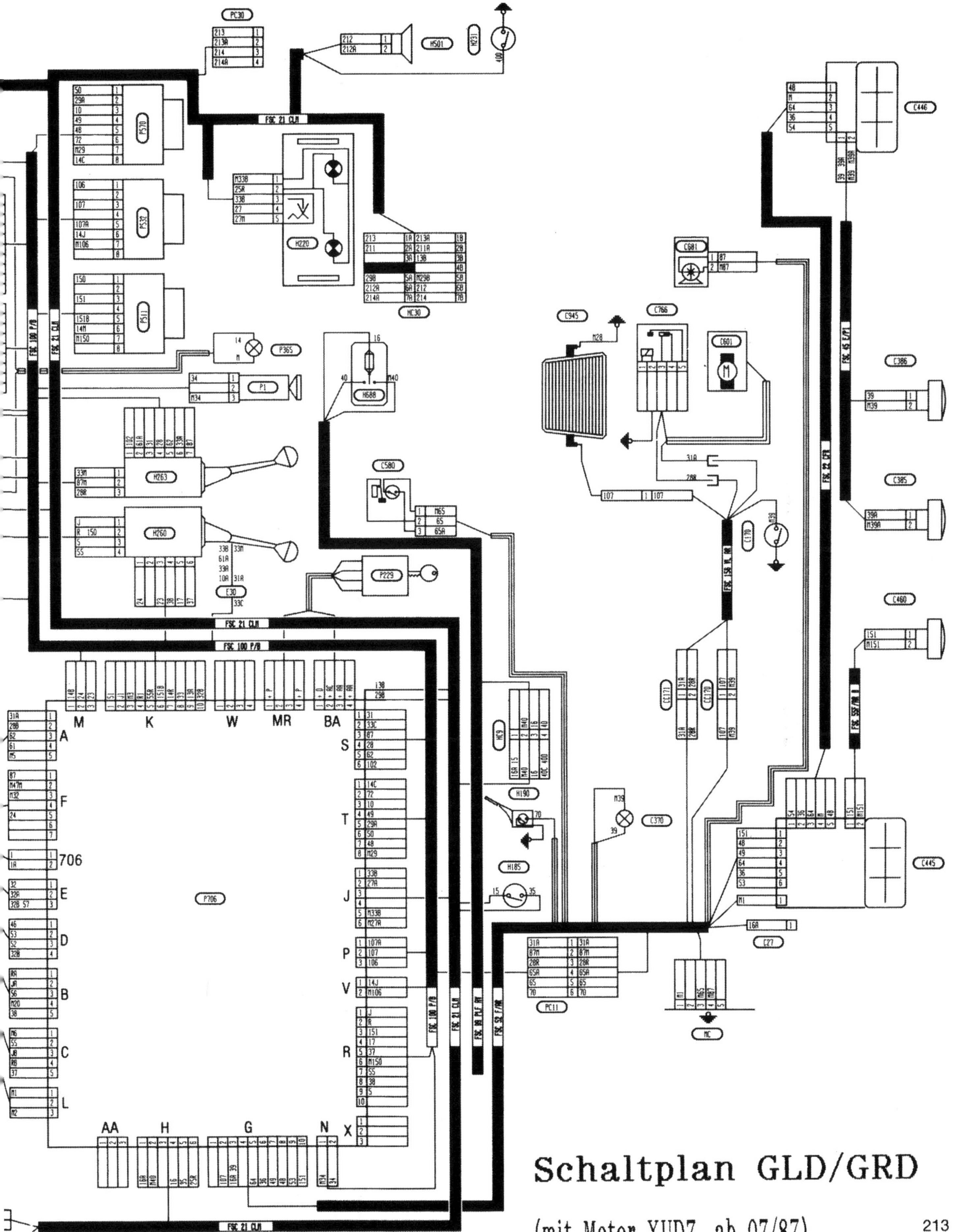

Schaltplan GLD/GRD

(mit Motor XUD7, ab 07/87)

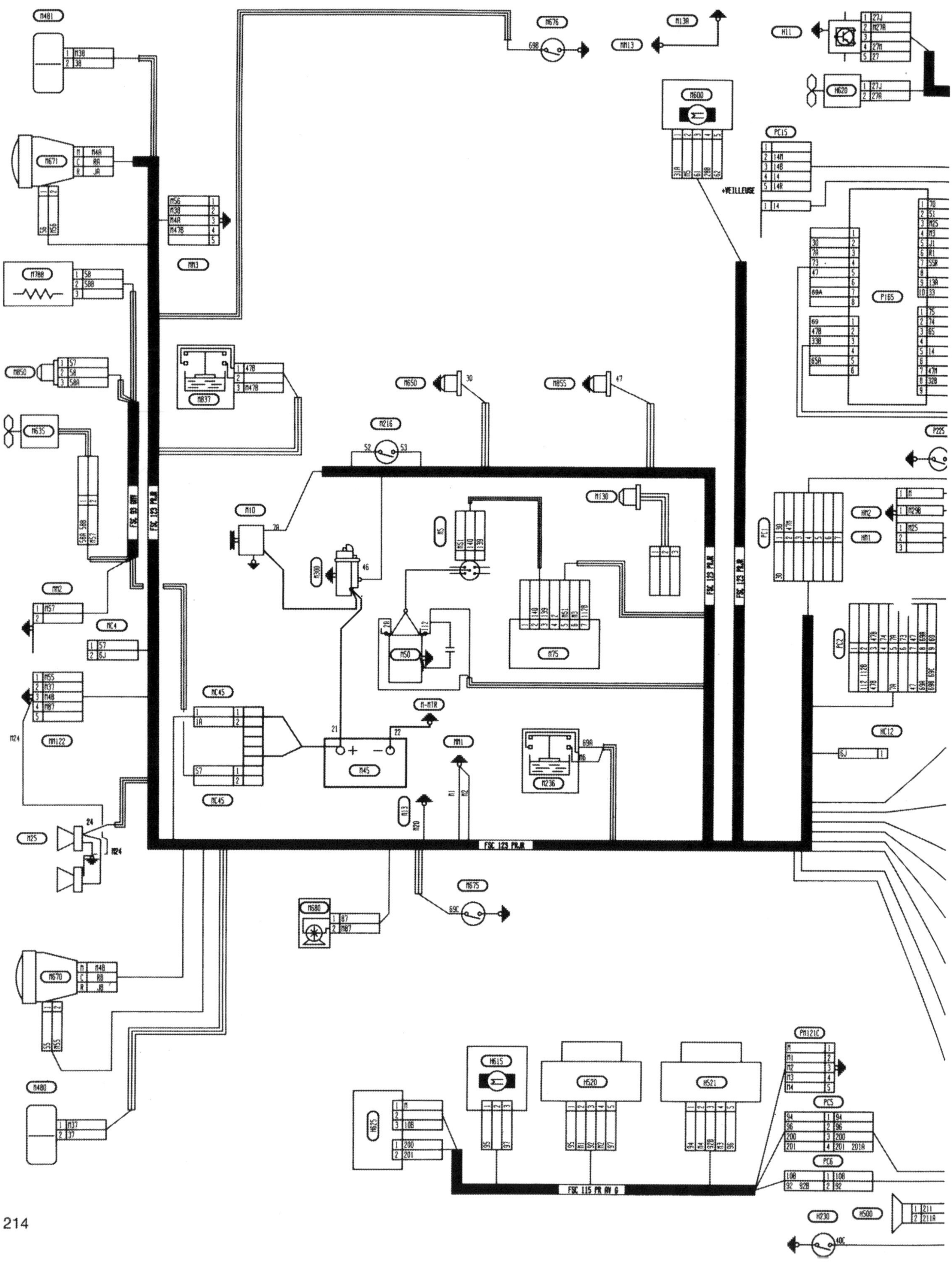

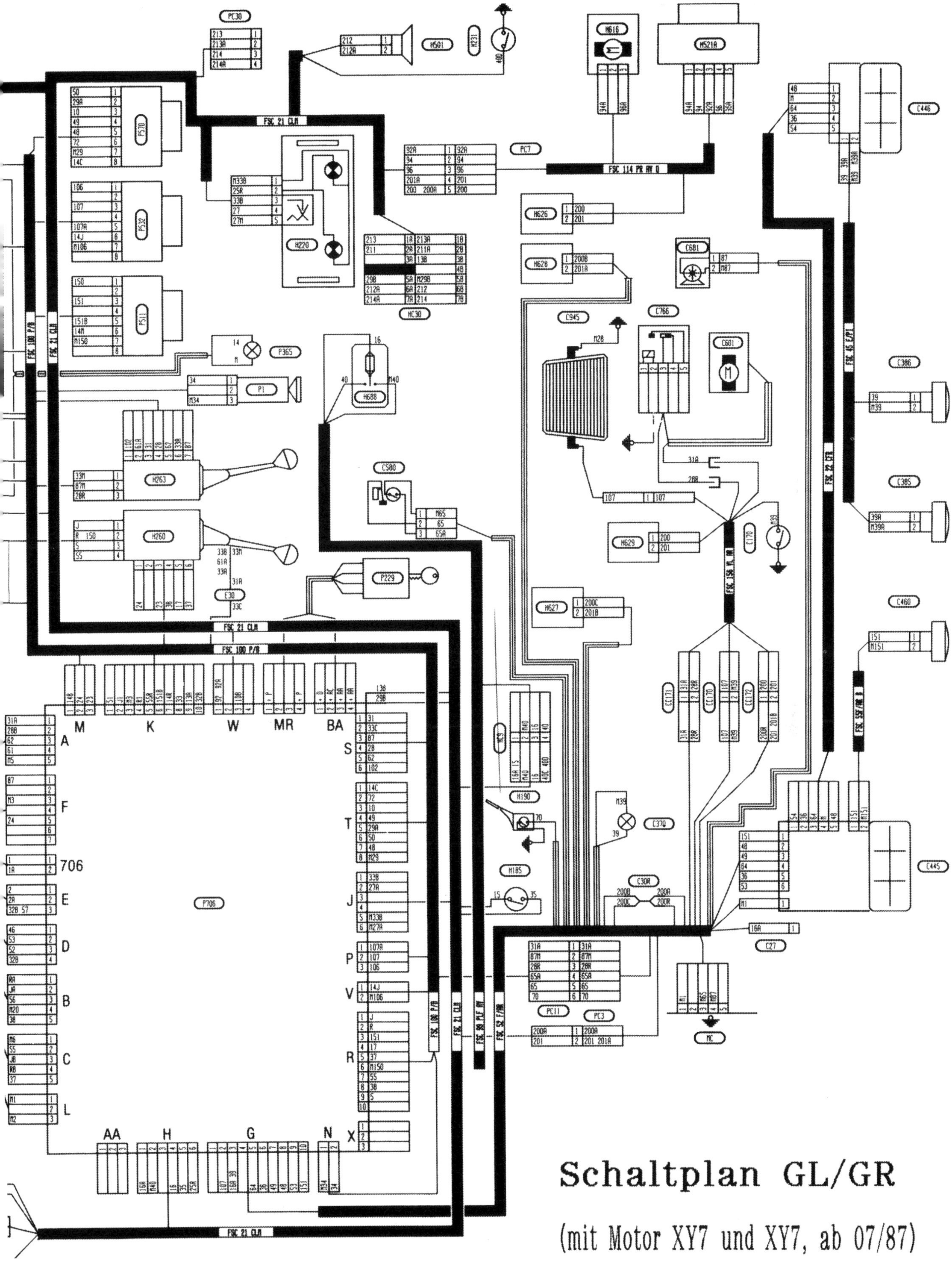

Schaltplan GL/GR

(mit Motor XY7 und XY7, ab 07/87)

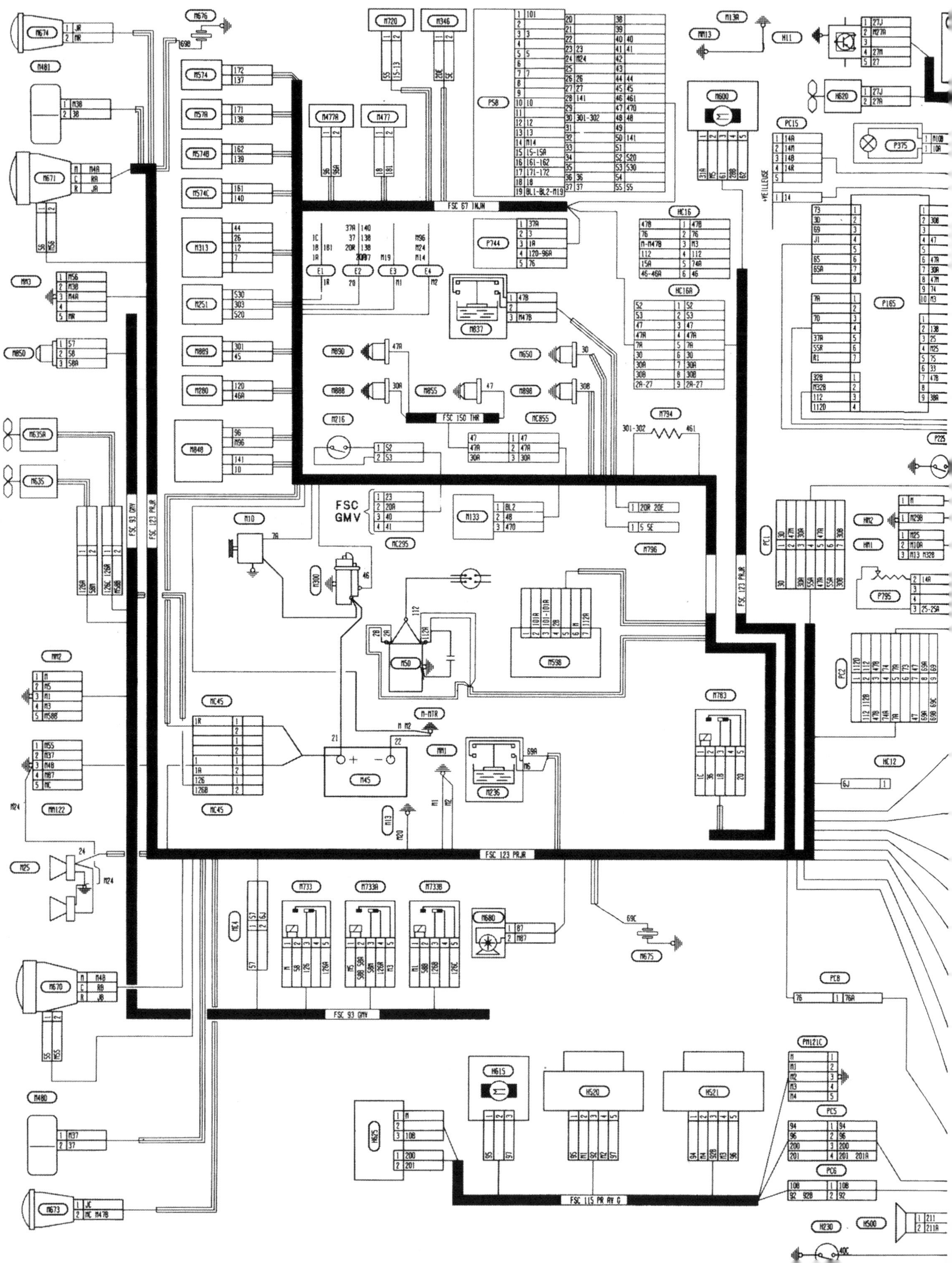

M674
M481
M671
M676
M574
M57A
M574B
M574C
M313
M251
M889
M280
M848
M113
M850
M635A
M635
M720
M346
M477A
M477
P58
FSC 67 INJN
E1
E2
E3
E4
P744
M837
M890
M888
M855
M650
M898
FSC 150 THR
MC855
M216
FSC GMV
MC295
M133
M796
M10
M300
M50
M598
M45
M-MTR
MM1
M235
M13
M783
MC45
FSC 93 GMV
FSC 123 PRJR
MM2
MM122
M25
M670
M480
M673
M733
M733A
M733B
MC4
M680
M675
FSC 93 GMV
M615
M625
M520
M521
FSC 115 PR AV G
PM121C
PC5
PC6
PC8
M13A
MM13
M11
M600
M620
PC15
P375
+VEILLEUSE
MC16
MC16A
P165
M794
P225
PC1
MM2
MM1
P795
PC2
MC12
M230
M500

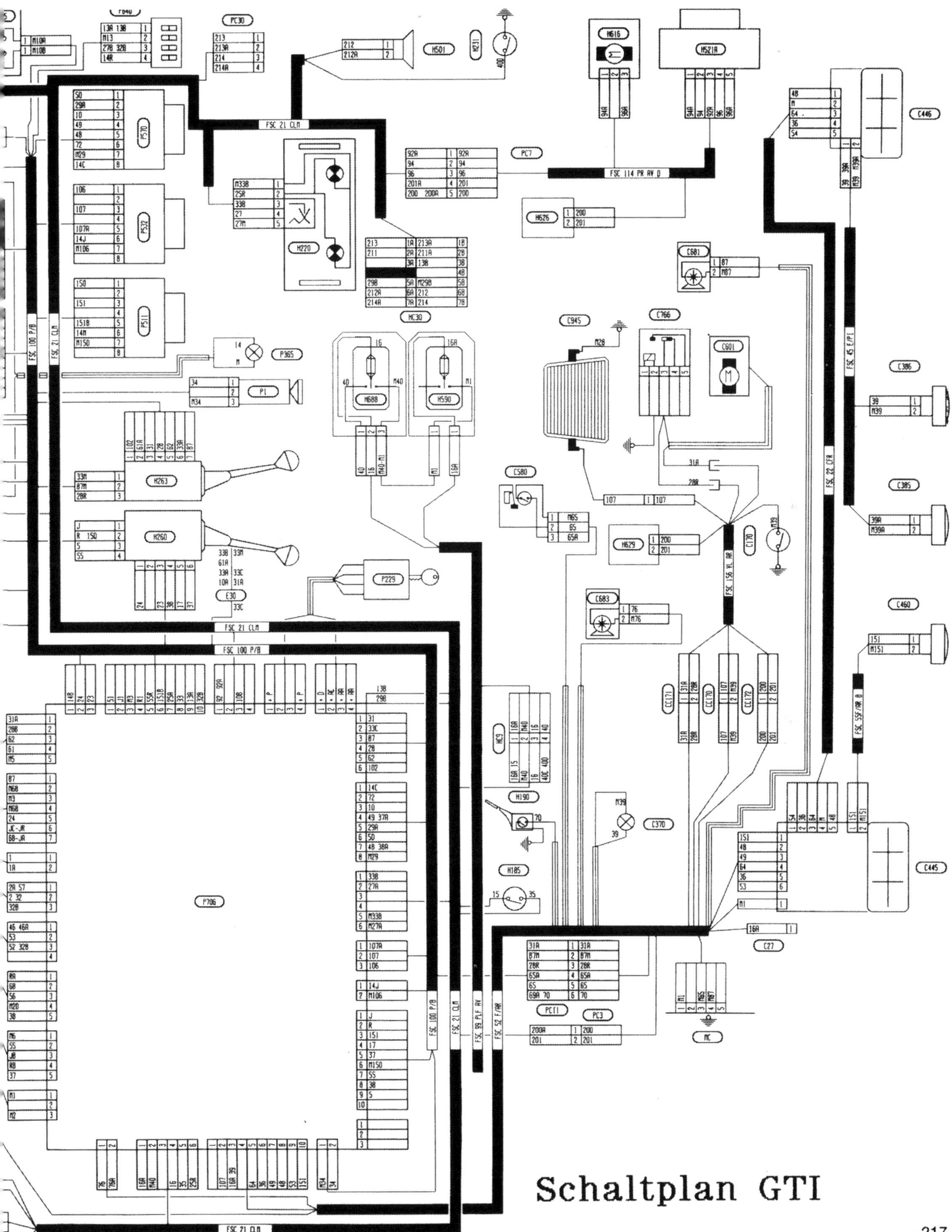

Schaltplan GTI

(mit Motor XU9JAZ, ab 07/88)

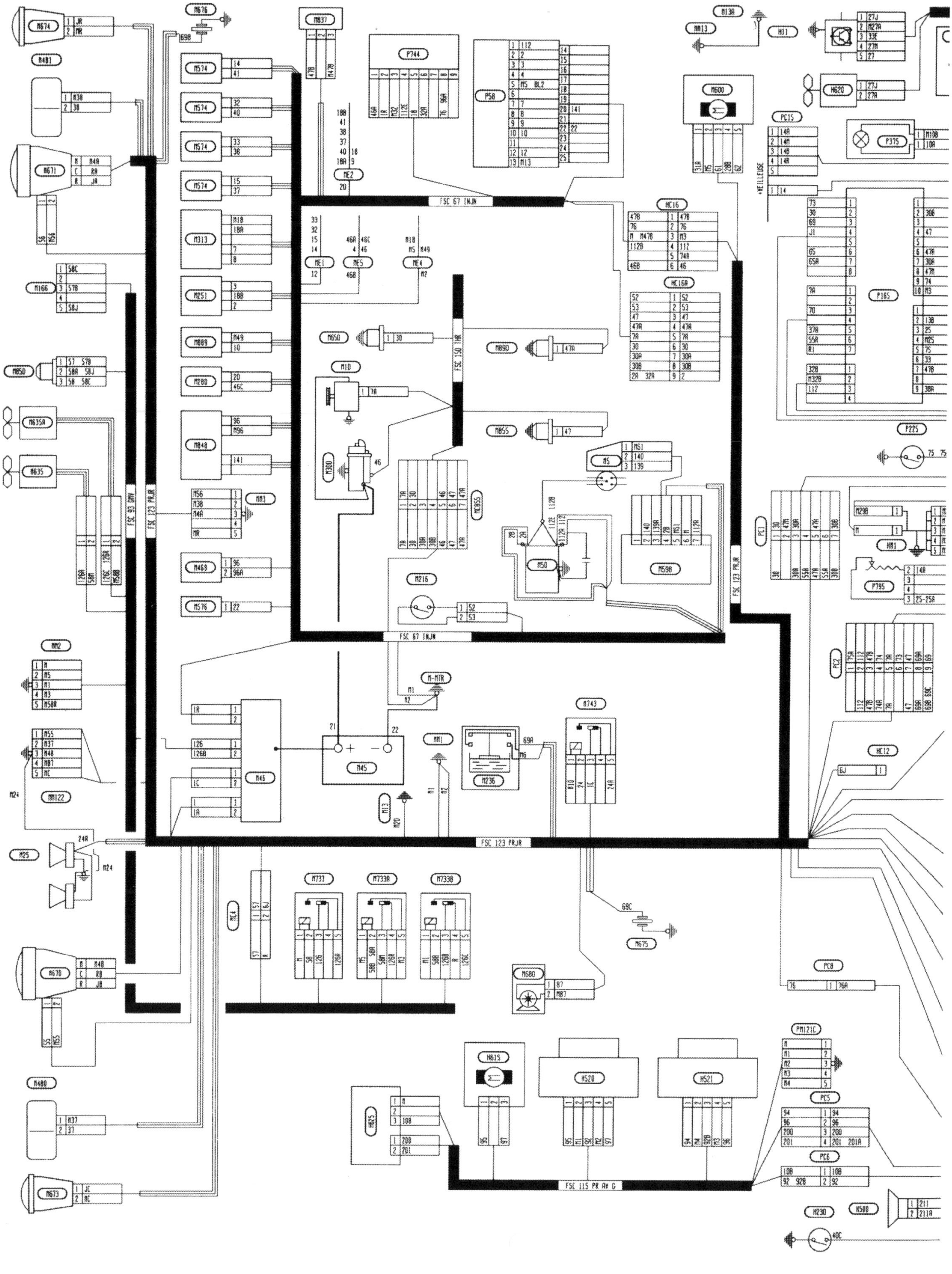

M674
M676
M837
P744
P58
M13A
M13
H13
M620
M481
M574
M574
M574
M574
M671
ME2
FSC 67 INJN
M600
PC15
P375
+VEILLEUSE
MC16
M313
ME1
ME5
ME4
MC16A
P165
M166
M251
M650
FSC 150 INJ
M890
M850
M889
M10
M280
M635A
M848
M855
P225
M300
M5
M635
M855
MM3
FSC 93 GMV
FSC 123 PRJR
PC1
M298
MM1
M50
M598
M469
M216
P795
M576
FSC 67 INJN
PC2
MM2
M-MTR
M743
MM1
M45
M236
MC12
M46
M13
MM122
M24
M25
FSC 123 PRJR
M733
M733A
M733B
MC4
M675
M670
M680
PC8
PM121C
M615
H520
H521
M480
PC5
M625
PC6
M673
FSC 115 PR AV G
M230
M500

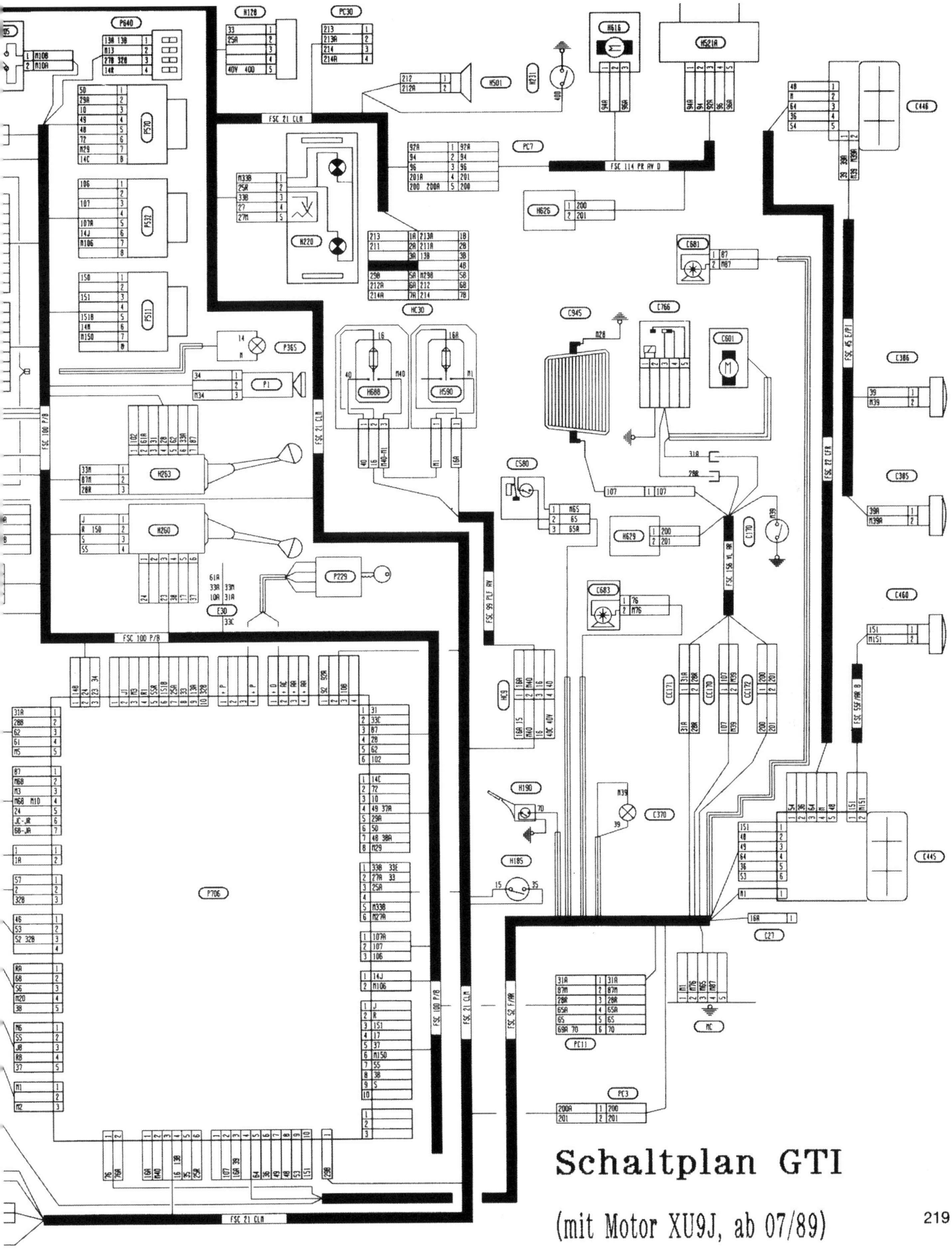

Schaltplan GTI

(mit Motor XU9J, ab 07/89)

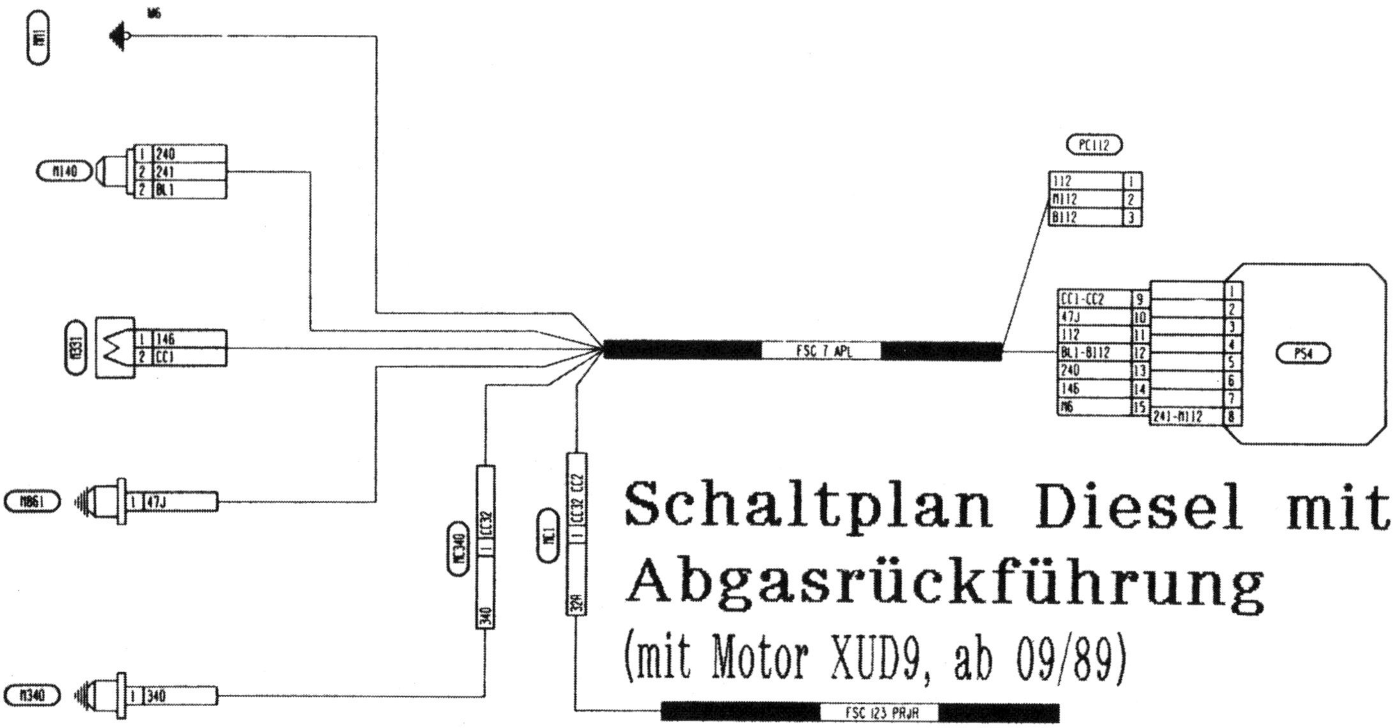

Schaltplan Diesel mit Abgasrückführung

(mit Motor XUD9, ab 09/89)

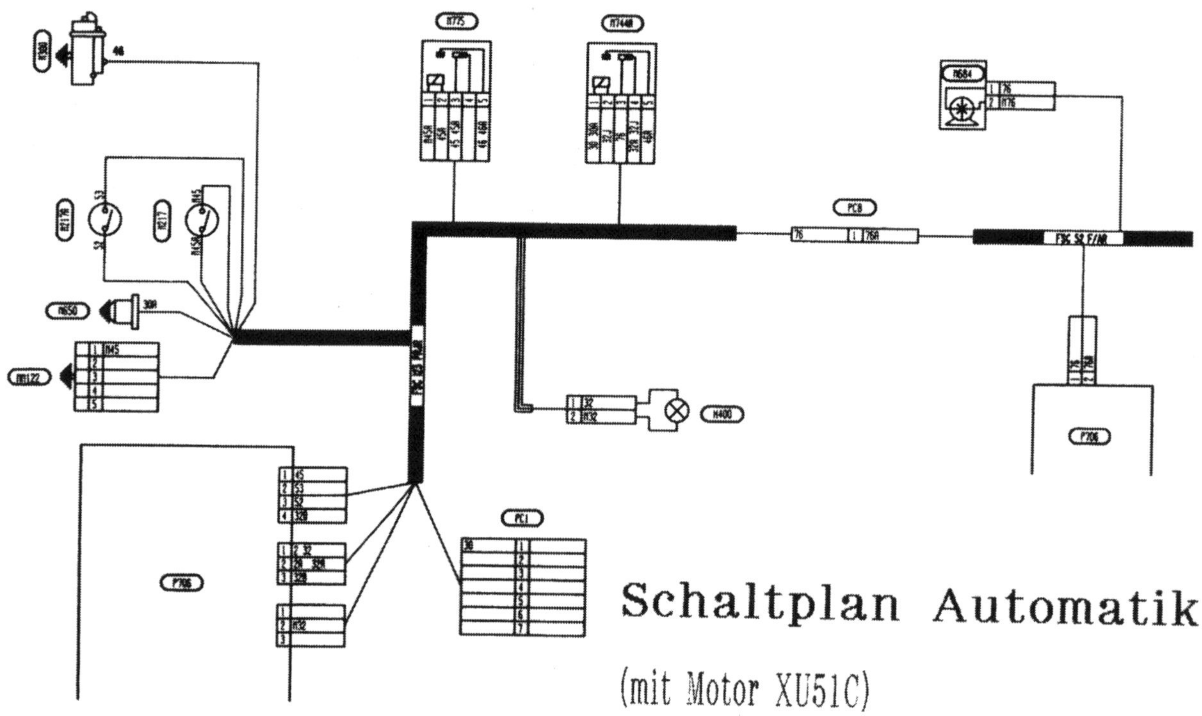

Schaltplan Automatik

(mit Motor XU51C)

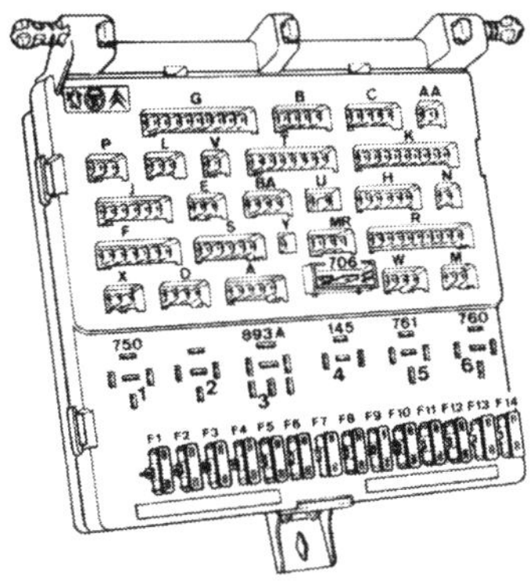

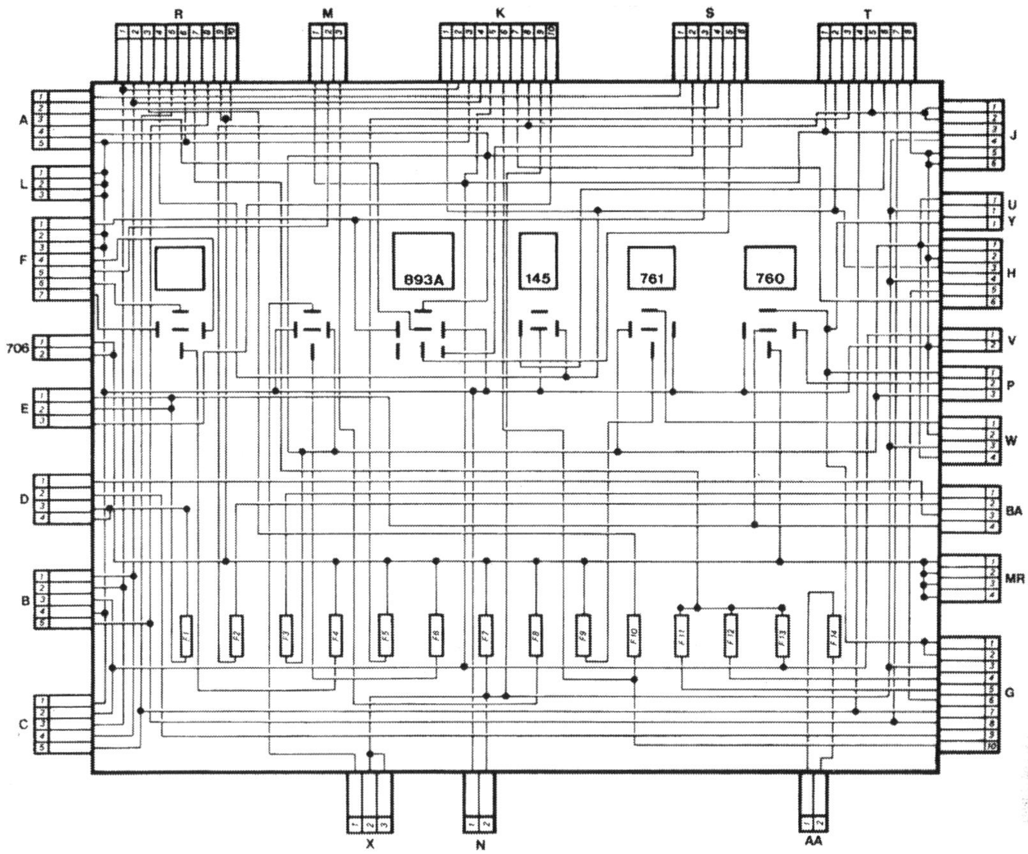

Zentralelektrik

(Belegung, Steckerbezeichnung, Innere Verdrahtung)

Relaistabelle

1	**Relais für Kühlerventilator (beim Diesel mit zwei Ventilatoren ist das Relais im schwarzen Kasten vor der Batterie eingebaut)** **Relais für Nebelscheinwerfer (750)**
2	**frei**
3	**Zeitrelais für Scheibenwischer-Intervall (893 A)**
4	**Blinkrelais (145)**
5	**Relais für elektrische Scheibenheber (761)**
6	**Relais für Heckscheibenheizung (760)**

Hier ist die aufgeklappte Zentralelektrik mit den vielen Mehrfachsteckern (1) und Sicherungen (2) gezeigt.

Gut in Form

Ein Auto der Kompaktwagenklasse, wie der Peugeot 205, muß bei der Karosserie und deren Kleinteilen besonders genau entwickelt sein. Denn mehr und mehr verlangen gerade bei dieser Fahrzeugklasse Anforderungen wie z. B. »Knautschzonen« an Bug und Heck, hohe Formfestigkeit der Fahrgastzelle oder Innenraumproportionen für eine ganze Familie, das ganze Können der Karosseriebauer.

Demontierbare Teile

Mit einiger Geschicklichkeit können Sie die Stoßfänger und den Ziergrill alleine ausbauen. Wollen Sie aber die Motorhaube, die Heckklappe oder die Türen ausbauen, brauchen Sie unbedingt einen Helfer, der diese unhandlichen Teile hält, während Sie schrauben. Auf jeden Fall ist ohne Helfer schnell irgendwo der Lack zerkratzt.

Fingerzeig: Den Wiedereinbau der bisherigen Motorhaube, Heckklappe oder Tür kann man sich erleichtern, wenn die Lage der Scharniere vor der Demontage angezeichnet wird. Das geschieht am besten mit einem wasserfesten Filzschreiber.

Motorhaube

Ausbau

- Motorhaube öffnen und abstützen.
- Haubenstütze von der Haube abbauen.
- Lage der Scharniere markieren.
- Jeweils zwei Schrauben und Unterlagscheiben entfernen und Haube vom vorderen Querblech abheben.
- Beim Einbau die Scharnierschrauben zur Motorhauben-Einstellung nur leicht anziehen, siehe nächsten Abschnitt.

Motorhaube einstellen

- Haubenschloß durch Lösen der Schrauben lokkern.
- Bei nur leicht angezogenen Scharnierschrauben die Motorhaube so ausrichten, daß das Spaltmaß zu den angrenzenden Teilen gleichmäßig ist.
- Haubenschloß in der Höhe so verstellen, daß die Haube zu den angrenzenden Teilen bündig abschließt.

Fingerzeig: Für viele Arbeiten im Motorraum ist es vorteilhaft, wenn man die Motorhaube weiter öffnet. Dazu die Abstützung am Federbeindom abschrauben und einen Gepäckgummi zwischen Antennenfuß und Motorhaube spannen.

1 – Motorhaube mit Befestigungen (Pfeile) am rechten Scharnier;
2 – Motorhaubenabstützung – hier losgeschraubt, um die Motorhaube senkrecht stellen zu können;
3 – Massekabel zur Radioentstörung;
4 – Fahrzeug-Identifizierungsnummer.

Hier ist Abdeckung auf der Innenseite der Heckklappe (2) ausgebaut:
1 – Heckwischermotor;
3 – Heckklappenschloß;
4 – Intervallrelais.

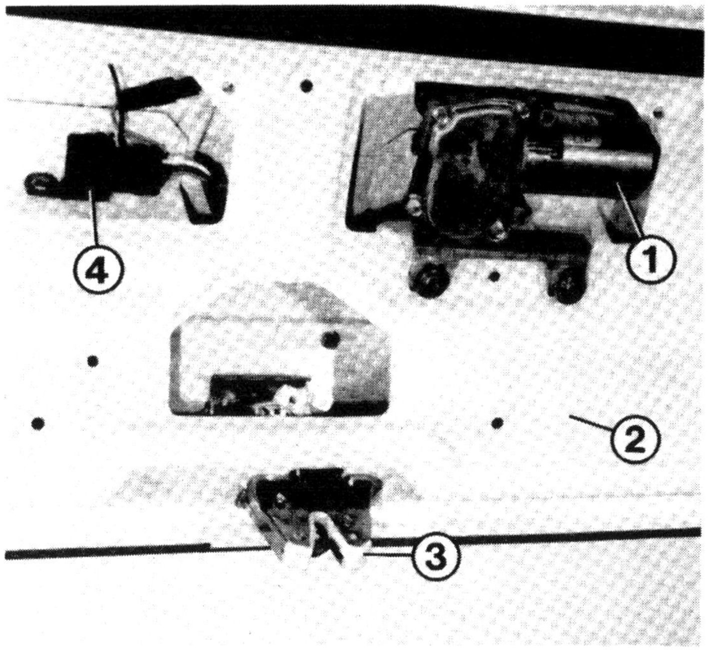

Ausbau

- Heckklappe öffnen und abstützen.
- Gasdruckheber von den Haltern an der Heckklappe abbauen.
- Verkleidung innen abhebeln.
- Elektrische Leitungen der heizbaren Heckscheibe, des Scheibenwischers und Waschwasserschlauch lösen und aus dem Türrahmen ziehen.
- Lage der Scharniere markieren.
- Heckklappe abschrauben.

Heckklappendichtung

Wenn Staub oder Feuchtigkeit eindringt, obgleich die Heckklappe einwandfrei in ihrem Ausschnitt sitzt, kann es an der Gummidichtung liegen. Ist sie spröde oder eingerissen:

- Gummidichtung abziehen
- Dichtmittelreste vom Karosseriefalz vollständig entfernen.
- Neues Dichtmittel auftragen und neue Dichtung so auf den Falz schieben (evtl. mit Kunststoffhammer etwas aufschlagen), daß die Stoßverbindung in der Mitte des unteren Karosseriefalzes zu sitzen kommt.
- Vorher jedoch die Dichtung auf richtige Länge schneiden.
- Zur Pflege der Dichtung eignet sich Glyzerin oder ein Spezialpflegemittel.

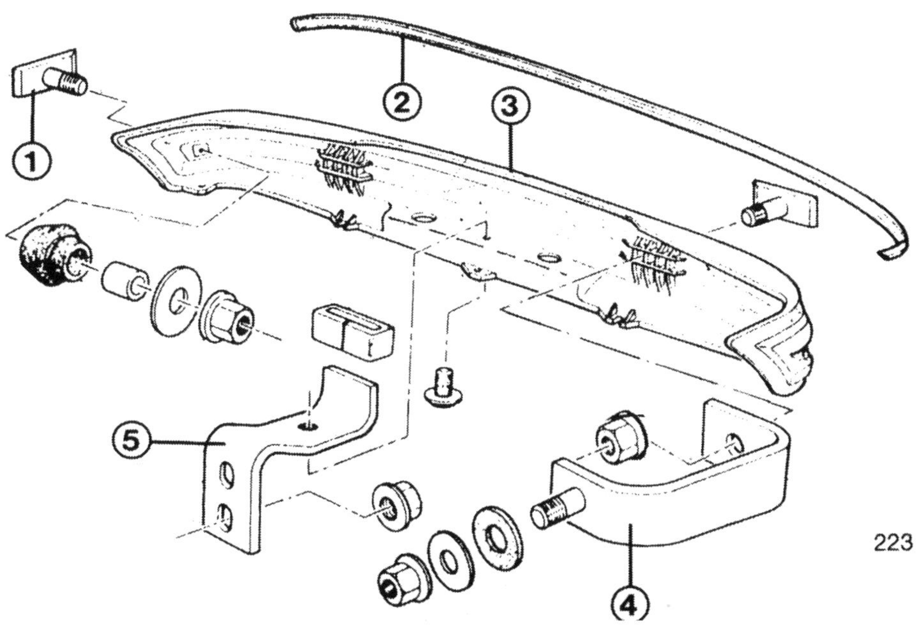

Hinterer Stoßfänger beim Peugeot 205:
1 – seitliche Befestigungsschraube mit Gummi, Hülse, Scheibe und Mutter;
2 – Zierleiste;
3 – Stoßfänger;
4 – Stoßfängerhalter;
5 – mittlere Stütze.

Die Kotflügel

Die vorderen Kotflügel können leicht ausgetauscht werden. Hinten sind die Seitenteile eingeschweißt. Zum Ausbau der vorderen Kotflügel so vorgehen:

- Vorderen Stoßfänger ausbauen.
- Scheinwerfer der jeweiligen Fahrzeugseite ausbauen.
- Kotflügel oben seitlich im Motorraum, am Radausschnitt, an der seitlichen Stoßfängernbefestigung und am Türpfosten losschrauben und abnehmen.
- Radlaufblech oben von Korrosion reinigen und konservieren.
- Karosseriedichtband zwischen Radlaufblech und Kotflügel anbringen.
- Kotflügel ansetzen, Schrauben leicht andrehen, dann Kotflügel zu den benachbarten Blechteilen ausrichten.
- Scheinwerfer nach Einbau einstellen lassen.

Die Türen

Der Peugeot 205 besitzt je nach Baujahr und Ausführung etwas unterschiedliche Türen, doch für die Arbeiten an den Türen ist das ohne großen Einfluß.

Türdichtungen pflegen

Alle Türdichtungen am Peugeot 205 bedürfen besonderer Pflege, denn rissige Dichtungen bewirken nicht nur Undichtigkeiten, sondern auch höhere Windgeräusche während der Fahrt. Beste Pflege für die Dichtungen ist Hirschtalg. Der hat den angenehmen Nebeneffekt, die Dichtungen winters nicht an der Karosserie festfrieren zu lassen, was lästiges Auftauen mit dem Fön erspart.

Tür ausbauen

Die Türen beim Peugeot 205 sind alle vom Türkasten innen an die Scharniere geschraubt. Zum Ausbau muß demzufolge immer zuerst die Türverkleidung ausgebaut werden.

Nach dem Einbau neue Tür einpassen, dazu muß der Peugeot 205 mit allen Vieren waagrecht auf dem Boden stehen. Bei aufgebocktem Fahrzeug kann sich die Karosserie etwas verwinden, so daß die Türjustierung anschließend nicht stimmt: Eingestellt wird nach folgenden Kriterien:

- ○ Die Spaltmaße an Vorder- und Hinterkante der Türen müssen gleich breit sein. Sonst Tür ausmitteln.
- ○ Die Karosserie-Kontur muß stimmen. Entlangpeilen, ob die Blechkante in Höhe der Türgriffe ohne Stufe durchläuft oder ob die Tür zu hoch oder zu tief eingebaut ist.
- ○ Zum Einstellen Schrauben zwischen Scharnier und Türkasten lockern.
- ○ Tür schließen und entsprechend in den Türausschnitt drücken, dann Tür öffnen und Schrauben festziehen.
- ○ Weiterhin kann man den Schließbolzen, in den das Türschloß einrastet, ein wenig lockern.
- ○ Tür schließen und entsprechend ausrichten.
- ○ Schließbolzen festziehen.

Türverkleidung ausbauen

Beschrieben ist der Ausbau der Türverkleidungen an den Vordertüren. Die Verkleidung der hinteren Türen ist sinngemäß gleich zu behandeln.

- Fensterkurbel abziehen.
- Türgriff nach Lösen von zwei Kreuzschlitzschrauben abnehmen.
- Kreuzschlitzschrauben entlang dem Ablagefach herausdrehen.
- Rahmen am inneren Türgriff ausbauen.
- Lautsprecherblende abnehmen.
- Mit breitem Schraubendreher oder Kunststoffkeil vorsichtig hinter die Verkleidung fahren und ringsum direkt an den Kunststoffklammern hebeln.

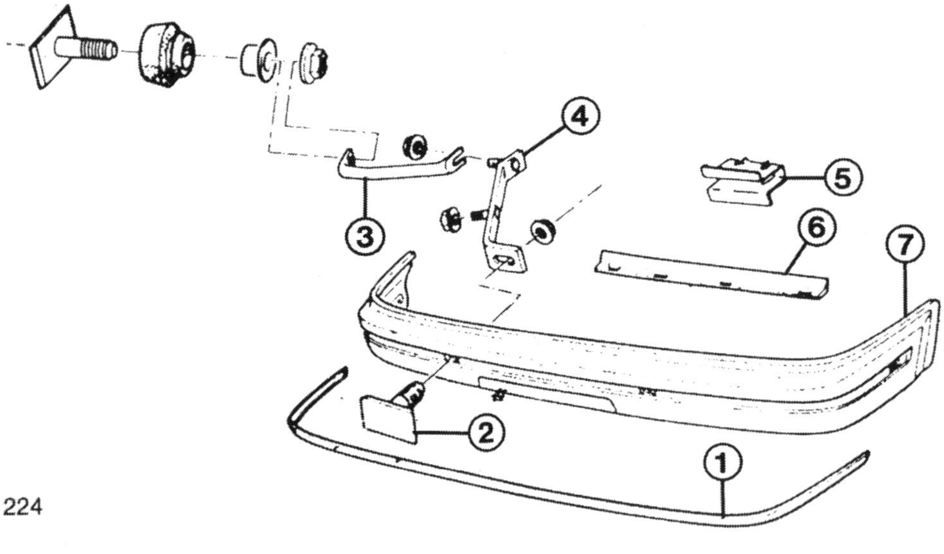

Vorderer Stoßfänger beim Peugeot 205:
1 – Zierleiste;
2 – Befestigungsschraube;
3 – seitliche Abstützung mit Befestigungsschraube, Gummi, Hülse, Scheibe und Mutter;
4 – Stoßfängerhalter;
5 – Klammer für Dichtung (6);
7 – Stoßfänger.

Ausbau des vorderen Stoßfängers (4): Die Pfeile zeigen auf die Befestigungsschraube mit Zierkopf (3).
Weiterhin: 1 – Brücke über Kühler – ausbauen, wenn Kühler oder Kühlerlüfter (2) demontiert werden sollen.

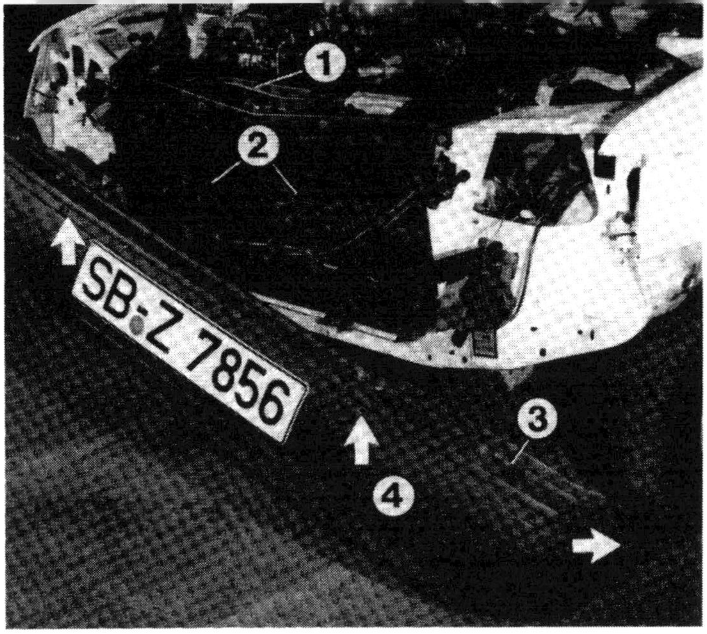

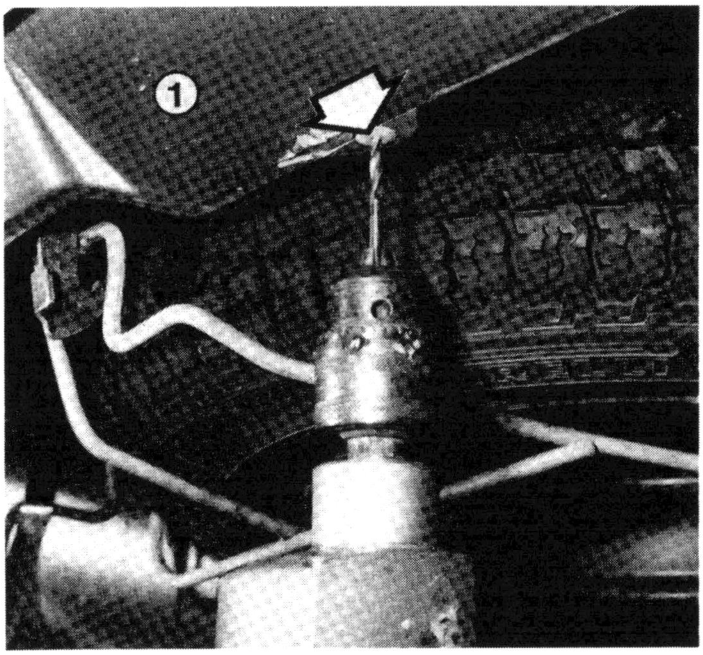

Zum Ausbau des hinteren Stoßfängers (1) müssen die Nieten an der Unterkante ausgebohrt werden. Nieten beim Wiedereinbau durch Schrauben ersetzen.

Schon sanfte Frontberührungen reichen aus, um den Spoiler (2) vom Stoßfänger (1) zu lösen. Erkennbar ist dies am Spalt (Pfeil). Oder bisweilen schwirren die Hupen, weil der Spoiler die Hupen berührt. Zur Abhilfe Stoßfänger ausbauen und die Kunststoffspangen wieder aufdrücken, ggf. ersetzen oder Teile dauerhaft zusammenschrauben.

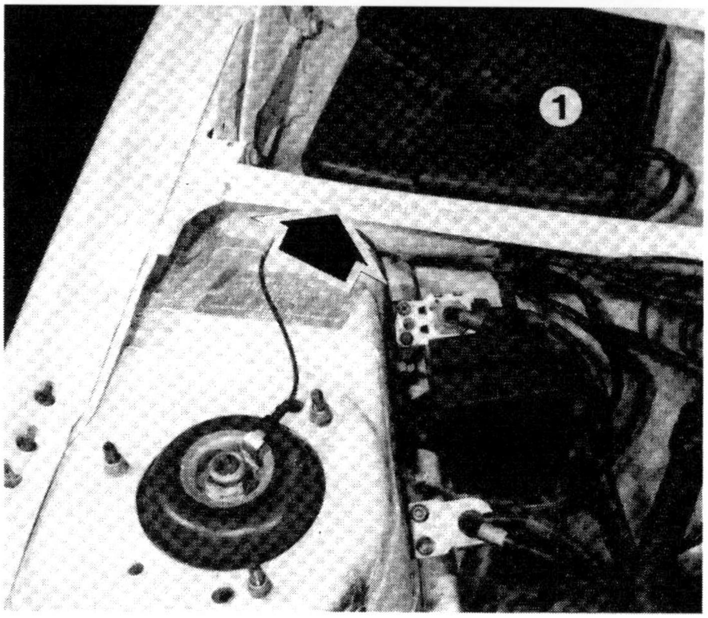

Hier ist die hintere rechte Ecke im Motorraum des Peugeot 205 gezeigt:
Pfeil – Fahrzeug-Identifizierungsnummer;
1 – Unterdruckspeicher für Schiebedachdichtung (Abdeckung am Lufteintritt ausgebaut).

Das Schiebedach

Dieses Fenster zum Himmel erfordert für problemlose Funktion eine exakte Einstellung, aber die hierzu notwendigen Beschreibungen würden den Rahmen dieses Buches sprengen. Ein undichtes Schiebedach hat seine Ursache meist in verstopften Ablaufrohren, von denen sich je eines an den Ecken des Schiebedachkastens befindet. Bei undichtem Schiebedach deshalb die Ablaufrohre mit einer alten Tachowelle oder vorsichtig mit Druckluft reinigen.
Beim schwergängigem Schiebedach muß man unterscheiden, ob das Dach in den Schienen klemmt, z.B. wegen Schmierungsmangel, oder ob ein Fehler an der unterdruckgesteuerten Dichtung vorliegt. Die besondere Dichtung steht mit dem Unterdruck auf der Ansaugseite des Motors in Verbindung. Fehlt der Unterdruck, bleibt die Dichtung prall und das Schiebedach läßt sich kaum bewegen. Der Unterdruck gelangt über eine Abzweigung beim Bremskraftverstärker, ein Rückschlagventil, einen Speicherbehälter und das Ventil am Schiebedachverschluß zur Dichtung. Ist der Unterdruckspeicher leer, zum Bewegen des Schiebedaches kurz den Motor starten. Bei defekter Unterdruckversorgung oder einem Riß in der Schiebedachdichtung läßt sich das Schiebedach ebenfalls nur noch schwer bewegen.

Peugeot 205 Cabrio

Das Verdeck besteht aus schwarzem wasserundurchlässigem Stoff und ist auf der Innenseite zwischen Stoff und Himmel mit einer Polsterung verkleidet. Dies bewirkt eine gute Wärme- und Lärmdämmung. Das Schließen des Verdecks wird durch zwei Gasdruckkolben erleichtert; ziehen sich diese auseinander, so gehen die Beschläge zuerst nach oben und dann nach vorne bis zum Ansatzpunkt des Verdecks. Die große Heckscheibe ist aus Kunststoff. Sie kann vom Verdeck getrennt abgenommen werden.
Die Reinigung des Verdecks kann mit lauwarmem Seifenwasser erfolgen. Bei hartnäckigen Flecken notfalls Brennspiritus verwenden. Für die Innenverkleidung des Verdecks handelsüblichen »Trockenschaum« anwenden. Die Heckscheibe darf nie trocken gereinigt werden.

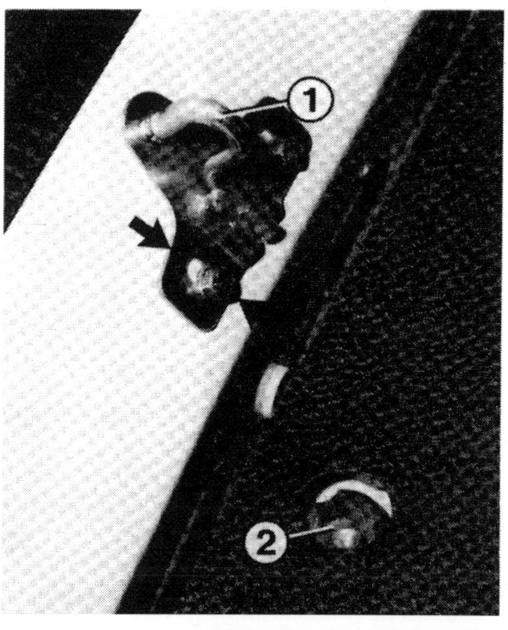

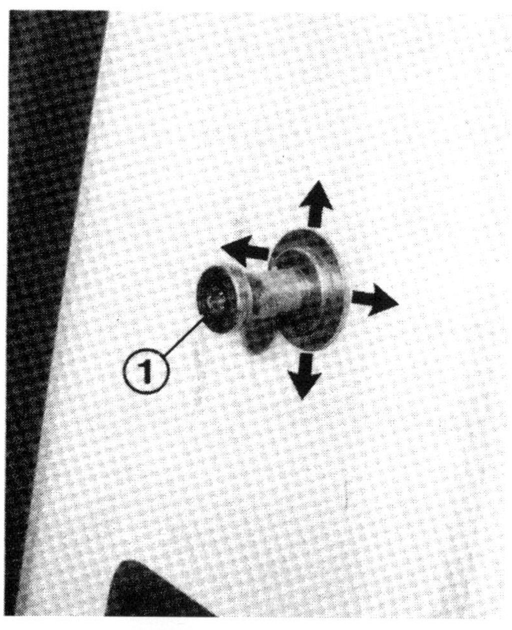

Bei schlecht schließenden Türen oder Heckklappe kann der Schließbolzen (1, rechts) in den Türsäulen und der Schließbügel (1, links) etwas verschoben werden. Vor dem Verstellen alte Lage markieren. Weiterhin:
2 – Schraube zur Reserveradbefestigung.

Zum Ausbau der Türen oder z. B. bei schwergängigen Fensterhebern muß die Türverkleidung ausgebaut werden:
1 – innerer Türgriff;
2 – Lautsprecherabdeckung;
3 – Fensterkurbel;
4 – Abdeckrahmen für inneren Türgriff;
5 – Armlehne;
6 – Türverkleidung;
7 – Ablage.

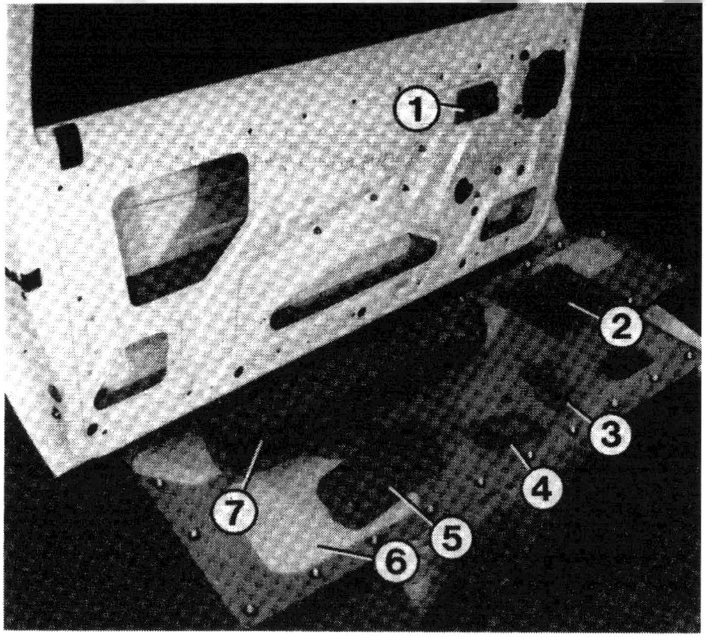

1 – Lautsprecherleitung;
2 – Befestigung vordere Fensterführung;
3 – Fensterkurbelachse;
4 – Befestigungsschrauben der Tür,
5 – Türfangband;
6 – Türkontakt für Innenbeleuchtung;
Pfeil – Schraube für Armaturenbrettverkleidung.

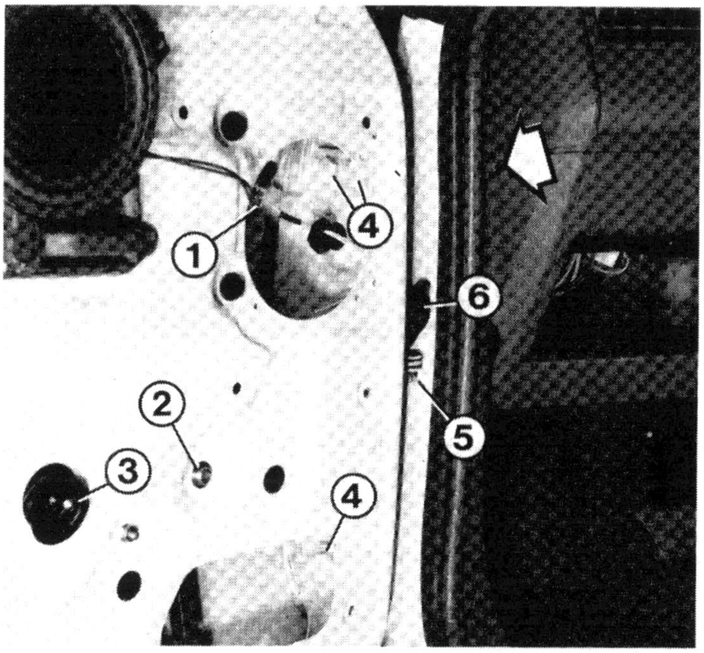

Beim Peugeot 205 mit Schiebedach (2) gelegentlich die Wasserabläufe (1) prüfen und die Führungsschienen z. B. mit Silikonspray schmieren. Der Schiebedachverschluß (3) steuert auch den Unterdruck für die Dichtung.

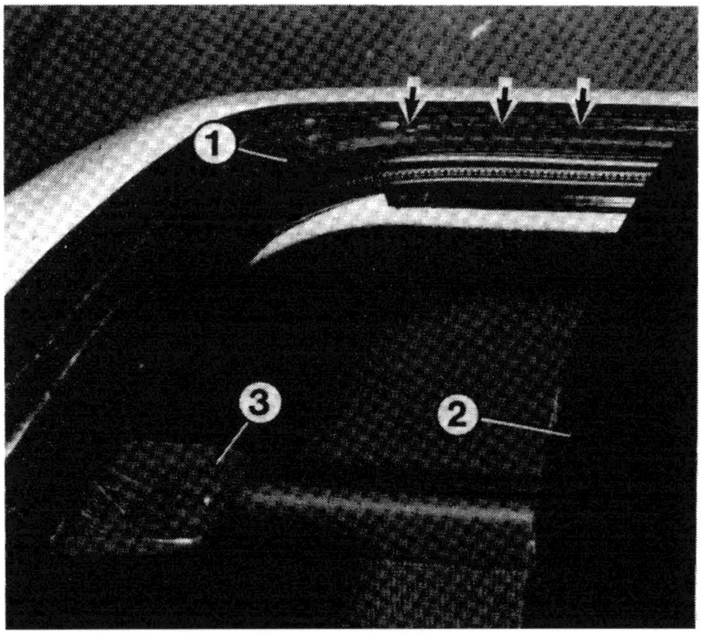

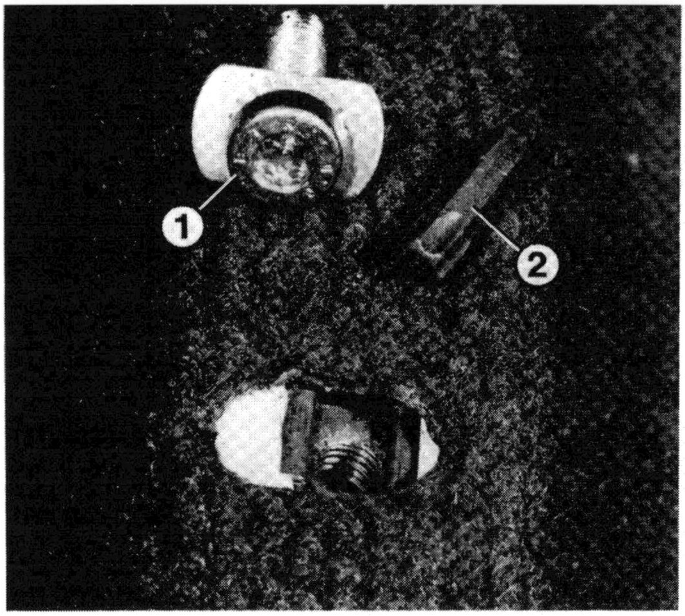

Die Sitze sind im Peugeot 205 mit TORX-Schrauben (1) angeschraubt. Ein entsprechendes Werkzeug kaufen Sie am billigsten als Steckeinsatz (2).

Das Kühlergitter (1) ist oben mit zwei Schrauben (Pfeile) an die Kühlerbrücke (2) angeschraubt, unten ist es nur gesteckt.

Verdeck öffnen und schließen

- **Zum Öffnen:** Sonnenblende nach unten klappen.
- Um die Griffe zu entriegeln, Knöpfe drücken. Griffe ganz nach hinten drehen.
- Antenne senkrecht stellen.
- Verdeck anheben, bis es nicht mehr von alleine zurückfällt.
- Darauf achten, daß das Heckfenster richtig über der Hutablage gefaltet ist. Am besten noch weiches Tuch zwischen die Falten der Klarsichtscheibe legen.
- Verdeck an den Streben nach hinten ziehen.
- Am Stoff ziehen und ihn unter der vorderen Strebe zusammenfalten.
- Verdeck vollständig zusammenfalten, die Griffe verriegeln.
- Verschlüsse rechts und links der Schutzhülle an den Beschlägen des Verdecks befestigen.
- Schutzhülle unter dem Kofferraum befestigen und sie an den Seiten einhaken.
- Schutzhülle mit dem Haltestreifen vor der Hutablage ausgleichen.
- Sitzlehnen umklappen.
- Schutzhülle glattziehen und den Kofferraum schließen.
- **Zum Schließen:** Schutzhülle entfernen.
- Griffe entriegeln.
- Verdeck anheben und mit Hilfe der Streben nach vorne drücken.
- Auf das Verdeck drücken und die Haken in ihre Halterungen einhängen.
- Griffe verriegeln.

Unterbodenschutz kontrollieren

Die Schutzschicht der Wagenunterseite muß sorgsam überprüft und ggf. nachgearbeitet werden.

- Unterboden gründlich waschen.
- Gesamte Wagenunterseite mit einer hellen Lampe ableuchten und auf schadhafte Stellen untersuchen.
- Beschädigte Stellen im Unterbodenschutz mit Spachtel, Schaber und Drahtbürste bis aufs blanke Blech freilegen.
- Rostansätze möglichst blank schleifen.
- Gesäuberte Fläche mit Rostprimer bestreichen.
- Ebene oder größere Flächen werden mit streichbarem Unterbodenschutz behandelt.
- Für schwer zugängliche Fugen und Ecken ist eine Sprühdose mit Unterbodenschutz günstiger.

Wasserablauflöcher reinigen

Keine Schweißnaht ist so dicht, daß nicht Wasser eindringen kann. Aus diesem Grund sind in allen Hohlprofilen im Wagen Wasserablauflöcher angebracht. Sind diese durch Schmutz oder Unterbodenschutz verstopft, kann eindringendes Wasser nicht mehr ablaufen, sondern fördert den Rostfraß von innen heraus. Besonders gefährdet sind die Längsversteifungen der Karosserie. Löcher regelmäßig mit einem Draht oder mit Druckluft reinigen.

Hier ist der Ausbau des Außenspiegels (1) gezeigt. Dazu die Abdeckung (2) vor dem Seitenfenster abhebeln, dabei brechen leider meist die entsprechenden Verrastungen ab. Später die Abdeckung mit z. B. Karosseriedichtmasse wieder ankleben. Die Pfeile zeigen auf die Befestigungsschrauben des Außenspiegels.

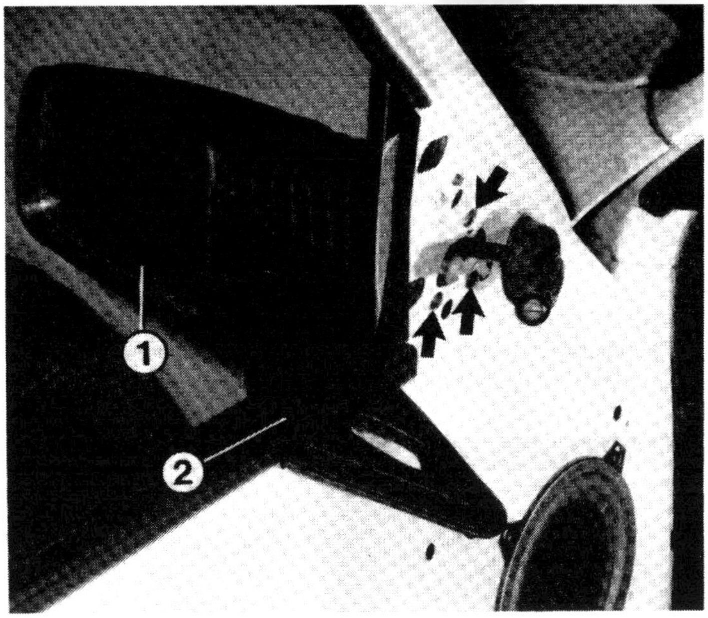

Wagenunterseite waschen

Eine wirkungsvolle und zugleich preiswerte Pflege für die Wagenunterseite ist – vor allem im Winter – das regelmäßige Abspritzen mit einem scharfen Wasserstrahl. Auftausalz und Straßenschmutz sollen sich nicht lange in den Kanten und Ecken des Bodens festsetzen können, denn sie binden Feuchtigkeit. Die ohnehin schlecht zugänglichen Ecken trocknen nie ganz aus, was letztendlich den Rostfraß erheblich fördert. Schmutzkrusten können sich an folgenden Stellen festsetzen: Im Blechfalz am Rand der Radausschnitte, in den Radkästen sowie unter den Seitenwangen der hinteren Stoßfänger.
Für die Unterwagenwäsche brauchen Sie zumindest einen Wasserschlauch mit Spritzdüse. Es gibt auch abgewinkelte Spritzdüsen (z. B. von APA), mit denen man den am Boden stehenden Wagen abspritzen kann, ohne selbst allzu naß zu werden. Am günstigsten ist allerdings ein Dampfstrahlgerät, wie es Tankstellen besitzen. Erkundigen Sie sich, ob es in Ihrer Nähe ein solches Gerät zur Selbstbedienung gibt.

Fingerzeig: Streusalzrückstände und Feuchtigkeit werden mit zunehmenden Temperaturen besonders aggressiv. Deshalb ist mancher Laternengaragen-Wagen weniger vom Rost befallen als einer, der in der beheizten Garage stand.

An der Hinterseite einer Vordertür sind hier bezeichnet: 1 – Türschloß mit Halteschrauben (Pfeile); 2 – Befestigung der Fensterschiene.

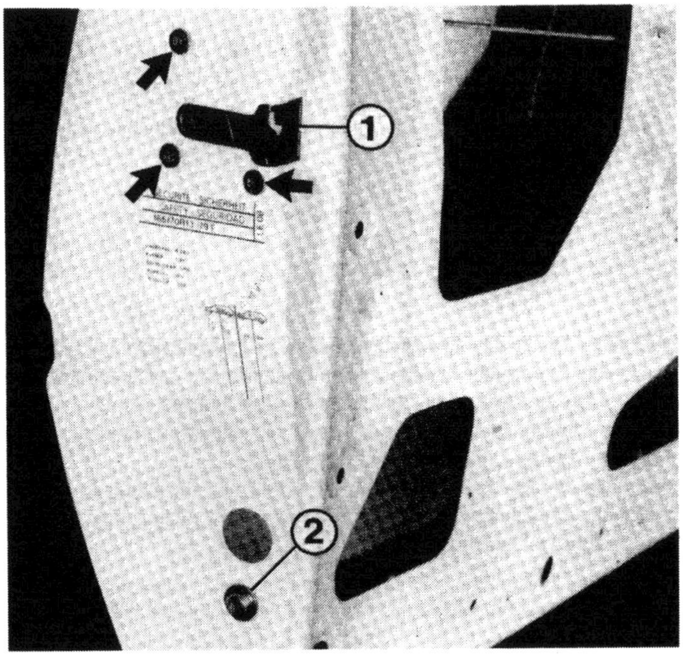

1 – Abdeckfolie zum Schutz der Türverkleidung; 2 – Öse für Schloßgestänge; 3 – Schalt- und Betätigungselement der Zentralverriegelung mit Befestigung (Pfeile).

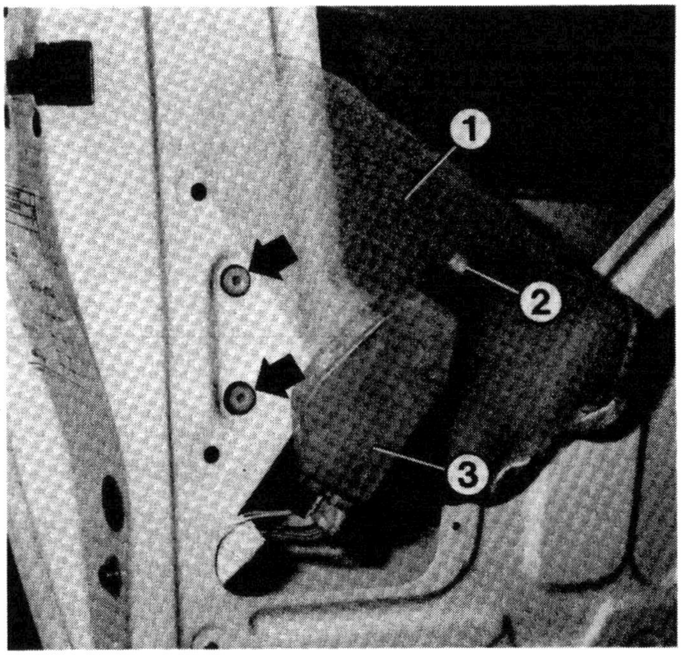

Störungsdienst

Wir gehen bei unserer Fehlersuche davon aus, daß der Motor keine mechanischen Leiden hat. Weiter nehmen wir an, daß das Triebwerk unvermittelt stehenblieb bzw. nicht mehr anspringen will.

Reihenfolge der Fehlersuche

Dreht der Anlasser den Motor durch?
Tut er's nicht oder nur unwillig, lesen Sie bitte weiter unter »Fehlerquelle Elektrik«. Wird der Motor dagegen flott durchgedreht, müssen zur weiteren Eingrenzung die folgenden Fragen für den Benzin- bzw. Dieselmotor der Reihe nach beantwortet werden.

Benziner: Funken die Zündkerzen?
Einen Kerzenstecker abziehen, Zündkerze herausschrauben, in den Kerzenstecker hineinstecken. Kerze jetzt elektrisch leitend mittels eines Starthilfekabels mit dem Motorblock verbinden. Von einem Helfer den Anlasser durchdrehen lassen. **Zündkabel und Kerze nicht berühren!** Springen Funken über? Wenn ja, nächste Frage abklären. Falls nicht, weiterlesen unter »Fehlerquelle Zündung«.

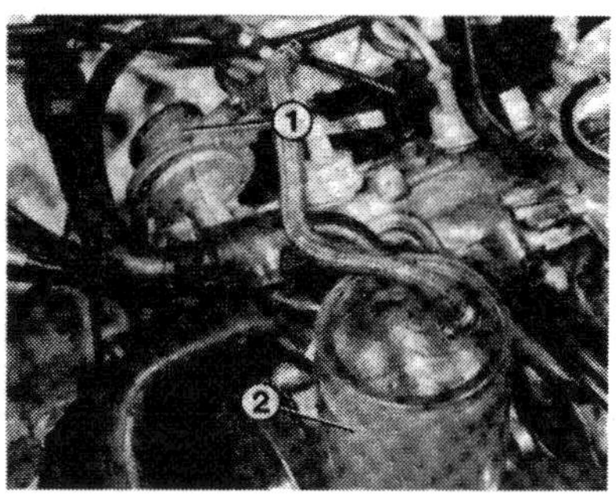

Benziner: Wird der Vergaser mit Kraftstoff versorgt?
Kraftstoffschlauch vom Vergaser abziehen und in ein Gefäß (Kappe der Warndreieck-Hülle) halten. Von Helfer den Anlasser betätigen lassen: Spritzt Benzin heraus, ist die Kraftstoffzufuhr in Ordnung. Der Fehler könnte jetzt am Vergaser liegen.
Kommt kein Benzin, weiterlesen unter »Fehlerquelle Kraftstoffversorgung«.

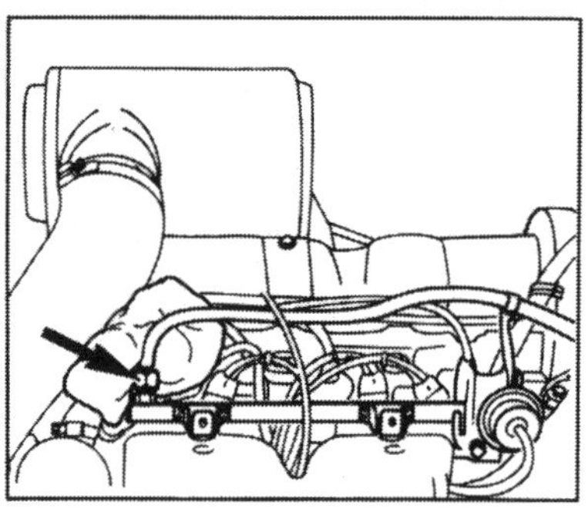

Benziner GTI: Wird die Einspritzanlage mit Kraftstoff versorgt?
Fahrzeuge mit L-Jetronic/-Motronic: Benzinleitung am Verteilerrohr (Pfeil) vorsichtig lockern. Gefäß darunterhalten (Kappe der Warndreieck-Hülle). Von Helfer den Anlasser kurz durchdrehen lassen. Spritzt Benzin heraus, läuft die Kraftstoffpumpe.
Wenn nicht, lesen Sie bitte unter »Fehlerquelle Kraftstoffversorgung« weiter. Bleibt die Einspritzung als Fehlerquelle. Oder die Pumpe läuft, bringt aber zu wenig Druck.

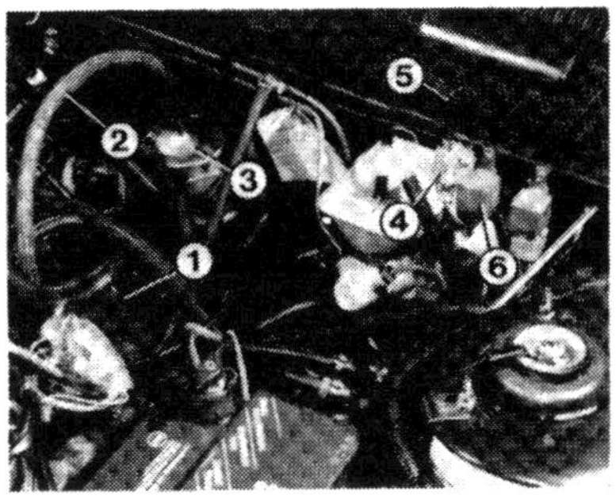

Benziner mit Zentraleinspritzung: Wird die Mono-Jetronic mit Kraftstoff versorgt?
Benzinleitung zwischen Kraftstoffilter und Mono-Jetronic lösen und in Gefäß halten (Kappe der Warndreieck-Hülle). Von Helfer den Anlasser drehen lassen.
Kommt kein Benzin, siehe »Fehlerquelle Kraftstoffversorgung« bzw. »Störungsbeistände«.

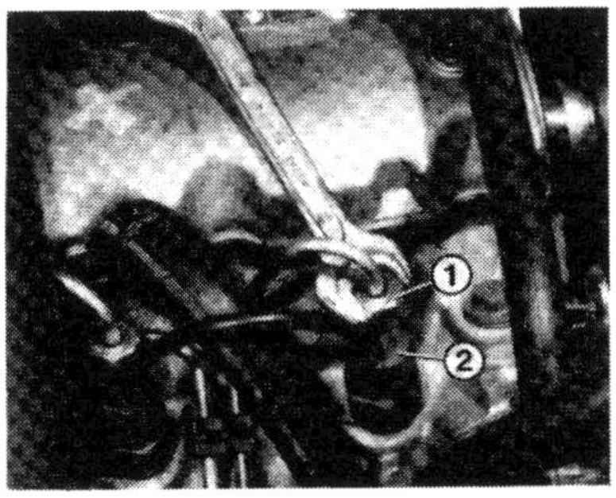

Diesel: Wird Kraftstoff gefördert?
Mit einem Gabelschlüssel SW 17 die Mutter der Einspritzleitung an einer der Einspritzdüsen öffnen. Einen Helfer den Anlasser kurz betätigen lassen. Tritt an der Einspritzdüse Dieselkraftstoff aus? Wenn ja, ist die Kraftstoffzufuhr wahrscheinlich in Ordnung. Dann der folgenden Frage auf den Grund gehen.
Kommt dagegen kein Diesel, nehmen Sie sich den Text »Fehlerquelle Kraftstoffversorgung« vor.

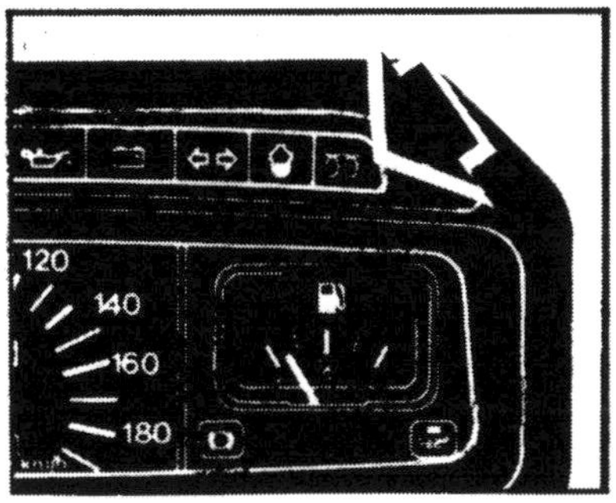

Diesel: Wird vorgeglüht?
Beim Einschalten der Zündung muß die Vorglühkontrolle aufleuchten und nach Sekunden wieder verlöschen. Arbeitet die Kontrolle im Armaturenbrett nicht so, liegt ein Fehler in der Vorglühanlage vor. Unter »Fehlerquelle Vorglühanlage« weiterlesen.

Sichtprüfung, Benziner

○ Ist ein Kabelstecker an Teilen der Zündanlage oder an einem Teil der Einspritzanlage abgefallen?
○ Kontrollieren Sie den festen Sitz der Zündkabel am Verteiler und an den Kerzensteckern (die Zündung darf nicht eingeschaltet sein!).
○ Sämtliche Unterdruckschläuche im Motorraum auf ihren entsprechenden Stutzen aufgesteckt?
○ Kondenswasser am und im Verteilerdeckel? Alle Teile der Zündanlage – auch die Zündspule – müssen sauber und trocken sein, sonst besteht die Gefahr von Kriechströmen und Spannungs-Überschlägen.
○ Benzingeruch im Motorraum? Ist ein Kraftstoffschlauch undicht oder hat er sich gar gelockert? Evtl. Motor starten, damit Kraftstoffdruck aufgebaut wird.

Fehlerquelle Elektrik

○ Die Kontrollampen im Armaturenbrett brennen nicht bei eingeschalteter Zündung: Batterie ist völlig entladen oder die Batterieklemmen sind lose.
○ Kontrollampen verlöschen beim Betätigen des Anlassers: Batterie stark entladen oder altersschwach oder Anlasser hat Kurzschluß.
○ Kontrollampen werden beim Schlüsseldreh geringfügig dunkler; Anlasser dreht sich nicht: Magnetschalter klemmt bzw. defekt oder Anlasser defekt.
○ Kontrollampen brennen bzw. blinken normal hell beim Schlüsseldreh; Anlasser dreht sich nicht: Kontakt im Zündschloß defekt, bei Automatik Startsperrschalter defekt, dünne Leitung am Magnetschalter lose oder Magnetschalter defekt.

Fehlerquelle Zündung, Benziner

- ○ Alle Steckeranschlüsse im Bereich Zündspule richtig aufgesteckt?
- ○ Risse im Zündspulengehäuse, Brandspuren von Funkenüberschlägen?
- ○ Verteilerdeckel abnehmen. Sind Kriechstromspuren an seiner Innenseite sichtbar? Federt die Kontaktkohle in der Deckelmitte einwandfrei? Grünspan an den Kontaktstiften?
- ○ Sind die Steckeranschlüsse am Zündgerät fest? Ist evtl. ein einzelner Steckkontakt im Mehrfachstecker zurückgerutscht?
- ○ Als letztes hilft nur das komplette Durchprüfen der Zündanlage.

Fehlerquelle Kraftstoffversorgung

- ○ Es ist kein Kraftstoff im Tank (nicht lachen, kontrollieren!).
- ○ Kraftstoffleitung geknickt bzw. verstopft.
- ○ Kraftstoffilter verstopft.
- ○ **Benziner:** Die mechanische (Vergasermotor) bzw. elektrische Kraftstoffpumpe (bei Einspritzung) arbeitet nicht.
- ○ **Diesel Im Winter:** Noch »Sommerdiesel« im Tank oder deutlich kälter als –15°C? Kraftstoffvorwärmung gestört?
- ○ Diesel: Elektrische Motorabstellung gestört?
- ○ Keine Kraftstoffzündung wegen mangelhafter Kompression?
- ○ Kommt an den Einspritzdüsen kein Kraftstoff an, obwohl an der Kraftstoffrücklaufleitung Kraftstoff vorhanden ist, kann die Einspritzpumpe bzw. ihr Regler schuld sein.

Fehlerquelle Vorglühanlage, Diesel

Prüflampe am Hauptstromanschluß bei den Glühkerzen anschließen; anderes Lampenkabel an Masse halten. Von Helfer Zündung einschalten lassen. Leuchtet die Lampe auf? Brennt sie nicht, obwohl der Motor kalt ist, ist die Vorglühanlage defekt. Leuchtet sie, ist die Stromversorgung zu den Glühkerzen in Ordnung. Die Kerzen können aber dennoch defekt sein. Weitere Möglichkeiten:

- ○ Eine oder mehrere Glühkerzen defekt: Zündung ca. 30 Sekunden einschalten, dann den Anlasser drehen lassen. Bei nur einer defekten Glühkerze wird der Motor trotzdem anspringen.
- ○ Vorglühzeitrelais defekt oder dessen Spannungsversorgung unterbrochen: Mit einer Prüflampe prüfen.
- ○ Vorglüh-Kontrollämpchen durchgebrannt: Zündung für 30 Sekunden einschalten, dann starten.
- ○ Totalausfall der Vorglühanlage: Fahrzeug anschleppen lassen oder Pluspol der Batterie für einige Sekunden direkt mit den Glühkerzen verbinden. Dann den Motor auf der Weiterfahrt nicht mehr oder nur noch kurz abstellen.

Verzeichnis der Störungsbeistände

Über das Buch verteilt finden Sie Störungsbeistände zu den einzelnen Bauteilen. Hier die Zusammenstellung:

Hardware

Im Zeitalter der Elektronik ist das Handwerk etwas in den Hintergrund getreten. Doch die Parallelen beider Sparten sind unübersehbar: Die Software – also die Wissensseite – stellt dieses Handbuch dar. Mit der Hardware – dem Werkzeug – läßt sich manches in die Tat umsetzen.

Werkzeug-Grundausstattung

In der nachfolgenden Liste haben wir eine vielseitig verwendbare Grundausstattung zusammengestellt:
- ○ 4 Doppel-Gabelschlüssel, 6 × 7, 8 × 10, 13 × 15, 17×19;
- ○ 2 Gabel/Ringschlüssel kurz, SW10 bzw. 13 beidseitig;
- ○ 2 Ringschlüssel gekröpft, 10 × 13 und 17×19;
- ○ 1 Steckschlüssel 8 × 10;
- ○ 1 Satz Innensechskantschlüssel am Ring, SW2 bis 8;
- ○ 1 Zündkerzenschlüssel, SW20,8, ausziehbar;
- ○ 1 Radschraubenschlüssel, SW17;
- ○ 3 Schraubendreher für Querschlitzschrauben, 3, 6 und 8 mm breit
- ○ 2 Schraubendreher für Kreuzschlitzschrauben, verschiedene Größen;
- ○ 1 Schraubendreher für Querschlitzschrauben, kurz mit kräftigem Griff;
- ○ 2 Winkelschraubendreher für Kreuzschlitze und Querschlitze;
- ○ 1 Kombizange;
- ○ 1 Rohrzange, 240 mm lang;
- ○ 1 Seitenschneider;
- ○ 1 Schlosserhammer, 300 g schwer;
- ○ 1 Satz Fühlerblattlehren, 0,05–0,7 mm;
- ○ 1 Flachmeißel;
- ○ 1 Durchschlag, 3 mm Durchmesser;
- ○ 1 Elektrik-Prüflampe bzw. Spannungsprüfer mit Leuchtdioden zur Prüfung von Elektronik-Bauteilen.

Weitere Werkzeuge

Stecknüsse mit den dazugehörigen Verlängerungsstücken und Betätigungswerkzeugen, wie Knarre (Rätsche) und Hebel, ermöglichen wesentlich schnelleres Arbeiten.
Zum Einstecken der Betätigungswerkzeuge haben die Steckeinsätze ein Vierkantloch mit ½″ (Zoll) oder ⅜″ Kantenlänge. Die ⅜-Ausführung ist dabei weniger verbreitet, jedoch in vielen Fällen handlicher beim Autobasteln.
Drehmomentschlüssel: Für den Heimwerker genügt die Ausführung mit Skala durchaus. Unerläßlich ist der Drehmomentschlüssel zur Zylinderkopfmontage, aber auch bei anderen Schrauben.
Spannbandschlüssel zum Lösen des Ölfilters. Lohnt sich, wenn der Ölwechsel öfters selbst gemacht wird.

Flüssige Hilfen

Rostlöser für festgerostete Verschraubungen gibt es genügend im Angebot. Besonders gut fanden wir den sofort wirkenden Schnellrostlöser »Caramba Rasant«. Herkömmliche Lösemittel brauchen eine gewisse Einwirkzeit.
Isoliersprays sind ebenfalls ausgesprochen kriechfähig. Vielfach sind die Rostlöser zugleich solche Isoliersprays, die bei Feuchtigkeit in der Autoelektrik den feinen Wasserfilm unterwandern und dadurch verhindern, daß Batteriestrom über den leitenden Wasserfilm als Kurzschluß oder »Kriechstrom« abgeleitet wird.
Korrosionsschutzwachs verhindert im Motorraum Korrosionserscheinungen unter winterlicher Streusalzeinwirkung.
Kupferfett, auch Heißschrauben-Compound genannt, verhindert das Festrosten von Verschraubungen, die extrem hohen Temperaturen ausgesetzt sind. Im Auto sind das Auspuffschrauben und Zündkerzen. Zu empfehlen ist dieser Schmierstoff aber auch an anderen Schrauben, die der Korrosion ausgesetzt sind.

Fingerzeig: Achten Sie darauf, nur umweltfreundliche Spraydosen (Kennzeichen: Plakette mit dem »Blauen Engel«) zu verwenden.

Technische Daten

Peugeot 205	XLD	GLD	XRD	GRD	GL 1,0	GL 1,1	GR 1,1	GR 1,4	GT	XE Junior	XL	GL	XR
Karosserie	Limousine												
Türen	3	5	3	5	5	5	5	5	5	3	3	5	3
Plätze	5												
Länge mm	3705												
Breite mm	1572	1572	1572	1572	1562	1562	1572	1572	1572	1562	1572	1572	1572
Höhe mm	1372	1372	1368	1368	1376	1374	1374	1373	1365	1374	1374	1374	1373
Leergewicht kg	880	880	880	880	745	780	780	785	810	765	765	765	790
zulässiges Gesamtgewicht kg	1300	1300	1300	1300	1140	1195	1195	1240	1225	1195	1195	1195	1220
Anhängelast ungebremst kg	340	340	340	340	400	400	400	400	400	380	380	380	395
gebremst bis 12% Steigung[1] kg	800[2]	800[2]	800[2]	800[2]	400	500	500	600	870	600	600	600	870
Motor	Vierzylinder-Dieselmotor, quer eingebaut				Vierzylinder-Vergasermotor, quer eingebaut								
Typ	XUD 7[3]	XUD 7[3]	XUD 7[3]	XUD 7[3]	XV 8	XW 7	XW 7	XY 7	XY 8	TU 1C	TU 1C	TU 1C	TU 3A
Hubraum effektiv cm³	1769	1769	1769	1769	954	1124	1124	1360	1360	1124	1124	1124	1360
nach Steuerformel cm³	1757	1757	1757	1757	949	1116	1116	1351	1351	1116	1116	1116	1351
Bohrung mm	80	80	80	80	70	72	72	75	75	72	72	72	75
Hub mm	88	88	88	88	62	69	69	77	77	69	69	69	77
Verdichtung	23:1	23:1	23:1	23:1	9,3:1	9,7:1	9,7:1	9,2:1	9,2:1	9,4:1	9,4:1	9,4:1	8,8:1
Höchstleistung kW/PS	44/60	44/60	44/60	44/60	33/45	37/50	37/50	44/60	59/80	40/55	40/55	40/55	49/67
bei 1/min	4600	4600	4600	4600	6000	4800	4800	5000	5800	5800	5800	5800	5400
Max. Drehmoment Nm	110	110	110	110	68,7	85,3	85,3	106,9	109,9	87	87	87	107
bei 1/min	2000	2000	2000	2000	2750	2800	2800	2500	2800	3200	3200	3200	3200
Motorblock	Grauguß				Leichtmetall								
Zylinderkopf	Leichtmetall												
Nockenwelle	obenliegend												
Kraftstoffversorgung	Diesel-Einspritzpumpe				Einfachvergaser				Doppelvergaser	Einfachvergaser			
Kaltstartvorrichtung	automatisch				Handchoke								
Lichtmaschine	750 W Drehstrom												
Batterie Ah	42	42	42	42	29	29	29	29	29	29	29	29	29
Schmierung	Druckumlaufschmierung, Ölwechselfilter im Hauptstrom												
Motoröl-Inhalt l	5,0	5,0	5,0	5,0	4,0	4,5	4,5	6,0	6,0	3,5	3,5	3,5	3,5
Kühlung	geschlossener Kreislauf mit Ausgleichgefäß, elektrischer Kühlerventilator (Diesel 2 Ventilatoren) über Thermoschalter gesteuert												
Kühlwasserinhalt l	8,3	8,3	8,3	8,3	5,8	5,8	5,8	6,0	6,0	5,8	5,8	5,8	5,8
Kraftübertragung													
Antrieb	Vorderradantrieb												
Kupplung	Einscheiben-Trockenkupplung												
Ø außen mm	200	200	200	200	181,5	181,5	181,5	181,5	181,5	181,5	181,5	181,5	181,5
Getriebe	4-Gang	4-Gang	5-Gang	5-Gang	4-Gang	4-Gang	5-Gang	5-Gang	5-Gang	4-Gang	4-Gang	4-Gang	5-Gang
Übersetzungen													
1. Gang	3,25	3,25	3,25	3,25	3,88	3,88	3,88	3,88	3,88	3,41	3,41	3,41	3,41
2. Gang	1,85	1,85	1,85	1,85	2,07	2,07	2,30	2,30	2,30	1,80	1,80	1,80	1,80
3. Gang	1,15	1,15	1,28	1,28	1,38	1,38	1,50	1,50	1,50	1,31	1,31	1,31	1,31
4. Gang	0,80	0,80	0,97	0,97	0,94	0,94	1,12	1,12	1,12	0,83	0,83	0,83	0,97
5. Gang	–	–	0,76	0,76	–	–	0,90	0,90	0,90	–	–	0,77	0,77
Achsantrieb	3,59	3,59	3,59	3,59	3,56	3,35	3,18	3,18	3,87	3,76	3,76	3,76	3,76
Räder													
Felgen	Stahl	Stahl	Stahl	Stahl	Stahl	Stahl	Stahl	Stahl	Stahl	Stahl	Stahl	Stahl	Stahl
Größe	5 B 13	5 B 13	5 B 13	5 B 13	4,5 B 13	4,5 B 13	4,5 B 13	5 B 13	5 B 13	4,5 B 13	4,5 B 13	4,5 B 13	5 B 13
Reifengröße	155/70 R 13	155/70 R 13	165/70 R 13	165/70 R 13	135 R 13	145 R 13	145 R 13	165/70 R 13	165/70 R 13	145 R 13	145 R 13	145 R 13	165/70 R 13
oder	145 R 13	145 R 13											
Radaufhängung													
Vorderradaufhängung	Mc Pherson-Federbeine												
Stabilisator Ø mm	22	22	22	22	20	20	20	22	23	20	20	20	22
Vorspur mm	3,5±1	3,5±1	3±1	3±1	3±1	3±1	3±1	3±1	3±1	4±1	4±1	3±1	3±1
Hinterachse	gezogene Längslänker, Drehstabfederung												
Stabilisator Ø mm	16	16	16	16	–	–	–	14	16	–	–	–	14
Vorspur mm	2,5±2	2,5±2	2,5±2	2,5±2	2,5±2	2,5±2	2,5±2	2,5±2	2,5±2	2,5±2	2,5±2	2,5±2	2,5±2
Lenkung	Zahnstangenlenkung (bei XRD und GRD auf Wunsch mit Servounterstützung)												
Kleinster Wendekreis m	10,5												
Lenkrad Ø mm	370												
Bremsen	Zweikreisbremse, diagonal aufgeteilt												
vorn	Scheiben												
hinten	Trommeln												
Verbrauch und Fahrwerte													
Kraftstoffverbrauch bei 90 km/h l/100 km	3,9	3,9	3,9	3,9	5,1	4,3	4,3	4,6	5,2	4,5	4,5	4,5	4,8
bei 120 km/h l/100 km	5,2	5,2	5,2	5,2	7,3	5,8	5,8	6,4	7,0	5,9	5,9	5,9	6,5
Stadtzyklus l/100 km	5,4	5,4	5,4	5,4	6,8	5,8	5,8	6,9	9,2	7,9	7,9	7,9	7,4
Kraftstoffart	Diesel				Super (auch bleifrei, siehe Seite 67)								
Tankinhalt l	50												
Höchstgeschwindigkeit km/h	155	155	155	155	134	142	142	155	170	154	154	154	165
Beschleunigung von 0 bis 100 km/h s	15,1	15,1	15,1	15,1	18,8	17,0	17,0	14,8	11,6	14,6	14,6	14,6	14,8

1) Erhöhung um ca. 300 kg bei 10% Steigung teilweise möglich (TÜV)
2) bei 8% maximal 1050 kg möglich
3) Motor XUD 9 ab Modelljahr 1990, siehe »Motoren- und Typentabelle«

Peugeot 205	GR	XS	GT	XS Kat Junior	GT Kat	Junior Kat	Automatic	GTI	GTI Kat	CJ	CJ Kat	CTI
Karosserie	Limousine									Cabriolet		
Türen	5	3	5	3	5	3/5	3/5	3	3	2	2	2
Plätze	5									4		
Länge mm	3705											
Breite mm	1572	1572	1572	1572	1572	1562	1572	1589	1589	1572	1572	1589
Höhe mm	1373	1365	1365	1365	1365	1365	1374	1373	1355	1381	1381	1381
Leergewicht kg	790	820	820	850	850	790	900	850	880	885	885	935
zulässiges Gesamtgewicht kg	1220	1230	1230	1275	1275	1220	1325	1275	1300	1215	1215	1265
Anhängelast ungebremst kg	395	410	410	365	365	400	450	365	440	440	365	375
gebremst bis 12% Stg.[1)] kg	800	800	800	800	800	700	800	900	800	800	700	900
Motor	Vierzylinder-Reihenmotor, quer eingebaut											
Typ	TU 3A	TU 3S	TU 3S	TU 3M	TU 3M	TU 3CP	XU 9J1	XU 5J	XU 9JAZ	TU 3A	TU 3CP	XU 5J
Hubraum eff. cm³	1360	1360	1360	1360	1360	1360	1905	1580	1905	1360	1360	1580
nach Steuerformel cm³	1351	1351	1351	1351	1351	1351	1891	1569	1891	1351	1351	1569
Bohrung mm	75	75	75	75	75	75	83	83	83	75	75	83
Hub mm	77	77	77	77	77	77	88	73	88	77	77	73
Verdichtung	8,8:1	9,3:1	9,3:1	8,8:1	8,8:1	8,8:1	8,4:1	9,8:1[2)]	9,2:1	8,8:1	8,8:1	9,8:1
Höchstleistung kW/PS	49/67	62/84	62/84	55/75	55/75	44/60	75/102	76/104[3)]	88/120	49/67	44/60	76/104
bei 1/min	5400	6400	6400	6200	6200	5200	6000	6250	6000	5400	5200	6250
Max. Drehmoment Nm	107	114	114	109	109	105	142	132	150	107	105	132
bei 1/min	3200	4000	4000	4000	4000	3000	3000	4000	3000	3200	3000	4000
Motorblock	Leichtmetall											
Zylinderkopf	Leichtmetall											
Nockenwelle	obenliegend											
Kraftstoffversorgung	Einfach-vergaser	Doppel-vergaser	Doppel-vergaser	Zentral-Einspritzung	Zentral-Einspritzung	elektron. gesteuerter Vergaser	Einfach-vergaser	LE-Jetronic[4)]	Motronic	Einfach-vergaser	elektron. gesteuerter Vergaser	LE-Jetronic
Kaltstartvorrichtung	Handchoke			automatisch						Handchoke	automatisch	
Lichtmaschine	750 W Drehstrom											
Batterie Ah	29											
Schmierung	Druckumlaufschmierung, Ölwechselfilter im Hauptstrom											
Motoröl-Inhalt l	3,5	3,5	3,5	3,5	3,5	3,5	5,0	5,0	5,0	3,5	3,5	5,0
Kühlung	geschlossener Kreislauf mit Ausgleichgefäß, elektrischer Kühlerventilator über Thermoschalter gesteuert											
Kühlwasserinhalt l	5,8	8,7	8,7	8,7	8,7	5,0	5,0	6,6	6,6	5,8	5,8	5,0
Kraftübertragung												
Antrieb	Vorderradantrieb											
Kupplung	Einscheiben-Trockenkupplung						–	Einscheiben-Trockenkupplung				
Ø außen mm	181,5	181,5	181,5	181,5	181,5	181,5	–	200	200	181,5	181,5	200
Getriebe	5-Gang	5-Gang	5-Gang	5-Gang	5-Gang	5-Gang	4-Stufen-Automatik	5-Gang	5-Gang	5-Gang	5-Gang	5-Gang
Übersetzungen 1. Gang	3,41	3,41	3,41	3,41	3,41	3,41	2,77	3,25	2,92	3,41	3,41	3,25
2. Gang	1,80	1,95	1,95	1,95	1,95	1,80	1,57	1,85	1,85	1,80	1,80	1,85
3. Gang	1,27	1,36	1,36	1,36	1,36	1,27	1,15	1,36	1,36	1,27	1,27	1,36
4. Gang	0,97	1,05	1,05	1,05	1,05	0,97	0,85	1,06	1,06	0,97	0,97	1,07
5. Gang	0,77	0,85	0,85	0,85	0,85	0,77	–	0,86	0,86	0,77	0,72	0,86
Achsantrieb	3,76	4,28	4,28	4,28	4,28	3,98	3,15	4,06	3,68	3,76	3,93	4,06
Räder												
Felgen	Stahl	Stahl	Stahl	Stahl	Stahl	Stahl	Stahl	Leichtmetall	Leichtmetall	Stahl	Stahl	Leichtmetall
Größe	5 B 13	5 B 13	5 B 13	5 B 13	5 B 13	4,5 B 13	5 B 13	5,5 J 14	6 J 15	5,5 B 13	5,5 B 13	5,5 J 14
Reifengröße	165/70 R 13	165/70 R 13	165/70 R 13	165/70 R 13	165/70 R 13	145 R 13	165/70 R 13	185/60 R 14	185/55 R 15	165/70 R 13	165/70 R 13	185/60 R 14
Radaufhängung												
Vorderradaufhängung	Mc Pherson-Federbeine, GTI und CTI mit Dreiecksquerlenker											
Stabilisator Ø mm	22	23	23	23	23	20	23	17	17	23	23	23
Vorspur mm	3±1	3±1	3±1	3±1	3±1	4±1	3±1	2±1	2±1	2±1	2±1	2±1
Hinterachse	gezogene Längslänker, Drehstabfederung											
Stabilisator Ø mm	14	16	16	16	16	–	23	19	19	16	16	16
Vorspur mm	2,5±2	2,5±2	2,5±2	2,5±2	2,5±2	2,5±2	2,5±2	2,5±2	3,7±2	1,4±2	1,4±2	1,4±2
Lenkung	Zahnstangenlenkung (bei GTI 1,9 Kat auf Wunsch mit Servounterstützung)											
Kleinster Wendekreis m	10,5											
Lenkrad Ø mm	370	365	370	365	370	370	370	365	365	365	365	365
Bremsen	Zweikreisbremse diagonal aufgeteilt, GTI und CTI vorn/hinten											
vorn	Scheiben, GTI und CTI innenbelüftet											
hinten	Trommeln	Trommeln	Trommeln	Trommeln	Trommeln	Trommeln	Trommeln	Trommeln	Scheiben	Trommeln	Trommeln	Trommeln
Verbrauch und Fahrwerte												
Kraftstoffverbrauch bei 90 km/h l/100 km	4,8	5,2	5,2	5,2	5,2	5,2	5,0	5,6	6,3	4,8	5,3	5,1
bei 120 km/h l/100 km	6,5	7,0	7,0	7,1	7,1	6,8	6,7	7,3	8,2	6,5	6,9	7,8
Stadtzyklus l/100 km	7,4	9,5	9,5	8,4	8,4	8,1	8,6	8,7	9,9	7,6	8,1	8,9
Kraftstoffart Super	auch bleifrei	auch bleifrei	auch bleifrei	nur bleifrei	nur bleifrei	nur bleifrei	nur bleifrei	nur bleifrei	nur bleifrei	auch bleifrei	nur bleifrei	nur bleifrei
Tankinhalt l	50											
Höchstgeschwindigkeit km/h	165	178	178	170	170	156	183	190	202	159	151	185
Beschleunigung von 0 bis 100 km/h s	14,8	10,6	10,6	10,6	10,6	14,6	10,6	9,5	8,5	15,3	14,8	10,1

1) Erhöhung um ca. 300 kg bei 10% Steigung teilweise möglich (TÜV)
77 kW: 10,2:1
2) 77 kW/105 PS
3) L-Jetronic bei 77 kW

Reifelehre

1983

September: Peugeot schickt den 205 ins Rennen. Die neue und originelle Karosserie findet sofort viele Freunde. Die Sparsamkeit der Motoren und der besonders gut gelungene Dieselmotor begeistern. Der Peugeot 205 enthält viele Konstruktionselemente aus dem von der französischen Energiesparbehörde in Auftrag gegebenen Spar-Prototyp VERA. Der Peugeot 205 wird zuerst im elsässischen Werk Mulhouse gebaut.

1984

März: Die Peugeot 205-Palette wird um die GTI-Version ergänzt. Der dreitürige GTI verfügt über einen 1,6-Liter-Motor mit L-Jetronic und leistet 76 kW.
Inzwischen hat sich die 205 als »Glücksnummer« für Peugeot herausgestellt. Es werden zusammen täglich ca. 2000 Fahrzeuge in Mulhouse, Poissy, Sochaux, Madrid und Marokko gebaut.
Juni: Das Sondermodell »Lacoste« mit dem Zusatz »Belle de Match« wird vorgestellt. Die 1500 Exemplare werden in Frankreich sofort verkauft.
Juli: Ein Peugeot 205 »Electric« wird als Prototyp vorgestellt. Er wiegt nur 850 kg, der Elektromotor leistet maximal 18 kW, und bei 80 km/h soll die Reichweite 110 km betragen.

1985

März: Auf der Basis des 205 werden Nutzfahrzeuge (XRA/XRAD/Multi) vorgestellt.
Juni: Das Sondermodell »Lacoste« wird als »Belle de Match 2« nachproduziert und auch in Deutschland verkauft.
November: Der Peugeot 205 GTI bekommt das sogenannte Pulsair-System zur Abgasverbesserung.
Dezember: Die erste Million Peugeot 205 ist produziert. In Deutschland ist er das meistgekaufte Import-Auto.

1986

Januar: Zwei Cabrio-Versionen ergänzen die Baureihe (CT mit 58 kW; CTI mit 76 kW). Beim Entwurf hat das kreative Geschick von Pininfarina mitgewirkt.
September: Der Peugeot 205 »Automatic« mit Vierstufenautomatik kommt auf den Markt. Er ist mit einem 1,6-Liter-Vergasermotor kombiniert, der später mit einem ungeregelten Katalysator ausgerüstet ist.
Den GTI bekommt man jetzt wahlweise mit 1,9-Liter-Motor und geregeltem Katalysator.

1987

September: Bei unveränderter Technik erfährt der Peugeot 205 viele Verbesserungen an der Inneneinrichtung. Das Armaturenbrett hat Drehknöpfe für Heizung und Lüftung. Der Heckwischer läßt sich auf Dauerbetrieb schalten. Teilweise werden glattflächige Radkappen eingebaut. Der 1-Liter-Motor wird nicht mehr angeboten.

1988

März: Cabrio-Version CJ mit 1,4-Liter-Motor und 44 kW löst den CT mit 58 kW ab.
Juni: Sondermodell »Green« mit elektrischen Fensterhebern, Zentralverriegelung, weißer Lackierung und grünen Seitenstreifen.
September: Die TU-Benzinmotoren lösen nach und nach die XV-, XW- und XY-Motoren ab. Der 55-kW-Motor im XS und GT mit Zentraleinspritzung und der 44-kW-Motor im CJ und Sondermodell »Junior« mit elektronischem Vergaser sind mit geregeltem Katalysator kombiniert. Der GTI mit 1,9-Liter-Motor wird mit Bosch-Motronic und geregeltem Katalysator ausgestattet.

1989

März: Der Peugeot 205 »Automatic« jetzt mit 1,9-Liter-Einspritzmotor und geregeltem Katalysator.
September: Alle Benziner mit TU-Einspritzermotoren, geregeltem Katalysator und Aktivkohlebehälter für Benzindämpfe. Dieselmotor jetzt mit 1,9 Liter und Abgasrückführung.

1990

März: Sondermodell »Rallye« mit 1,9-Liter-Einspritzmotor (75 kW), geregeltem Katalysator und preisgünstiger Ausstattung.

Register

FSC
www.fsc.org
MIX
Papier | Fördert gute Waldnutzung
FSC® C083411

Zeitfracht Medien GmbH
Ferdinand-Jühlke-Straße 7
99095 Erfurt, Deutschland
produktsicherheit@kolibri360.de